21世纪高等学校计算机规划教材
21st Century University Planned Textbooks of Computer Science

大学计算机基础

（附微课视频）

Fundamentals of Computers

徐国华 主编
李向军 王晓燕 副主编

人 民 邮 电 出 版 社
北 京

图书在版编目（C I P）数据

大学计算机基础 ： 附微课视频 / 徐国华主编. --
北京 ： 人民邮电出版社, 2017.8（2021.7重印）
21世纪高等学校计算机规划教材
ISBN 978-7-115-45823-0

Ⅰ. ①大… Ⅱ. ①徐… Ⅲ. ①电子计算机－高等学校
－教材 Ⅳ. ①TP3

中国版本图书馆CIP数据核字(2017)第187021号

内 容 提 要

本书主要介绍了计算机应用基础知识和常用办公软件。全书共 9 章，包括计算机与信息技术基础、Windows 7 操作系统、Word 2010、Excel 2010、PowerPoint 2010、计算机网络、数据库基础、程序设计基础、计算机新技术等内容。本书中的主要案例操作内容均已录制成微课视频，读者通过扫描书中提供的二维码，便可随时观看与学习。

通过本书的学习，读者可以对计算机与信息技术的基本概念、发展趋势等有一个全面的了解，熟悉典型的计算机操作系统，同时具备使用常用办公软件处理日常事务的能力。

本书可作为普通高等院校大学计算机基础课程的教材，也可供初学者自学使用。

◆ 主　　编　徐国华
副 主 编　李向军　王晓燕
责任编辑　刘　佳
责任印制　焦志炜
◆ 人民邮电出版社出版发行　　北京市丰台区成寿寺路 11 号
邮编　100164　　电子邮件　315@ptpress.com.cn
网址　http://www.ptpress.com.cn
北京虎彩文化传播有限公司印刷
◆ 开本：787×1092　1/16
印张：17.5　　2017 年 8 月第 1 版
字数：414 千字　　2021 年 7 月北京第 7 次印刷

定价：49.80 元

读者服务热线：(010)81055256　印装质量热线：(010)81055316
反盗版热线：(010)81055315
广告经营许可证：京东市监广登字 20170147 号

前言 FOREWORD

计算机领域是当今发展最快和应用最广泛的科技领域。计算机在经济与社会发展中的地位日益重要，因此计算机教育应该面向社会，面向潮流，与社会接轨，与时代同行。为了适应计算机科学技术的迅猛发展，适应新时期对人才计算机文化素质与应用技能的要求，我们根据“教育部非计算机专业计算机基础课程教学指导分委员会”提出的《关于进一步加强高校计算机基础教学的意见》中关于“大学计算机基础”课程教学的要求，同时总结了多年的教学实践和组织全国计算机等级考试的经验，组织编写了本教材。

“大学计算机基础”是非计算机专业高等教育的公共必修课程，是学习其他计算机相关技术课程的前导和基础。本书注重知识的系统性和科学性，同时突出内容的实用性和可操作性，对重点概念和操作技能进行详细讲解，内容丰富、深入浅出，符合学生认知规律。本书内容简明，结构清晰，通俗易懂，既可作为高校计算机基础课程的教材，也可作为初学者学习计算机基础知识的自学用书。

本书以 Windows 7 和 Microsoft Office 2010 为平台，主要内容分为 9 章，包括计算机与信息技术基础、Windows 7 的使用、Word 2010 的使用、Excel 2010 的使用、PowerPoint 2010 的使用、计算机网络、数据库基础、程序设计基础、计算机新技术。自从全国计算机等级考试设置“二级 MS Office 高级应用”科目以来，省内各大院校报考该科目的考生相当多，因此本书中增加了一些二级 MS Office 高级应用的知识点，以满足不同程度学生的学习需求。

本书中的主要案例操作内容均已录制成微课视频，读者通过扫描书中提供的二维码，便可随时观看，拓展了学习的时间和空间。

参加本书编写的人员均为太原学院多年从事计算机基础教学的一线教师，具有较为丰富的教学经验。其中徐国华担任主编，李向军、王晓燕担任副主编，参加编写的还有畅鹏、石峰、杨天敏、王晓燕、曲卫华。其中，石峰编写第 1 章和第 9 章，畅鹏编写第 2 章，李向军编写第 3 章，王晓燕编写第 4 章，杨天敏编写第 5 章，曲卫华编写第 6 章，徐国华编写第 7 章和第 8 章。彭薇负责本书的校对。本书的编写得到了山西省教育厅教学项目（项目编号：J2014125）的资助。

编者

2017 年 4 月

目录 CONTENTS

第 1 章　计算机与信息技术基础.... 1

1.1　计算机的起源 2

1.2　计算机的发展及应用 2

1.2.1　微电子技术简介 2

1.2.2　集成电路简介 4

1.2.3　计算机的发展过程 4

1.2.4　计算机的发展趋势 5

1.2.5　计算机的应用领域 6

1.3　计算机的类型与主要性能指标 7

1.3.1　现代计算机的主要类型 7

1.3.2　计算机的性能指标 9

1.4　计算机中的数字信息与数制....... 10

1.4.1　计算机中的数字信息 10

1.4.2　数制及其转换 11

1.4.3　信息编码与文本处理 14

1.5　计算机的体系结构.................... 18

1.5.1　计算机硬件系统 18

1.5.2　计算机软件系统 22

1.6　信息与信息技术....................... 23

1.6.1　什么是信息 23

1.6.2　什么是信息技术 23

1.6.3　信息技术的应用 24

1.6.4　信息安全 24

1.7　多媒体技术基础....................... 26

1.7.1　多媒体的概念及特点 26

1.7.2　数字媒体信息技术 26

习题一.. 31

第 2 章　Windows 7 的使用 33

2.1　操作系统概述 34

2.1.1　操作系统的概念 34

2.1.2　操作系统的功能 34

2.1.3　操作系统的分类 35

2.2　Windows 7 操作系统概述 35

2.2.1　Windows 的发展 35

2.2.2　Windows 7 的启动与退出 36

2.3　Windows 7 的基本操作 36

2.3.1　Windows 7 的桌面组成 36

2.3.2　鼠标操作 38

2.3.3　键盘操作 40

2.3.4　窗口操作 43

2.3.5　对话框的组成与操作 48

2.3.6　“开始”菜单操作 49

2.3.7　快捷方式和剪贴板的操作 51

2.3.8　Windows 7 帮助系统的使用 52

2.4　管理文件 53

2.4.1　文件及文件夹的概念 53

2.4.2　文件和文件夹基本操作 54

2.4.3　搜索文件和文件夹 59

2.4.4　设置文件和文件夹属性 60

2.4.5　使用库 60

2.5　系统设置 61

2.5.1　添加和更改桌面系统图标 61

2.5.2　添加桌面小工具 62

2.5.3　应用主题并设置桌面背景 62

2.5.4　设置屏幕保护程序 63

2.5.5　设置 Windows 7 用户账户 64

2.5.6　控制面板 65

2.5.7　安装和卸载应用程序 65

2.5.8　安装打印机及硬件驱动程序 67

2.5.9　打开和关闭 Windows 功能 69

2.5.10　设置汉字输入法 70

2.6　Windows 7 的网络功能 72

2.6.1　网络软件的安装 72

2.6.2 资源共享 74
习题二 76

第 3 章 Word 2010 的使用 78

3.1 Word 2010 基础 79
3.1.1 Word 2010 的启动与退出 79
3.1.2 Word 2010 的窗口及其组成 79
3.1.3 自定义 Word 2010 工作界面 81
3.2 创建并编辑文档 83
3.2.1 创建新文档 83
3.2.2 输入文本 84
3.2.3 保存文档 85
3.2.4 基本编辑技术 86
3.3 Word 2010 排版技术 92
3.3.1 文本格式的设置 92
3.3.2 段落格式的设置 94
3.3.3 页面格式设置 99
3.3.4 文档封面设置 102
3.3.5 打印文档 102
3.4 Word 2010 表格的制作 103
3.4.1 表格的创建 103
3.4.2 表格的选定和编辑 105
3.4.3 表格数据的排序与计算 109
3.5 Word 2010 图文混排 110
3.5.1 插入图片和剪贴画 111
3.5.2 截取屏幕图片 112
3.5.3 插入艺术字 112
3.5.4 绘制图形 114
3.5.5 插入 SmartArt 图形 114
3.5.6 插入文本框 115
3.6 长文档的编辑与管理 116
3.6.1 定义并使用样式 116
3.6.2 文档的分页与分节 121
3.6.3 分栏 123
3.6.4 设置页眉和页脚 123
3.6.5 在文档中添加引用内容 125
3.6.6 创建文档目录 127
3.7 使用邮件合并技术批量处理文档 129
3.7.1 什么是邮件合并 129
3.7.2 使用邮件合并技术制作邀请函 129
习题三 133

第 4 章 Excel 2010 的使用 136

4.1 Excel 2010 基础 137
4.1.1 Excel 2010 的启动与退出 137
4.1.2 Excel 2010 的窗口及其组成 137
4.1.3 Excel 2010 的基本概念 138
4.2 基本操作 139
4.2.1 建立与保存工作簿 139
4.2.2 输入和编辑工作表数据 139
4.2.3 使用工作表和单元格 143
4.3 格式化工作表 148
4.3.1 设置单元格格式 149
4.3.2 设置列宽与行高 152
4.3.3 格式化工作表高级技巧 153
4.4 公式和函数 156
4.4.1 使用公式的基本方法 156
4.4.2 公式中的单元格引用 157
4.4.3 使用函数的基本方法 158
4.4.4 常用函数的使用 160
4.4.5 公式和函数常见问题 168
4.5 图表 169
4.5.1 创建并编辑迷你图 170
4.5.2 创建图表 172
4.5.3 编辑图表 175
4.5.4 打印图表 177
4.6 数据分析与处理 177
4.6.1 数据排序 178
4.6.2 数据筛选 179
4.6.3 分类汇总 182
4.6.4 合并计算 183
4.6.5 数据透视表和数据透视图 183
4.7 打印工作表 187

4.7.1 页面设置 187
4.7.2 打印预览及打印 188
习题四 189

第 5 章 PowerPoint 2010 的使用 191

5.1 PowerPoint 2010 概述 192
5.1.1 PowerPoint 2010 的窗口及其组成 192
5.1.2 演示文稿与幻灯片 193
5.1.3 视图模式及切换方式 193
5.1.4 演示文稿的基本操作 194
5.2 PowerPoint 2010 演示文稿的设置 199
5.2.1 编辑幻灯片 199
5.2.2 编辑文本 202
5.2.3 使用文本框 204
5.2.4 插入艺术字、形状 204
5.2.5 插入图片、图形 207
5.2.6 插入表格、媒体文件 210
5.2.7 应用幻灯片主题、背景 213
5.2.8 使用母版 214
5.2.9 设置幻灯片切换效果 217
5.2.10 设置幻灯片动画效果 218
5.3 PowerPoint 2010 演示文稿的放映 219
5.3.1 创建超链接与动作按钮 219
5.3.2 设置幻灯片放映方式 221
5.3.3 幻灯片放映 222
5.3.4 隐藏幻灯片 223
5.3.5 排练计时 224
5.4 PowerPoint 2010 演示文稿的输出 225
5.4.1 演示文稿输出格式 225
5.4.2 打印演示文稿 226
5.4.3 打包演示文稿 226
习题五 227

第 6 章 计算机网络 229

6.1 计算机网络 230
6.1.1 计算机网络的定义 230
6.1.2 计算机网络的起源与发展 230
6.1.3 计算机网络的分类 231
6.1.4 计算机网络的软、硬件组成 233
6.2 Internet 及其应用 234
6.2.1 什么是因特网 234
6.2.2 网络通信协议 235
6.2.3 因特网协议地址 235
6.2.4 域名与域名系统 236
6.2.5 Internet 应用 237
习题六 239

第 7 章 数据库基础 242

7.1 数据库概述 243
7.1.1 数据库的基本概念 243
7.1.2 数据管理技术的发展 244
7.1.3 数据库系统的内部结构体系 245
7.2 数据模型 245
7.3 常用关系数据库管理系统 247
7.4 数据库新技术简介 249
习题七 251

第 8 章 程序设计基础 253

8.1 程序设计概述 254
8.1.1 程序的概念 254
8.1.2 程序设计的一般过程 254
8.2 程序设计的方法 255
8.2.1 结构化程序设计 255
8.2.2 面向对象程序设计 256
8.3 结构化程序设计的基本控制结构 257
8.3.1 顺序结构 257
8.3.2 选择结构 257
8.3.3 循环结构 257

8.4 算法 258
8.4.1 算法的概念 258
8.4.2 算法的特征 258
8.4.3 算法表示 259
8.5 常用的程序设计语言 259
8.5.1 程序设计语言 259
8.5.2 C 语言 260
8.5.3 C++ 261
8.5.4 Java 261
8.5.5 Raptor 261
8.5.6 Python 261
习题八 262

第 9 章 计算机新技术 263

9.1 云技术 264
9.1.1 什么是云技术 264
9.1.2 云计算 264
9.1.3 云存储 265
9.1.4 虚拟化 266
9.2 大数据 267
9.2.1 大数据的定义 267
9.2.2 大数据的特征及分类 267
9.2.3 大数据技术 268
9.2.4 大数据的意义 268
9.3 物联网 268
9.3.1 什么是物联网 268
9.3.2 物联网的应用 269
9.4 人工智能 270
9.5 移动互联网 271

1 Chapter

第1章 计算机与信息技术基础

计算机技术的发展与应用在当今社会生活中有着极其重要的地位，计算机与人类的生活和工作息息相关。本章主要介绍了计算机的发展、计算机系统的组成、常用数制的转换、信息安全及多媒体技术基础等内容。

1.1 计算机的起源

世界上第一台电子计算机的名称为电子数字积分计算机（Electronic Numerical Integrator And Computer，ENIAC），于 1946 年 2 月 15 日在美国宾夕法尼亚大学宣告诞生。它的体积非常大，占地面积约 170 平方米，重达 30 吨，耗电量 150 千瓦/小时。它使用了大约 17000 多只电子管，以及大量的电阻器、电容器、继电器和开关等元器件，每秒可执行 5000 次加法运算或 400 次乘法运算，运算速度是继电器计算机的 1000 倍、手工计算的 20 万倍。

为什么要研发计算机呢？这还要从当时的世界军事背景说起。20 世纪 40 年代，正处在第二次世界大战期间，主要的作战重装备以飞机和火炮为主，军事上迫切的需求就是要有更加强大精确的火炮和当时的新概念武器——导弹，因此研制和开发新型大炮和导弹就显得十分必要，为此美国陆军军械部在马里兰州的阿伯丁设立了“弹道研究实验室”。进行弹道计算就是通过对一组非常复杂的非线性方程组进行求解，比如要计算出几百条弹道，这些方程组是没有办法求出准确解的，因此只能用数值方法近似地进行计算。但即使用数值方法近似求解也不是一件容易的事，使用当时的计算工具，实验室即使雇用 200 多名计算员加班加点工作也需要大约两个多月的时间才能算完一次。为了扭转这种耗时耗力的状况，迫切需要有一种新的、快速的计算工具，时任宾夕法尼亚大学莫尔电机工程学院的莫克利（John Mauchly）于 1942 年提出了试制第一台电子计算机的想法，希望用电子管来代替继电器以提高机器的计算速度。美国军方获知这一信息后，决定拨款大力支持该项目的研发，开发任务由“莫尔小组”的四位科学家和工程师莫克利、埃克特、戈尔斯坦、博克斯来承担。在研发的过程中，时任弹道研究所顾问、正在参加美国第一颗原子弹研制工作的美籍匈牙利裔数学家冯·诺依曼（John von Neumann，1903—1957）带着原子弹研制过程中遇到的大量计算问题加入了研制小组。他为计算机的许多关键性问题的解决作出了重要贡献，从而保证了计算机的顺利问世。

1945 年，冯·诺依曼首先提出了“存储程序”和“程序控制”的思想，并根据电子元件的特点，建议在电子计算机中采用二进制，确立了计算机的体系结构由运算器、控制器、存储器、输入和输出设备五大基本部件组成。人们把冯·诺依曼的这个理论称为冯·诺依曼体系结构，把利用这种概念和原理设计的电子计算机系统称为“冯·诺依曼结构”计算机。时至今日，我们使用的计算机依然沿用着冯·诺依曼的体系结构，冯·诺依曼也因此被称为“计算机之父”。

1.2 计算机的发展及应用

1.2.1 微电子技术简介

微电子技术是第二次世界大战中、后期发展起来的以半导体集成电路为核心的高新电子技术。它在二十世纪迅速发展，成为近代科技的一门重要学科。微电子技术作为电子信息产业的基础和心脏，对航天航空技术、遥测传感技术、通信技术、计算机技术、网络技术及家用电器产业的发展产生了直接而深远的影响，对国民经济和现代科学技术发展起着巨大的推动作用，其发展水平和发展规模已成为衡量一个国家军事、经济实力和技术进步的重要标志。正因为如此，世界各国都把微电子技术作为最重要的技术列在高科技的首位，使其成为争夺技术优势的最重要的领域。

1. 微电子技术

微电子技术是信息技术领域中的关键技术，是发展电子信息产业和各项高新技术的基础。微电子技术的核心是集成电路技术，是在电子电路和系统的超小型化及微型化过程中逐渐形成和发展起来的。

2. 电子线路基础元件的发展过程

电子元器件即电子电路中使用的基础元件，是具有开关和放大作用的电子元件（例如真空电子管、二极管、三极管以及电阻、电容等），如图 1-1～图 1-4 所示。

图1-1　真空电子管

图1-2　二极管与三极管

图1-3　电阻

图1-4　电容

1904 年英国物理学家弗莱明（John Ambrose Fleming）发明了真空二极管。1906 年美国工程师德•福雷斯特（De Forest Lee）发明了真空三极管。广播、无线电通信、电视、电子仪表以及第一代电子计算机等技术也在此基础上产生了。

1948 年美国工程师肖克利（William Bradford Shockley）、巴丁（John Bardeen）、布拉顿（Walter Brattain）等发明了晶体管，以此为基础，产生了半导体技术，再加上印刷电路组装技术的使用，使电子设备在小型化方面前进了一大步，产生了第二代计算机。

20 世纪 50 年代美国工程师基尔比（Jack S.Kilby）在一块硅晶体基片上制作出多个晶体管，发明了第一块集成电路，向电子器件的微型化迈出了第一步，大大提高了电子器件的工作速度，降低了电子设备的故障率。以此为基础，生产出了中/小规模集成电路，世界进入了微电子技术时代，产生了高性能的第三代计算机。

20 世纪 70 年代，随着自动控制和激光加工技术的成熟，集成电路的集成度、速度和性能均有大幅提高，出现了大规模/超大规模集成电路。由此，计算机的性能得到了显著的提高，网络技术、通信技术等也有了很大的进步，并产生了性能强大的第四代计算机和微型计算机。

1.2.2 集成电路简介

1. 集成电路

集成电路（Integrated Circuit，IC）是以半导体单晶片作为材料，经平面工艺加工制造，将大量晶体管、电阻、电容等元器件及互连数据线构成的电子线路集成在基片上，构成一个微型化的电路或系统。制造集成电路使用的半导体材料通常是硅（Si），也可以是化合物半导体，如砷化镓（GaAs）等。

集成电路相比独立元器件电路具有体积小、重量轻、可靠性高、功耗低、速度快等特点。

2. 集成电路的分类

- 按集成度可分为小规模集成电路（小于 100 个电子元件）、中规模集成电路（100～3000 个电子元件）、大规模集成电路（3000～10 万个电子元件）、超大规模集成电路（超过 10 万个电子元件）。

目前，集成电路的生产工艺已经达到纳米级，芯片集成度已达到上亿个电子器件。1965 年 Intel 公司的创始人戈登• 摩尔（Gordon Moore）得出一个结论，单块集成电路的集成度平均每 18～24 个月翻一番，这个结论和目前集成电路的发展规律基本相符，因此被称为摩尔（Moore）定律。

- 按集成电路的用途可分为通用集成电路和专用集成电路。

通用集成电路是指一个芯片具备多种功能，可以应用在不同设备上，如微处理器、存储器、译码器等。

专用集成电路是指按照某种应用的特定要求而专门设计、定制的集成电路，如显示器芯片、电视机集成电路等。

- 按集成电路的工作信号可分为模拟集成电路和数字集成电路。

模拟集成电路是对模拟电信号进行处理的集成电路，又被称为线性电路，如集成信号放大器、集成功率放大器、集成稳压电路等。

数字集成电路是对数字电信号进行处理的集成电路，又被称为逻辑电路，如存储器、微处理器、微控制器、数字信号处理器等。

1.2.3 计算机的发展过程

根据构成计算机主要电子元器件的不同，人们将计算机的发展历程大致分为 4 代，如图 1-5 所示。

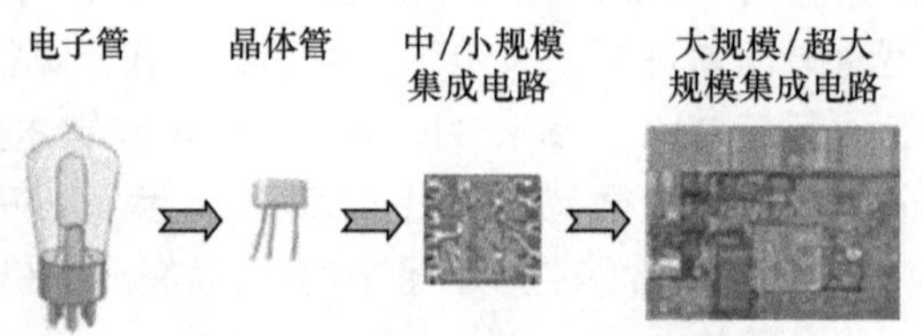

图1-5 电子元器件发展过程

1. 电子管计算机（1946 年—1958 年）

在硬件方面，逻辑元件采用真空电子管，主存储器采用汞延迟线、静电存储器、磁鼓、磁芯，外存储器采用磁带。软件方面采用机器语言、汇编语言。应用领域以军事和科学计算为主。特点是体积大、功耗高、可靠性差、速度慢（一般为每秒数千次至数万次）、价格昂贵，但为以后的计算机发展奠定了基础。

2. 晶体管计算机（1958 年—1964 年）

在硬件方面，逻辑元件采用晶体管，主存储器采用磁芯，外存储器采用磁盘。软件方面出现了以批处理为主的操作系统、高级语言及其编译程序。应用领域以科学计算和事务处理为主，并开始进入工业控制领域。其与电子管计算机相比，体积缩小、能耗降低、可靠性提高、运算速度提高（一般为每秒数十万次，可高达 300 万次）。

3. 中/小规模集成电路计算机（1964 年—1970 年）

在硬件方面，逻辑元件采用中、小规模集成电路，主存储器仍采用磁芯。软件方面出现了分时操作系统以及结构化、规模化程序设计方法。与前两代计算机相比，其特点是速度更快（一般为每秒数百万次至数千万次），而且可靠性有了显著提高，价格进一步下降，产品走向了通用化、系列化和标准化。应用领域开始进入文字处理和图形图像处理领域。

4. 大规模/超大规模集成电路计算机（1970 年至今）

在硬件方面，逻辑元件采用大规模和超大规模集成电路。软件方面出现了数据库管理系统、网络管理系统和面向对象语言等。1971 年世界上第一台微处理器在美国硅谷诞生，开创了微型计算机的新时代，应用领域从科学计算、事务管理、过程控制逐步走向家庭。

1.2.4 计算机的发展趋势

从计算机出现至今，计算机软件系统经历了机器语言、程序语言、简单操作系统和 Windows、Linux 这四代操作系统。在硬件方面，运行速度也得到了极大的提升，第四代计算机的运算速度已经达到每秒几十亿次。未来计算机性能应向着巨型化、微型化、网络化、智能化和多媒体化的方向发展。

1. 巨型化

巨型化是指为了适应尖端科学技术的需要，要发展高速度、大存储容量和功能强大的超级计算机。随着人们对计算机的依赖性越来越强，特别是在军事和科研教育方面对计算机的存储空间和运行速度等要求会越来越高。此外，计算机的功能会更加多元化。

2. 微型化

随着微型处理器（CPU）的产生及其在计算机中的应用，计算机体积缩小了，成本降低了。另一方面，软件行业的飞速发展提高了计算机内部操作系统的人性化和易用性，且计算机外部设备也趋于完善。理论和技术上的不断完善，促使微型计算机很快渗透到了全社会的各个行业和部门中，并成为人们生活和学习的必需品。近四十年来，计算机的体积不断缩小，台式计算机、笔记本计算机、掌上计算机、平板电脑的体积逐步微型化。未来计算机仍会不断趋于微型化，体积将越来越小。

3. 网络化

互联网将世界各地的计算机连接在一起，从此进入了互联网时代。计算机网络化彻底改变了人类世界，人们通过互联网进行交流（如 QQ、微信、微博）、教育资源共享（如文献查阅、远程教育）、信息查阅共享（如百度、谷歌）等，特别是无线网络的出现，极大地提高了人们使用网络的便捷性，未来计算机将会进一步向网络化方面发展。

4. 智能化

计算机智能化是未来发展的必然趋势。现代计算机具有强大的处理功能和运行速度，但与人脑相比，其智能化和逻辑能力仍有待提高。人类正在不断探索如何让计算机能够更好地反应人类思维，使计算机能够具有人类的逻辑思维判断能力，且可以通过不断地自我学习，抛弃以往依靠固有程序来运行的方法，从而让计算机能够自主发出指令。

5. 多媒体化

传统计算机处理的信息主要是字符和数字。事实上，人们更习惯的是图片、文字、声音、影像等多种形式的多媒体信息。多媒体技术可以集图形、图像、音频、视频、文字为一体，使信息处理的对象和内容更加接近真实世界。多媒体计算机集多种媒体信息的处理功能于一身，是未来计算机发展的一个主要趋势。

1.2.5 计算机的应用领域

在我国，计算机技术的发展深刻地影响着人们的生产和生活，计算机的应用从国防军事领域开始向社会各个行业发展。改革开放以后，我国计算机用户的数量不断攀升，应用水平不断提高，特别是在互联网、通信、多媒体等领域的应用取得了显著的成绩。其主要应用领域有以下几个方面。

1. 科学计算

科学计算是计算机最早的应用领域，是指利用计算机来完成科学研究和工程技术中提出的数值计算问题。在现代科学技术工作中，科学计算的任务是大量而复杂的。利用计算机的运算速度高、存储容量大和连续运算的能力，可以解决人工无法完成的各种科学计算问题。例如，工程设计、地震预测、气象预报、火箭发射等都需要由计算机承担庞大而复杂的计算工作。

2. 过程控制

过程控制是利用计算机实时采集数据、分析数据，按最优值迅速对控制对象进行自动调节或自动控制。采用计算机进行过程控制，不仅可以大大提高控制的自动化水平，还可以提高控制的时效性和准确性，从而改善劳动条件、提高产量及合格率。计算机过程控制已在机械、冶金、石油、化工、电力等行业得到广泛的应用。

3. 辅助技术

计算机辅助技术包括 CAD、CAM 和 CAI 等。

- 计算机辅助设计

计算机辅助设计是利用计算机系统辅助设计人员进行工程或产品设计，以实现最佳设计效果的一种技术。CAD 技术已应用于飞机设计、船舶设计、建筑设计、机械设计、大规模集成电路设计等。采用计算机辅助设计可缩短设计时间，提高工作效率，节省人力、物力和财力，更重要的是提高了设计质量。

- 计算机辅助制造

计算机辅助制造是利用计算机系统进行产品的加工控制过程，输入的信息是零件的工艺路线和工程内容，输出的信息是刀具的运动轨迹。将 CAD 和 CAM 技术集成，可以实现产品从设计到生产的自动化，这种技术被称为计算机集成制造系统。有些国家已把 CAD、CAM、计算机辅助测试（Computer Aided Test，CAT）及计算机辅助工程（Computer Aided Engineering，CAE）组成了一个集成系统，使设计、制造、测试和管理有机地组成一体，形成高度自动化的系统，因此产生了自动化生产线和“无人工厂”。

- 计算机辅助教学

计算机辅助教学是利用计算机系统进行的课堂教学。可以用 PowerPoint 或 Flash 等软件制作生动形象的教学课件，动态演示实验原理或操作内容，激发学生的学习兴趣，提高教学质量，减轻教师的负担。

- 其他计算机辅助系统

其他计算机辅助系统包括：利用计算机作为工具辅助产品测试的计算机辅助测试；利用计算机对学生的教学、训练和对教学事务进行管理的计算机辅助教育（Computer Based Education，CBE）；利用计算机对文字、图像等信息进行处理、编辑、排版的计算机辅助出版系统（Computer Aided Publishing，CAP）等。

4. 计算机翻译

1947 年，美国数学家、工程师沃伦•韦弗与英国物理学家、工程师安德鲁•布思提出了用计算机进行翻译（简称“机译”）的设想，机译从此步入历史舞台，并走过了一条曲折而漫长的发展道路。机译被列为 21 世纪世界十大科技难题。与此同时，机译技术也拥有巨大的应用需求。

机译消除了文字和语言不同而造成的隔阂，堪称高科技造福人类之举。但提高机译的译文质量长期以来一直是个难题，其现有成就离理想目标仍相差甚远。中国数学家、语言学家周海中教授认为，在人类尚未明了大脑是如何进行语言的模糊识别和逻辑判断的情况下，机译要想达到“信、达、雅”的程度是不可能的。这一观点恐怕道出了制约译文质量的瓶颈所在。

5. 人工智能

人工智能（Artificial Intelligence，AI）是指计算机模拟人类某些智力行为的理论、技术和应用，诸如感知、判断、理解、学习，以及问题的求解和图像识别等，例如用计算机模拟人脑的部分功能进行思维学习、推理、联想和决策，使计算机具有一定“思维能力”。人工智能是计算机应用的一个新领域，这方面的研究和应用正处于发展阶段，在医疗诊断、定理证明、模式识别、智能检索、语言翻译、机器人等方面，已经有了显著的成效。

1.3 计算机的类型与主要性能指标

1.3.1 现代计算机的主要类型

通常，人们用“分代”来表示计算机在纵向历史中的发展情况，而用“分类”来表示计算机在横向时间上的发展和使用情况。我国计算机界以往常把计算机分成巨型机、大型机、中型机、小型机、微型机这 5 个类别。目前国内外多数书刊也采用国际上通用的分类方法，根据美国电气电子工程师学会（IEEE）1989 年提出的标准来划分的，即把计算机分为巨型机、小巨型机、大型机、小型机、工作站和个人计算机 6 类。

1. 巨型机

巨型机也被称为超级计算机（见图 1-6），在所有计算机类型中占地最大，价格最贵，功能最强，其浮点运算速度最快，最高速度有的可达每秒 5 ~ 10 亿个浮点结果，只有少数国家的几家公司能够生产。目前多用于战略武器（如核武器和反导武器）的设计与模拟、空间技术、石油勘探、中长期天气预报以及社会模拟等领域。巨型机的研制水平、生产能力及其应用程度，已成为衡量一个国家经济实力和科技水平的重要标志。在 2016 年 11 月的全球超级计算机 TOP500 榜上，中国国家并行计算机工程技术研究中心研制的“神威·太湖之光”以每秒 9.3 亿亿次的浮点运算速度轻松蝉联冠军。更重要的是，“神威·太湖之光”实现了包括处理器在内的所有核心部件全部国产化。排名第二的是由中国国防科技大学研制的“天河二号”超级计算机，其每秒可以完成 3.39 亿亿次的浮点运算，在“神威·太湖之光”出现之前，它已在 TOP500 榜单上连续六度称雄。中国已连续 4 年占据全球超算排行榜的最高席位。

图1-6 超级计算机

2. 小巨型机

小巨型机也叫小型超级计算机或桌上型超级计算机，出现于 20 世纪 80 年代中期，功能低于巨型机，速度能达到每秒 1 万亿次的浮点运算，价格也只有巨型机的十分之一。

3. 大型机

大型机也被称作大型计算机，包括国内通常说的大、中型机。其特点是大型、通用，使用专用的处理器指令集、操作系统和应用软件，整机处理速度高达 300 ~ 4200MIPS（Million Instructions Per Second，每秒处理百万条机器语言指令数），具有很强的处理和管理能力。主要用于大银行、大公司、规模较大的高校和科研院所。在当前计算机向网络化发展的环境下，大型机仍有其生存空间。

4. 小型机

小型机是指采用精简指令集（RISC）处理器，性能和价格介于工作站和大型机之间的一种高性能计算机。小型机结构简单，可靠性高，成本较低，不需要经过长期培训即可维护和使用，对于广大的中小用户较为适用。

5. 工作站

工作站是介于个人计算机和小型机之间的一种高档微机，运算速度快，具有较强的网络功能，用于特殊领域，如图像处理、计算机辅助设计等。它与网络系统中的“工作站”在用词上相同，而含义不同。网络上的“工作站”泛指联网用户的结点，以区别于网络服务器，常常由高性能 PC 充当。

6. 个人计算机

我们通常说的电脑、微机或计算机，一般指的就是 PC。它出现于 20 世纪 70 年代，以其设计先进（采用高性能的微处理器 MPU）、软件丰富、功能齐全、价格便宜等优势而拥有广大的用户，因而大大推动了计算机的普及应用。可以说，PC 无所不在，无所不用，除了台式机，还有笔记本、平板电脑等多种类型。

1.3.2　计算机的性能指标

计算机功能的强弱或性能的高低，不是由某项指标决定的，而是由它的系统结构、指令系统、硬件组成、软件配置等多方面的因素综合决定的。对于大多数普通用户来说，可以从以下几个指标来大体评价计算机的性能。

1. 运算速度

运算速度是衡量计算机性能的一项重要指标。通常所说的计算机运算速度，是指每秒钟所能执行的指令条数，一般用“百万条指令/秒”（Million Instruction Per Second，MIPS）来描述。同一台计算机，执行不同的运算所需时间可能不同，因而对运算速度的描述常采用不同的方法。常用的有 CPU 时钟频率（主频）、每秒平均执行指令数（IPS）等。微型计算机一般采用主频来描述运算速度，例如，Pentium/133 的主频为 133 MHz，PentiumⅢ/800 的主频为 800 MHz，Pentium 4 3.06G 的主频为 3.06 GHz。一般说来，主频越高，运算速度就越快。但是目前的 CPU 都已使用多核技术、超线程与多级流水技术来提升整体运算性能，以适应用户多任务的需求，不再一味追求单核高频的性能，而且不同时期的 CPU 使用的指令集也不同，所以不能简单地用主频高低作为衡量性能的单一指标。

2. 字长

计算机在同一时刻可以接受处理的一组二进制数称为一个计算机的“字”，而这组二进制数的位数就是“字长”。在其他指标相同时，字长越大的计算机处理数据的速度就越快。早期的微型计算机的字长一般是 8 位或 16 位。目前大多数计算机的 CPU 字长已经达到 64 位，计算机系统内其余主要硬件和通用软件的 64 位普及工作基本到位，而在应用软件方面还需继续努力跟进，因为很多专业软件运算都需要和硬件紧密联系在一起，针对硬件来设计软件才能更高效。

3. 内存储器的容量

内存储器，简称为主存，是 CPU 可以直接访问的存储器，计算机需要执行的程序与需要处理的数据就是存放在主存中的。内存储器容量的大小反映了计算机即时存储信息的能力。随着操作系统的升级，应用软件的不断丰富及其功能的不断扩展，人们对计算机内存容量的需求也不断提高。目前，运行 Windows 7 需要至少 512 MB 以上的内存容量，运行 Windows 10 需要至少 1GB 以上的内存容量。内存容量越大，能处理的数据量就越大，系统功能也越强。32 位计算机最大可以使用 4GB 内存，如需使用更大容量的内存，只有将计算机的软硬件都升级为 64 位后才可以使用。

4. 外存储器的容量

外存储器容量通常是指硬盘容量（包括内置硬盘和移动硬盘）。外存储器容量越大，可存储的信息就越多，可安装的应用软件也越丰富。目前，硬盘容量一般为 1TB，有的甚至已达到 3TB 以上。

除了上述这些主要性能指标外，微型计算机还有其他一些指标，例如，所配置外围设备的性能指标以及所配置系统软件的情况等。另外，各项指标之间也不是彼此孤立的，在实际应用时，应该把它们综合起来考虑。

1.4 计算机中的数字信息与数制

1.4.1 计算机中的数字信息

数字技术是一项与电子计算机相伴相生的科学技术，它是指借助一定的设备，将各种信息(包括图、文、声、像等）转化为电子计算机能识别的二进制数字“0”和“1”并进行运算、加工、存储、传送、传播、还原的技术。由于在运算、存储等环节中要借助计算机对信息进行编码、压缩、解码等，因此也被称为数码技术、计算机数字技术等。

1. 数字信息的基本单位

数字技术中，处理对象的最小单位被称为比特（bit），比特同时也是二进制数字中的位，因此比特也被称为“二进制位”或“位”。

二进制数系统中，每个 0 或 1 就是一个位（bit），例如，1010 是 4 个比特，10110110 是 8 个比特。

2. 数字信息中的常用单位

当前，我们处在大数据时代，需要处理的信息量非常巨大，使用比特作为单位表示数据量时，数值太大，不利于数据量的表示与计算，因此我们常用更大的单位表示数据量。最常用的数据表示单位有字节（Byte，B）、千字节（KiloByte，KB）、兆字节（MegaByte，MB）、吉字节（GigaByte，GB）、太字节（TeraByte，TB）、拍字节（PetaByte，PB）、艾字节（ExaByte，EB）。

在数字技术和计算机技术领域中这些单位的换算关系如下：

1 B = 8bit

1 KB=2^{10} B =1024 B

1 MB=2^{20} B =1024 KB

1 GB=2^{30} B =1024 MB

1 TB =2^{40} B =1024 GB

1 PB=2^{50} B =1024 TB

1 EB=2^{60} B =1024 PB

上述单位中字节是计算机技术中最常用的单位。因为所有的英文字母和符号的编码最多用 7 位二进制数就可以表示，完全满足处理英文信息的数字化要求，所以在计算机技术中用 8 个比特作为一个字节。

由于日常生活中，人们已经习惯使用十进制计数表达数值，所以在一些领域有时还会使用十进制换算表达上述关系，换算关系如下：

1 KB≈1000 B=10^3B

1 MB≈1000 KB=10^6 B

1 GB≈1000 MB=10^9 B

1 TB ≈1000 GB=10^{12} B

由于存在换算关系的不同，同样的数据表示会有所不同，例如，某存储卡标明存储容量为 8GB，在计算机中显示却只有 7.8 GB 左右，这是因为存储卡厂家是按十进制换算关系表达存储卡的容量，计算机中却是用二进制换算关系表示，因此会产生误差。

1.4.2 数制及其转换

虽然计算机能极快地进行运算，但其内部并不像人们在实际生活中那样使用十进制，而是使用只包含 0 和 1 两个数字的二进制。当然，人们输入计算机的十进制最终会被转换成二进制进行计算，计算后的结果又由二进制转换成十进制展现出来，这些都是由操作系统自动完成的，不需要人们手工去做。

1．数制

数制也称计数制，是用一组固定的数码和统一的规则来表示数值的方法。按进位的原则进行计数的方法叫做进位计数制，简称进制。我们平时用的最多的就是十进制，在计算机技术中，我们还经常采用二进制、八进制和十六进制。

每种进制的进位都遵循一个规则，那就是 N 进制，逢 N 进一。这里的 N 叫做基数。

所谓"基数"就是数制中表示数值所需要的数码的总数。二进制中用 0、1 来表示数值，一共 2 个数码；八进制中用 0～7 来表示数值，一共 8 个数码；十进制中用 0～9 来表示数值，一共有 10 个不同的数码；十六进制中用 0～9、A、B、C、D、E、F 来表示数值，一共有 16 个不同的数码。

- 二进制（Binary System，B）

二进制是计算机技术中广泛采用的一种数制。二进制数用 0 和 1 两个数码表示每个数位上数值的大小。它的基数为 2，进位规则是逢二进一，借位规则是借一当二，当前的计算机系统使用的基本上都是二进制系统。

- 八进制（Octal System，O）

八进制在早期的计算机系统中很常见。八进制数字用 0、1、2、3、4、5、6、7 共 8 个数码描述每个数位上数值的大小。它的基数为 8，计数规则是逢八进一。

- 十进制（Decimal System，D）

十进制是人们日常生活中最熟悉的进位计数制。在十进制中，用 0、1、2、3、4、5、6、7、8、9 共 10 个数码描述每个数位上数值的大小。它的基数为 10，计数规则是逢十进一。

- 十六进制（Hexadecimal System，H）

十六进制是人们在计算机指令代码和数据的书写中经常使用的数制。在十六进制中，用 0～9 和 A～F（或 a～f）共 16 个数码来描述每个数位上数值的大小。它的基数是 16，计数规则是逢十六进一。

为了区别不同的进制数，常在不同进制数字后加进制的英文单词大写首字母来表示，二进制用 B、八进制用 O、十进制用 D、十六进制用 H。也可以用相应进制的阿拉伯数字作为下标来表示，例如 $(101)_2$、$(101)_8$、$(101)_{10}$、$(101)_{16}$。

位权是指用不同进制表示数值时，其每个数位都被赋予一定的权值，代表该数位的每单位数值大小。每个数位的数值大小与数位的位置有关。

采用位权方法表示的数值大小（任何进制）按如下表达式计算。

基数为 M 的 2n+1 位数值 $K_nK_{n-1}\cdots K_3K_2K_1K_0K_{-1}\cdots K_{-n}$ 表示的数值大小 S 为：

$$S= K_n\times M^n+K_{n-1}\times M^{n-1}+\cdots+ K_2\times M^2+K_1\times M^1+ K_0\times M^0+ K_{-1}\times M^{-1}+\cdots+K_{-n}\times M^{-n}$$

例 1.1 将十六进制数 $(F5.4)_{16}$ 转换成十进制数。

$$(F5.4)_{16}=240+5+4/16=(245.25)_{10}$$

（图示：F → 15×16^1，5 → 5×16^0，4 → 4×16^{-1}）

$$(F5.4)_{16}=15\times16^1+5\times16^0+4\times16^{-1}=240+5+4/16=(245.25)_{10}$$

例 1.2 将八进制数（365.2）$_8$转换成十进制数。

$$(365.2)_8=192+48+5+2/8=(245.25)_{10}$$

（图示：3 → 3×8^2，6 → 6×8^1，5 → 5×8^0，2 → 2×8^{-1}）

$$(365.2)_8=3\times8^2+6\times8^1+5\times8^0+2\times8^{-1}=192+48+5+2/8=(245.25)_{10}$$

2. 不同数制间的相互转换

- 二进制数与十进制数之间的转换

（1）二进制数转换为十进制数

由二进制数转换成十进制数的基本方法是，首先把二进制数写成加权系数展开式，然后按十进制加法规则求和。这种计算方法被称为“按权相加”法。

例 1.3 将二进制数（101.01）$_2$转换成十进制数。

$$(101.01)_2=4+0+1+0+1/4=(5.25)_{10}$$

（图示：1 → 1×2^2，0 → 0×2^1，1 → 1×2^0，0 → 0×2^{-1}，1 → 1×2^{-2}）

$$(101.01)_2=1\times2^2+0\times2^1+1\times2^0+0\times2^{-1}+1\times2^{-2}=4+0+1+0+1/4=(5.25)_{10}$$

类似的，其他进制数（八进制、十六进制）转换为十进制数也采用“按权相加”法。

十进制数转换为二进制数时，由于整数和小数的转换方法不同，所以需要将十进制数的整数部分和小数部分分别转换，再加以合并。

（2）十进制整数转换为二进制整数

十进制整数转换为二进制整数采用“除 2 取余，逆序排列”法。具体方法是：用 2 去除十进制整数，可以得到一个商和余数；再用 2 去除商，又会得到一个商和余数；如此进行，直到商为零时为止。然后把先得到的余数作为二进制数的低位有效位，后得到的余数作为二进制数的高位有效位，依次排列起来。

（3）十进制小数转换为二进制小数

十进制小数转换成二进制小数采用“乘 2 取整，顺序排列”法。具体方法是：用 2 乘十进制小数，可以得到积，将积的整数部分取出；再用 2 乘余下的小数部分，又得到一个积，再将积的整数部分取出；如此进行，直到积中的小数部分为零，或者达到所要求的精度为止。然后把取出的整数部分按顺序排列起来，先取的整数作为二进制小数的高位有效位，后取的整数作为低位有效位。

例 1.4　将（29.6875）$_{10}$ 转换成二进制数。

（29.6875）$_{10}$ 转换为二进制的过程如下：

整数部分：

除数	被除数	余数	
2	29	1	低位
2	14	0	
2	7	1	
2	3	1	
2	1	1	高位
	0	余数	

小数部分：

	整数	小数
		0.6875 ×2
高位	1.	3750 ×2
	0.	7500 ×2
	1.	5000 ×2
低位	1.	0000

结果为 $(29.6875)_D = (11101.1011)_B$

注意

十进制小数（如 0.63）在转换时会出现二进制无穷小数，这时只能取近似值精确到小数点后几位。

$$0.63 \approx 0.1010\ 1010$$

类似的，十进制转换为八进制，整数采用"除 8 取余，逆序排列"法，小数采用"乘 8 取整，顺序排列"法；十进制转换为十六进制，整数采用"除 16 取余，逆序排列"法，小数采用"乘 16 取整，顺序排列"法。

- 二进制数与八进制数之间的转换

二进制数与八进制数的相互转换，可以按照"二进制↔十进制↔八进制"的思路进行转换。也可以按照每三位二进制数对应一位八进制数（"三位一并"和"一分为三"）进行转换，其对应关系如表 1-1 所示。

表 1-1　二进制数与八进制数的对应关系

十进制数	二进制数	八进制数	十进制数	二进制数	八进制数
0	000	0	4	100	4
1	001	1	5	101	5
2	010	2	6	110	6
3	011	3	7	111	7

例 1.5　二进制数转换为八进制数

$$(11111101100.01)_2 = (011\ 111\ 101\ 100.010)_2 = (3754.2)_8$$

例 1.6　八进制数转换为二进制数

$$(61.7)_8 = (110001.111)_2$$

- 二进制数与十六进制数之间的转换

二进制数与十六进制数的相互转换，可以按照"二进制↔十进制↔十六进制"的思路进行转换。也可按照每四位二进制数对应一位十六进制数（"四位一并"和"一分为四"）进行转换，其对应关系如表 1-2 所示。

表 1-2 二进制数与十六进制数的对应关系

十进制数	二进制数	十六进制数	十进制数	二进制数	十六进制数
0	0000	0	8	1000	8
1	0001	1	9	1001	9
2	0010	2	10	1010	A
3	0011	3	11	1011	B
4	0100	4	12	1100	C
5	0101	5	13	1101	D
6	0110	6	14	1110	E
7	0111	7	15	1111	F

例 1.7 二进制数转换为十六进制数

$$(11101.01)_2=(0001\ 1101.0100)_2=(1D.4)_{16}$$

例 1.8 十六进制数转换为二进制数

$$(AF4.76)_{16}=(1010\ 1111\ 0100.\ 0111\ 0110)_2=(101011110100.\ 0111011)_2$$

1.4.3 信息编码与文本处理

文字是一种书面语言，它是由一系列被称为“字符”（Character）的符号构成的。在计算机中，文字信息使用“文本”（Text）表示。文本是基于特定字符集的、具有上下文相关性的一个字符流，每个字符均用二进制编码表示。

文本是计算机中最常见的一种数字媒体，它在计算机中的处理过程包括：文本准备、文本编辑、文本处理、文本存储与传输、文本展现等。

下面首先了解一下各种文本信息在计算机中是如何表示的。

1. 字符的编码

- 西文字符的编码——ASCII 码

西文是由拉丁字母、数字、标点符号及特殊符号组成的。西文字符的集合被称为“西文字符集”。

目前计算机中使用最广泛的西文字符集及其编码是 ASCII 字符集和 ASCII 码，即美国标准信息交换码（American Standard Code for Information Interchange），简称 ASCII 码，如表 1–3 所示，它已被国际标准化组织（ISO）批准成为一种国际标准，在全世界范围内通用。

表 1-3 标准 ASCII 字符集及其编码

$b_8b_7b_6b_5$ / $b_4b_3b_2b_1$	0000	0001	0010	0011	0100	0101	0110	0111
0000	NUL	DLE	SP	0	@	P	`	p
0001	SOH	DC1	!	1	A	Q	a	q
0010	STX	DC2	"	2	B	R	b	r
0011	ETX	DC3	#	3	C	S	c	s
0100	EOT	DC4	$	4	D	T	d	t
0101	ENQ	NAK	%	5	E	U	e	u

续表

$b_8b_7b_6b_5$ / $b_4b_3b_2b_1$	0000	0001	0010	0011	0100	0101	0110	0111
0110	ACK	SYN	&	6	F	V	f	v
0111	BEL	ETB	'	7	G	W	g	w
1000	BS	CAN	(	8	H	X	h	x
1001	HT	EM	)	9	I	Y	i	y
1010	NL	SUB	*	:	J	Z	j	z
1011	VT	ESC	+	;	K	[	k	{
1100	FF	FS	,	<	L	\	l	|
1101	ER	GS	−	=	M	]	m	}
1110	SO	RE	.	>	N	^	n	~
1111	SI	US	/	?	O	_	o	del

ASCII 字符集包含 96 个可打印字符和 32 个控制字符，采用 7 个二进制位进行编码，在最高位前增加一位用作校验位，形成 8 位编码，在计算机中需要使用 1 个字节来存储 1 个 ASCII 字符。

由表 1-3 可以看到，标准 ASCII 字符集具有以下特点：数字、大小写字母连续存放；数字编码<大写字母编码<小写字母编码；相同英文字母的小写编码和大写编码相差 32，如 A 的 ASCII 编码为 65，a 的 ASCII 编码为 97。

● 汉字的编码

汉字编码（Chinese Character Encoding）是为汉字设计的一种便于输入计算机的代码。

1980 年我国颁布了这方面的第一个国家标准——《信息交换用汉字编码字符集・基本集》GB2312，为在不同计算机系统之间进行汉字文本交换提供了统一的编码方式。

GB2312 字符集由三个部分构成，分别为 682 个拉丁字母、俄文、日文平假名与片假名、希腊字母、汉语拼音等图形符号；3755 个一级常用汉字，按汉语拼音排列；3008 个二级常用汉字，按偏旁部首排列。

GB2312 构成一个二维平面，分成 94 行和 94 列，行号称为区号，列号称为位号，它们各需要用 7 位二进制数表示。在计算机内部，将每个汉字的区号和位号分别加上 32，得到国标交换码（简称国标码）。将国标码的两个字节的最高位均置为 1，就得到了汉字的"机内码"（又称内码）。由此可见，汉字的区位码、国标码与机内码的转换方法如下：

汉字的区位码先转换成十六进制数表示；

区位码的十六进制表示 + 2020H = 国标码；

国标码 + 8080H = 机内码。

此外，在我国台湾、香港地区使用的是一种繁体字编码方案——BIG-5 码。BIG-5 码共收录汉字 13053 个，但与 GB2312 不兼容。

2. 文本准备

文本的输入也被称为文本准备。要利用计算机制作一个文本，首先必须向计算机输入该文本，然后才能对此文本进行各种格式化操作。输入字符的方法有两类，如图 1–7 所示。

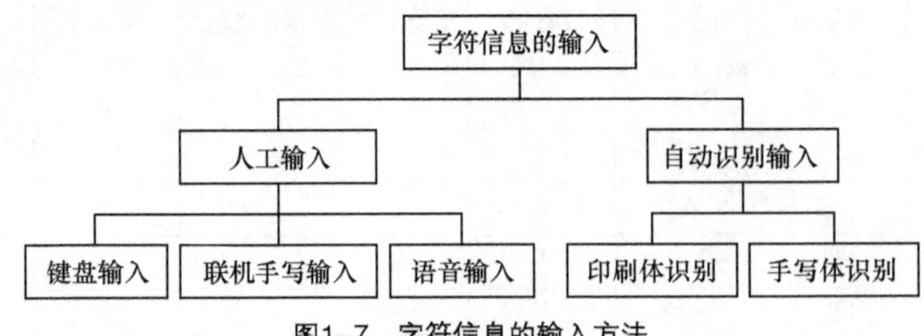

图1–7　字符信息的输入方法

人工输入的形式有键盘输入、手写笔输入、语音识别输入三种，其速度相对较慢、成本较高，在一些需要处理大量信息的情况下不太适用。

自动识别输入的形式有印刷体识别输入和手写体识别输入两种，自动识别输入比人工输入要更高效，但对技术的要求很高，也一直是文本输入研究的重点和难点。

- 键盘输入

由于汉字与键盘上的键无法一一对应，因此必须使用一个键或几个键的组合来表示汉字，这就被称为汉字的“键盘输入编码”。优秀的汉字键盘输入编码应具有易学习、易记忆、效率高（平均击键次数较少）、重码少、容量大（可输入的汉字字数多）等特点。

汉字输入编码方法大致分为以下四类：

数字编码，只用一串数字来表示汉字的编码方法，如电报码、区位码等，简洁明了，但比较难记忆，很少使用；

字音编码，基于汉字的汉语拼音进行编码，这种方法比较大众化，简单易学，但同音字引起的重码较多，增加了操作难度；

字形编码，按照汉字的字形将其分解成若干部分，将其归类，得出编码方法，这种编码重码少，输入速度快，但编码规则较复杂，不易掌握；

形音编码，它综合了字音编码和字形编码的优点，输入效率相比其他方法提高很多，但不太容易掌握。

- 联机手写输入

联机手写输入是指将在手写设备上书写时产生的有序轨迹信息转化为汉字内码的过程。随着智能手机、掌上电脑等移动信息工具的普及，手写输入应用越来越广泛。常用的手写设备有触摸屏、手写板等。

- 语音输入

语音输入是将操作者的讲话，由电脑识别成汉字的输入方法（又称声控输入）。语音输入法使用与主机相连的话筒读出汉字的语音。有些语音输入法可以识别任何年龄层次的声音，还支持自定义组词及本地方言输入，但识别速度和正确率还有待提高。

- 印刷体识别（OCR）输入

所谓 OCR（Optical Character Recognition，光学字符识别）技术，是指电子设备（例如扫描仪或数码相机）通过检测暗、亮的模式检查纸上打印的字符，确定其形状，然后用字符识别方法将形状翻译成计算机文字的过程，它具有简、繁体字混合识别，中文、西文混合识别，文字、表格混合识别，智能校对等功能。

● 脱机手写体识别

手写体识别输入是一种以脱机的方式将预先手写好的文稿输入计算机的方法，它是计算机字符识别中最困难的一个课题。因为不同的书写风格使得手写汉字的差别很大，难以在众多的书写风格之间建立一种平衡，因而识别起来十分困难，目前这方面的研究与实际应用之间仍然有很大的距离。

3. 文本编辑与处理

● 文本编辑

文本编辑是指使用文本编辑软件对文本内容进行编排。在文本的编辑过程中，不同的编辑软件在编辑功能上基于共同的目的，同时又各有自己的特色。

利用计算机对文本进行编辑主要包括对字、词、句、段落进行添加、删除、修改等操作，还可以对字体、字号、字的排列方式、间距、颜色等进行设置，对行间距、段间距、缩进、对齐方式等进行设置，对页眉页脚、页边距、分栏等进行设置，也可以利用软件进行表格制作和绘图操作、定义超链接，并对编辑的文件进行加密和权限保护。

常用的文本编辑软件如 Microsoft Word（办公领域）、FrontPage 和 Dreamweaver、Outlook Express（通信领域）、PageMaker（出版领域）等都具有丰富的文本编辑功能。

● 文本的输出

数字电子文本主要有两种输出方式：打印输出和在屏幕上进行浏览。这两种方式都是将不可见的数字电子文本以可见的方式展现给用户，即文本的输出。

文本输出的过程：首先对文本的格式描述进行解释，然后生成字符和图、表的映像，最后再传输到显示器或打印机中输出。

● 文本的分类

文本是计算机中最常见的一种数字媒体。计算机制作的数字文本有多种类型，其分类标准也有多种。根据文本是否具有编辑排版格式，可分为简单文本和丰富格式文本；根据文本内容的组织形式，可分为线性文本和超文本；根据文本内容的变化特征，可分为静态文本、动态文本和主动文本。下面列举 3 个文本类型（见表 1-4）。

表 1-4　文本的分类

文本类型	特点	在计算机内的表示	扩展名	用途
简单文本	没有字体、字号和版面格式的变化，文本在页面上逐行排列，无法编辑图片和表格	由一连串与正文内容对应的字符的编码所组成，几乎不包含任何其他的格式信息和结构信息	.txt	短信 文字录入 OCR 输入
丰富格式文本（线性文本）	可以对字体、字号、颜色等进行编辑，可以设置页面布局，进行图文混排、表格插入与制作等	除了与正文对应的字符编码之外，还使用某种“标记语言”所规定的一些标记来说明该文本的文字属性和排版格式等	.doc .rtf .htm .html 等	公文 论文 网页等
丰富格式文本（超文本）	除上述特征外，文本中可以设置超链接，使文本呈现为一种网状结构	同上，但还应包含用于指出“链源”和“链宿”的标记	.doc .rtf .htm .html 等	同上，以及软件的联机文档（帮助文件）

1.5 计算机的体系结构

一个完整的计算机系统由硬件系统和软件系统两大部分组成，如图 1-8 所示。这两大部分相辅相成，缺一不可。如果没有硬件，软件就无法存储和运行，也就失去了存在的意义；如果没有软件，硬件就是没有灵魂的“裸机”，不会做任何工作。硬件是计算机的“躯体”，软件是计算机的“灵魂”。

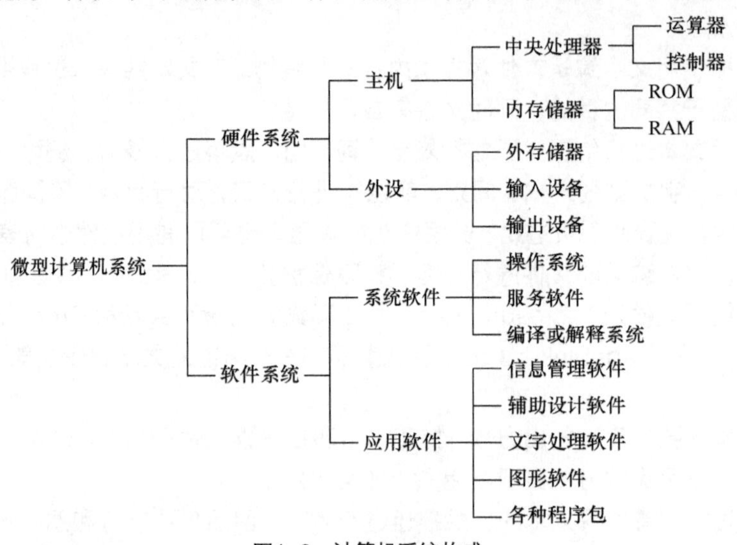

图1-8 计算机系统构成

1.5.1 计算机硬件系统

计算机的硬件系统通常由五大基本部件组成：运算器、控制器、存储器、输入设备和输出设备。

1. 运算器

运算器是完成各种算术运算和逻辑运算的装置，它主要由算术逻辑单元（Arithmetic-Logic Unit，ALU）和一组寄存器组成。ALU 是运算器的核心，它在控制信号的作用下，可以进行加、减、乘、除等算术运算和各种逻辑运算。寄存器用来存储 ALU 运算中所需的操作数及运算结果。

2. 控制器

控制器是计算机的指挥中心，是发布命令的“决策机构”，负责决定程序执行的顺序，给出执行指令时机器各部件需要的操作控制命令，协调和指挥整个计算机系统有条不紊地工作。由程序计数器、指令寄存器、指令译码器、时序产生器和操作控制器组成。

通常将运算器和控制器合称为中央处理器（Central Processing Unit，CPU）。

3. 存储器

存储器将输入设备接收到的信息以二进制的形式存放到存储器中。存储器有两种，分别是内存储器和外存储器。通常将 CPU 和内存储器合称为主机。

- 内存储器

微型计算机的内存储器是由半导体器件构成的，它可以与 CPU 直接进行数据交换，简称为内存或主存。内存从使用功能上可分为三种：随机存储器 （Random Access Memory，RAM），又称读写存储器；只读存储器（Read Only Memory，ROM）；高速缓冲存储器（Cache）。

（1）随机存储器

RAM 有以下特点：加电时可以读出，也可以写入。读出时并不损坏原来存储的内容，只有写入时才修改原来所存储的内容。断电后，存储内容立即消失，即具有易失性。

计算机的常用内存以内存条的形式插在主板上，如图 1-9 所示。

（2）只读存储器

ROM 是只读存储器。顾名思义，它的特点是只能读出原有的内容，不能由用户写入新内容。原来存储的内容是采用掩膜技术由厂家一次性写入，并永久保存下来的。一般用来存放专用的固定程序和数据，如监控程序、基本输入/输出系统模块 BIOS 等，不会因断电而丢失。除了 ROM 外，还有可编程只读存储器 PROM、可擦除可编程的只读存储器 EPROM、可用电擦除的可编程的只读存储器 EEPROM 等。

图1-9　内存条

（3）高速缓冲存储器

高速缓冲存储器（Cache）是位于 CPU 与内存之间的规模较小但速度很快的存储器，由于它在高速的 CPU 和低速的内存之间起到缓冲作用，可以解决 CPU 和内存之间速度不匹配的问题，故称之为缓存，也叫做高速缓冲存储器。计算机系统按照一定的方式，将 CPU 频繁访问的内存数据存入 Cache，当 CPU 要读取这些数据时，则直接从 Cache 中读取，加快了 CPU 访问这些数据的速度，进而提高了系统整体的运行速度。

● 外存储器

外存储器由于不能和 CPU 直接进行数据交换，只能与内存交换信息，故被称为外存储器，简称外存或辅存。外存通常是磁性介质或光盘，如硬盘、软盘、磁带、CD 等，能长期保存信息，断电后也不会丢失，由于是由机械部件带动，速度与 CPU 相比要慢得多。

（1）硬盘

将读写磁头、电动机驱动部件和若干涂有磁性材料的铝合金圆盘密封在一起构成硬盘。硬盘是计算机最重要的外存储器，具有比软盘大得多的容量和快得多的速度，而且可靠性高，使用寿命长。计算机操作系统、大量的应用软件和数据都存放在硬盘上。硬盘容量有 500GB、1TB、2TB、3TB 等。硬盘外观和内部驱动装置如图 1-10 和图 1-11 所示。

图1-10　硬盘的外观

图1-11　硬盘的内部

（2）光盘

光盘存储器是利用光学方式进行信息存储的设备，由光盘和光盘驱动器组成。

光盘不像磁盘是利用表面磁化状态的不同，而是利用表面有无凹痕来表示信息，有凹痕的记录“0”，无凹痕的记录“1”。写入数据时，用高能激光照射盘片，灼烧形成凹痕；读取数据时，用低能激光照射盘片，在无凹痕处准确反射至光敏二极管，而有凹痕处因散射而被吸收，二极管接收到反射光时记“1”，否则记“0”。光盘通常分为只读型光盘 CD-ROM、一次写入型光盘 CD-R 和可重写型光盘 CD-RW，同时还有 DVD-ROM、DVD±R、DVD±RW 等。光盘及其驱动器如图 1-12 和图 1-13 所示。

图1-12 光盘

图1-13 光盘驱动器

（3）移动存储器

移动存储器无需驱动器和额外电源，只需从其采用的标准 USB 接口总线取电，可热插拔，读/写速度快，存储容量大，另外还具有价格便宜、体积小巧、外形美观、易于携带等特点。目前人们最常用的是移动闪存和移动硬盘。

移动闪存又称 U 盘，它具有 RAM 的存取数据速度快和 ROM 的保存数据不易丢失的双重优点，且体积小、性价比高、使用方便，它已经取代了人们使用多年的软盘而成为微型计算机的一种常用移动存储设备，适合小数据暂时性存储，如图 1-14 所示。

移动硬盘与笔记本计算机的硬盘结构类似，具有比 U 盘更大的存储量和更高的可靠性，已成为目前数据备份的主流设备，但其抗震性和易携带性方面不如 U 盘，如图 1-15 所示。

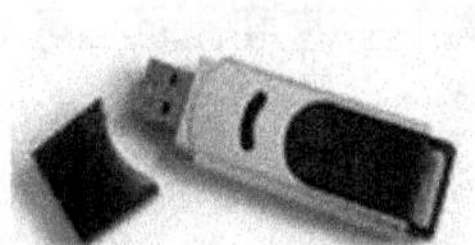

图1-14 U盘

图1-15 移动硬盘

- 存储系统的层次结构

随着 CPU 速度的不断提高和软件规模的不断扩大，人们希望存储器能同时满足速度快、容量大、价格低的要求。但实际上这一点很难办到，解决这一问题的较好方法是设计出一个快慢搭配、具有层次结构的存储系统。图 1-16 显示了新型计算机系统中的存储器组织。它呈现金字塔形结构，越往上，存储器件的速度越快，CPU 的访问频度越高；同时，每位存储容量的价格也越高，系统的拥有量越小。图中可以看到，CPU 中的寄存器位于该塔的顶端，它有最快的存取速度，但数量极为有限；向下依次是 CPU 内的 Cache、主板上的 Cache、主存储器、辅助存储器和大容量辅助存储器；位于塔底的存储设备，其容量最大，每位存储容量的价格最低，但速度可能也是较慢或最慢的。

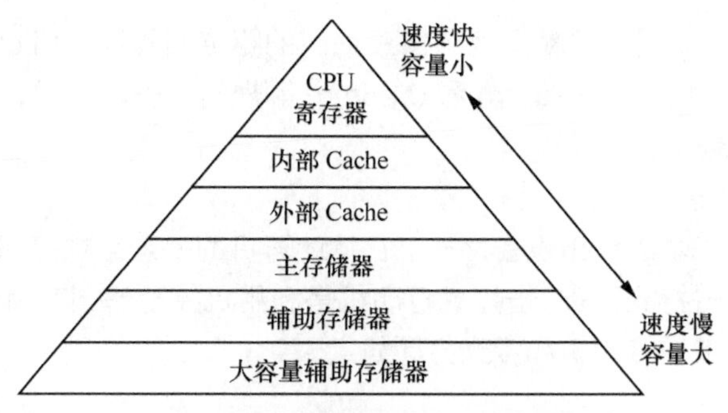

图1-16 计算机存储系统的层次结构

4. 输入设备

输入设备是将数据、程序、文字符号、图像、声音等信息输送到计算机中的设备。常用的输入设备有键盘、鼠标、触摸屏、数字转换器等。

- 键盘

键盘是最常用也是最主要的输入设备，通过键盘，可以将英文字母、数字、标点符号等输入到计算机中，从而向计算机发出命令、输入数据等。

- 鼠标

鼠标是一种常用的输入设备，因形似老鼠而得名。“鼠标”的标准称呼应该是“鼠标器”，可以对当前屏幕上的光标进行定位，并通过按键和滚轮装置对光标所经过位置的屏幕元素进行操作。鼠标的使用使计算机的操作更加简便，取代了要通过键盘输入的一些烦琐指令。

- 触摸屏

触摸屏是一种覆盖了导电复合薄膜的特殊显示屏，在塑料层下是互相交叉不可见的红外线光束。用户通过手指触摸显示屏来选择菜单项。触摸屏的特点是简单、方便、自然，多用于手机、平板电脑、自动售票机、自动柜员机，在信息中心、饭店、百货商场等场所也可看到触摸屏的使用。

- 数字转换器

数字转换器是一种用来描绘或复制图画或照片的设备。把需要复制的内容放置在数字化图形输入板上，然后通过一个连接计算机的特殊输入笔描绘这些内容。随着输入笔在要复制内容上的移动，计算机会记录它在数字化图形输入板上的位置，当描绘完成后需要复制整个内容，图像才能在显示器上显示或在打印机上打印，或者存储在计算机系统上以便日后使用。数字转换器常常用于工程图纸的设计。

除此之外，常用的输入设备还有游戏杆、数码相机、数字摄像机、图像扫描仪、传真机、条形码阅读器、语音输入设备等。

5. 输出设备

输出设备用来将计算机的运算结果或者中间结果打印或显示出来。常用的输出设备有显示器、打印机、绘图仪和传真机等。

- 显示器

显示器也叫监视器，是计算机中最重要的输出设备之一，也是人机交互必不可少的设备。常用的有阴极射线管显示器、液晶显示器、等离子显示器和投影仪。像素和点距是显示器的主要性能指标之一。屏幕上图像的分辨率或者清晰度取决于能在屏幕上独立显示的点的直径，这种独立显示的点被称为像素（Pixel），屏幕上两个像素之间的距离叫点距（Pitch）。目前，计算机上使用的显示器的点距有0.31mm、0.28mm和0.25mm等规格。一般来讲，点距越小，分辨率就越高，显示器的性能也就越好。

- 打印机（Printer）

打印机是计算机最基本的输出设备之一。它将计算机的处理结果打印在纸上。打印机按印字方式可分为击打式和非击打式两类。击打式打印机是利用机械动作，将字体通过色带打印在纸上；非击打式打印机主要有喷墨打印机和激光打印机。

- 绘图仪

绘图仪是能按照人们要求自动绘制图形的设备。它可将计算机的输出信息以图形的形式输出，主要可绘制各种管理图表和统计图、大地测量图、建筑设计图、电路布线图、机械图与计算机辅助设计图等。

1.5.2 计算机软件系统

计算机软件是用户与硬件之间的接口，是用户与计算机之间交流的桥梁，包括了各种计算机程序、数据和应用说明文档。计算机软件按用途可分为系统软件和应用软件两大类。

1. 系统软件

系统软件是计算机系统中与硬件关系最密切的软件，由一组控制计算机系统并管理其资源的程序组成，其他软件一般都通过系统软件发挥作用。其主要功能包括：启动计算机，存储、加载和执行应用程序，对文件进行排序、检索，将程序语言翻译成机器语言等。实际上，系统软件可以被视为用户与计算机的接口，它为应用软件和用户提供了控制、访问硬件的手段，这些功能主要由操作系统完成。此外，编译系统和各种工具软件也属于系统软件，它们从另一方面辅助用户使用计算机。

- 操作系统

操作系统是管理、控制和监督计算机软、硬件资源协调运行的程序系统，由一系列具有不同控制和管理功能的程序组成，它是直接运行在计算机硬件上的、最基本的系统软件，是系统软件的核心。

- 语言处理系统（翻译程序）

人和计算机交流信息使用的语言被称为计算机语言或程序设计语言。计算机语言通常分为机器语言、汇编语言和高级语言三类。如果要在计算机上运行高级语言程序就必须配备程序语言翻译程序（以下简称翻译程序）。翻译程序本身是一组程序，不同的高级语言都有相应的翻译程序。

- 服务程序

服务程序能够提供一些常用的服务性功能，它们为用户开发程序和使用计算机提供了方便，在计算机上经常使用的诊断程序、调试程序、编辑程序均属此类。

- 数据库管理系统

数据库是指按照一定联系存储的数据集合，可为多种应用共享。数据库管理系统（Data Base Management System，DBMS）则是能够对数据库进行加工、管理的系统软件。其主要功能是建立、消除、维护数据库及对数据库中数据进行各种操作。

2. 应用软件

应用软件（Application Software）是为解决各类实际问题而设计的程序系统。它可以是一个特定的程序，比如一个图像浏览器；也可以是一组功能联系紧密、可以互相协作的程序的集合，比如微软的 Office 软件。

微课：认识应用软件

从其服务对象的角度，应用软件又可分为通用应用软件和定制应用软件两类。

● 通用应用软件

通用应用软件在商业、科学和个人应用领域被普遍使用，它设计精巧，易学易用。表 1-5 所示为通用应用软件的分类及功能。

表 1-5 通用应用软件的类别与功能

类别	功能	流行软件举例
文字处理软件	文本编辑、文字处理、图文混排等	Word、WPS、Adobe Acrobat 等
电子表格处理软件	表格制作、数值计算和统计、生成图表等	Excel 等
图形图像处理软件	图像处理、几何图形绘制、动画制作等	Photoshop、Flash、AutoCAD、3ds Max 等
媒体播放软件	播放各种数字音频和视频文件	Media Player、Real Player 等
网络通信软件	电子邮件、聊天、IP 电话等	QQ、Outlook Express 等
演示软件	幻灯片的制作等	PowerPoint 等

● 定制应用软件

定制应用软件是按照不同领域用户的特定应用要求而专门设计开发的软件。例如，财务管理软件、学校教务系统软件、资产管理软件等。

1.6 信息与信息技术

1.6.1 什么是信息

信息（Information）看不见摸不着，它既不是物质，也不是能量，但它确实存在。信息和物质、能量一样，可以决定事物的发展运动规律，比如遗传信息可以决定生物的生长规律。

至今为止，关于信息还没有一个统一的被普遍接受的定义。很多学者从不同的角度对信息进行了定义。例如，信息论创始人香农是这样描述信息的："信息是用来消除不确定性的东西。"而控制论的创始人维纳是这样描述的："信息就是信息，不是物质，也不是能量。"我国学者钟义信是这样描述的："信息是事物运动的状态和方式，也就是事物内部结构和外部联系的状态和方式。"

不论信息是如何定义的，可以肯定的是，信息对人类社会已经变得越来越重要了，信息俨然已经和物质、能量一起成为客观世界的三大构成要素。

1.6.2 什么是信息技术

信息和人类活动密切相关，信息技术是在辅助人类处理信息的过程中发展而形成的关于信息处理方面的各种技术。

人的信息处理功能包括：感觉器官承担的信息获取功能，神经网络承担的信息传递功能，思维器官承担的信息认知功能和信息再生功能，效应器官承担的信息执行功能。

信息技术（Information Technology，IT）是指在信息科学的基本原理和方法的指导下扩展人类信息功能的技术。一般来说，信息技术是以电子计算机和现代通信为主要手段实现信息的获取、加工、传递、存储和利用等功能的技术总和。

1.6.3 信息技术的应用

信息的作用对社会生产和生活越来越重要，没有现代信息技术支持的企业、部门将失去竞争能力，被社会淘汰。所以，更多的企业、部门都对传统生产、服务方式进行了改造，引进、融合信息技术，从而改善生产和服务的效果及效率。信息技术的应用领域很广，如商业、公共安全、电力、医疗卫生、水资源管理、交通和政府服务等。

1.6.4 信息安全

信息技术的发展与应用，改变了人们的生活生产方式和思想观念，推动了人类社会的发展和人类文明的进步，信息系统已经成为了不可或缺的重要基础设施，信息化水平已成为衡量一个国家现代化程度和综合国力的重要标志。但是人们在享受着信息技术带来的便利的同时，信息安全也面临着严重的威胁，没有信息安全就没有政治安全、军事安全、经济安全和个人信息安全。

1. 计算机病毒

计算机病毒是指那些具有自我复制能力的计算机程序，它能影响计算机软件、硬件的正常运行，破坏数据的正确与完整，它具有破坏性、复制性和传染性。在《中华人民共和国计算机信息系统安全保护条例》中有明确定义，病毒指“编制者在计算机程序中插入的破坏计算机功能或者数据，影响计算机使用并且能够自我复制的一组计算机指令或者程序代码”。

与医学上的“病毒”不同，计算机病毒不是天然存在的，而是某些人利用计算机软件和硬件所固有的脆弱性编制的一组指令集或程序代码。它能通过某种途径潜伏在计算机的存储介质（或程序）里，当达到某种条件时即被激活，通过修改其他程序将自己的精确复制或者可能演化的形式放入其他程序中，从而感染其他程序，对计算机资源进行破坏。

2. 计算机病毒的症状

计算机感染病毒后，通常会表现出以下症状。

- 计算机系统引导速度与运行速度减慢；
- 计算机系统经常无故发生死机或系统异常重新启动；
- 文件丢失或文件损坏无法正确读取、复制或打开；
- Windows 操作系统无故频繁出现错误，屏幕上出现异常显示；
- 使不应驻留内存的程序驻留内存。

3. 计算机病毒的特点

- 复制性

计算机病毒可以像生物病毒一样进行繁殖，当正常程序运行的时候，它也会运行并进行自身复制和传播，具有繁殖、传染的特征是判断某段程序为计算机病毒的首要条件。

- 破坏性

计算机中毒后，可能会导致正常的程序无法运行、把计算机内的文件删除或进行不同程度的损坏。

- 传染性

计算机病毒不但本身具有破坏性，更有害的是具有传染性，一旦病毒被复制或产生变种，其速度之快令人难以预防。病毒的传播途径主要是文件复制和文件传送，主要传播媒介是 U 盘、硬盘、光盘和网络。

● 潜伏性

一个编制精巧的计算机病毒程序，进入系统之后一般不会马上发作，因此病毒可以静静地躲在磁盘或移动存储介质里待上几天，甚至几年，一旦时机成熟，得到运行机会，就又要四处繁殖、扩散，产生危害。

● 隐蔽性

计算机病毒具有很强的隐蔽性，通常附着在正常程序中或磁盘中较为隐蔽的地方，有的可以通过病毒软件检查出来，有的根本就查不出来，有的时隐时现、变化无常，常常在用户没有察觉的情况下四处扩散。

● 可触发性

某个事件或数值的出现诱使病毒实施感染或进行攻击的特性被称为可触发性。病毒具有预定的触发条件，这些条件可以是时间、日期、文件类型或某些特定数据等。病毒运行时，触发机制检查预定条件是否满足，如果满足，即启动感染或破坏动作，使病毒进行感染或攻击；如果不满足，则病毒继续潜伏。

4. 计算机病毒的预防

提高系统的安全性是预防病毒的一个重要措施，但完美的系统是不存在的，过于强调提高系统的安全性将使系统将多数时间用于病毒检查，而失去了本身的可用性、实用性和易用性。为了加强内部网络管理人员以及使用人员的安全意识，很多计算机系统常用口令来控制对系统资源的访问，这是预防病毒进程中最容易也最经济的方法之一。另外，安装杀毒软并及时更新病毒库也是预防病毒的重要手段。

● 计算机病毒的预防措施

（1）安装真正有效的防毒软件，并经常进行升级。

（2）不使用来历不明的软件。

（3）对外来程序要使用查毒软件进行检查，未经检查的可执行文件不能拷入硬盘，更不能使用。

（4）对可移动存储设备要谨慎连接，打开前先对其进行病毒查杀。

（5）对操作系统及安装好的应用软件做完整的系统备份，然后妥善保存，一旦系统遭受病毒侵犯而无法修复，可以利用系统备份来恢复操作系统，并对数据盘进行检查和杀毒等操作。

（6）不访问非法网站，不轻信网络广告中不良信息的诱导，以免跳转到存在木马病毒的网站。

及早发现计算机病毒，是有效控制病毒危害的关键。检查计算机有无病毒主要有两种途径：一种是利用反病毒软件进行检测，另一种是注意观察计算机出现的异常现象。

● 发现计算机病毒后的解决方法

（1）在清除病毒之前，要先备份重要的数据文件。

（2）启动最新的反病毒软件，对整个计算机系统进行病毒扫描和清除，使系统或文件恢复正常。

（3）如果可执行文件中的病毒不能被清除，一般应将其删除，然后重新安装相应的应用程序。

（4）某些病毒在 Windows 状态下无法完全清除，此时我们应使用事先准备好的干净的系统引导盘引导系统，然后在 DOS 下运行相关杀毒软件对病毒进行清除。

1.7 多媒体技术基础

1.7.1 多媒体的概念及特点

多媒体（Multimedia）在计算机信息领域中泛指一切信息载体和信息的表现形式，例如文字、声音、静态图像、动态视频、图形、动画以及采集而来的数据等。

多媒体技术具有多样性、集成性和交互性的特点。多媒体信息具有表现类型的多样性，媒体输入、传播、再现和展示手段也十分多样，不但可以使用鼠标、键盘、扫描等传统手段，还可以使用触摸屏、语音、手势和表情等新技术和手段。多媒体技术可以将各类媒体的设备集成在一起，同时也将多媒体信息的表现形式以及处理手段集成在同一个系统中。交互性是实现媒体信息的双向处理，为用户提供控制和使用信息的有效手段。

1.7.2 数字媒体信息技术

1. 数字图形与图像

计算机中的数字图像有两种基本形式：一种是位图图像（简称图像），亦称点阵图像，是由像素点排成矩阵组成的，一般是由数码相机、扫描仪等输入设备捕捉真实场景画面产生的映像；另一种是矢量图形（简称图形），亦称面向对象的图像，一般指通过绘图软件绘制的图像。

● 图像的获取

图像的获取是指从现实世界中获得数字图像的过程。图像的获取需要通过扫描仪、数码相机、摄像机等设备完成。所有设备获取图像的过程实质上是模拟信号的数字化过程，处理过程主要分为扫描、分色、取样、量化四个步骤，如图 1-17 所示。

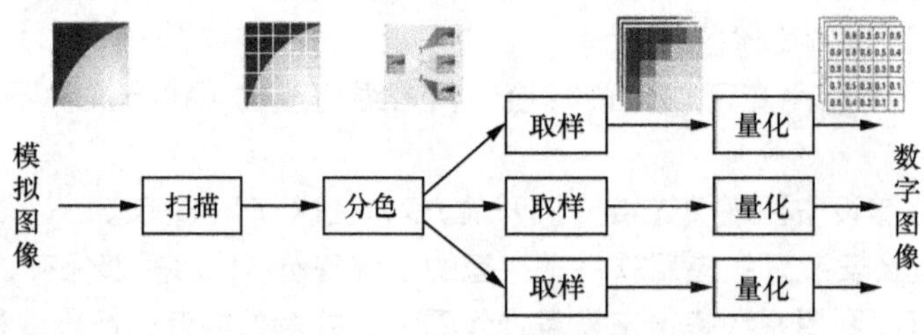

图1-17 图像的数字化过程

● 图像的性能指标与压缩编码

（1）图像的性能指标

一幅数字取样图像由 M（列）×N（行）个取样点组成，取样点是组成数字取样图像的基本单位，被称为像素（Pixels，PX）。彩色图像的像素通常由 3 个彩色分量组成，灰度图像和黑白图像的像素只包含 1 个亮度分量。

在计算机中存储的每一幅数字（取样）图像都包括以下几个主要参数。

图像大小，即图像分辨率，包括水平分辨率和垂直分辨率。图像的分辨率越高，图像越清晰逼真，图像文件存储空间越大；反之，图像就越粗糙，存储空间越小。

颜色模型，针对彩色图像的颜色描述方法，常用的颜色模型有 RGB（红、绿、蓝）、CMYK

（青、品红、黄、黑）、HSL（色调、饱和度、亮度）、YUV（亮度、色度）等。这些颜色模型都可以相互转换。

像素深度，即图像中表示每个像素的颜色使用的二进制的位数，是像素的所有颜色分量的二进制位数之和。像素深度值越大，图像能表示的颜色数越多，色彩越丰富逼真，占用的存储空间也越大。常见的像素深度有 1 位、4 位、8 位、24 位，分别用来表示黑白图像、16 色灰度图像、256 色灰度图像和真彩色（224 种颜色）图像。

（2）图像的压缩编码

每幅图像都用图像的数据量来表示它的大小，计算公式如下（以字节为单位）：

图像数据量=水平分辨率 × 垂直分辨率 × 像素深度 / 8

几种不同参数的取样图像在压缩前的数据量如表 1–6 所示。

表 1-6 几种常用格式图像的数据量

图像大小	8 位（256 色）	16 位（65536 色）	24 位（真彩色）
640×480	300 KB	600 KB	900 KB
1024×768	768 KB	1.5 MB	2.25 MB
1280×1024	1.25 MB	2.5 MB	3.75 MB

图像压缩是指以较少的比特表示原来的像素矩阵的技术，也称图像压缩编码。图像的压缩可分为无损压缩和有损压缩。无损压缩的图像可以将原始图像完全还原，没有任何误差。而有损压缩的图像则无法还原到原始状态，会存在一定程度的误差，但通常情况下不影响人们对该图像的识别和使用。图像的压缩方法很多，不同的场合有不同的方法，也可以是多种压缩方法的综合。压缩比越低，图像质量越高；压缩比越高，图像质量越低。通常我们使用有损压缩以获得较高的数据压缩比，便于传输并节省存储空间。

（3）图像的文件格式

不同的图像文件格式采用了不同的数据压缩技术和数据组织方法，有不同的适用之处，常用的图像文件格式如表 1–7 所示。

表 1-7 常用图像文件格式

名称	压缩编码方法	性质	典型应用	开发公司（组织）
BMP	RLE（行程长度编码）	无损	Windows 应用程序	Microsoft
TIF	RLE，LZW（字典编码）	无损	桌面出版	Aldus，Microsoft
GIF	LZW	无损	因特网	CompuServe
JPEG	DCT（离散余弦变换）Huffman 编码	大多数为有损	因特网，数码相机等	ISO/IEC

- 图像处理与应用

（1）图像处理

图像处理（image processing）是指用计算机对图像进行分析，以达到所需结果的技术，即数字图像处理。图像处理技术一般包括图像压缩、增强和复原、匹配、描述和识别这几个部分。

常用的图像编辑软件有：业界标准的 Adobe Photoshop CS 软件、用于专业矢量绘图的 Adobe Illustrator 软件、用于界面设计的 Corel DRAW 软件、用于相片管理的 ACD See 软件、用于可视化的网页设计和网站管理的 Macromedia Flash 软件等，每款软件都有自己的特点和应用范围。

（2）图像处理的应用

图像处理的应用领域十分广泛，例如图像通信（图像压缩和传输）、信息安全（指纹识别、虹膜识别、人脸识别）、医疗影像处理（CT 成像、核磁共振 MRI、超声、X 线成像）、军事（侦察照片的判读）、公安业务图片的判读分析、交通监控、机器人视觉、飞机遥感和卫星遥感技术等领域。

使用计算机合成图像，是继摄影技术和电影与电视技术之后最重要的一种制作图像的方法，其优点是计算机不但能生成实际存在的具体景物的图像，还能生成假想或抽象景物的图像，如科幻电影中的怪兽，工程师构思中的新产品形状与结构等。计算机不仅能生成静止图像，而且还能生成各种运动、变化的动态图像。计算机合成图像在计算机辅助设计和辅助制造、城市管理、国土规划、石油勘探、军事作战指挥、计算机动画和计算机艺术、电子出版、数据处理等领域应用广泛。

- 图形处理

图形是指在一个二维或者三维空间中可以用轮廓划分出的若干个空间形状，是由外部轮廓线条构成的矢量图，即由绘图软件绘制的直线、圆、矩形、曲线、图表等。通常使用 Draw 程序来产生矢量图形，并可对矢量图形及图元独立进行移动、缩放、旋转和扭曲等变换。图形绘制过程中，每一个像素的颜色及其亮度都要经过大量的计算才能得到，因此绘制过程的计算量很大，特别是三维图形和动画。

2. 数字声音

- 声音信息的表示

声音是表达信息的另一种有效方式，也是计算机信息处理的主要对象之一，它在多媒体技术中起着重要的作用。计算机内部均以二进制的形式存储数据，所以对声音进行处理、存储和传输之前必须将声音信息数字化。数字声音是一种在时间上连续的媒体，数据量大，对存储和传输的要求也比较高。计算机中通常采用数字波形法和合成法来表示声音信息。

- 声音的获取与播放

数字声音的获取是以各种音频格式类型的编码技术对模拟声音进行取样、量化、编码的过程。

取样是把模拟音频转成数字音频的过程，用到的主要设备是模拟/数字转换器。量化是对取样后的模拟值用二进制数来表示。声音信号的量化精度一般为 8 位、12 位或 16 位，量化精度越高，声音的保真度越好。量化后的声音要按照一定的要求进行编码，对数据进行压缩、组织，以利于数据的存储和处理。

在声音获取过程中，取样频率越高，量化位数越多，数字化的信号越能逼近原来的模拟信号，而编码用的二进制位数也就越多，声音的数据量也越大。

声音的获取设备主要包括麦克风和声卡。麦克风将声音信号转换为电信号，然后交由声卡对其进行数字化。

声音的播放就是计算机输出声音的过程。声音的播放分两步：首先是把声音从数字信号转换成模拟信号，即声音的重建，然后再将此模拟信号处理、放大，并送到扬声器发出声音。

- 声音的参数与压缩编码

（1）声音的参数

声音的参数包括取样频率、量化位数、声道数目、使用的压缩编码方法以及比特率。比特率是指每秒钟的数据量，比特率的计算方法如下：

压缩前，声音的比特率=取样频率×量化位数×声道数目；

压缩后，声音的比特率=压缩前的比特率/压缩倍数。

两种常用的数字声音的主要参数如表 1–8 所示。

表 1-8 两种常用的数字声音的主要参数

声音类型	声音信号带宽（Hz）	取样频率（kHz）	量化位数（bits）	声道数	未压缩时的比特率（kb/s）
数字语音	300～3400	8	8	1	64
CD 唱片	20～20000	44.1	16	2	1411.2

（2）声音的压缩编码

数字化声音的数据量很大，为了降低存储成本和提高传输效率，对数字波形声音进行数据压缩是必要的，常见的声音压缩编码标准如表 1–9 所示。

表 1-9 常见的几种声音压缩编码标准

标准名称	压缩后的码率（每个声道）	声道数目	主要应用
MPEG–1 audio 层 1	192 kbps（压缩 4 倍）	2	数字盒式录音带
MPEG–1 audio 层 2	128 kbps（压缩 6 倍）	2	DAB，VCD
MPEG–1 audio 层 3	64kbps（压缩 11～12 倍）	2	Internet，MP3 音乐
MPEG–2 audio	与 MPEG–1 层 1、层 2、层 3 相同	5.1，7.1	同 MPEG–1
Dolby AC–3	64 kbp	5.1，7.1	DVD，DTV，家庭影院

● 声音的编辑

目前普遍使用的声音编辑软件有 Cool Edit、Audio Editor Gold 等，通过它们可以方便、直观地对声音进行各种编辑处理。声音编辑软件的功能一般包括：基本编辑操作、声音的效果处理、格式转换、配音、刻录等。

● 计算机合成声音

计算机合成声音分两类：一类是计算机合成的语音，就是用计算机模仿的方式产生人类语音；另一类是计算机合成的音乐，音乐合成是由电子设备代替乐队进行演奏和自动化编曲的一种音乐生成手段。

3. 数字视频

视频（Video）指可视的信息，包括静止图像和动态图像。静止图像的亮度和颜色空间分布不随时间变化而改变。动态图像的空间亮度则是随时间变化而改变的。所以，动态图像是一个时与空亮度的模型，其本质是由静止图像顺序排列组成，其中的每一幅称为帧（Frame）。电影、电视通过快速播放每帧画面，再加上人眼视觉效应便产生了连续运动的效果。当帧速率达到 12 帧/秒（fps）以上时，可以产生连续的视频显示效果。通常视频图像还配有同步的声音，所以，视频信息需要占据巨大的存储容量。视频有两类：模拟视频和数字视频。模拟视频常用的两种视频标准是 NTSC 制式（30 帧/秒，525 行/帧）和 PAL 制式（25 帧/秒，625 行/帧），我国采用 PAL 制式。它们的信号都是模拟量，而计算机处理和显示这类视频信号时必须进行视频数字化。数字视频具有适合于网络使用、可以不失真地无限次复制、便于计算机创造性编辑处理等优点，因此在 VCD/DVD、可视电话与视频会议、数字电视、点播电视（VOD）等领域得到广泛应用。

- 数字视频信号

视频信号的数字化过程同音频相似，即在一定的时间内以一定的速度对单帧视频信号进行滤波、取样、量化、编码等，实现模/数转换、彩色空间变换和编码压缩等，再通过视频捕捉卡和相应的软件来实现对数字视频信号的获取、编辑与存储。

数字视频的获取设备有视频采集卡（简称视频卡）、数字摄像头、数码摄像机等。

- 数字视频的压缩编码

数字视频的数据量非常大，在未压缩之前，对其进行存储、传输和处理都有很大的困难，所以对数字视频信息进行数据压缩是必要的，视频压缩编码的标准及其适用之处如表 1–10 所示。

表 1-10 视频压缩编码的标准及其应用

名称	视频格式	压缩后的比特率	主要应用
MPEG–1	360×288	大约 1.2 Mb/s～1.5Mb/s	适用于 VCD、数码相机、数字摄像机等
H.261	360×288 或 180×144	Px64 kb/s（P=1、2 时，只支持 180×144 格式；P≥6 时，可支持 360×288 格式）	适用于视频通信，如可视电话、会议电视等
MPEG–2（MP@ML）	720×576	5 Mb/s～15Mb/s	用途最广，如 DVD、卫星电视直播、数字有线电视等
MPEG–2 高清格式	1440×1152 1920×1152	80 Mb/s～100Mb/s	高清晰度电视（HDTV）领域
MPEG–4 ASP	分辨率较低的视频格式	与 MPEG–1、MPEG–2 相当，但最低可达到 64kb/s	在低分辨率、低码率领域应用，如监控、IPTV、手机、MP4 播放器等
MPEG–4 AVC	多种不同的视频格式	采用多种新技术，编码效率比 MPEG–4 ASP 显著减少	已应用于多种领域，如 HDTV、蓝光盘、IPTV、XBOX、iPod、iPhone 等

- 数字视频的编辑

数字视频的编辑分为线性编辑和非线性编辑。

线性编辑是一种磁带的编辑方式，是利用电子手段，根据节目内容的要求将素材连接成新的连续画面的技术，需要较多的外部设备，如放像机、录像机、特技发生器、字幕机，工作流程十分复杂。

非线性编辑是借助计算机来进行数字化制作，把输入的各种音视频信号进行模/数转换，采用数字压缩技术将其存入计算机硬盘中。非线性编辑采用的不是磁带，而是使用硬盘作为存储介质，记录数字化的音视频信号。不再需要很多的外部设备，对素材的调用也是瞬间实现，能有效节省人力和设备。任何非线性编辑的工作流程，都可以简单地由输入、编辑、输出三个步骤组成。

- 合成视频——计算机动画

计算机动画是指采用图形与图像处理技术，借助于编程或动画制作软件生成一系列的景物画面，其中当前帧是前一帧的部分修改。它是一种由计算机合成的数字视频，而不是用摄像机拍摄的“自然视频”。计算机动画分为二维动画和三维动画两种。二维动画是平面上的画面，无论画面的立体感多强，都是在二维空间上模拟真实三维空间效果而已。三维动画的景物有正面、侧面和反面，调整三维空间的视点，能够看到不同的内容。

目前动画制作软件也很多，如二维动画软件 Flash、Animator Pro 等，三维动画软件 3D Studio

MAX、Director、Maya 等。

习题一

1. 完整的计算机系统由________组成。
A. 运算器、控制器、存储器、输入设备和输出设备
B. 主机和外部设备
C. 硬件系统和软件系统
D. 主机箱、显示器、键盘、鼠标、打印机

2. 世界上第一台电子数字计算机研制成功的时间是________年。
A. 1936　B. 1946　C. 1956　D. 1975

3. 与十六进制数 AB 等值的八进制数是________。
A. 253　B. 254　C. 171　D. 172

4. 二进制数（1010）$_2$与十六进制数（B2）$_{16}$相加，结果为________。
A.（273）$_8$　B.（274）$_8$　C.（314）$_8$　D.（313）$_8$

5. 下面关于比特的叙述中，错误的是________。
A. 比特是组成数字信息的最小单位
B. 比特只有“0”和“1”两个符号
C. 比特既可以表示数值和文字，也可以表示图像和声音
D. 比特“1”总是大于比特“0”

6. 目前微型计算机中采用的逻辑元件是________。
A. 小规模集成电路　B. 中规模集成电路
C. 大规模和超大规模集成电路　D. 分立元件

7. 最大的 10 位无符号二进制整数转化成八进制数是________。
A. 1023　B. 1777　C. 1000　D. 1024

8. 目前大多数计算机，就其工作原理而言，基本上采用的是科学家________提出的存储程序控制原理。
A. 比尔・盖茨　B. 冯・诺依曼　C. 乔治・布尔　D. 艾仑・图灵

9. 通常我们所说的 32 位机，指的是这种计算机的 CPU________。
A. 是由 32 个运算器组成的　B. 能够同时处理 32 位二进制数据
C. 包含有 32 个寄存器　D. 一共有 32 个运算器和控制器

10. 在计算机中，存储容量为 5MB，指的是________。
A. $5\times1000\times1000$ 个字节　B. $5\times1000\times1024$ 个字节
C. $5\times1024\times1000$ 个字节　D. $5\times1024\times1024$ 个字节

11. 计算机在工作中，电源突然中断，则________全部不丢失。
A. ROM 和 RAM 中的信息　B. RAM 中的信息
C. ROM 中的信息　D. RAM 中的部分信息

12. 在计算机领域中常用 MIPS（Million Instructions Per Second）来描述________。
A. 计算机的运算速度　B. 计算机的可靠性

C. 计算机的可扩充性　　D. 计算机的可运行性

13. 在计算机中，应用最普遍的字符编码是________。

A. BCD 码　　B. ASCII 码　　C. 国标码　　D. 区位码

14. 计算机辅助设计的英文缩写是________。

A. CAD　　B. CAI　　C. CAM　　D. CAT

15. 目前数码相机拍摄的照片在保存时通常采用的文件类型是________。

A. BMP　　B. GIF　　C. JPEG　　D. TIF

16. 计算机病毒是一种________。

A. 新发现的生物病毒

B. 一段人为编写的具有破坏性的计算机程序

C. 生物病毒和计算机的混合体

D. 以上答案均正确

17. 若一幅图像的大小为 1024×768，颜色深度为 16 位，则该图像在不进行数据压缩时，其数据量大约为________。

A. 768KB　　B. 1.5MB　　C. 3MB　　D. 12.3MB

18. 在下列有关计算机软件的叙述中，错误的是________。

A. 程序设计语言处理系统和数据库管理系统被归类为系统软件

B. 共享软件是一种具有版权的软件，它允许用户买前免费试用

C. 机器语言和汇编语言与特定的计算机类型有关，取决于 CPU

D. 目前计算机只能使用 Windows 系列操作系统，均不能使用 UNIX 和 Linux 操作系统

19. 人们通常将计算机软件划分为系统软件和应用软件。下列软件中不属于应用软件类型的是________。

A. AutoCAD　　B. MSN

C. Oracle　　D. Windows Media Player

20. 计算机软件可以分为商品软件、共享软件和自由软件等类型。在下列相关叙述中，错误的是________。

A. 通常用户需要付费才能得到商品软件的使用权，但这类软件的升级总是免费的

B. 共享软件通常是一种“买前免费试用”的具有版权的软件

C. 自由软件的原则是用户可共享，并允许复制和自由传播

D. 软件许可证是一种法律合同，它确定了用户对软件的使用权限

2 Chapter

第 2 章 Windows 7 的使用

Windows 7 是 Microsoft（微软）公司开发的一款具有革命性变化的操作系统，也是当前主流的计算机操作系统之一，具有操作简单、启动速度快、安全和连接方便等特点，它使计算机操作变得更加简单和快捷，为人们提供了高效易行的工作环境。本章主要介绍 Windows 7 操作系统的基本操作，包括启动与退出、窗口与菜单操作、对话框操作、文件管理、系统设置等内容。

2.1 操作系统概述

操作系统（Operating System，OS）是管理和控制计算机硬件与软件资源的计算机程序，是直接运行在“裸机”上的最基本的系统软件，其他任何软件都必须在操作系统的支持下才能运行。

在认识 Windows 7 操作系统前，先来了解操作系统的概念、功能与种类。

2.1.1 操作系统的概念

操作系统是一种系统软件，用于管理计算机系统的硬件与软件资源、控制程序的运行、改善人机操作界面、为其他应用软件提供支持等服务，从而使计算机系统所有资源得到最大限度的发挥，并为用户提供了方便、有效且友善的服务界面。操作系统是一个庞大的管理控制程序，它直接运行在计算机硬件上，是最基本的系统软件，也是计算机系统软件的核心，同时还是靠近计算机硬件的第一层软件，其所处的地位如图 2-1 所示。

用户

应用软件（如飞机订票系统等）

操作系统（如 Windows 7 等）

计算机硬件（裸机）

图2-1　操作系统的地位

2.1.2 操作系统的功能

从操作系统的概念可以看出，操作系统的功能是控制和管理计算机的硬件资源及软件资源，从而提高计算机的利用率，方便用户使用。具体来说，它包括 6 个方面的管理功能。

1. 进程与处理机管理

通过操作系统处理机管理模块来确定对处理机的分配策略，实施对进程或线程的调度和管理，包括调度（作业调度、进程调度）、进程控制、进程同步和进程通信等内容。

2. 存储管理

存储管理的实质是对存储“空间”的管理，主要指对内存的管理。操作系统的存储管理负责将内存单元分配给需要内存的程序以便让它执行，在程序执行结束后再将程序占用的内存单元收回以便再使用。此外，存储管理还要保证各进程之间互不影响，保证进程不能破坏系统进程，并提供内存保护。

3. 设备管理

设备管理指对硬件设备的管理，包括对各种输入/输出设备的分配、启动、完成和回收。

4. 文件管理

文件管理又称信息管理，指利用操作系统的文件管理子系统，为用户提供一个方便、快捷、可以共享，同时又提供文件保护的使用环境，包括文件存储空间管理、文件操作、目录管理、读写管理和存取控制。

5. 网络管理

随着计算机网络功能的不断加强，网络应用不断深入人们生活的各个方面，因此操作系统必须具备计算机与网络进行数据传输和维护网络安全的功能。

6. 提供良好的用户界面

操作系统是计算机与用户之间的接口，因此，操作系统必须为用户提供一个良好的用户界面。

2.1.3 操作系统的分类

计算机上常见的操作系统有 DOS、UNIX、LINUX、Windows 等，可以从不同的角度进行分类。

1. 从用户角度分类

操作系统可分为 3 种：单用户、单任务（如 DOS 操作系统）；单用户、多任务（如 Windows 9X 操作系统）；多用户、多任务（如 UNIX 操作系统）。

2. 从硬件规模的角度分类

操作系统可分为微型机操作系统、中小型机操作系统和大型机操作系统 3 种。

3. 从系统操作方式的角度分类

操作系统可分为批处理操作系统、分时操作系统、实时操作系统、PC 操作系统、网络操作系统和分布式操作系统 6 种。

单用户操作系统是指一台计算机在同一时间只能由一个用户使用，一个用户独自享用系统的全部硬件和软件资源，而如果在同一时间允许多个用户同时使用计算机，则称其为多用户操作系统。如果用户在同一时间可以运行多个应用程序（每个应用程序被称作一个任务），则这样的操作系统被称为多任务操作系统；如在同一时间只能运行一个应用程序，则被称为单任务操作系统。

2.2 Windows 7 操作系统概述

2.2.1 Windows 的发展

自 1985 年微软推出 Windows 操作系统以来，Windows 的版本从最初运行在 DOS 下的 Windows 3.0，到现在风靡全球的 Windows XP、Windows 7、Windows 8 和最近发布的 Windows 10，其发展主要经历了以下 10 个阶段。

- 1985 年 11 月微软公司正式发行了 Windows 1.0，标志着计算机开始进入了图形用户界面时代。1987 年 11 月正式在市场上推出 Windows 2.0，该版本对使用者接口做了一些改进。这些改进中最有效的是使用了可重叠式窗口，还增强了键盘和鼠标接口，特别是加入了菜单和对话框。
- 1990 年 5 月发布了 Windows 3.0，它是第一个在家用和办公市场上取得立足点的版本。
- 1992 年 4 月发布了 Windows 3.1，该版本只能在保护模式下、并且至少配置在 1 MB 内存的 286 或 386 处理器的 PC 上运行。1993 年 7 月发布的 Windows NT 是第一个支持 Intel 386、486 和 Pentium CPU 的 32 位保护模式的版本。
- 1995 年 8 月发布了 Windows 95，这个版本具有需要较少硬件资源的优点，是一个完整的、集成化的 32 位操作系统。
- 1998 年 6 月发布了 Windows 98，这个版本具有许多加强功能，包括执行效能的提高、更好的硬件支持以及扩大了网络功能。
- 2000 年 2 月发布的 Windows 2000 是由 Windows NT 发展而来的，同时从该版本开始，Windows 操作系统正式抛弃了 Windows 9X 的内核。
- 2001 年 10 月发布了 Windows XP，它在 Windows 2000 的基础上增强了安全特性，同时加大了验证盗版的技术，Windows XP 是最为易用的操作系统之一。此后，微软公司于 2006 年发布了 Windows Vista，它具有华丽的界面和炫目的特效。

- 2009 年 10 月发布了 Windows 7，该版本吸收了 Windows XP 的优点，已成为当前市场上的主流操作系统之一。
- 2012 年 10 月发布了 Windows 8，采用全新的用户界面，被应用于个人计算机和平板电脑上，且启动速度更快、占用内存更少，并兼容 Windows 7 所支持的软件和硬件。
- 2015 年微软发布了目前为止的最后一个 Windows 版本——Windows 10，Windows 10 具有高效的多桌面、多任务、多窗口，同时结合触控和键鼠两种操作模式。

2.2.2 Windows 7 的启动与退出

在计算机上安装 Windows 7 操作系统后，启动计算机便可进入 Windows 7 的操作界面。

1. 启动 Windows 7

开启计算机主机箱和显示器的电源开关，Windows 7 将载入内存，接着开始对计算机的主板和内存等进行检测，系统启动完成后将进入 Windows 7 欢迎界面，若只有一个用户且没有设置用户密码，则直接进入系统桌面。如果系统存在多个用户且设置了用户密码，则需要选择用户并输入正确的密码才能进入系统。

2. 退出 Windows 7

对计算机的操作结束后需要退出 Windows 7。

正确退出 Windows 7 并关闭计算机的步骤如下。

（1）保存文件或数据，然后关闭所有打开的应用程序。

（2）单击“开始”按钮，在打开的“开始”菜单中单击“关机”按钮即可，如图 2-2 所示。

（3）关闭显示器的电源。

图2-2　退出Windows 7

如果计算机出现故障或程序运行慢等问题，可以尝试重新启动计算机来解决。方法是单击图 2-2 中“关机”按钮右侧的▶按钮，在打开的下拉列表框中选择“重新启动”选项。

2.3 Windows 7 的基本操作

2.3.1 Windows 7 的桌面组成

启动 Windows 7 后，在屏幕上即可看到 Windows 7 桌面。在默认情况下，Windows 7 的桌面是由桌面图标、鼠标指针、任务栏和语言栏 4 个部分组成的，如图 2-3 所示。

图2-3　Windows 7的桌面

1. 桌面图标

桌面图标一般是程序或文件的快捷方式，程序或文件的快捷图标左下角有一个小箭头。安装新软件后，桌面上一般会增加相应的快捷图标，如"腾讯 QQ"的快捷图标为。除此之外，还包括"计算机"图标、"网络"图标、"回收站"图标和"个人文件夹"图标等系统图标。双击桌面上的某个图标可以打开该图标对应的应用程序窗口。

2. 鼠标指针

在 Windows 7 操作系统中，鼠标指针在不同的状态下有不同的形状，这样可直观地告诉用户当前可进行的操作或系统状态。常用鼠标指针及其对应的状态如表 2-1 所示。

表 2-1　鼠标指针形态与含义

鼠标指针	表示的状态	鼠标指针	表示的状态	鼠标指针	表示的状态
	准备状态		调整对象垂直大小		精确调整对象
	帮助选择		调整对象水平大小		文本输入状态
	后台处理		等比例调整对象 1		禁用状态
	忙碌状态		等比例调整对象 2		手写状态
	移动对象		候选		超链接选择

3. 任务栏

任务栏默认情况下位于桌面的最下方，由"开始"按钮、任务区、通知区域和"显示桌面"按钮（单击可快速显示桌面）4 个部分组成，如图 2-4 所示。

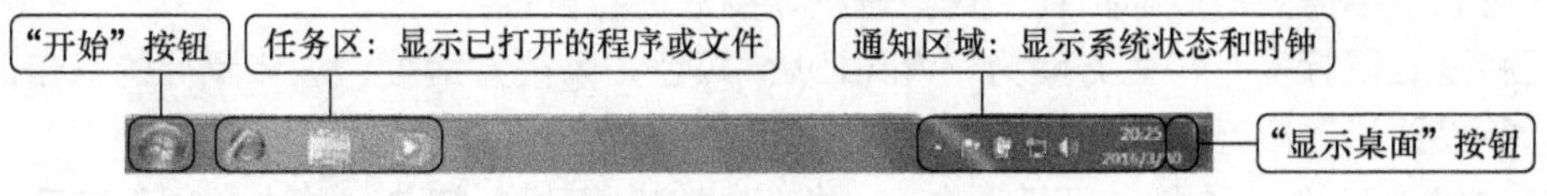

图2-4　任务栏

4. 语言栏

在 Windows 7 中，语言栏一般浮动在桌面上，用于选择系统所用的语言和输入法。单击语言栏右上角的“最小化”按钮可将语言栏最小化到任务栏上，同时该按钮变为“还原”按钮。

2.3.2 鼠标操作

操作系统进入图形化时代后，鼠标就成为了计算机必不可少的输入设备。启动计算机后，首先使用的便是鼠标操作，因此鼠标操作是初学者必须掌握的基本技能。

1. 手握鼠标的方法

鼠标左边的按键被称为鼠标左键，鼠标右边的按键被称为鼠标右键，鼠标中间可以滚动的按键被称为鼠标中键或鼠标滚轮。手握鼠标的正确方法是：食指和中指自然放置在鼠标的左键和右键上，拇指横向放于鼠标左侧，无名指和小指放在鼠标的右侧，拇指与无名指及小指轻轻握住鼠标，手掌心轻轻贴住鼠标后部，手腕自然垂放在桌面上，食指控制鼠标左键，中指控制鼠标右键和滚轮，当需要使用鼠标滚动页面时，用中指滚动鼠标的滚轮即可。

2. 鼠标的 5 种基本操作

鼠标的基本操作包括移动定位、单击、拖动、右击和双击 5 种。

微课：鼠标的 5 种基本操作

- 移动定位

移动定位鼠标的方法是握住鼠标，在光滑的桌面或鼠标垫上随意移动，此时，在显示屏幕上的鼠标指针会同步移动，当将鼠标指针移到桌面上的某一对象上停留片刻时，这就是定位操作，被定位的对象通常会出现相应的提示信息。

- 单击

单击俗称点击，方法是先移动鼠标，将鼠标指针指向某个对象，然后用食指按下鼠标左键后快速松开，鼠标左键将自动弹起还原。单击操作常用于选择对象，被选择的对象呈高亮显示。

- 拖动

拖动是指将鼠标指向某个对象后按住鼠标左键不放，然后移动鼠标把对象从屏幕的一个位置拖动到另一个位置，最后释放鼠标左键即可，这个过程也被称为“拖曳”。拖动操作常用于移动对象。

- 右击

右击就是单击鼠标右键，方法是用中指按一下鼠标右键，松开按键后鼠标右键将自动弹起还原。右击操作常用于打开与对象相关的快捷菜单。

- 双击

双击是指用食指快速、连续地按鼠标左键两次，双击操作常用于启动某个程序、执行任务和打开某个窗口或文件夹。

3. 鼠标的设置

用户可以根据需要对鼠标指针、双击速度等参数进行设置。

下面将设置鼠标指针样式方案为“Windows 黑色（系统方案）”，调节鼠标的双击速度和移动速度，并设置移动鼠标指针时会产生“移动轨迹”效果，具体操作如下。

（1）选择【开始】/【控制面板】命令，打开“控制面板”窗口，单击“硬件和声音”超链接，在打开的窗口中单击“鼠标”超链接，如图 2-5 所示。

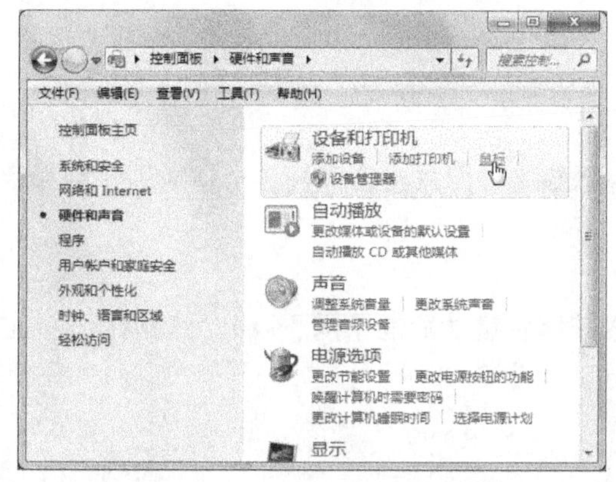

图2-5　单击“鼠标”超链接

（2）在打开的“鼠标属性”对话框中单击“鼠标键”选项卡，在“双击速度”栏中拖动“速度”滑动条中的滑动块可以调节双击速度，如图 2-6 所示。

（3）单击“指针”选项卡，然后单击“方案”栏中的下拉按钮▾，在打开的下拉列表框中选择鼠标样式方案，这里选择“Windows 黑色（系统方案）”选项，如图 2-7 所示。

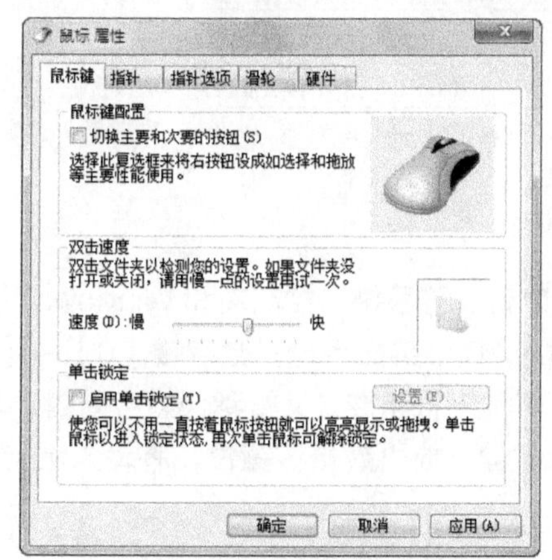

图2-6　设置鼠标双击速度

图2-7　选择鼠标指针样式

（4）单击“应用”按钮，此时鼠标指针样式变为设置后的样式。如果要自定义某个鼠标状态下的指针样式，则在“自定义”列表框中选择需单独更改样式的鼠标状态选项，然后单击“浏览”按钮进行选择。

（5）单击“指针选项”选项卡，在“移动”栏中拖动滑动块可以调整鼠标指针的移动速度，选中“显示指针轨迹”复选框，如图 2-8 所示，移动鼠标指针时会产生“移动轨迹”效果。

（6）单击“确定”按钮，完成对鼠标的设置。

习惯用左手进行操作的用户，可在“鼠标属性”对话框的“鼠标键”选项卡中单击选中“切换主要和次要的按钮”复选框，在其中设置交换鼠标左右键的功能，从而方便用户

图2-8　设置指针选项

使用左手进行操作。

2.3.3 键盘操作

由于键盘是计算机中最重要的输入设备，用户必须掌握各个按键的作用和相应指法，才能达到快速输入的目的。

1. 认识键盘的结构

以常用的 107 键键盘为例，键盘按照各键功能的不同可以分为功能键区、主键盘区、编辑键区、小键盘区和状态指示灯 5 个部分，如图 2-9 所示。

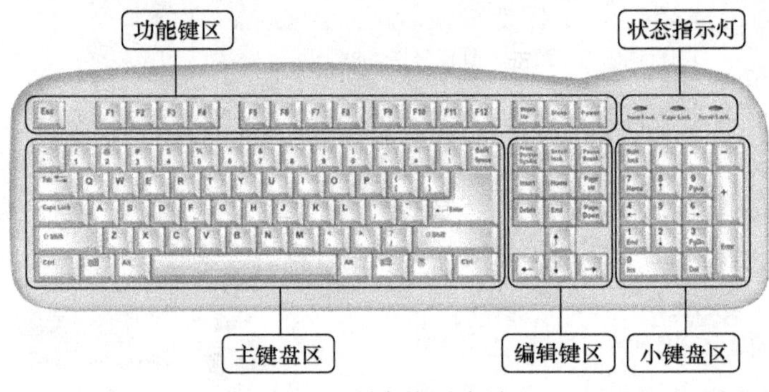

图2-9 键盘的5个部分

● 主键盘区

主键盘区用于输入文字和符号，包括字母键、数字键、符号键、控制键和 Windows 功能键，共 5 排 61 个键。其中，字母键【A】~【Z】用于输入 26 个英文字母；数字键【0】~【9】用于输入相应的数字和符号。每个数字键的键位由上下两种字符组成，又被称为双字符键，单独敲这些键，将输入下档字符，即数字；如果按住【Shift】键不放再敲击该键位，将输入上档字符。各控制键和 Windows 功能键的作用如表 2-2 所示。

表 2-2 控制键和 Windows 功能键的作用

按键	作用
【Tab】键	Tab 是英文“Table”的缩写，也称制表位键。每按一次该键，光标向右移动 8 个字符，常用于文字处理中的对齐操作
【Caps Lock】键	大写字母锁定键，系统默认状态下输入的英文字母为小写，按下该键后输入的字母为大写字母，再次按下该键可以取消大写锁定状态
【Shift】键	主键盘区左右各有一个，功能完全相同，主要用于输入上档字符，以及用于字母键的大写英文字符的输入。例如，按下【Shift】键不放再按【A】键，可以输入大写字母“A”
【Ctrl】键和【Alt】键	分别在主键盘区左右下角各有一个，常与其他键组合使用，在不同的应用软件中，其作用也各不相同
空格键	空格键位于主键盘区的下方，其上面无刻记符号，每按一次该键，将在光标当前位置上产生一个空字符，同时光标向右移动一个位置
【Back Space】键	退格键。每按一次该键，可使光标向左移动一个位置，若光标位置左边有字符，将删除该位置上的字符

续表

按键	作用
【Enter】键	回车键。它有两个作用：一是确认并执行输入的命令；二是在输入文字状态下按此键，光标移至下一行行首
Windows 功能键	主键盘区左右各有一个 ⊞ 键，该键面上刻有 Windows 窗口图案，被称为“开始菜单”键，在 Windows 操作系统中，按下该键后将弹出“开始”菜单；主键盘右下角的 ▤ 键被称为“快捷菜单”键，在 Windows 操作系统中，按该键后会弹出相应的快捷菜单，其功能相当于单击鼠标右键

- 编辑键区

编辑键区主要用于编辑过程中的光标控制，各键的作用如图 2-10 所示。

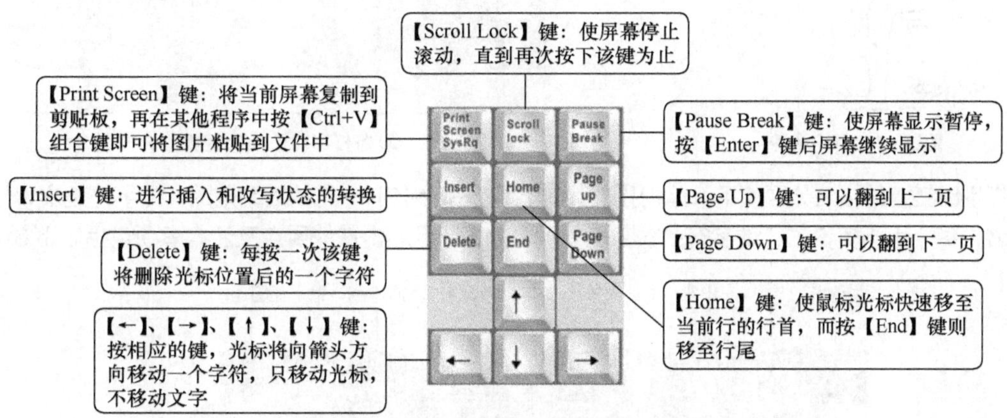

图2-10 编辑控制键区各键位的作用

- 小键盘区

小键盘区主要用于快速输入数字及进行光标移动控制。当要使用小键盘区输入数字时，应先按左上角的【Num Lock】键，此时状态指示灯区第 1 个指示灯亮，表示此时为数字状态，然后进行输入即可。

- 状态指示灯区

状态指示灯区主要用来提示小键盘工作状态、大小写状态及滚屏锁定键的状态。

- 功能键区

功能键区位于键盘的顶端，其中【Esc】键用于把已输入的命令或字符串取消，在一些应用软件中常起到退出的作用；【F1】~【F12】键被称为功能键，在不同的软件中，各个键的功能有所不同，一般在程序窗口中按【F1】键可以获取该程序的帮助信息；【Power】键、【Sleep】键和【Wake Up】键分别用来控制电源、转入睡眠状态和唤醒睡眠状态。

2. 键盘的操作与指法练习

采用正确的打字姿势可以提高打字速度，降低操作人员的疲劳程度，这点对于初学者来说非常重要。正确的打字姿势包括：身体坐正，双手自然放在键盘上，腰部挺直，上身微前倾；双脚的脚尖和脚跟自然地放在地面上，大腿自然平直；坐椅的高度与计算机键盘、显示器的放置高度要适中，一般以双手自然垂放在键盘上时肘关节略高于手腕为宜，显示器的高度则以操作者坐下后，其目光水平线处于屏幕上的 2/3 处为优，如图 2-11 所示。

准备打字时，将左手的食指放在【F】键上，右手的食指放在【J】键上，这两个键下方各有一个突起的小横杠，方便左右手的定位，其他的手指（除拇指外）按顺序分别放置在相邻的 8 个基准键位上，双手的大拇指放在空格键上，8 个基准键位是指主键盘区第 2 排字母键中的"【A】、【S】、【D】、【F】、【J】、【K】、【L】、【;】"键，如图 2-12 所示。

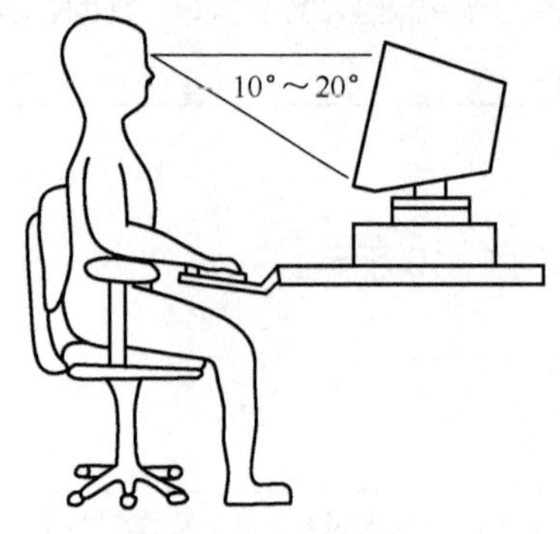

图2-11 打字姿势

图2-12 准备打字时手指在键盘上的位置

打字时键盘的指法分区如下：除拇指外，其余 8 个手指各有一定的活动范围，把字符键位划分成 8 个区域，每个手指负责该区域字符的输入，如图 2-13 所示。击键的要点及注意事项包括以下 6 点。

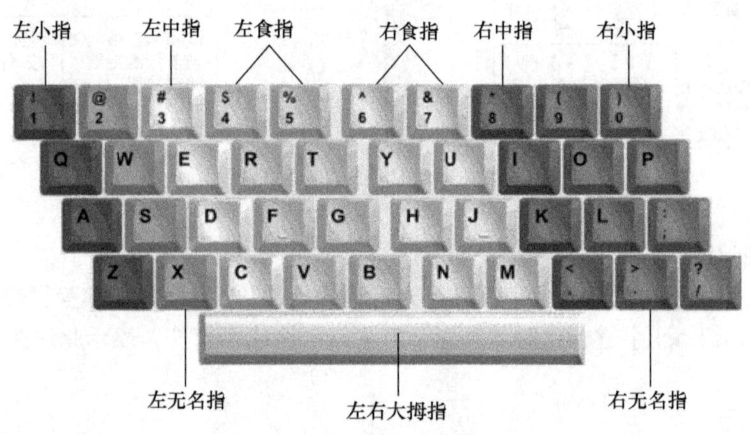

图2-13 键盘的指法分区

- 手腕要平直，胳膊应尽可能保持不动。
- 要严格按照手指的键位分工进行击键，不能随意击键。
- 击键时以手指指尖垂直向键位使用冲力，并立即反弹，不可用力太大。
- 左手击键时，右手手指应放在基准键位上保持不动；右手击键时，左手手指也应放在基准键位上保持不动。
- 击键后手指要迅速返回相应的基准键位。
- 不要长时间按住一个键不放，同时击键时应尽量不看键盘，以养成盲打的习惯。

3. 设置键盘

在 Windows 7 中，设置键盘主要是调整键盘的响应速度以及光标的闪烁速度，具体操作步骤如下。

（1）选择【开始】/【控制面板】命令，打开“控制面板”窗口，在窗口右上角的“查看方式”下拉列表框中选择“小图标”选项，如图2-14所示，切换至“小图标”视图模式。

（2）单击“键盘”超链接，打开图2-15所示的“键盘 属性”对话框，单击“速度”选项卡，向右拖动“字符重复”栏中的“重复延迟”滑块，降低键盘重复输入一个字符的延迟时间，如向左拖动，则增长延迟时间；向右拖动“重复速度”滑块，则加快重复输入字符的速度。

（3）在“光标闪烁速度”栏中拖动滑块改变在文本编辑软件（如记事本）中插入点在编辑位置的闪烁速度。

（4）单击”确定”按钮，完成设置。

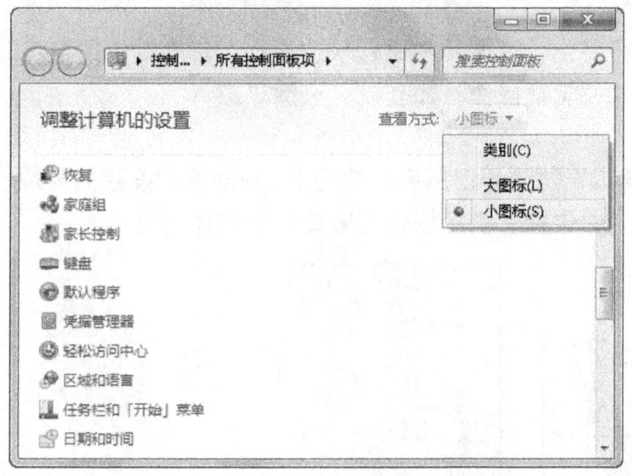

图2-14　设置“小图标”查看方式

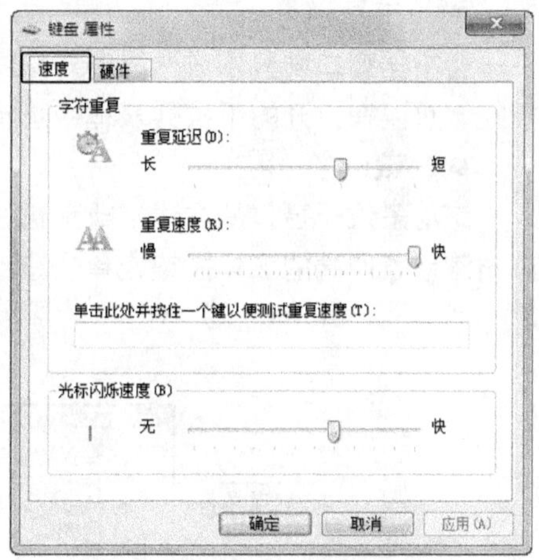

图2-15　设置键盘属性

2.3.4　窗口操作

1. Windows 7窗口的组成

在Windows 7中，几乎所有的操作都要在窗口中完成，在窗口中的相关操作一般是通过鼠标和键盘来进行的。双击桌面上的“计算机”图标，打开“计算机”窗口，如图2-16所示，Windows 7窗口的一般组成部分包括标题栏、菜单栏、工具栏和滚动条。

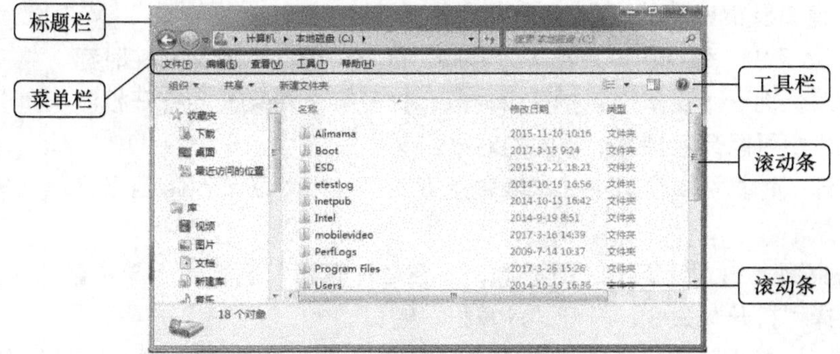

图2-16　“计算机”窗口的组成

● 标题栏

位于窗口顶部，右侧有控制窗口大小和关闭窗口的按钮。

● 菜单栏

菜单栏主要用于存放各种操作命令，要执行菜单栏上的操作命令，只需单击对应的菜单名称，然后在弹出的下拉菜单中选择某个命令即可。在 Windows 7 中，常用的菜单类型主要有子菜单、下拉菜单和快捷菜单（如单击鼠标右键弹出的菜单），如图 2-17 所示。在菜单中有一些常见的符号标记，其中，字母标记表示该菜单命令的快捷键；✓标记表示已将该命令选中并应用了效果，同时其他相关的命令也将同时存在。•标记表示已将该命令选中并应用，同时其他相关的命令将不再起作用；…标记表示执行该命令后，将打开一个对话框，可以进行相关的参数设置。

● 工具栏

会根据窗口中显示或选择的对象同步进行变化，以便用户进行快速操作。其中单击“组织”按钮，可以在打开的下拉列表框中选择各种文件管理操作，如复制和删除等。

● 滚动条

滚动条位于窗口的右边框或下边框。当窗口无法显示出所有的内容时，拖动滚动条中的滑块、单击滚动条两端的三角按钮或单击滚动条的空白位置，都可以查看窗口中的其他内容。

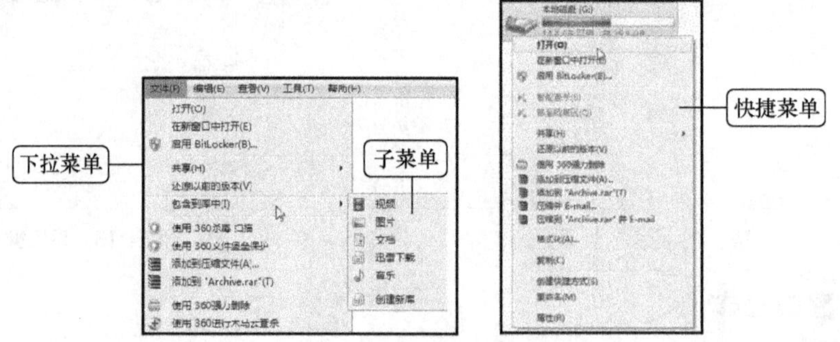

图2-17 Windows 7中的菜单类型

2. Windows 7 窗口的管理

窗口的管理主要包括打开窗口及其中的对象、最小化/最大化窗口、移动窗口、缩放窗口、多窗口的重叠和关闭窗口等操作。

● 打开窗口及窗口中的对象

在 Windows 7 中，每当用户启动一个程序、打开一个文件或文件夹时都将打开一个窗口，而一个窗口中包括多个对象，打开某个对象又会打开相应的窗口，该窗口中可能又包括其他不同的对象。

微课：打开窗口及窗口中的对象

下面将打开“计算机”窗口中“本地磁盘（C:）”下的 Windows 目录，具体操作步骤如下。

（1）双击桌面上的“计算机”图标，或在“计算机”图标上单击鼠标右键，在弹出的快捷菜单中选择“打开”命令，打开“计算机”窗口。

（2）双击“计算机”窗口中的“本地磁盘（C:）”图标，或选择“本地磁盘（C:）”图标后按【Enter】键，打开“本地磁盘（C:）”窗口。

（3）双击“本地磁盘（C：）”窗口中的“Windows”文件夹图标，即可进入 Windows 目录。如图 2–18 所示。

（4）每打开一个对象后，地址栏都会显示该对象的路径信息。

（5）单击地址栏左侧的“返回”按钮，将返回上一级“本地磁盘（C：）”窗口。

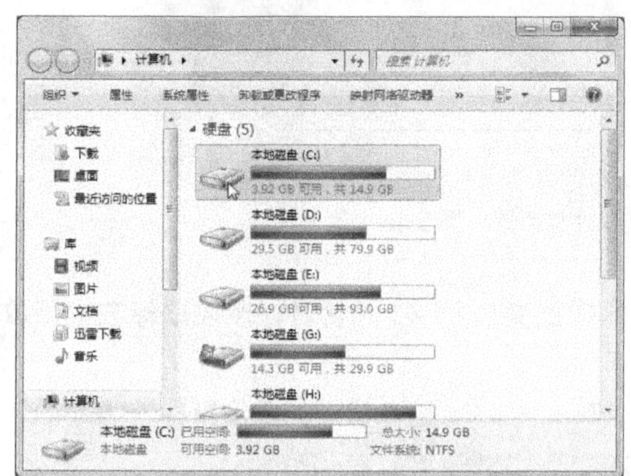

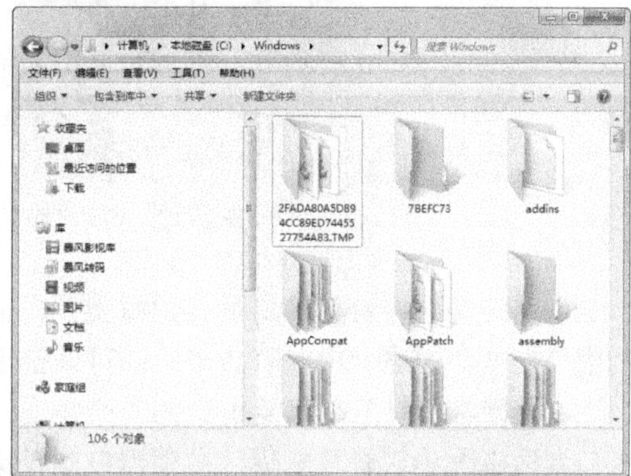

图2–18　打开窗口及窗口中的对象

- 最大化或最小化窗口

最大化窗口可以将当前窗口放大到整个屏幕显示，这样可以显示更多的窗口内容，而最小化后的窗口将以标题按钮形式缩放到任务栏的任务区。

微课：最大化或最小化窗口

下面练习在“计算机”窗口中打开“本地磁盘（C：）”下的 Windows 文件夹，并将其窗口最大化，再最小化，最后还原窗口，具体操作如下。

（1）打开“计算机”窗口，再依次打开“本地磁盘（C：）”及其中的 Windows 文件夹。

（2）单击窗口标题栏右侧的“最大化”按钮，此时窗口将铺满整个显示屏幕，同时“最大化”按钮将变成“还原”按钮，单击“还原”即可将窗口还原成原始大小。

（3）单击窗口右上角的“最小化”按钮，此时该窗口将隐藏显示，并在任务栏的任务区中显示一个图标，单击该图标，窗口将还原到屏幕显示状态。

此外，双击窗口的标题栏也可最大化窗口，再次双击可从最大化窗口恢复到原始窗口大小。

- 移动和调整窗口大小

微课：移动和调整窗口大小

打开窗口后，有些窗口会遮盖屏幕上的其他窗口内容，为了查看到被遮盖的部分，需要适当移动窗口的位置或调整窗口大小，具体操作步骤如下。

（1）在窗口标题栏上按住鼠标左键不放并拖动窗口，当拖动到目标位置后释放鼠标即可移动窗口位置。其中将窗口向屏幕最上方拖动直到顶部时，窗口会最大化显示；向屏幕最左侧拖动时，窗口会半屏显示在桌面左侧；向屏幕最右侧拖动时，窗口会半屏显示在桌面右侧。图 2–19 所示为将窗口拖至桌面左侧变成半屏显示时的效果。

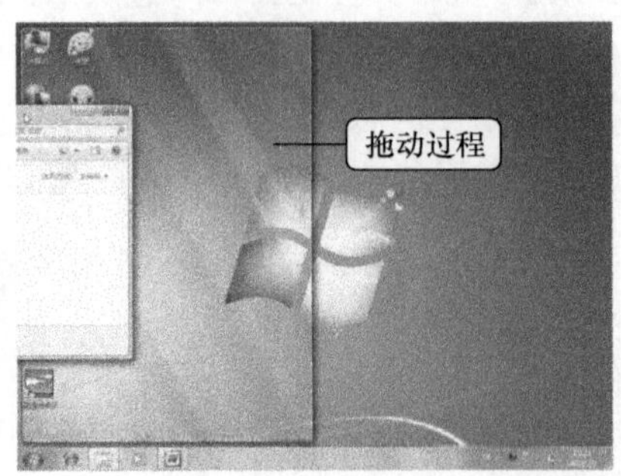

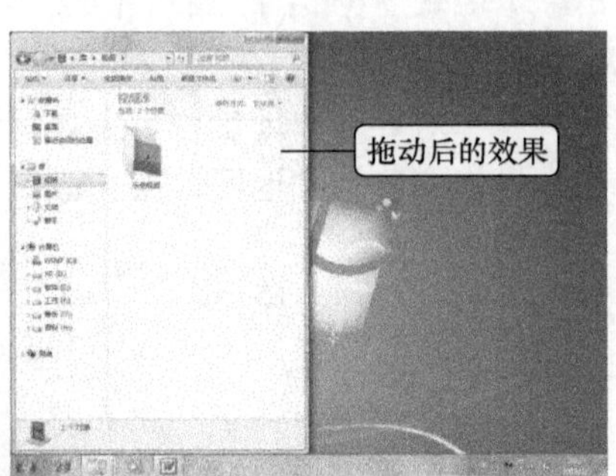

图2-19　将窗口移至桌面左侧变成半屏显示

（2）将鼠标指针移至窗口的外边框上，当鼠标指针变为⇔或⇕形状时，按住鼠标左键不放并拖动窗口到变为适当大小时释放鼠标即可调整窗口大小。

（3）将鼠标指针分别移至窗口的 4 个角上，当其变为⤢或⤡形状时，按住鼠标左键不放，拖动窗口到适当大小时释放鼠标，可使窗口的长宽大小按比例缩放。

最大化后的窗口不能进行位置移动和大小调整操作。

- 排列窗口

使用计算机的过程中常常需要打开多个窗口，如既要用 Word 编辑文档，又要打开 IE 浏览器查询资料等。当打开多个窗口后，为了使桌面更加整洁，可以对打开的窗口进行层叠、堆叠和并排等操作，具体操作如下。

（1）在任务栏空白处单击鼠标右键，弹出图 2-20 所示的快捷菜单，选择“层叠窗口”命令，即可以层叠的方式排列窗口，层叠的效果如图 2-21 所示。

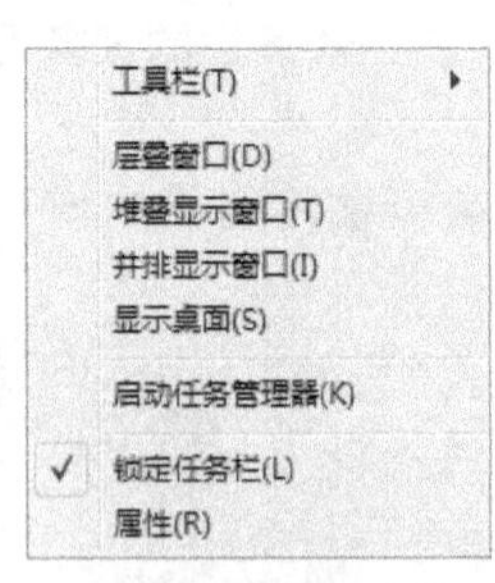
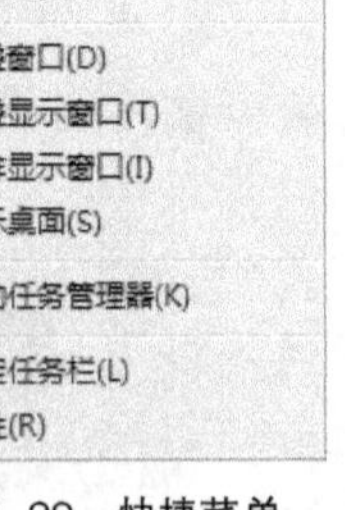

图2-20　快捷菜单

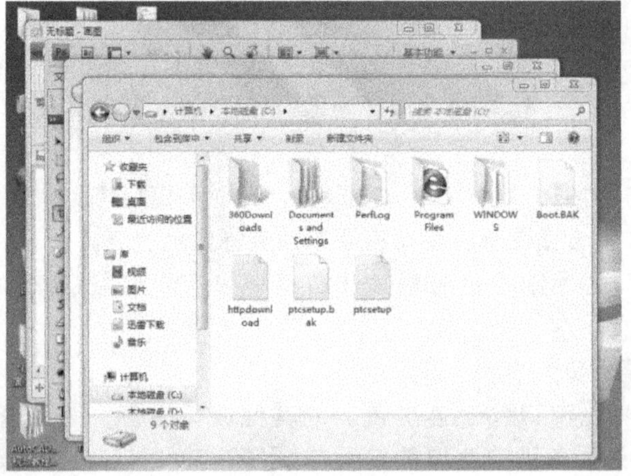

图2-21　层叠窗口

（2）层叠窗口后拖动某一个窗口的标题栏可以将该窗口拖至其他位置，并切换为当前窗口。

（3）在任务栏空白处单击鼠标右键，在弹出的快捷菜单中选择“撤销层叠”命令，恢复至原来的显示状态。

- 切换窗口

无论打开多少个窗口，当前窗口只有一个，且所有的操作都是针对当前窗口进行的。除了可以通过单击窗口进行切换外，Windows 7 中还提供了以下 3 种切换方法。

方法一：通过任务栏中的按钮切换。将鼠标指针移至任务栏左侧按钮区中的某个任务图标上，此时将展开所有打开的该类型文件的缩略图，单击某个缩略图即可切换到该窗口，在切换时其他同时打开的窗口将自动变为透明效果，如图 2-22 所示。

方法二：按【Alt+Tab】组合键切换。按【Alt+Tab】组合键后，屏幕上将出现任务切换栏，系统当前打开的窗口都以缩略图的形式在任务切换栏中排列出来，如图 2-23 所示，此时按住【Alt】键不放，再反复按【Tab】键，将显示为一个蓝色方框在所有图标之间轮流切换，当方框移动到需要的窗口图标上后释放【Alt】键，即可切换到该窗口。

图2-22 通过任务栏中的按钮切换

图2-23 按【Alt+Tab】组合键切换

方法三：按【Win（徽标键）+Tab】组合键切换。在按【Win+Tab】组合键时按住【Win】键不放，再反复按【Tab】键，可利用 Windows 7 特有的 3D 切换界面切换打开的窗口，如图 2-24 所示。

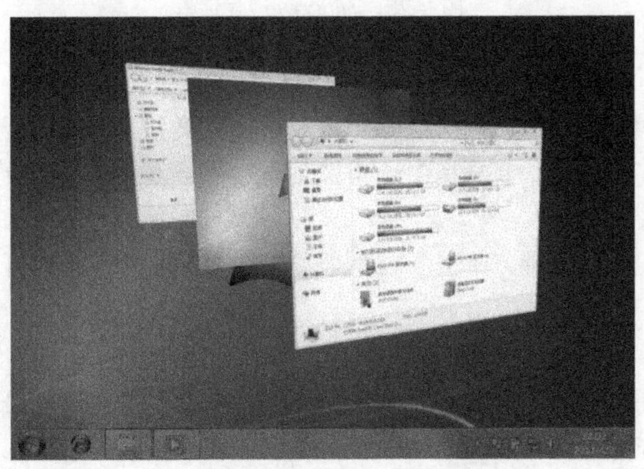

图2-24 按【Win+Tab】组合键切换

- 关闭窗口

对窗口的操作结束后要关闭窗口。关闭窗口有以下 5 种方法。

方法一：单击窗口标题栏右上角的“关闭”按钮![x]。

方法二：在窗口的标题栏上单击鼠标右键，在弹出的快捷菜单中选择“关闭”命令。

方法三：将鼠标指针指向某个任务缩略图后单击其右上角的![x]按钮。

方法四：将鼠标指针移动到任务栏中需要关闭窗口的任务图标上，单击鼠标右键，在弹出的快捷菜单中选择“关闭窗口”命令或“关闭所有窗口”命令。

方法五：按【Alt+F4】组合键，将关闭当前窗口。

2.3.5 对话框的组成与操作

对话框实际上是一种特殊的窗口，执行某些命令后将打开一个用于对该命令或操作对象进行下一步设置的对话框，用户可通过选择选项或输入数据来进行设置。选择不同的命令，所打开的对话框也各不相同，但其中包含的参数类型是类似的。图 2-25 所示为 Windows 7 对话框中各组成元素的名称。

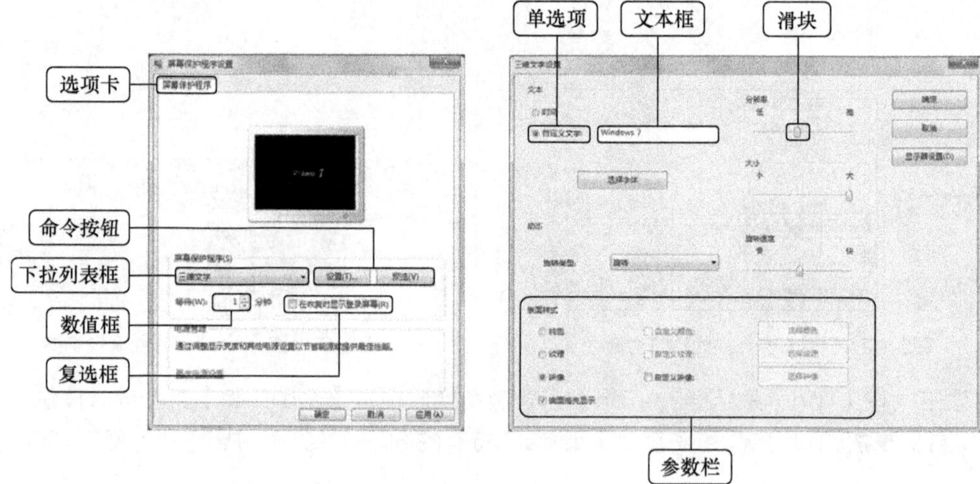

图2-25 Windows 7对话框

1. 选项卡

当对话框中有很多内容时，Windows 7 会将对话框按类别分成几个选项卡，每个选项卡都有一个名称，并依次排列在一起，单击其中一个选项卡，将会显示其相应的内容。

2. 下拉列表框

下拉列表框中包含多个选项，单击下拉列表框右侧的按钮，将打开一个下拉列表框，从中可以选择所需的选项。

3. 命令按钮

命令按钮用来执行某一操作，如“设置”“预览”和“应用”等都是命令按钮。单击某一命令按钮将执行与其名称相应的操作，一般单击对话框中的“确定”按钮，表示关闭对话框，并保存所做的全部更改；单击“取消”按钮，表示关闭对话框，但不保存任何更改；单击“应用”按钮，表示保存所有更改，但不关闭对话框。

4. 数值框

数值框是用来输入具体数值的。例如图 2-25 左侧所示的“等待”数值框用于输入屏幕保护激活的时间。用户可以直接在数值框中输入具体数值，也可以单击数值框右侧的“微调”按钮调整数值。单击按钮可按固定步长增加数值，单击按钮可按固定步长减小数值。

5. 复选框

复选框是一个小的方框，用来表示是否选择该选项，用户可同时选择多个选项。当复选框没有被选中时外观为□，被选中时外观为☑。若要选中或撤销选中某个复选框，只需单击该复选框前的方框即可。

6. 单选项

单选项的前面会有一个小圆圈，用来表示是否选择该选项，用户只能选择选项组中的一个选项。当单选项没有被选中时外观为○，被选中时外观为◉。若要单击选中或撤销选中某个单选项，只需单击该单选项前的圆圈即可。

7. 文本框

文本框在对话框中为一个空白方框，主要用于输入文字。

8. 滑块

有些选项是通过左右或上下拉动滑块来设置相应数值的。

9. 参数栏

参数栏主要是将当前选项卡中用于设置某一效果的参数放在一个区域，以方便使用。

2.3.6 "开始"菜单操作

1. 认识"开始" 菜单

单击桌面任务栏左下角的"开始"按钮，即可打开"开始"菜单，计算机中几乎所有的应用都可在"开始"菜单中执行。"开始"菜单是操作计算机的重要门户，即使桌面上没有显示的文件或程序，通过"开始"菜单也能轻松找到。"开始"菜单的主要组成部分如图 2-26 所示。

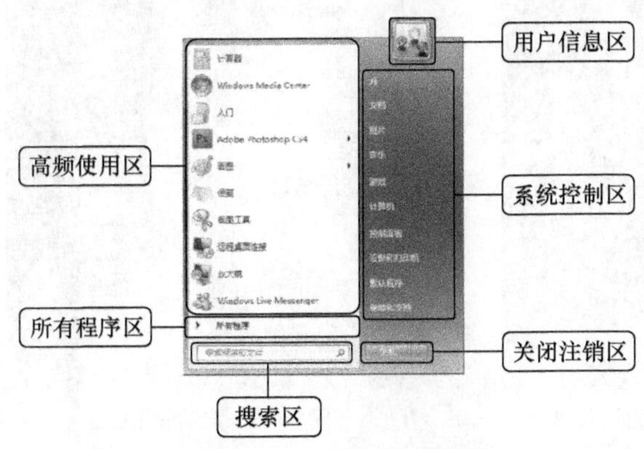

图2-26 认识"开始"菜单

- 高频使用区

根据程序的使用频率，Windows 会自动将使用频率较高的程序显示在该区域中，以便用户能快速地启动所需程序。

- 所有程序区

选择"所有程序"命令，高频使用区将显示计算机中已安装的所有程序的启动图标或程序文件夹，选择某个选项可启动相应的程序，此时"所有程序"命令也会变为"返回"命令。

- 搜索区

在"搜索"区的文本框中输入关键字后，系统将搜索计算机中所有与关键字相关的文件和程序等信息，搜索结果将显示在上方的区域中，单击即可打开相应的文件或程序。

- 用户信息区

显示当前用户的图标，单击图标可以打开“用户账户”窗口，通过该窗口可更改用户账户信息；单击用户名将打开当前用户的用户文件夹。

- 系统控制区

显示了“计算机”“控制面板”等系统选项，选择相应的选项可以快速打开或运行程序，便于用户管理计算机中的资源。

- 关闭注销区

用于关闭、重启和注销计算机或进行用户切换、锁定计算机以及使计算机进入睡眠状态等操作，单击“关机”按钮时将直接关闭计算机，单击右侧的 按钮，在打开的下拉列表框中选择所需选项，即可执行对应操作。

2. 利用“开始”菜单启动程序

启动应用程序有多种方法，比较常用的是在桌面上双击应用程序的快捷图标或在“开始”菜单中选择要启动的程序。例如，从“开始”菜单中启动“腾讯 QQ”应用程序的步骤如下。

（1）单击“开始”按钮，打开“开始”菜单，如图 2-27 所示，此时可以先在“开始”菜单左侧的高频使用区查看是否有“腾讯 QQ”程序选项，如果有则选择该程序选项。

（2）如果高频使用区中没有要启动的程序，则选择“所有程序”命令，在显示的列表中依次单击展开程序所在文件夹，再选择“腾讯 QQ”命令启动程序，如图 2-28 所示。

图2-27 打开“开始”菜单

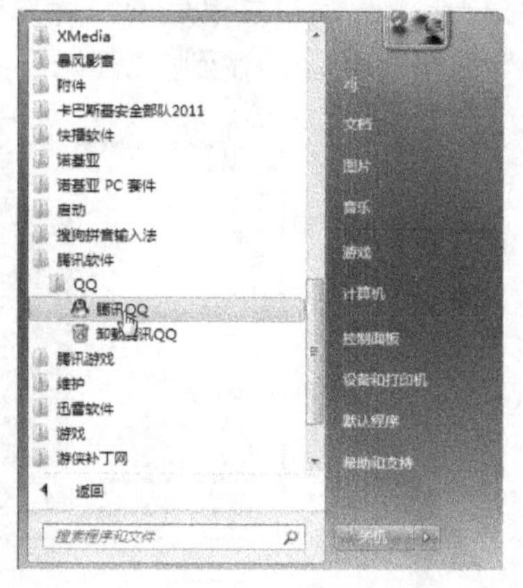

图2-28 启动腾讯QQ

微课：利用“开始”菜单启动程序

3. 设置“开始”菜单

（1）在任务栏的空白区域单击鼠标右键，在弹出的快捷菜单中选择“属性”命令，打开“任务栏和「开始」菜单属性”对话框。

（2）单击“「开始」菜单”选项卡，单击“电源按钮操作”下拉列表框右侧的下拉按钮，在打开的下拉列表框中选择“切换用户”选项，如图 2-29 所示。以便下次打开“开始”按钮后右侧显示“切换用户”。

微课：自定义任务栏和“开始”菜单

（3）单击“自定义”按钮，打开“自定义「开始」菜单”对话框，在“要显示的最近打开过的程序的数目”数值框中输入“5”，如图 2-30 所示。

（4）依次单击“确定”按钮，应用设置。

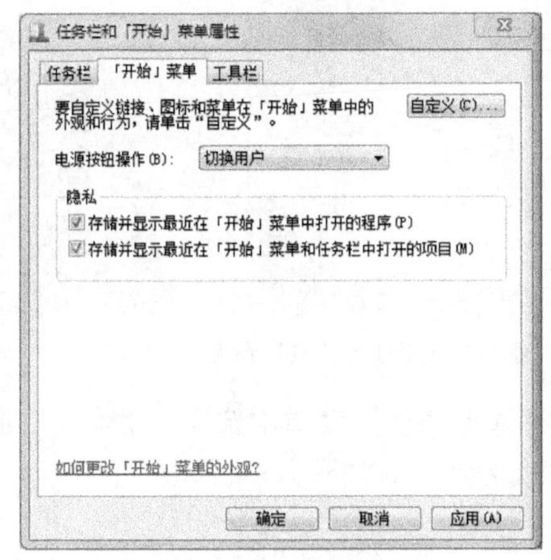

图2-29　设置电源按钮功能

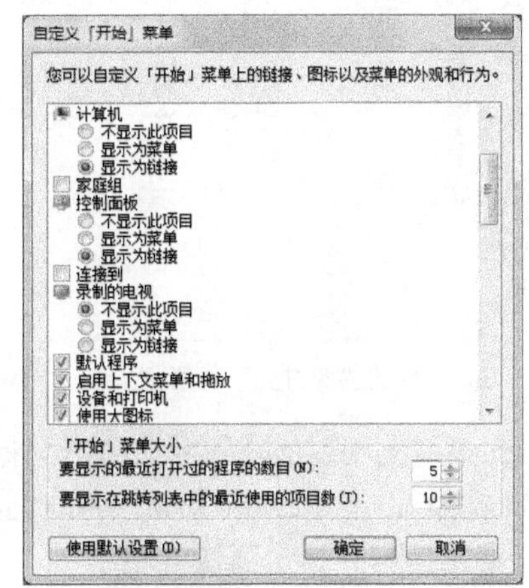

图2-30　设置要显示的最近打开过的程序的数目

2.3.7　快捷方式和剪贴板的操作

1. 创建快捷方式

前面介绍了利用"开始"菜单启动程序的方法，在 Windows 7 操作系统中还可以通过快捷方式来快速启动某个程序，创建快捷方式的常用方法有两种，即创建桌面快捷方式、将常用程序锁定到任务栏。

- 创建桌面快捷方式

桌面快捷方式是指图片左下角带有↗符号的桌面图标，双击这类图标可以快速访问或打开某个程序。用户可以根据需要在桌面上添加应用程序、文件或文件夹的快捷方式，其方法有如下 3 种。

方法一：在"开始"菜单中找到程序启动项的位置，单击鼠标右键，在弹出的快捷菜单中选择"发送到"子菜单下的"桌面快捷方式"命令。

方法二：在"计算机"窗口中找到文件或文件夹后，单击鼠标右键，在弹出的快捷菜单中选择"发送到"子菜单下的"桌面快捷方式"命令。

方法三：在桌面空白区域单击鼠标右键，在弹出的快捷菜单中选择"新建"子菜单下的"快捷方式"命令，打开图 2-31 所示的"创建快捷方式"对话框，单击"浏览"按钮，选择要创建快捷方式的程序文件，然后单击"下一步"按钮，输入快捷方式的名称，单击"完成"按钮，完成创建。也可以在"计算机"窗口中选择一个目标位置，执行上述操作后，在该位置创建一个快捷方式。

创建的桌面快捷方式只是一个快速启动图标，并没有改变文件原有的位置，因此若删除桌面快捷方式，不会删除原文件。

下面为系统自带的计算器应用程序"calc.exe"创建桌面快捷方式，操作步骤如下。

（1）单击"开始"按钮，打开"开始"菜单，在"搜索程序和文件"框中输入"calc.exe"。

（2）在搜索结果中的"calc.exe"程序选项上单击鼠标右键，在弹出的快捷菜单中选择【发送到】/【桌面快捷方式】命令，如图 2-32 所示。

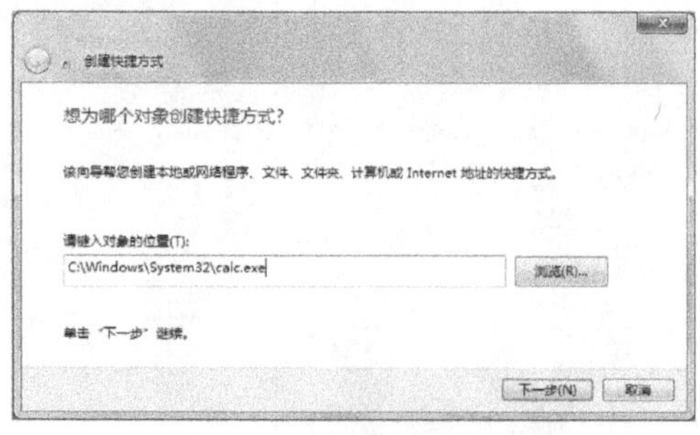

图2-31 “创建快捷方式”对话框

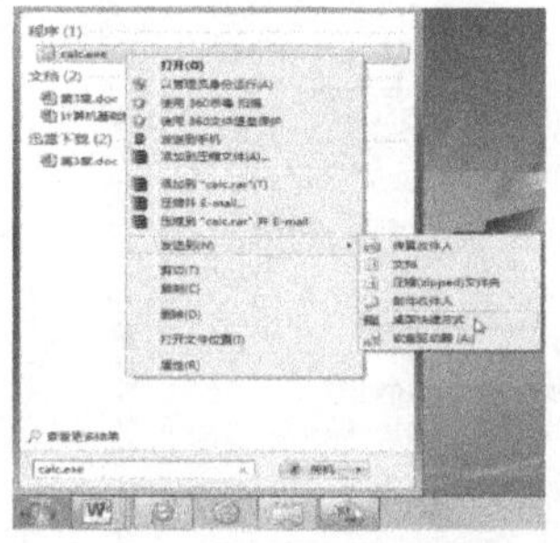

图2-32 选择“桌面快捷方式”命令

（3）在桌面上创建的图标上单击鼠标右键，在弹出的快捷菜单中选择“重命名”命令，输入“My 计算器”，按【Enter】键，完成创建，效果如图 2-33 所示。

- 将常用程序锁定到任务栏

将常用程序锁定到任务栏的常用方法有以下两种。

方法一：在“开始”菜单中的程序启动快捷方式上单击鼠标右键，在弹出的快捷菜单中选择“锁定到任务栏”命令，或直接将其快捷方式拖动至任务栏左侧的程序区中。

方法二：如果要将已打开的程序锁定到任务栏，可在任务栏的程序图标上单击鼠标右键，在弹出的快捷菜单中选择“将此程序锁定到任务栏”命令，如图 2-34 所示。

如果要将任务栏中不再使用的程序图标解锁（即取消显示），可在要解锁的程序图标上单击鼠标右键，在弹出的快捷菜单中选择“将此程序从任务栏解锁”命令。

图2-33 创建桌面快捷方式

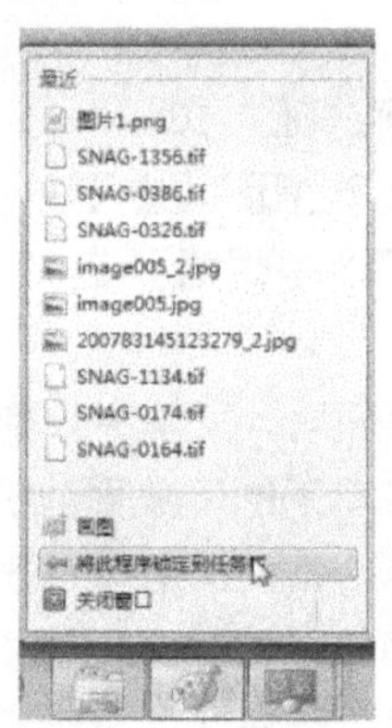

图2-34 将程序锁定到任务栏

2. 剪贴板的操作方法

剪贴板是 Windows 内置的一个非常有用的工具，通过小小的剪贴板，架起了一座桥梁，使得在各种应用程序之间传递和共享信息成为可能。然而美中不足的是，剪贴板只能保留一份数据，每当新的数据传入，旧的数据便会被覆盖。对剪贴板的操作只有三种：复制、剪切和粘贴。这在后面的文件操作部分会详细介绍。

2.3.8 Windows 7 帮助系统的使用

Windows 7 操作系统的帮助和支持对新手来说很有用，无论什么异常，第一时间查看相关帮助，一定会有所收获的。使用 Windows 7 帮助系统的操作步骤如下。

（1）首先单击“开始”按钮，打开开始菜单，在“搜索程序和文件”框中输入：帮助和支持。

（2）稍后就会弹出帮助和支持的程序，单击即可打开帮助和支持程序。

（3）在打开的 “Windows 帮助和支持” 窗口搜索框内填上想要了解问题的关键词，就能自动检索相关知识点。

2.4 管理文件

在使用计算机的过程中，对文件和文件夹的管理是非常重要的操作。本节将介绍利用资源管理器来管理计算机中的文件和文件夹，包括文件和文件夹的创建、移动、复制、删除、重命名及查找等操作。

2.4.1 文件及文件夹的概念

1. 硬盘分区与盘符

硬盘分区是指将硬盘划分为几个独立的区域，这样可以更加方便地存储和管理数据，一般在安装系统时会对硬盘进行分区。硬盘分区后，必须进行格式化才能使用。格式化是指对硬盘或硬盘分区进行初始化的一种操作，把文件系统放置在分区上，并将分区划分成可以存储数据的单元。盘符是 Windows 系统对于磁盘存储设备的标识符，一般使用 26 个英文字符之一加上一个冒号 “:” 来标识，如 “本地磁盘（C:）”，“C” 就是该盘的盘符。

2. 文件

文件是指保存在计算机中的各种信息和数据。计算机中的文件类型很多，如图片文件、音乐文件、视频文件、可执行文件等。不同类型的文件在存储时的扩展名是不同的，如音乐文件有.mp3、.wma 等，视频文件有.avi、.rmvb、.rm 等，图片文件有.jpg、.bmp 等，不同类型的文件在显示时的图标也不同。在默认情况下，文件在计算机中是以图标形式显示的，它由文件图标、文件名称和文件扩展名 3 部分组成，如 作息时间表.docx 表示一个 Word 文件，其扩展名为.docx。

3. 文件夹

用于保存和管理计算机中的文件，其本身没有任何内容，却可放置多个文件和子文件夹，帮助用户将不同类型和功能的文件分类储存，又方便用户对文件的查找。文件夹一般由文件夹图标和文件夹名称两部分组成。

4. 文件路径

在对文件进行操作时，除了要知道文件名外，还需要指出文件所在的盘符和文件夹，即文件在计算机中的位置，也被称为文件路径。文件路径的表示形式分为相对路径和绝对路径两种。其中，相对路径是以 “.”（表示当前文件夹）、“..”（表示上级文件夹）或文件夹名称（表示当前文件夹中的子文件夹名）开头；绝对路径是指文件或目录在硬盘上存放的绝对位置，如 “D:\图片\标志.jpg” 表示 “标志.jpg” 文件是在 D 盘的 “图片” 目录中。在 Windows 7 系统中单击地址栏的空白处，即可查看打开的文件夹的路径。

5. 资源管理器

资源管理器将计算机资源分为收藏夹、库、家庭组、计算机和网络等类别，可以方便用户更好、更快地组织、管理及应用资源。双击桌面上的 “计算机” 图标或单击任务栏上的 “Windows 资源管理器” 按钮，即可打开 “资源管理器” 窗口，如图 2-35 所示。其主要由地址栏、搜索栏、工具栏、导航窗格、资源管理窗格、预览窗格以及细节窗格 7 部分组成。用户可以通过“组织”下拉列表框中的“布局”命令来设置“菜单栏”“细节窗格”和“导航窗格”是否显示，如图 2-35 所示。

图2-35　Windows资源管理器

- 地址栏：显示当前窗口文件在系统中的位置。其左侧包括“返回”按钮和“前进”按钮，用于打开最近浏览过的窗口。
- 搜索栏：用于快速搜索计算机中的文件。
- 工具栏：会根据窗口中显示或选择的对象同步产生变化，以便用户进行快速操作。其中单击“组织”按钮，可以在打开的下拉列表框中选择各种文件管理操作，如复制和删除等。
- 导航窗格：单击其中的选项可快速切换或打开其他窗口。
- 资源管理窗格：用于显示当前窗口中存放的文件和文件夹内容。是用户进行操作的主要地方。用户在此可以进行选择、打开、复制、移动、创建、删除、重命名等操作。
- 预览窗格：预览窗格是 Windows7 中的一项改进，它在默认情况下不显示，这是因为大多数用户不会经常需要预览文件内容。可以单击工具栏右端的“显示/隐藏预览窗格”按钮来显示或隐藏预览窗格。
- 细节窗格：用于显示计算机的配置信息或当前窗口中选择对象的信息。

此外，为了便于查看和管理文件，用户可根据当前窗口中文件和文件夹的多少、文件的类型来更改当前窗口中文件和文件夹的视图方式。其方法是：在打开的文件夹窗口中单击工具栏右侧的按钮，在打开的下拉列表框中可选择大图标、中等图标、小图标和列表等视图显示方式。

2.4.2　文件和文件夹基本操作

1. 选择文件和文件夹

对文件或文件夹进行操作前，要先选择文件或文件夹。选择对象主要分四种情况。

- 选择单个文件或文件夹

使用鼠标直接单击文件或文件夹图标即可将其选中，被选择的文件或文件夹的周围将呈蓝色透明状显示。

- 选择多个连续的文件和文件夹

用鼠标选择第一个对象后按住【Shift】键不放，再单击最后一个对象，可选择两个对象中间的所有对象。或者在窗口空白处按住鼠标左键不放，并拖动鼠标框选需要选择的多个对象，再释放鼠标即可。

- 选择多个不连续的文件和文件夹

按住【Ctrl】键不放，再依次单击所要选择的文件或文件夹，可选择多个不连续的文件和文件夹。

- 选择所有文件和文件夹。

直接按【Ctrl+A】组合键，或选择【编辑】/【全选】命令，可以选择当前窗口中的所有文件或文件夹。

2. 打开文件和文件夹

当“计算机”里有创建好的文件或文件夹后，我们需要打开此文件或文件夹进行编辑，打开的方法很简单。选中要打开的文件或文件夹双击鼠标左键即可打开，或者单击鼠标右键，在弹出的快捷菜单中选择“打开”即可。

3. 新建及重命名文件和文件夹

新建文件是指根据计算机中已安装的程序类别，使用某应用程序新建一个相应类型的空白文件，可以打开并编辑该文件内容。另外，如果需要将一些文件分类整理在一个文件夹中以便日后管理，此时就需要新建文件夹。

微课：新建文件和文件夹

下面新建“公司简介.txt”文件和“公司员工名单.xlsx”文件，然后建立“办公”文件夹及“文档”的子文件夹。具体操作步骤如下。

（1）双击桌面上的“计算机”图标，打开“资源管理器”窗口，双击“本地磁盘（G）”图标，打开 G:\目录窗口。

（2）选择【文件】/【新建】/【文本文档】命令，或在资源管理窗格的空白处单击鼠标右键，在弹出的快捷菜单中选择【新建】/【文本文档】命令，如图 2-36 所示。

（3）此时会在文件夹中出现一个名为“新建文本文档”的文件，且文件名呈可编辑状态，切换到汉字输入法并输入“公司简介”，然后单击空白处或按【Enter】键，新建的文档效果如图 2-37 所示。

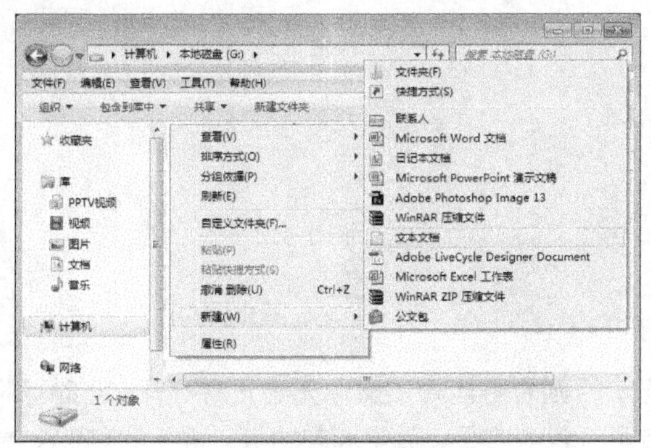

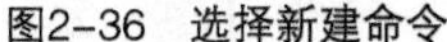
图2-36　选择新建命令

图2-37　命名文件

（4）选择【文件】/【新建】/【Microsoft Excel 工作表】命令，或在资源管理窗格的空白处单击鼠标右键，在弹出的快捷菜单中选择【新建】/【Microsoft Excel 工作表】命令，此时将新建一个 Excel 文件，输入文件名“公司员工名单”，按【Enter】键，效果如图 2-38 所示。

（5）选择【文件】/【新建】/【文件夹】命令，或在资源管理窗格的空白处单击鼠标右键，在弹出的快捷菜单中选择【新建】/【文件夹】命令，或直接单击工具栏中的“新建文件夹”按钮，选中文件夹并单击鼠标左键可使其名称呈可编辑状态，并在此处输入“办公”，然后按【Enter】键，完成文件夹的新建，如图 2-39 所示。

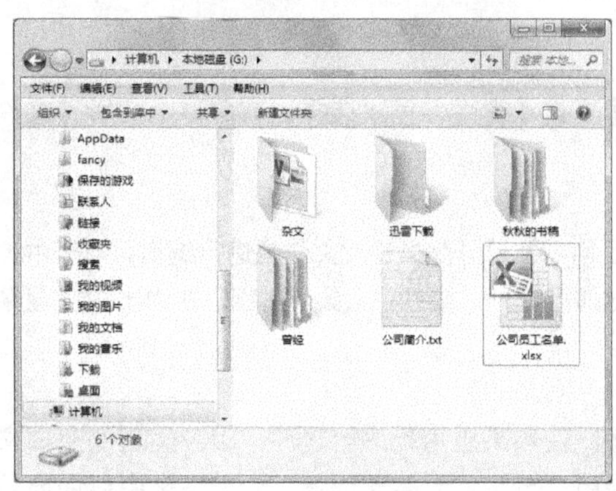

图2-38　新建Excel工作表

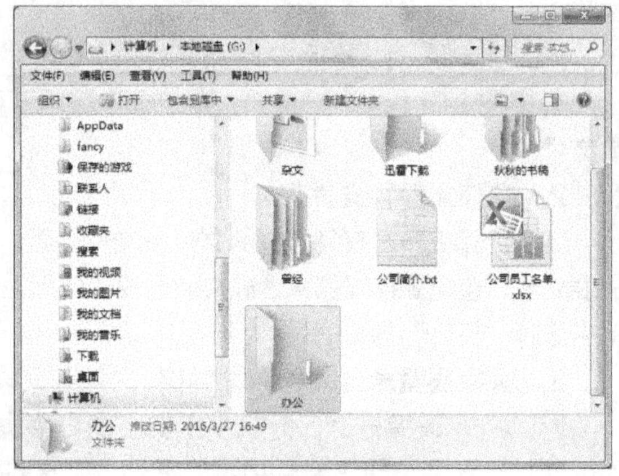

图2-39　新建文件夹

（6）双击“办公”文件夹，在打开的目录窗口中单击工具栏中的“新建文件夹”按钮，输入子文件夹名称“表格”后按【Enter】键，然后在当前文件夹中再新建一个名为“文档”的子文件夹，如图 2-40 所示。

（7）单击地址栏左侧的按钮，返回上一级窗口。

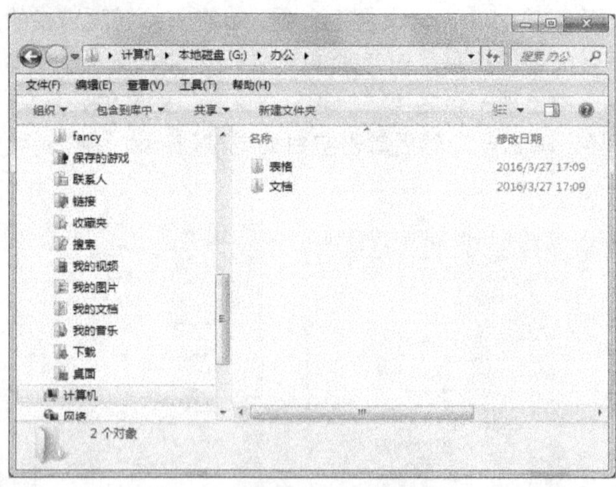

图2-40　新建子文件夹

重命名文件名时不要修改文件的扩展名部分，否则将可能导致文件无法正常打开，此时可将扩展名重新修改为正确形式即可。此外，文件名可以包含字母、数字和空格等，但不能有“?、*、/、\、<、>、:”。

4. 移动、复制文件和文件夹

移动是将文件或文件夹移动到另一个文件夹中，复制相当于为文件或文件夹做一个备份，即原文件夹下的文件或文件夹仍然存在。

下面将移动“公司员工名单.xlsx”文件，复制“公司简介.txt”文件，并将复制的文件重命名为“招聘信息”。具体操作步骤如下。

（1）在导航窗格中单击展开“计算机”图标，然后在导航窗格中选择“本地磁盘（G:）”图标。

（2）在右侧的资源管理窗格中选择“公司员工名单.xlsx”文件，在其上单击鼠标右键，在弹出的快捷菜单中选择“剪切”命令，或选择【编辑】/【剪切】命令（也可直接按【Ctrl+X】组合键），如图 2-41 所示，将选择的文件剪切到剪贴板中，此时文件呈灰色透明显示效果。

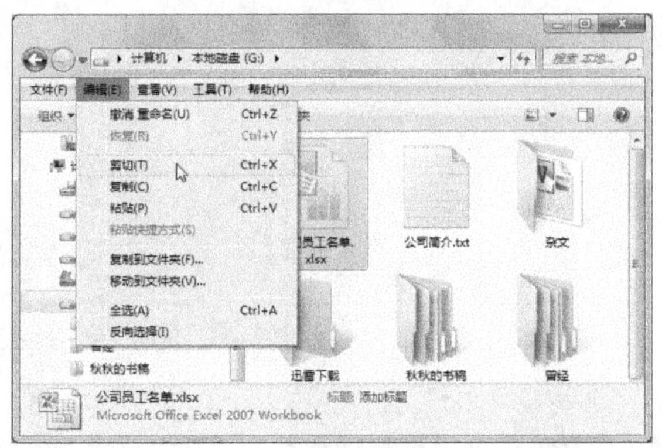

图2-41 选择“剪切”命令

（3）在导航窗格中单击展开“办公”文件夹，再选择“表格”文件夹，在资源管理窗格中单击鼠标右键，在弹出的快捷菜单中选择“粘贴”命令，或选择【编辑】/【粘贴】命令（也可直接按【Ctrl+V】组合键），如图 2-42 所示，即可将剪贴板中的“公司员工名单.xlsx”文件粘贴到“表格”文件夹中，完成文件的移动，效果如图 2-43 所示。

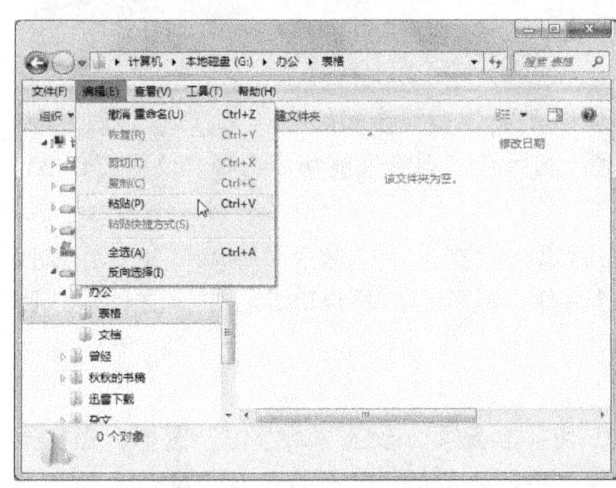

图2-42 执行“粘贴”命令

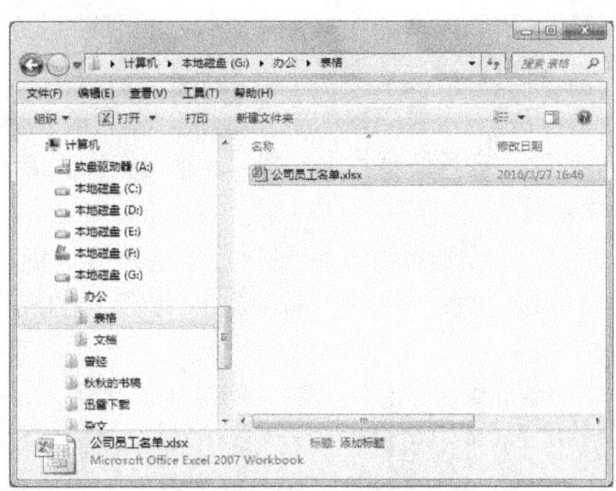

图2-43 移动文件后的效果

（4）单击地址栏左侧的按钮，返回上一级窗口，即可看到窗口中已没有“公司员工名单.xlsx”文件。

（5）选择“公司简介.txt”文件，在其上单击鼠标右键，在弹出的快捷菜单中选择“复制”命令，或选择【编辑】/【复制】命令（也可直接按【Ctrl+C】组合键），如图 2-44 所示，将选择的文件复制到剪贴板中，此时窗口中的文件不会发生任何变化。

（6）在导航窗格中打开“文档”文件夹，在资源管理窗格中单击鼠标右键，在弹出的快捷菜单中选择“粘贴”命令，或选择【编辑】/【粘贴】命令（也可直接按【Ctrl+V】组合键），即可将剪贴板中的“公司简介.txt”文件粘贴到该窗口中，完成对文件的复制，效果如图 2-45 所示。

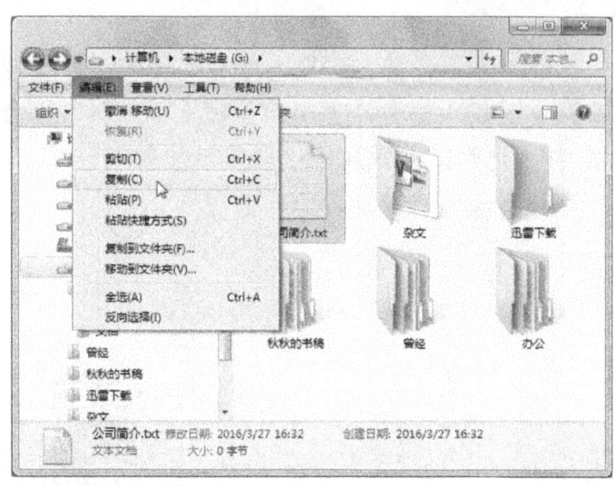

图2-44　选择“复制”命令

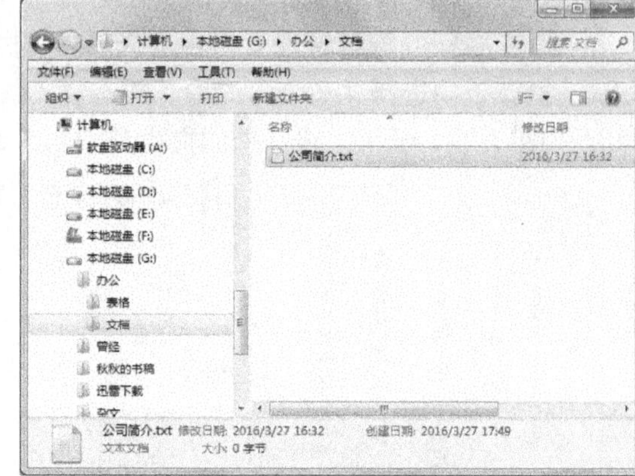

图2-45　复制文件后的效果

（7）选择“文档”文件夹下的“公司简介.txt”文件，在其上单击鼠标右键，在弹出的快捷菜单中选择“重命名”命令，此时文件名称部分呈可编辑状态，在其中删除“公司简介”四个字并输入新的名称“招聘信息”后按【Enter】键即可。（注意：不要删除扩展名.txt。）

（8）在导航窗格中选择“本地磁盘（G:）”选项，即可看到该磁盘根目录下的“公司简介.txt”文件仍然存在。

5. 删除及还原文件和文件夹

及时删除一些没有用的文件或文件夹，可以释放磁盘空间，同时也便于管理。删除的文件或文件夹实际上是移动到了“回收站”中，若误删除了文件，还可以通过还原操作找回来。

微课：删除和还原文件和文件夹

打开资源管理器删除并还原 “公司简介.txt”文件的具体操作步骤如下。

（1）在导航窗格中选择“本地磁盘（G:）”选项，然后在资源管理窗格中选择“公司简介.txt”文件。

（2）在选择的文件图标上单击鼠标右键，在弹出的快捷菜单中选择“删除”命令，或按【Delete】键，此时会弹出图 2-46 所示的提示对话框，提示用户是否确定要把该文件放入回收站。

（3）单击“是”按钮，即可删除文件。

（4）单击任务栏最右侧的“显示桌面”区域，切换至桌面，双击“回收站”图标，在打开的窗口中将查看到最近删除的文件和文件夹等对象，在要还原的“公司简介.txt”文件上单击鼠标右键，在弹出的快捷菜单中选择“还原”命令，如图 2-47 所示，即可将其还原到被删除前的位置。

选择文件后，按【Shift+Delete】组合键将不通过回收站，直接将文件从计算机中删除，此时，被删除的文件将不能被恢复。此外，放入回收站中的文件仍然会占用磁盘空间，在“回收站”窗口中单击工具栏中的“清空回收站”按钮，才能彻底删除“回收站”中的文件。

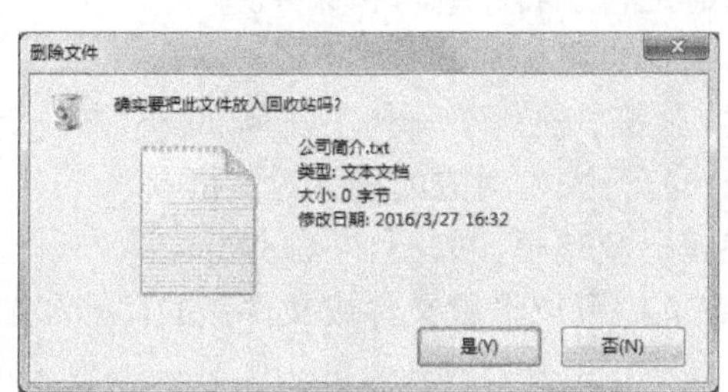

图2-46 “删除文件”对话框

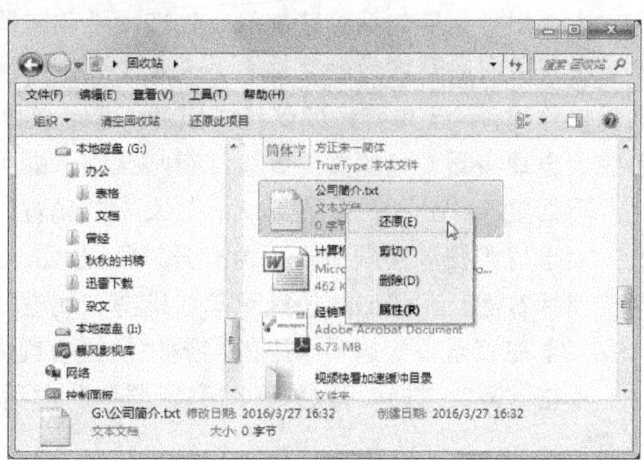

图2-47 还原被删除的文件

2.4.3 搜索文件和文件夹

如果用户不知道文件或文件夹在磁盘中的位置，可以使用 Windows 7 的搜索功能来查找。搜索时如果不记得文件的名称，可以使用模糊搜索功能，其方法是：用通配符“*”来代替任意数量的任意字符，使用“? ”来代表某一位置上的任一个字母或数字，如“*.mp3”表示搜索当前位置下所有MP3格式的文件，而“pin?.mp3”则表示搜索当前位置下文件名前3个字母为“pin”、第 4 位是任意字符的 MP3 格式的文件。

下面搜索 E 盘中的 JPG 图片，具体操作步骤如下。

（1）用户只需在资源管理器中打开需要搜索的位置。如需在某个磁盘分区或文件夹中查找，则打开具体的磁盘分区或文件夹，这里打开“本地磁盘（E:）”。

（2）在资源管理器窗口的搜索框中输入要搜索的文件信息，如这里输入“*.jpg”，Windows 会自动在搜索范围内搜索所有符合文件信息的对象，搜索结果如图 2-48 所示。

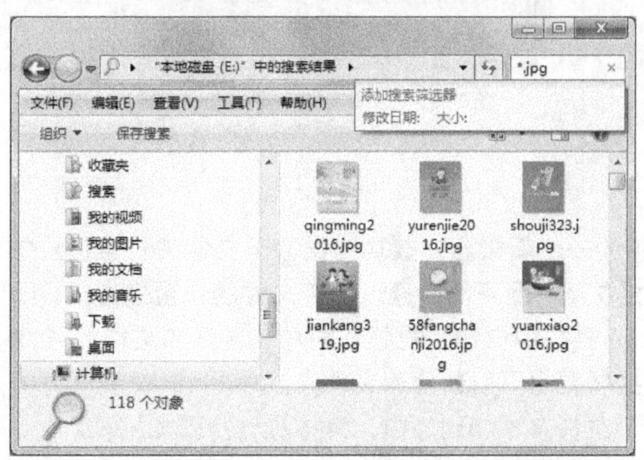

图2-48 搜索E盘中的JPG格式文件

（3）根据需要，可以在“添加搜索筛选器”中选择“修改日期”或“大小”选项来设置搜索条件，以缩小搜索范围。

2.4.4 设置文件和文件夹属性

文件属性主要包括隐藏属性、只读属性和存档属性 3 种。用户在查看磁盘文件时，系统一般不会显示具有隐藏属性的文件名，设置了隐藏属性的文件不能被删除、复制和更名，从而可以起到保护作用；对于具有只读属性的文件，可以查看和复制，但不能修改和删除；文件被创建之后，系统会自动将新创建的文件设置成存档属性，即可以随时进行查看、编辑和保存。

下面更改“公司员工名单.xlsx”文件的属性，具体操作步骤如下。

（1）打开资源管理窗格，再打开“G:\办公\表格”文件夹，在“公司员工名单.xlsx”文件上单击鼠标右键，在弹出的快捷菜单中选择“属性”命令，打开文件对应的属性对话框。

（2）在“常规”选项卡下的“属性”栏中选中“只读”复选框，如图 2-49 所示。

单击“高级”按钮可以打开“高级属性”对话框，在其中可以设置文件或文件夹的存档和加密属性。

（3）单击“应用”按钮，再单击“确定”按钮，完成文件属性的设置。如果是设置文件夹的属性，应用设置后还将打开图 2-50 所示的“确认属性更改”对话框，根据需要选择应用方式后单击“确定”按钮，即可设置相应的文件夹属性。

图2-49 设置文件属性对话框

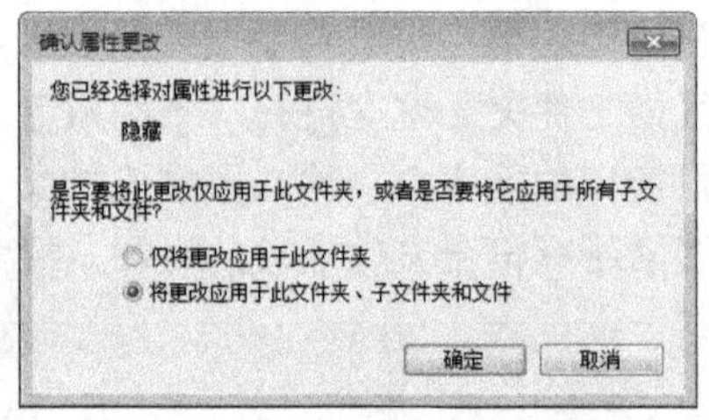

图2-50 选择文件夹属性应用方式

2.4.5 使用库

库是 Windows 7 操作系统中的一个新概念，其功能类似于文件夹，但它只是提供管理文件的索引，即用户可以通过库来直接访问，而不需要通过保存文件的位置去查找，所以文件并没有真正地被存放在库中。Windows 7 系统中自带了视频、图片、音乐和文档 4 个库，以便将这 4 类常用文件资源添加到库中，根据需要也可以新建库文件夹。

新建“办公”库，将“表格”文件夹添加到库中，具体操作步骤如下。

（1）打开资源管理器，在导航窗格中单击“库”图标，打开“库”文件夹，此时在资源管理窗格中将显示所有库，双击任意库文件夹便可打开进行查看。

（2）单击工具栏中的“新建库”按钮或选择【文件】/【新建】/【库】命令，输入库的名称

“办公”，然后按【Enter】键，即可新建一个库，如图 2–51 所示。

（3）在导航窗格中展开“G:\办公”文件夹，选择要添加到库中的“表格”文件夹，然后选择【文件】/【包含到库中】/【办公】命令，即可将该文件夹中的文件添加到“办公”库中，以后就可以通过“办公”库来查看文件了，效果如图 2–52 所示。用同样的方法还可将计算机中其他位置下的相关文件分别添加到库中。

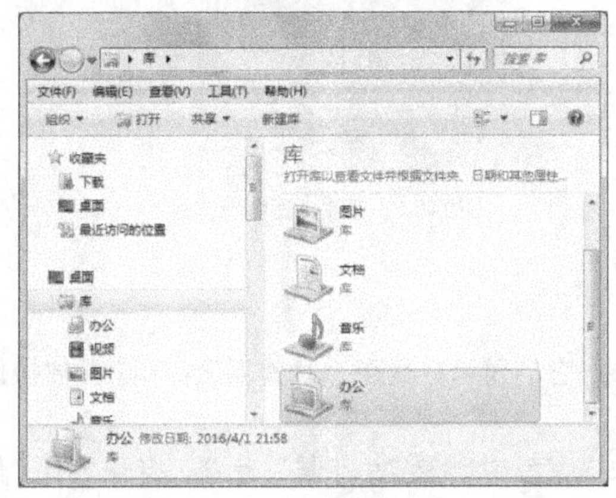

图2–51 新建库

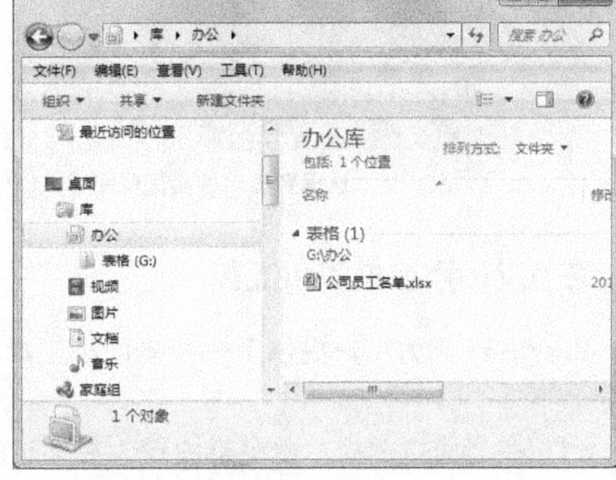

图2–52 将文件添加到库中

当不再需要使用库中的文件时，在导航窗格中选择该文件所在的库文件夹并单击鼠标右键，在弹出的快捷菜单中选择“从库中删除位置”命令即可。

2.5 系统设置

2.5.1 添加和更改桌面系统图标

在安装好 Windows 7 后第一次进入操作系统界面时，桌面上只显示“回收站”图标，此时可以通过设置来添加和更改桌面系统图标。

下面设置在桌面上显示“控制面板”图标，显示并更改“计算机”图标，具体操作步骤如下。

（1）在桌面的空白处单击鼠标右键，在弹出的快捷菜单中选择“个性化”命令，打开“个性化”窗口。

微课：添加和更改桌面系统图标

（2）单击“更改桌面图标”超链接，打开“桌面图标设置”对话框，在“桌面图标”栏中单击要在桌面上显示的系统图标复选框，这里单击 “计算机”和“控制面板”复选框，并撤销选中“允许主题更改桌面图标”复选框，如图 2–53 所示。

（3）在中间列表框中选择“计算机”图标，单击“更改图标”按钮，在打开的“更改图标”对话框中选择图标样式，如图 2–54 所示。

（4）依次单击“确定”按钮，应用设置。

当桌面图标比较多时，可在桌面空白区域单击鼠标右键，在弹出的快捷菜单中的“排序方式”子菜单中选择相应的命令，可以按照名称、大小、项目类型或修改日期这 4 种方式自动排列桌面图标位置。

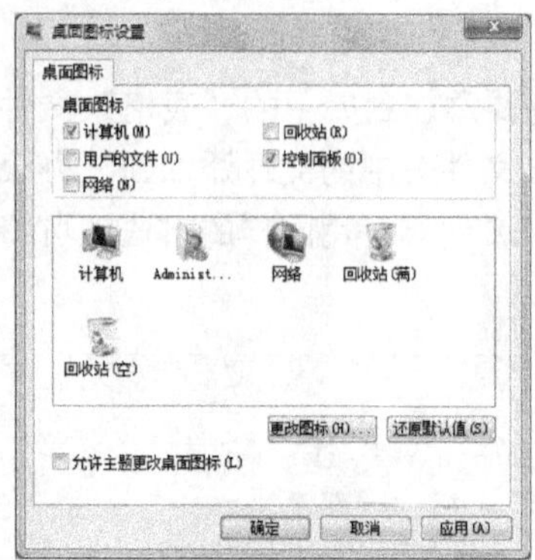

图2-53　选择要显示的桌面图标

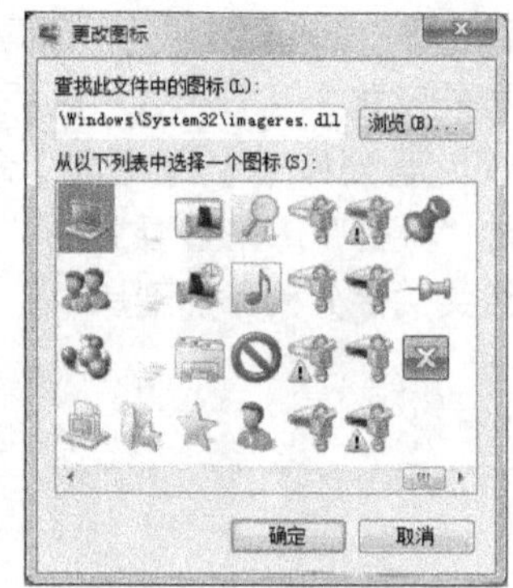

图2-54　更改桌面图标样式

2.5.2　添加桌面小工具

Windows 7 为用户提供了一些桌面小工具程序，它们显示在桌面上既美观又实用。具体操作步骤如下。

（1）在桌面空白处单击鼠标右键，在弹出的快捷菜单中选择“小工具”命令，打开“小工具库”对话框。

（2）在其列表框中选择需要在桌面上显示的小工具程序，这里分别双击“日历”和“时钟”，即可在桌面右上角显示出这两个小工具，如图 2-55 所示。

（3）显示桌面小工具后，使用鼠标拖动小工具将其调整到所需的位置，将鼠标放到工具上面，其右边会出现一个控制框，通过单击控制框中相应的按钮可以设置或关闭小工具。

图2-55　添加桌面小工具

2.5.3　应用主题并设置桌面背景

在 Windows 中可通过为桌面背景应用主题而使其更加美观。下面设置系统自带的“建筑”Aero 主题，并对背景图片的参数进行相应调整。具体操作步骤如下。

（1）在“个性化”窗口中的“Aero 主题”列表框中选择一种主题，此处选择了“建筑”主题，此时背景和窗口颜色等都会发生相应的改变。

（2）在“个性化”窗口下方单击“桌面背景”超链接，打开“桌面背景”窗口，此时列表框中“建筑”系列的图片均呈现选中状态，使要用作背景的图片保持选中状态，单击“图片位置”下拉列表框右侧的▾按钮，在打开的下拉列表中选择“拉伸”选项。

（3）单击“更改图片时间间隔”下拉列表框右侧的▾按钮，在打开的下拉列表框中选择“1 小时”选项，如图 2-56 所示。若单击选中“无序播放”复选框，将按设置的间隔随机切换。

（4）单击“保存修改”按钮，应用设置，并返回“个性化”窗口，系统将按设置好的时间间隔切换背景图片。

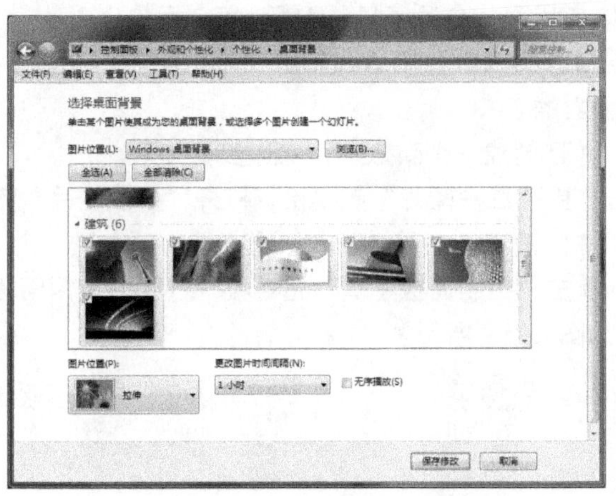

图2-56　应用主题后设置桌面背景

2.5.4　设置屏幕保护程序

在一段时间不操作计算机时，通过屏幕保护程序可以使屏幕暂停显示或以动画显示，让屏幕上的图像或字符不会长时间停留在某个固定位置上，从而可以保护显示器屏幕。设置屏幕保护程序的具体操作如下。

（1）在“个性化”窗口中单击“屏幕保护程序”超链接，打开“屏幕保护程序设置”对话框。

（2）在“屏幕保护程序”下拉列表框中选择保护程序的样式，这里选择“彩带”选项；在“等待”数值框中输入屏幕保护程序等待的时间，这里设置为“60 分钟”；单击选中“在恢复时显示登录屏幕”复选框，如图 2-57 所示。

（3）单击“确定”按钮，关闭对话框。

图2-57　设置“彩带”屏幕保护程序

2.5.5 设置 Windows 7 用户账户

微课：设置 Windows 7 用户账户

在 Windows 7 中多个用户可以使用同一台计算机，只需为每个用户建立一个独立的账户，每个用户可以用自己的账号登录 Windows 7，并且多个用户之间的 Windows 7 设置是相对独立的。

下面将设置账户的图像样式，并且创建一个新账户，操作步骤如下。

（1）在“个性化”窗口中单击“更改账户图片”超链接，打开“更改图片”窗口，选择“小狗”图片样式，然后单击“更改图片”按钮，如图 2-58 所示。

（2）返回“个性化”窗口中，单击“控制面板主页”超链接，打开“控制面板”窗口，单击“添加或删除用户账户”超链接，如图 2-59 所示。

图2-58 设置用户账户图片

图2-59 单击“添加或删除用户账户”超链接

（3）在打开的“管理账户”窗口中单击“创建一个新账户”超链接，如图 2-60 所示。

（4）在打开的窗口中输入账户名称“公用”，然后单击“创建账户”按钮，如图 2-61 所示，完成账户的创建。

图2-60 单击“创建一个新账户”超链接

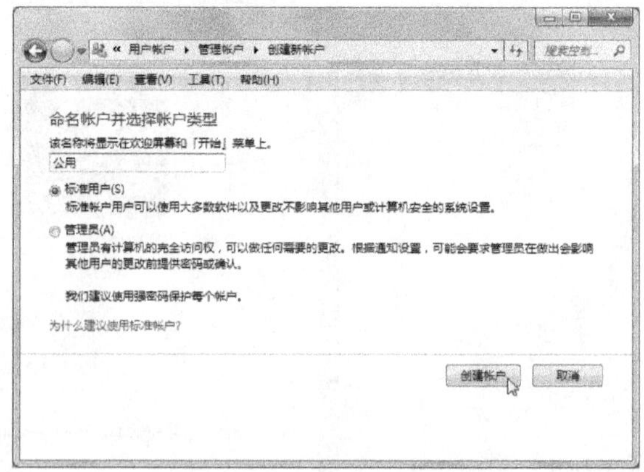

图2-61 设置用户账户名称

在图 2-60 中单击某一账户图标，在打开的“更改账户”窗口中单击相应的超链接，也可以更改账户的图片样式，或更改账户名称、创建或修改密码等。

2.5.6　控制面板

控制面板中包含了不同的设置工具，用户可以通过控制面板对 Windows 7 系统进行设置，包括管理安装程序和打印机等硬件资源。

在“资源管理器”窗口的工具栏中单击“打开控制面板”按钮或选择【开始】/【控制面板】命令即可启动控制面板，其默认以“类别”方式显示，如图 2-59 所示。在“控制面板”窗口中单击不同的超链接即可进入相应的子分类设置窗口或打开参数设置对话框。单击“类别”按钮，在打开的下拉列表框中选择“大图标”或“小图标”选项，修改查看方式。

2.5.7　安装和卸载应用程序

准备好软件的安装程序后便可以开始安装软件，安装后的软件将会显示在“开始”菜单中的“所有程序”列表中，部分软件还会自动在桌面上创建快捷图标。

微课：安装和卸载应用程序

下面将在指定位置安装 Office 2010，具体操作步骤如下。

（1）将安装光盘放入光驱中，当光盘被成功读取后进入光盘中，找到并双击“setup.exe”文件，如图 2-62 所示。

（2）此时会出现“输入您的产品密钥”对话框，在光盘包装盒中找到由 25 位字符组成的产品密钥（产品密钥也称安装序列号，免费或试用软件不需要输入），并将密钥输入到文本框中，单击“继续”按钮，如图 2-63 所示。

（3）打开“许可证条款”对话框，对其中条款内容进行认真阅读，然后选择“我接受此协议的条款”，单击“继续”按钮，如图 2-64 所示。

（4）打开“选择所需的安装”对话框，单击“自定义”按钮，如图 2-65 所示。若单击“立即安装”按钮，可按默认设置快速安装软件。

图2-62　双击安装文件

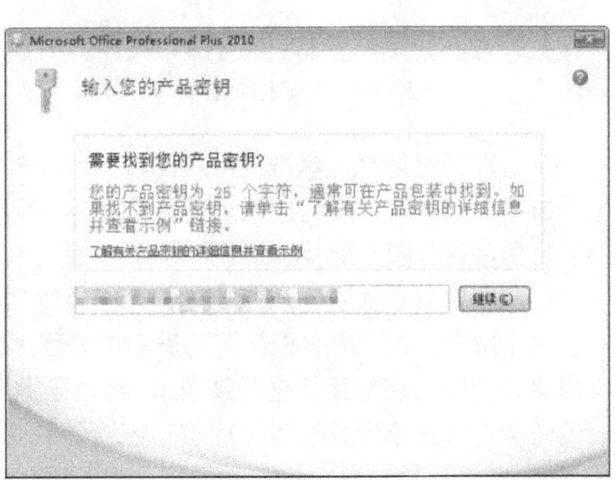

图2-63　输入产品密钥

（5）在打开的安装向导对话框中单击“安装选项”选项卡，单击任意组件名称前的按钮，在打开的下拉列表框中便可以选择是否安装此组件，如图 2-66 所示。

（6）单击“文件位置”选项卡中的“浏览”按钮，在打开的“浏览文件夹”对话框中选择安装 Office 2010 的目标位置，单击“确定”按钮，如图 2-67 所示。

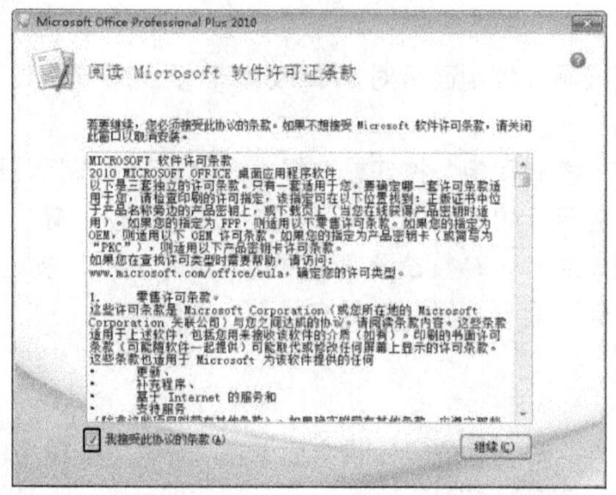

图2-64 “许可条款”对话框

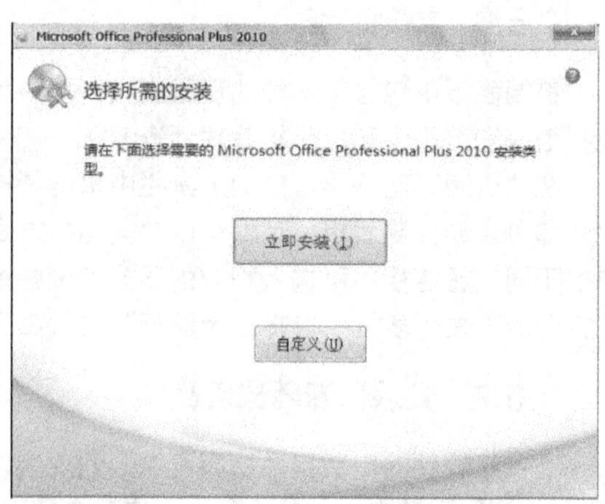

图2-65 选择安装模式

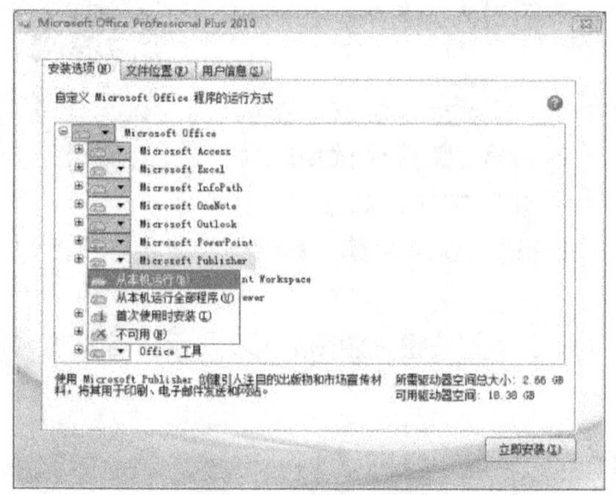

图2-66 选择安装组件

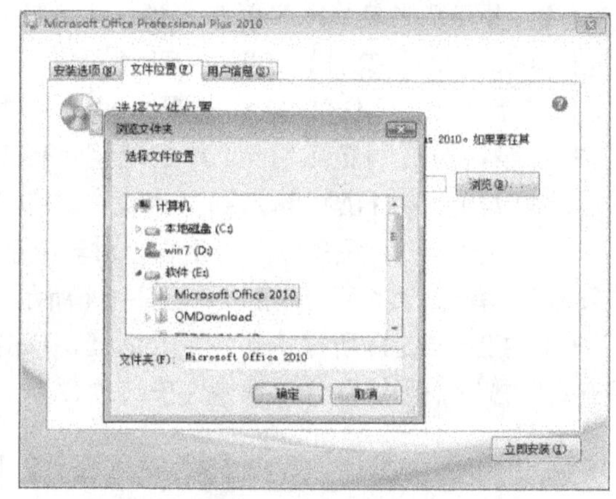

图2-67 选择安装路径

（7）返回对话框，单击“用户信息”选项卡，在文本框中输入用户名和公司名称等信息，最后单击“立即安装”按钮进入“安装进度”界面中，静待数分钟后便会提示已安装完成。安装其他应用程序的步骤与此类似。

有些软件自身提供了卸载功能，可以通过“开始”菜单卸载，其方法是：选择【开始】/【所有程序】命令，在“所有程序”列表中展开程序文件夹，然后选择“卸载”等相关命令（若没有类似命令则通过控制面板进行卸载），再根据提示进行操作便可完成软件的卸载，有些软件在卸载后还会要求重启计算机以彻底删除该软件的安装文件。在控制面板中卸载应用程序的操作步骤如下。

（1）打开“控制面板”窗口，在分类视图下单击“程序”超链接，在打开的“程序”窗口中单击“程序和功能”超链接，此时在“卸载或更改程序”列表框中即可查看当前计算机中已安装的所有程序，如图 2-68 所示。

（2）在列表中选择要卸载的程序选项，然后单击工具栏中的“卸载”按钮，将打开确认是否卸载程序的提示对话框，单击“是”按钮即可确认并开始卸载程序。

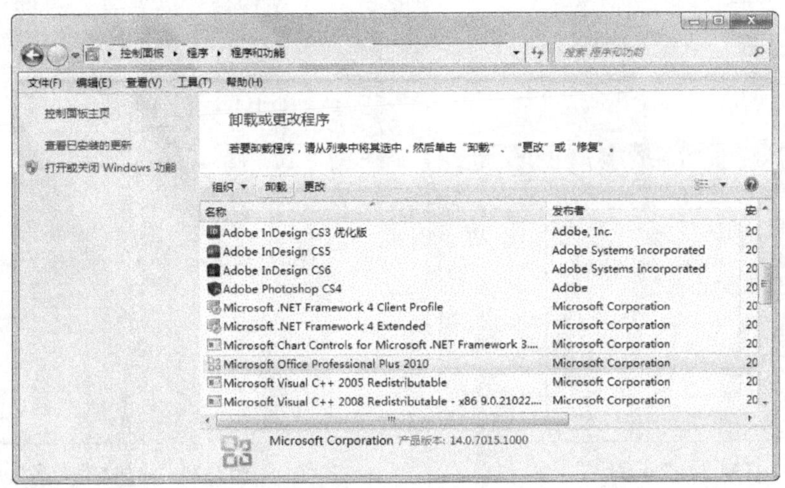

图2-68　“程序和功能”窗口

2.5.8　安装打印机及硬件驱动程序

在安装打印机前应先将设备与计算机主机相连接，再安装打印机的驱动程序。其他外部设备也可参考与打印机类似的方法来进行安装。

连接打印机并安装打印机驱动程序的具体操作步骤如下。

（1）不同的打印机有不同类型的端口，常见的有 USB、LPT 和 COM 端口，可参见打印机的使用说明书。将数据线的一端插入机箱后面相应的插口中，再将另一端与打印机接口相连，如图 2–69 所示，然后接通打印机的电源。

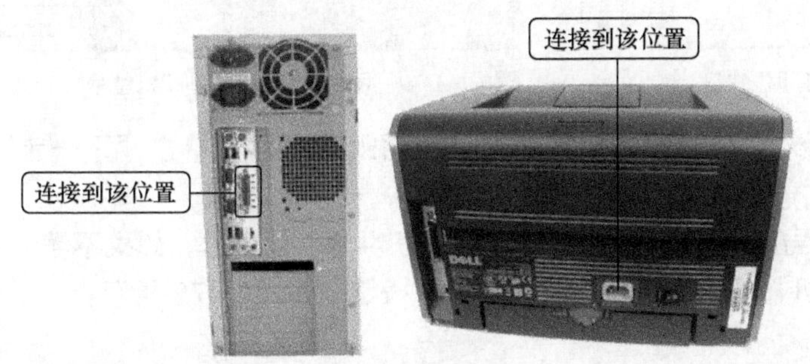

图2-69　连接打印机

（2）选择【开始】/【控制面板】命令，打开“控制面板”窗口，单击“硬件和声音”超链接下方的“查看设备和打印机”超链接，打开“设备和打印机”窗口，单击工具栏上的“添加打印机”按钮，如图 2–70 所示。

（3）在打开的“添加打印机”对话框中选择“添加本地打印机”选项，然后单击“下一步”按钮，如图 2–71 所示。

（4）选中“使用现有的端口”单选项，在其后面的下拉列表框中选择打印机连接的端口（一般使用默认端口设置），然后单击“下一步”按钮，如图 2–72 所示。

（5）在对话框的“厂商”列表框中选择打印机的生产厂商，在“打印机”列表框中选择打印机的型号，单击“下一步”按钮，如图 2–73 所示。

图2-70 “设备和打印机”窗口

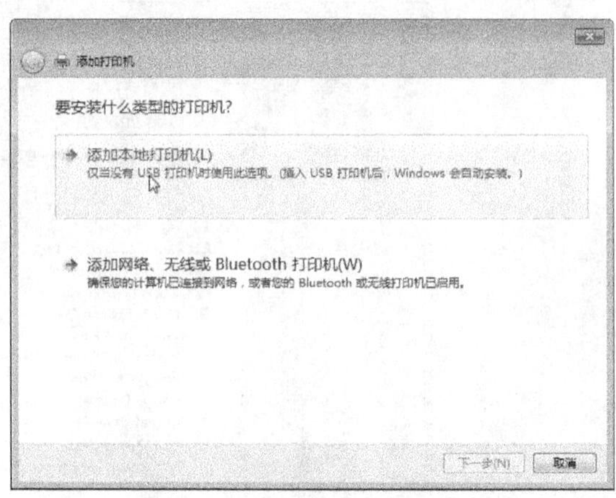

图2-71 添加本地打印机

图2-72 选择打印机端口

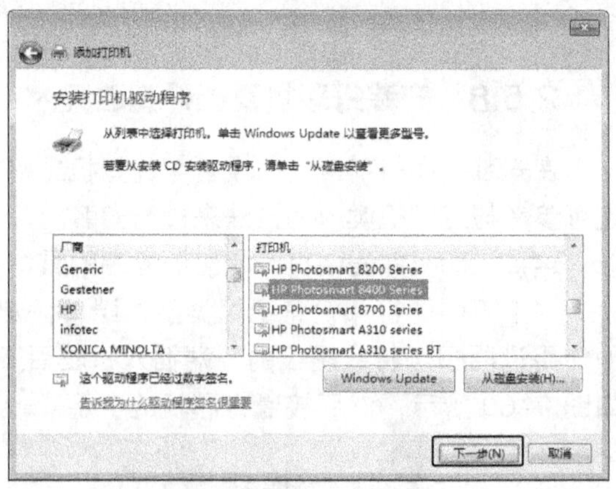

图2-73 选择打印机型号

（6）在“打印机名称”文本框中输入名称，这里使用默认名称，单击“下一步”按钮，如图 2-74 所示。

（7）系统开始安装驱动程序，安装完成后打开“打印机共享”对话框，如果不需要共享打印机则单击“不共享这台打印机”单选项，单击“下一步”按钮，如图 2-75 所示。

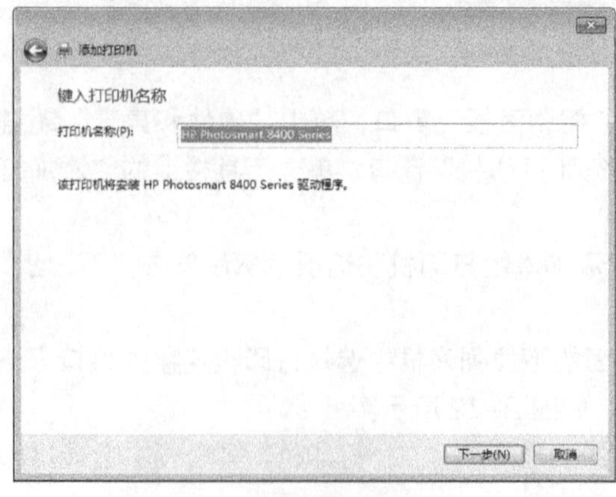

图2-74 输入打印机名称

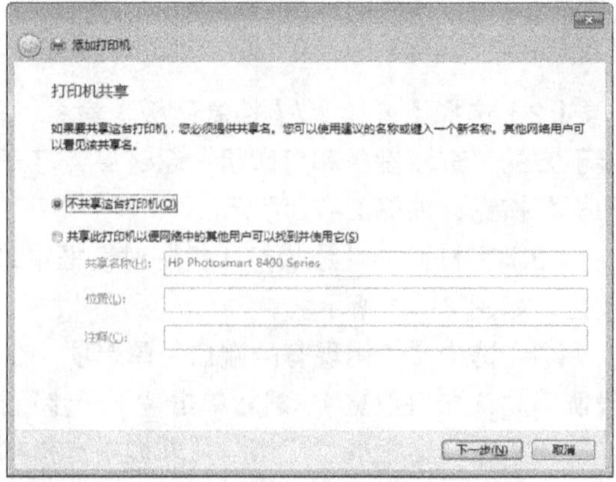

图2-75 共享设置

（8）在打开的对话框中单击 “设置为默认打印机”复选框可设置其为默认的打印机，单击“完成” 按钮完成打印机的添加，如图 2–76 所示。

（9）打印机安装完成后，在“控制面板” 窗口中单击“查看设备和打印机” 超链接，在打开的窗口中双击安装的打印机图标，即可根据打开的窗口查看打印机状态，包括查看当前打印内容、设置打印属性和调整打印选项等，如图 2–77 所示。

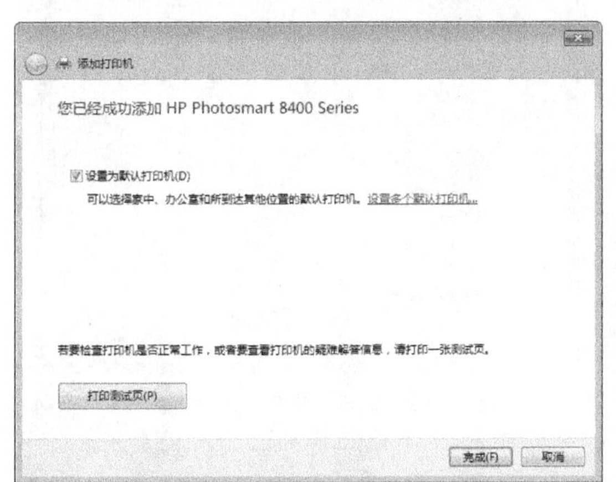

图2–76　完成打印机的添加

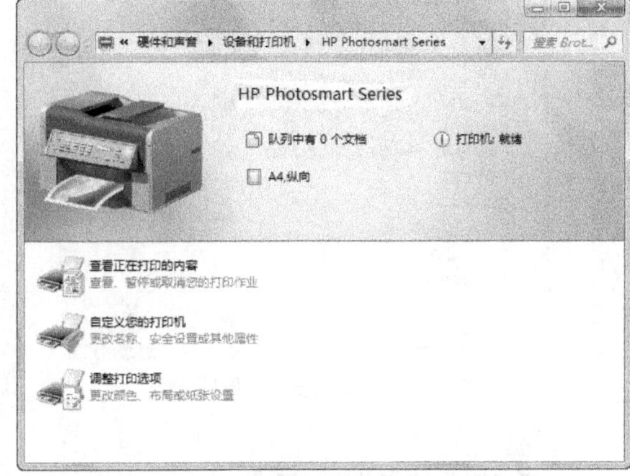

图2–77　查看安装的打印机

如果要安装网络打印机，可在图 2–71 所示的对话框中选择 “添加网络、无线或 Bluetooth 打印机” 选项，系统将自动搜索与本机联网的所有打印机设备，选择打印机型号后将自动安装驱动程序。

2.5.9　打开和关闭 Windows 功能

Windows 7 操作系统自带了一些组件程序及功能，包括 IE 浏览器、媒体功能、游戏和打印服务等，用户可根据需要通过打开和关闭操作来决定是否启用这些功能。下面将关闭 Windows 7 的 “纸牌” 游戏功能，具体操作步骤如下。

微课：打开和关闭 Windows 功能

（1）选择【开始】/【控制面板】命令，打开 “控制面板” 窗口，在分类视图下单击“程序”超链接，在打开的“程序”窗口中单击“打开或关闭 Windows 功能” 超链接。

（2）系统检测 Windows 功能后，会出现图 2–78 所示的 “Windows 功能” 窗口，在该窗口的列表框中显示了所有的 Windows 功能选项，如选项前的复选框显示为■，表示该功能中的某些子功能被打开；如选项前的复选框显示为☑，则表示该功能中的所有子功能都被打开。

（3）单击某个功能选项前的⊞标记，即可在展开的列表中显示该功能中的所有子功能选项，这里展开 “游戏” 功能选项，撤销选中 “纸牌” 复选框，则可关闭该系统功能，如图 2–79 所示。

（4）单击 “确定” 按钮，系统将打开提示对话框显示该项功能的配置进度，完成后系统将自动关闭该对话框和 “Windows 功能” 窗口。

（5）选中某一功能选项前的复选框，并单击“确定”按钮，即可打开该项功能。

图2-78 “Windows功能”窗口

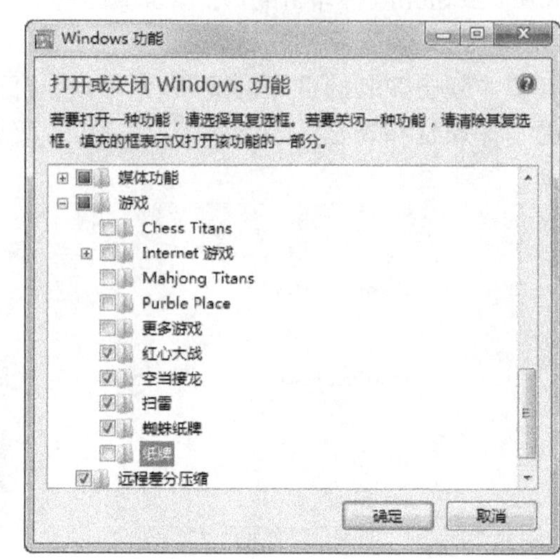

图2-79 关闭“纸牌”游戏功能

2.5.10 设置汉字输入法

在计算机中需要使用汉字输入法才能输入汉字。汉字输入法是指输入汉字的方式，常用的汉字输入法有微软拼音输入法、搜狗拼音输入法和五笔字型输入法等。

在 Windows 7 操作系统中，输入法统一在语言栏中进行管理。在语言栏中可以进行以下 4 种操作。

- 当鼠标指针移动到语言栏最左侧的图标上时，鼠标指针变成形状，此时可以在桌面上任意移动语言栏。
- 单击语言栏中的“输入法”按钮，可以选择需切换的输入法，选择后该图标将变成相应输入法的徽标。或者按住【Ctrl】键不放再连续按【Shift】键，即可在不同的输入法之间切换。切换至某一种汉字输入法后，将弹出其对应的汉字输入法状态条。
- 单击语言栏中的“帮助”按钮，则打开语言栏帮助信息。
- 单击语言栏右下角的“选项”按钮，打开“选项”下拉列表框，可以对语言栏进行设置。

微课：添加和删除输入法

1. 添加和删除输入法

Windows 7 操作系统中集成了多种汉字输入法，但不是所有的汉字输入法都显示在语言栏的输入法列表中，此时可以通过添加输入法将适合自己的输入法显示出来，也可删除不再使用的输入法。具体操作步骤如下。

（1）在语言栏中的按钮上单击鼠标右键，在弹出的快捷菜单中选择“设置”命令，打开“文本服务和输入语言”对话框，如图 2-80 所示。

（2）单击“添加”按钮，打开“添加输入语言”对话框，在“使用下面的复选框选择要添加的语言”列表框中单击“中文（简体，中国）”/“键盘”选项前的按钮，在打开的子列表中单击选中想要添加的输入法，撤销选中想要删除的输入法，如图 2-81 所示。

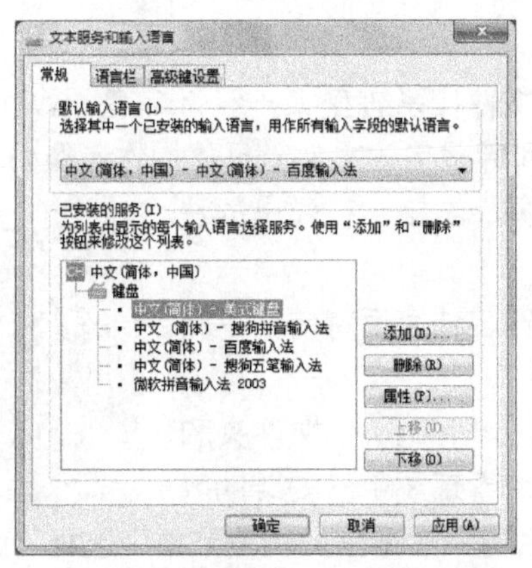

图2-80 “文本服务和输入语言”对话框

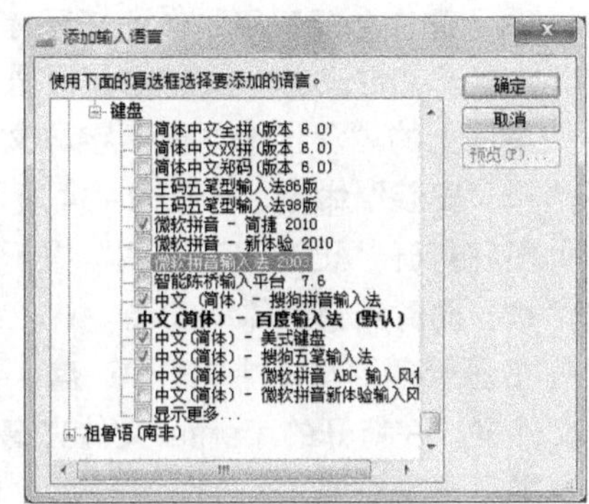

图2-81 添加和删除输入法

（3）单击“确定”按钮，返回“文本服务和输入语言”对话框，在“已安装的服务”列表框中将显示已添加的输入法，单击“确定”按钮完成添加。

（4）单击语言栏中的按钮，查看添加和删除输入法后的效果。

通过上面的方法删除的输入法并不会真正从操作系统中被删除，而是取消其在输入法列表中的显示，所以还可通过添加输入法的方式将其重新添加到输入法列表中。

2. 设置输入法切换快捷键

为了便于快速切换至所需输入法，可以为输入法设置切换快捷键。具体操作步骤如下。

微课：设置输入法切换快捷键

（1）在语言栏中的按钮上单击鼠标右键，在弹出的快捷菜单中选择“设置”命令，打开“文本服务和输入语言”对话框。

（2）单击“高级键设置”选项卡，在列表框中选择要设置切换快捷键的输入法选项，这里选择图 2-82 所示的输入法选项，然后单击下方的“更改按键顺序”按钮。

（3）打开“更改按键顺序”对话框，单击选中“启用按键顺序”复选框，然后在下方的两个列表框中选择所需的快捷键，这里设置为【Ctrl+Shift+1】组合键，如图 2-83 所示。

（4）依次单击“确定”按钮，应用设置。

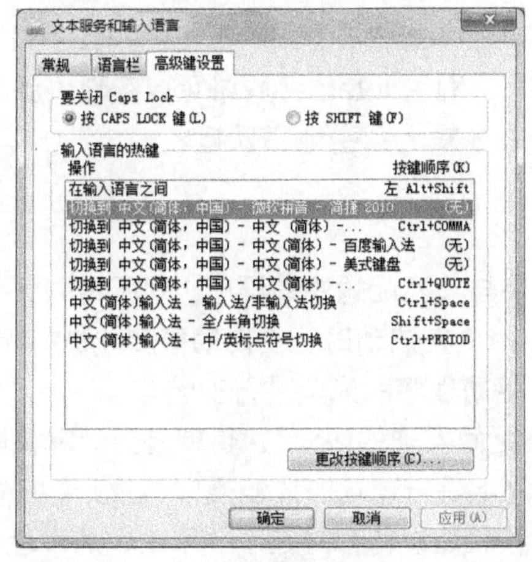

图2-82 “文本服务和输入语言”对话框

图2-83 设置输入法切换快捷键

3. 安装与卸载字体

Windows 7 操作系统中自带了一些字体，其安装文件在系统盘（一般为 C 盘）Windows 文件夹下的 Fonts 子文件夹中。用户也可根据需要安装和卸载字体文件。具体操作步骤如下。

（1）在桌面上的“汉仪楷体简”字体文件上单击鼠标右键，在弹出的快捷菜单中选择“安装”命令，如图 2-84 所示。

（2）此时将打开“正在安装字体”提示对话框，安装结束后将自动关闭该提示对话框，同时结束字体的安装。

（3）在资源管理器窗口中打开 C 盘，再依次打开 Windows 文件夹和 Fonts 子文件夹，在打开的 Fonts 文件夹窗口中可以查看系统中已安装的所有字体，选择不再需要使用的字体文件后，单击鼠标右键，在弹出的快捷菜单中选择“删除”命令，即可将该字体文件从系统中卸载，如图 2-85 所示。

微课：安装与卸载字体

图2-84　安装字体

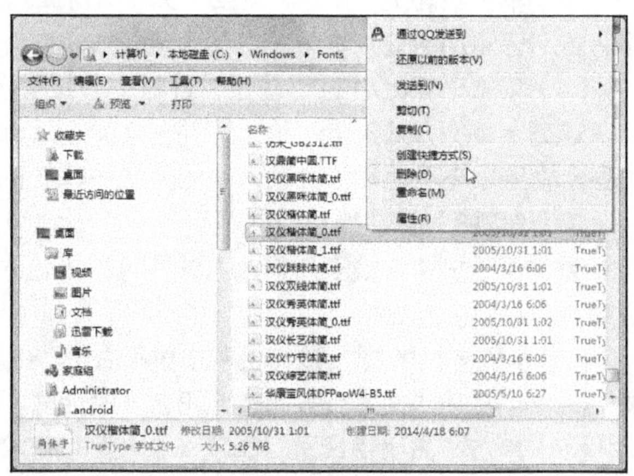

图2-85　查看和卸载字体文件

2.6 Windows 7 的网络功能

随着计算机的发展，网络技术的应用也越来越广泛。网络是连接个人计算机的一种手段，利用办公局域网可以彼此共享文档、打印机以及应用程序等。利用 Internet 网络可以实现资源共享及网上用户相互交流和通信，使得物理上分散的计算机在逻辑上紧密地联系起来。

2.6.1 网络软件的安装

任何网络，除了需要安装一定的硬件外，还必须安装与其匹配的驱动程序，即所谓的网络软件。安装好 Windows 7“即插即用”型网卡后，Windows 7 在启动时，会自动检测并进行配置。如果没有找到对应的驱动程序，则需要插入包含该网卡驱动程序的光盘进行安装。

IP 是英文 Internet Protocol 的缩写，意思是“网络之间互连的协议”，也就是为计算机网络相互连接进行通信而设计的协议，规定了计算机在因特网上进行通信时应当遵守的规则。IP 中还有一个非常重要的内容，就是给因特网上的每台计算机和其他设备都规定了一个唯一的地址，叫做“IP 地址”。由于有这种唯一的地址，才保证了用户能够高效而且方便地从千千万万台计算机中选出自己所需的对象来。接下来要进行的操作是设置 IP 地址以及查看网络的详细信息。

（1）在计算机桌面上，用鼠标右键单击“网络”图标，选择“属性”命令，打开“网络和共享中心”窗口。

（2）在“网络和共享中心”窗口中，单击“本地连接”链接，出现图 2-86 所示的“本地连接状态”对话框。

（3）单击“属性”按钮，打开图 2-87 所示的“本地连接属性”对话框，此时会看到有“IPv6”和“IPv4”这两个 Internet 协议版本。此处选择“IPv4”。

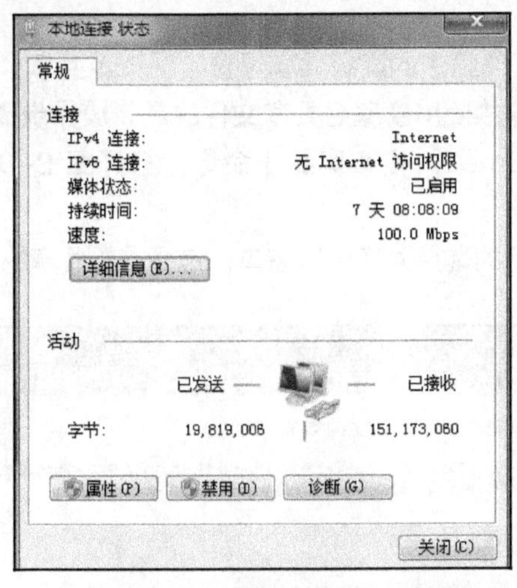

图2-86　“本地连接状态”对话框

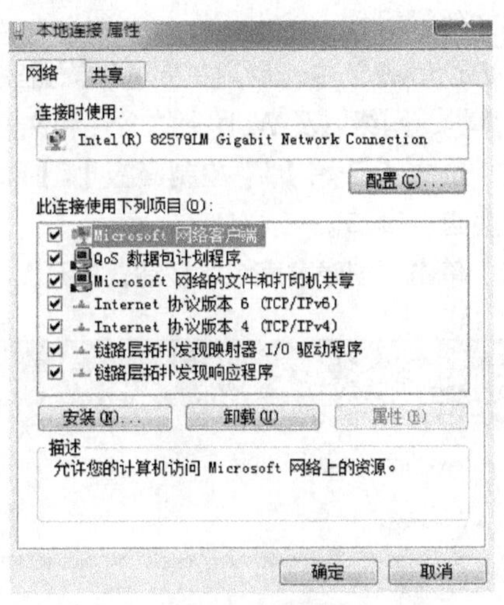

图2-87　“本地连接属性”对话框

（4）单击“属性”按钮，在出现的图 2-88 所示的“Internet 协议版本 4（TCP/IPv4）属性”对话框中，选择“自动获得 IP 地址”和“自动获得 DNS 服务器地址”选项。

（5）单击“确定”按钮，完成 IP 地址的设置。

（6）在图 2-86 所示的“本地连接状态”对话框中单击“详细信息”按钮，出现图 2-89 所示的“网络连接详细信息”对话框，可查看当前计算机的 IP 地址和 DNS 地址信息。

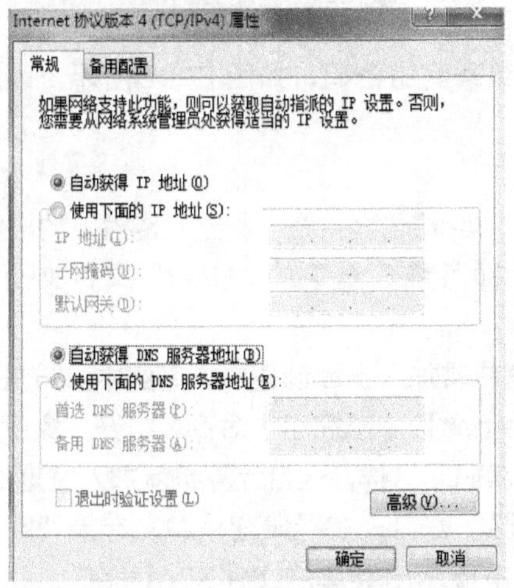

图2-88　“Internet协议属性”对话框

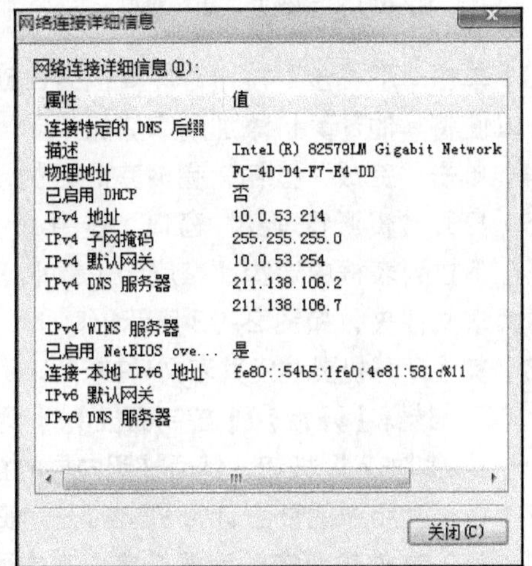

图2-89　“网络连接详细信息”对话框

2.6.2 资源共享

计算机中的资源共享可分为 3 类：存储资源共享、硬件资源共享、程序资源共享。用户对共享资源有 3 种访问权限。

完全更改：可以对共享资源进行任何操作。

更改：允许对共享资源进行修改操作。

读取：对共享资源只能进行复制、打开或查看等操作，不能进行移动、删除、修改、重命名及添加文件等操作。

在 Windows 7 中，用户主要通过配置家庭组、工作组中的高级共享设置实现资源共享，共享存储在计算机、网络以及 Web 上的文件和文件夹。创建并使用家庭组共享文件的具体操作步骤如下。

（1）选择【开始】/【控制面板】/【网络和 Internet】/【家庭组】命令，打开图 2–90 所示的“家庭组”窗口。

（2）单击“创建家庭组”按钮，打开图 2–91 所示的选择共享内容窗口，选择需要共享的内容。

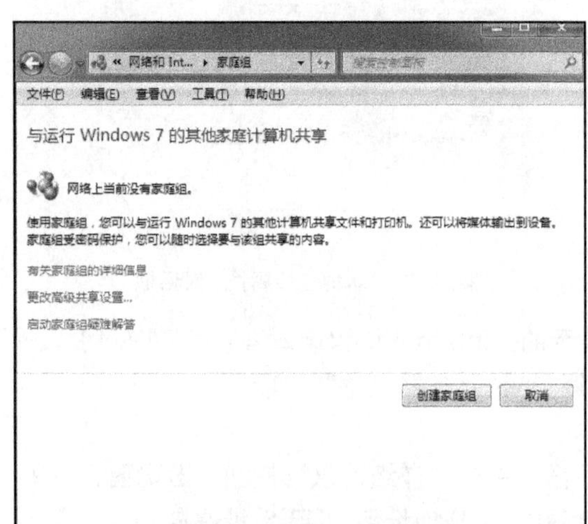

图2–90 “创建家庭组”窗口

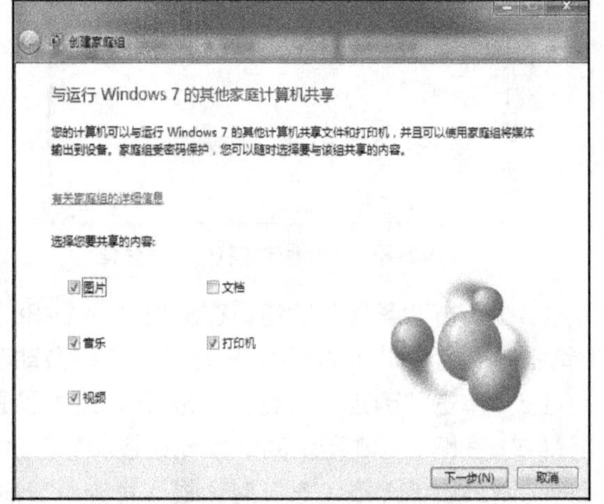

图2–91 选择共享内容

（3）单击“下一步”按钮，计算机会自动生成一组家庭组密码，如图 2–92 所示。须记下此密码，以便将其他计算机添加到家庭组中。

（4）单击“完成”按钮，完成家庭组的创建。

（5）打开“资源管理器”窗口，选中 C 盘中的“User”文件夹，单击工具栏上的“共享”按钮，在下拉列表框中选择“家庭组（读取）”选项，即可将 C 盘下的“User”文件夹设为家庭组中的共享文件夹，如图 2–93 所示。

（6）其他计算机要访问共享文件夹“User”时，需将其加入上面创建的家庭组中。方法是：在其他计算机上选择【开始】/【控制面板】/【网络和 Internet】/【家庭组】命令，打开“家庭组”窗口，单击“立即加入”按钮，然后按照向导的指示输入密码。这样，这台计算机就加入家庭组中了。

（7）在家庭组中的任意计算机上打开“资源管理器”窗口，在导航窗格中，选择“家庭组”，单击“User”文件夹所在的计算机名，在右侧的窗格中显示出共享的文件夹“User”，此时便可访问该共享文件夹了，如图 2–94 所示。

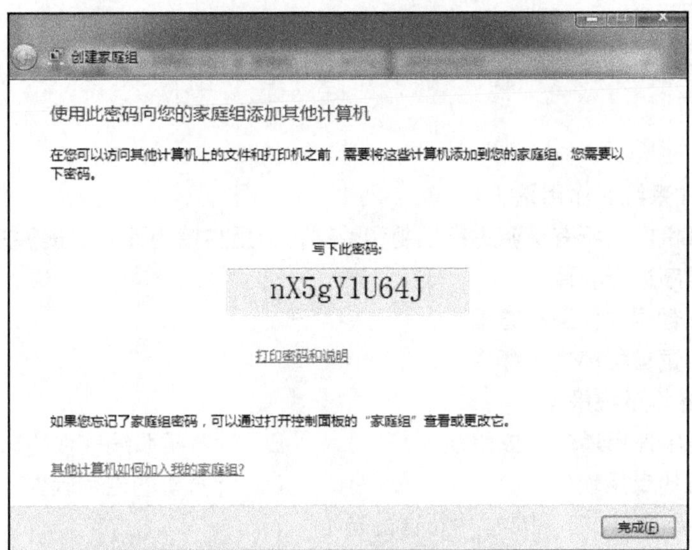

图2-92　生成家庭组密码

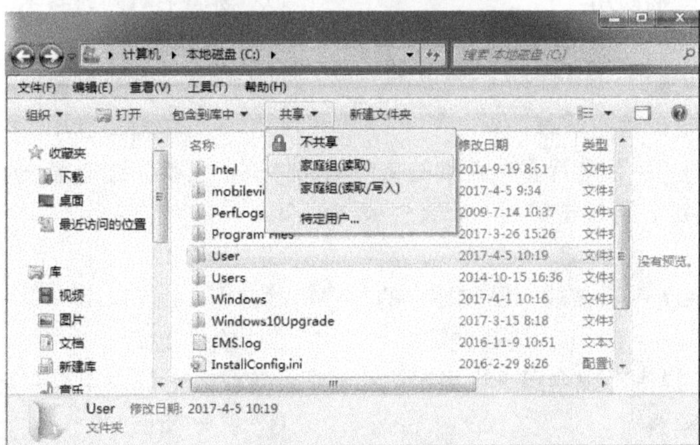

图2-93　共享对象

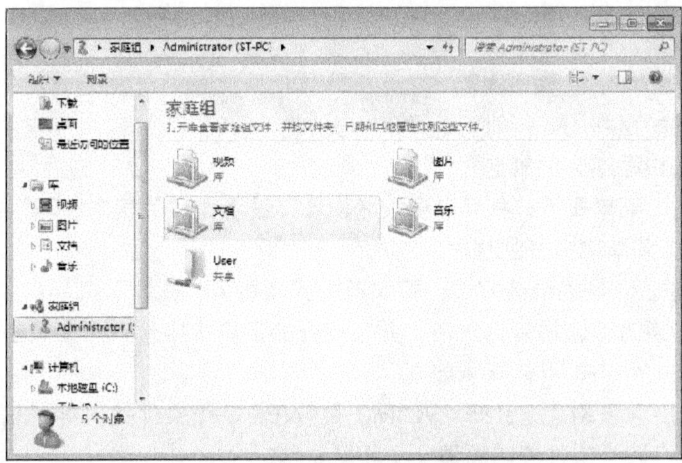

图2-94　通过“家庭组”查看共享文件

习题二

一、选择题

1. 计算机操作系统的作用是（　　）。
   A. 对计算机中的所有资源进行控制和管理，为用户使用计算机提供方便
   B. 对源程序进行翻译
   C. 对用户数据文件进行管理
   D. 对汇编语言程序进行翻译
2. 计算机的操作系统是（　　）。
   A. 计算机中使用最广的应用软件　　B. 计算机系统软件的核心
   C. 计算机的专用软件　　D. 计算机的通用软件
3. 在 Windows 7 中，下列叙述中错误的是（　　）。
   A. 可支持鼠标操作　　B. 可同时运行多个程序
   C. 不支持即插即用　　D. 桌面上可同时容纳多个窗口
4. 单击窗口标题栏右侧的[最小化按钮]按钮后，会（　　）。
   A. 将窗口关闭　　B. 打开一个空白窗口
   C. 使文档窗口独占屏幕　　D. 使当前窗口缩小
5. 在 Windows 7 中，选择多个连续的文件或文件夹，应首先选择第一个文件或文件夹，然后按住（　　）键不放，再单击最后一个文件或文件夹。
   A. Tab　　B. Alt　　C. Shift　　D. Ctrl
6. 在 Windows 7 中，被放入回收站中的文件仍然占用（　　）。
   A. 硬盘空间　　B. 内存空间　　C. 软件空间　　D. 光盘空间
7. Windows 7 操作系统中用于设置系统和管理计算机硬件的应用程序是（　　）。
   A. 资源管理器　　B. 控制面板
   C. “开始”菜单　　D. “计算机”窗口

二、操作题

1. 设置桌面背景，图片位置为“填充”。
2. 设置使用 Aero Peek 预览桌面。
3. 设置屏幕保护程序的等待时间为“60”分钟。
4. 设置屏幕保护程序为“气泡”。
5. 设置“开始”菜单属性，将“电源按钮操作”设置为“关机”，设置“隐私”为“存储并显示最近在「开始」菜单中打开的程序”。
6. 在桌面上建立 C 盘的快捷方式，将快捷方式命名为“C 盘”。
7. 将输入法切换为微软拼音输入法，并在打开的记事本中输入“今天是我的生日”。
8. 管理文件和文件夹，具体要求如下。

（1）在计算机 D 盘下新建 FENG、WARM 和 SEED 3 个文件夹，再在 FENG 文件夹下新建 WANG 子文件夹，在该子文件夹中新建一个 JIM.txt 文件。

（2）将 WANG 子文件夹下的 JIM.txt 文件复制到 WARM 文件夹中。

（3）将 WARM 文件夹中的 JIM.txt 文件设置为隐藏和只读属性。

（4）将 WARM 文件夹下的“JIM.txt”文件删除。

9. 利用计算器计算“(355+544−45)/2”的结果。

10. 利用画图程序绘制一个粉红色的心形图形，最后以“心形”为名保存到桌面。

11. 从网上下载搜狗拼音输入法的安装程序，然后将输入法安装到计算机中。

3 Chapter

第 3 章 Word 2010 的使用

Word 2010 是 Microsoft 公司开发并推出的 Office 2010 套装软件中的组件之一，其凭借着友好的界面、方便的操作、完善的功能和易学易用等特点，已经成为深受广大用户欢迎的文字处理软件之一。

Word 2010 提供了比以前版本功能更为全面的文本和图形编辑工具，同时采用了以实时预览结果为导向的全新用户界面，以此来帮助用户创建、共享更具专业水准的文档。全新的工具可以节省大量格式化文档所消耗的时间，从而使用户能够将更多的精力投入内容的创建工作上。本章主要介绍 Word 文档的编辑与排版、表格处理、图文混排、长文档的编辑与邮件合并等内容。

3.1 Word 2010 基础

Word 2010 是 Microsoft Office 2010 中应用最为广泛的一个组件，在本节中主要对它的工作窗口、启动和退出等基本操作进行简单介绍。

3.1.1 Word 2010 的启动与退出

在计算机中安装了 Office 2010 后便可启动相应的组件，包括 Word 2010、Excel 2010 和 PowerPoint 2010 等，其中各个组件的启动方法基本相同。

1. 启动 Word 2010

Word 2010 的启动很简单，与其他常见应用软件的启动方法相似，主要有以下 3 种方法。

方法一：选择【开始】/【所有程序】/【Microsoft Office】/【Microsoft Word 2010】命令。

方法二：创建了 Word 2010 的桌面快捷方式后，双击桌面上的快捷方式图标。

方法三：在任务栏中的"快速启动区"单击 Word 2010 图标。

2. 退出 Word 2010

完成文档的编辑操作后就要退出 Word 2010 工作环境，主要有以下 4 种方法。

方法一：选择【文件】/【退出】命令。

方法二：单击 Word 2010 窗口右上角的"关闭"按钮。

方法三：按【Alt+F4】组合键。

方法四：单击 Word 2010 窗口左上角的控制菜单图标，在打开的下拉菜单中选择"关闭"命令。

3.1.2 Word 2010 的窗口及其组成

Word 2010 采用了功能区界面风格，整个界面更加清新柔和。Word 2010 窗口主要包括标题栏、快速访问工具栏、"文件"按钮、功能区、标尺栏、选项卡文档编辑区和状态栏等，如图 3-1 所示。

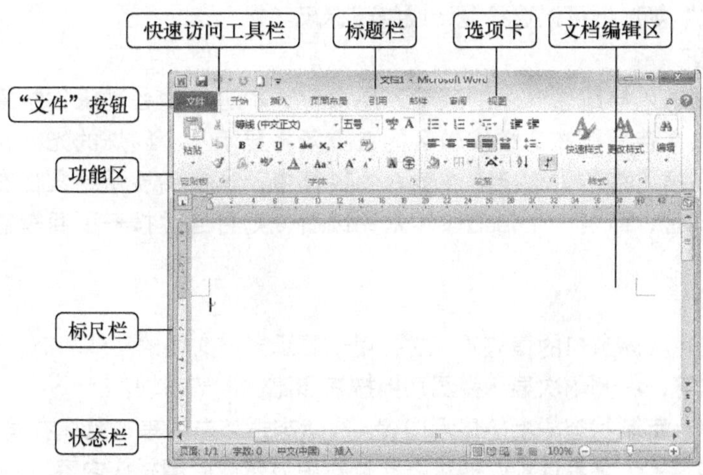

图3-1　Word 2010工作界面

1. 标题栏

标题栏位于 Word 2010 操作界面的最顶端，用于显示程序名称和正在编辑的文档名称。利用右侧的“窗口控制”按钮组（包含“最小化”按钮、“最大化（还原）”按钮和“关闭”按钮）可分别完成最小化、最大化和关闭窗口操作。

2. 快速访问工具栏

快速访问工具栏中主要显示一些常用的工具按钮，默认有“保存”按钮、“撤销”按钮和“恢复”按钮。当然用户也可以自定义工具栏显示按钮，只需单击该工具栏右侧的“自定义快速访问工具栏”按钮，在打开的下拉列表框中选择相应选项即可将其添加至工具栏中，以便以后可以快速地使用这些命令。

3. “文件”按钮

在 Word 2010 中，该按钮中的内容与 Office 其他版本中的“文件”菜单类似，主要用于执行与该软件相关文档的新建、打开和保存等基本操作命令。菜单右侧列出了用户经常使用的文档名称，选择菜单最下方的“选项”命令可以打开“选项”对话框，在其中可对 Word 组件进行常规、显示和校对等多项设置。

4. 选项卡

Word 2010 默认包含了 7 个选项卡，单击任一选项卡可打开对应的功能区，单击其他选项卡可切换到相应的功能区，每个功能区中分别包含了相应的功能组集合。

5. 功能区

功能区将 Word 2010 中的所有功能巧妙地集合在一起，以便用户查找使用。但是当用户暂时不需要功能区中的功能选项并希望拥有更多的工作空间时，则可以双击活动选项卡名称，临时隐藏功能区，此时，功能区面板会消失，从而为用户提供更多空间。如果需要再次显示，则再次双击任意选项卡名称即可。

6. 标尺栏

Word 2010 具有水平标尺和垂直标尺。位于文档编辑区上方的被称为水平标尺，左侧的被称为垂直标尺。标尺主要用于对文档内容进行定位，也可用来设置所选段落的缩进方式和边距，通过拖动水平标尺中的缩进按钮可快速调整段落的缩进和文档的边距。通过“视图”选项卡“显示”组中的“标尺”复选框可以选择显示或隐藏标尺。

7. 文档编辑区

文档编辑区是输入与编辑文本的区域，用户对文本进行的各种操作结果都显示在该区域中。新建一篇空白文档后，在文档编辑区的左上角将显示一个闪烁的光标，即插入点，输入的字符总是显示在插入点的位置上。在输入的过程中，当文字显示到文档右边界时，光标会自动转到下一行行首，而当一个自然段输入完成后，则可通过按一下回车键来结束当前段落的输入。

8. 状态栏

状态栏位于应用程序窗口的最底端，主要用于显示当前文档的工作状态，包括文档页数、字数和当前输入状态等，右侧依次显示视图切换按钮和比例调节滑块。

用户也可以自己定制状态栏上的显示内容。在状态栏空白处单击鼠标右键，在弹出的快捷菜单中选择或取消选择某个菜单选项，即可在状态栏中显示或隐藏相应内容。

3.1.3 自定义Word 2010工作界面

Word 2010工作界面的组成内容一般是默认的，用户也可根据使用习惯和操作需要，定义一个适合自己的工作界面，其中包括自定义快速访问工具栏、自定义功能区和视图模式等。

1. 自定义快速访问工具栏

为了操作方便，用户可以在快速访问工具栏中添加常用的命令按钮或删除不需要的命令按钮，也可以改变快速访问工具栏的位置。

- 添加常用命令按钮。在快速访问工具栏右侧单击▾按钮，在打开的下拉列表框中选择常用的选项，如选择“打开”选项，即可将该命令按钮添加到快速访问工具栏中。
- 删除不需要的命令按钮。在快速访问工具栏的命令按钮上单击鼠标右键，在弹出的快捷菜单中选择“从快速访问工具栏删除”命令，即可将相应的命令按钮从快速访问工具栏中删除。
- 改变快速访问工具栏的位置。在快速访问工具栏右侧单击▾按钮，在打开的下拉列表框中选择“在功能区下方显示”选项，即可使快速访问工具栏在功能区下方显示；之后在下拉列表中选择“在功能区上方显示”选项，可将快速访问工具栏还原到默认位置。

2. 自定义功能区

在Word 2010工作界面中，用户可选择【文件】/【选项】命令，在打开的“Word选项”对话框中单击“自定义功能区”选项卡，在其中可根据需要显示或隐藏相应的功能选项卡、创建新的选项卡、在选项卡中创建组和命令等，如图3-2所示。

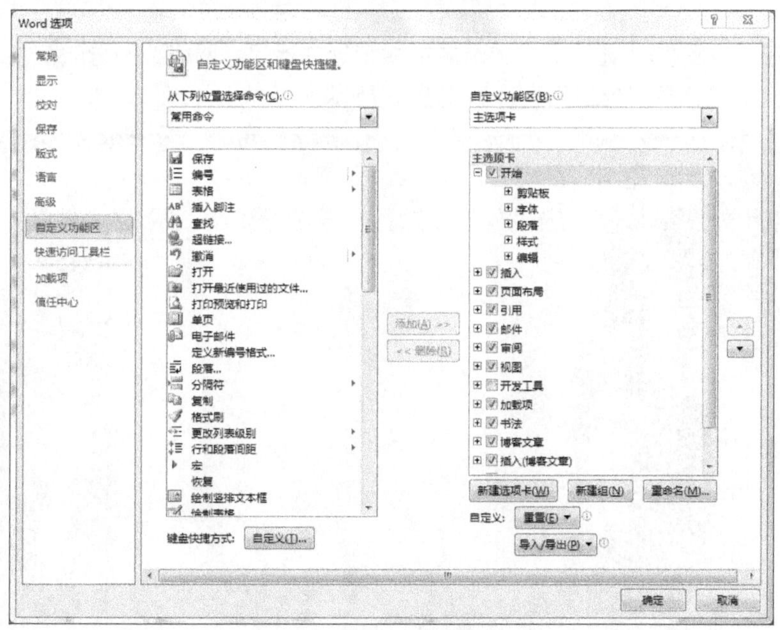

图3-2 “Word选项”对话框

- 显示或隐藏主选项卡。在“Word选项”对话框的“自定义功能区”选项卡的“自定义功能区”列表框中单击选中或撤销选中主选项卡对应的复选框，即可在功能区中显示或隐藏该主选项卡。

- 创建新的选项卡。在“自定义功能区”选项卡中单击“新建选项卡”按钮（在“主选项卡”列表框中可创建“新建选项卡（自定义）”复选框，然后选择创建的复选框），再单击“重命名”按钮，在打开的“重命名”对话框的“显示名称”文本框中输入名称，单击“确定”按钮，可为新建的选项卡重命名。
- 在新建选项卡的功能区中创建组。选择新建的选项卡，在“自定义功能区”选项卡中单击“新建组”按钮，在选项卡下创建组，然后选择创建的组，再单击“重命名”按钮，在打开的“重命名”对话框的“符号”列表框中选择一个图标，并在“显示名称”文本框中输入名称，单击“确定”按钮，可为新建的组重命名。
- 在新创建的组中添加命令。选择新建的组，在“自定义功能区”选项卡的“从下列位置选择命令”列表框中选择需要的命令选项，然后单击“添加”按钮即可将命令添加到组中。
- 删除自定义的功能区。在“自定义功能区”选项卡的“自定义功能区”列表框中选中相应的主选项卡的复选框，然后单击“删除”按钮即可将自定义的选项卡或组删除。若要一次性删除所有自定义的功能区，可单击“重置” 重置(E) ▾ 按钮，在打开的下拉列表框中选择“重置所有自定义项”选项，在打开的提示对话框中单击“是”按钮，可将所有自定义项删除，恢复 Word 2010 默认的功能区效果。

3. 显示或隐藏文档中的元素

Word 2010 的文本编辑区中包含多个元素，如标尺、网格线、导航窗格和滚动条等，编辑文本时可根据需要隐藏一些不需要的元素或将隐藏的元素显示出来。显示或隐藏文档元素的方法有两种。

方法一：在【视图】/【显示】组中选中或撤销选中标尺、网格线和导航窗格对应的复选框，即可在文档中显示或隐藏相应的元素，如图 3-3 所示。

图3-3 在“视图”选项卡中设置显示或隐藏文档元素

方法二：在“Word 选项”对话框中单击“高级”选项卡，向下拖曳对话框右侧的滚动条，在“显示”栏中选中或撤销选中“显示水平滚动条”“显示垂直滚动条”或“在页面视图中显示垂直标尺”等选项对应的复选框，也可在文档中显示或隐藏相应的元素，如图 3-4 所示。

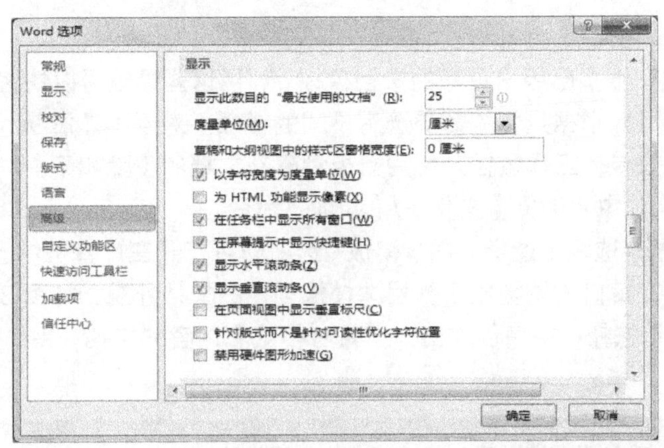

图3-4　在“Word选项”对话框中设置显示或隐藏文档元素

3.2 创建并编辑文档

在使用 Word 2010 进行文档录入和排版之前，必须先创建文档，而当文档编辑排版完成之后也必须及时地保存文档以备下次使用。本节将介绍这些基本操作，为后续的编辑和排版工作做准备。

3.2.1　创建新文档

微课：创建“学习计划”文档

在 Word 2010 中，可以创建两种形式的新文档，一种是没有任何内容的空白文档；另一种是根据模板创建的文档，如传真、信函、简历等。

1. 创建空白文档

创建空白文档的方法主要有以下 2 种。

方法一：启动 Word 2010 后，将自动创建一个默认文件名为“文档 1”的空白文档。

方法二：选择【文件】/【新建】命令，在打开的面板中选择“空白文档”选项，在面板右侧单击“创建”按钮，或在打开的任意文档中按【Ctrl+N】组合键也可新建空白文档，如图 3-5 所示。

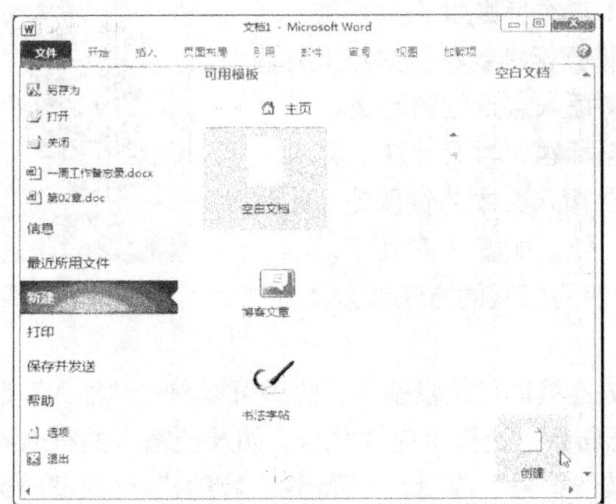
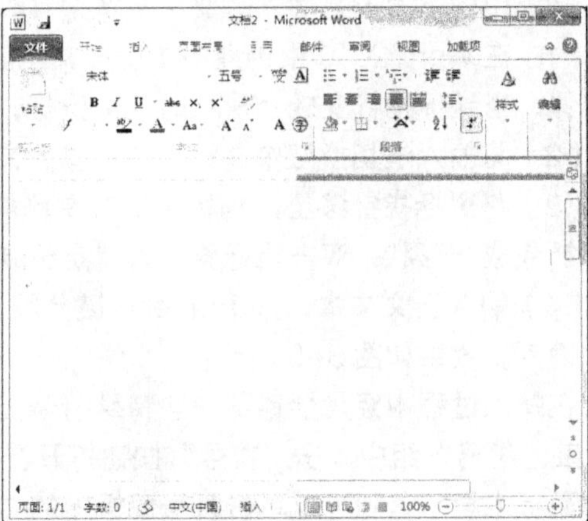

图3-5　新建空白文档

2. 利用模板创建新文档

Word 2010 提供了很多已经设置好的文档模板，利用这些模板可以快速创建出外观精美、格式专业的文档，用户可以根据具体的需要选用不同的模板。对于不熟悉 Word 2010 的初级用户而言，使用模板能有效减轻工作负担。利用模板创建新文档的步骤如下。

（1）在 Word 2010 中，选择【文件】/【新建】命令。

（2）在“可用模板”选区中选择“样本模板”选项即可打开在计算机中已经安装的模板类型，选择需要的模板后，在窗口右侧将显示利用本模板创建的文档外观，如图 3-6 所示。

（3）单击“创建”按钮，快速创建出一个带有格式和内容的文档，用户只需根据个人需求稍作修改即可。

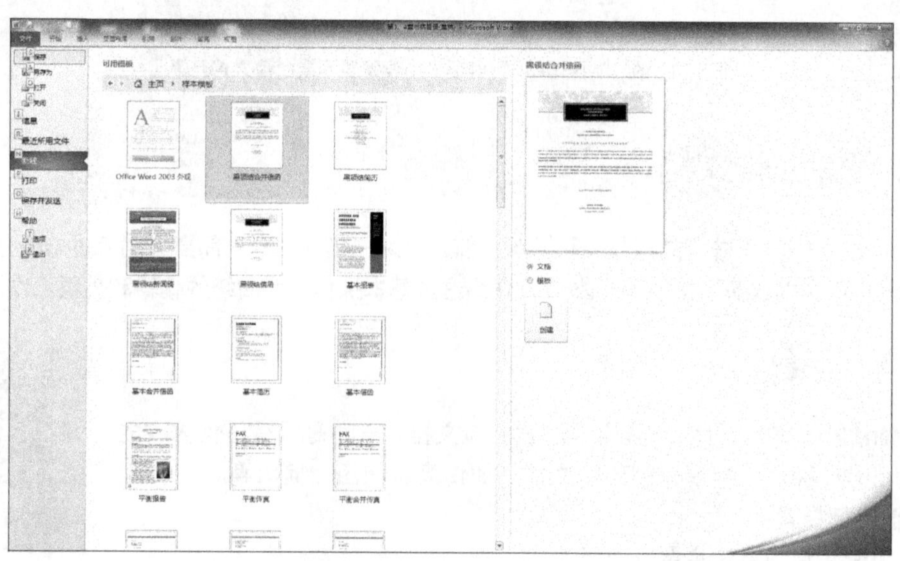

图3-6 通过模板创建新文档

3.2.2 输入文本

创建新文档后就可以在文本编辑区中输入文本了。而运用 Word 2010 的即点即输功能可轻松在文档中的不同位置输入需要的文本，其具体操作步骤如下。

微课：输入文档文本

（1）在 Word 2010 中创建一个空白文档。将鼠标指针移至文档上方的中间位置，当鼠标指针变成I≡形状时双击鼠标，将插入点定位到此处。

（2）将输入法切换至中文输入法，输入文档标题“学习计划”文本。

（3）将鼠标指针移至文档标题下方左侧需要输入文本的位置处，此时鼠标指针变成I≡形状，双击鼠标将插入点定位到此处，如图 3-7 所示。

（4）输入正文文本，按【Enter】键分段，使用相同的方法输入其他文本，完成学习计划文档的输入，效果如图 3-8 所示。

在输入过程中经常会遇到一些特殊符号无法直接通过键盘输入，此时可以单击“插入”选项卡，在“符号”组中单击“符号”按钮打开符号面板，选择相应的符号。如果要输入的符号不在符号面板中显示，则可以单击符号面板中的“其他符号”选项，在弹出的“符号”对话框中选择所要输入的符号后单击“插入”按钮即可。

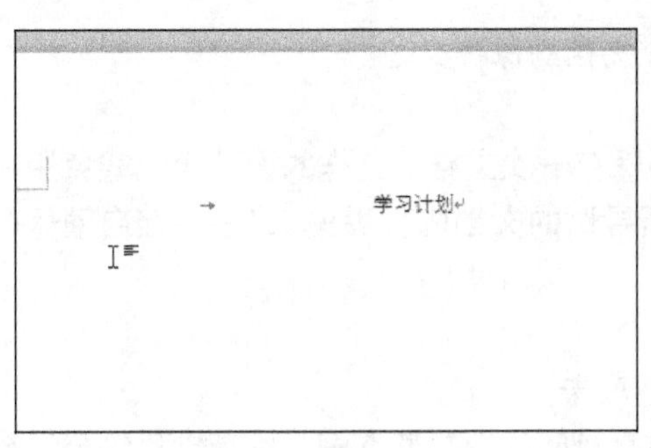

图3-7　定位插入点

学习计划

大一的学习任务相对轻松，可适当参加社团活动，担当一定的职务，提高自已的组织能力和交流技巧，为毕业求职面试练好兵。

在大二这一年里，既要稳抓基础，又要做好由基础向专业过渡的准备，将自已的专项转变得更加专业，水平更高。这一年，要拿到一两张有分量的英语和计算机认证书，并适当选修其它专业的课程，使自己知识多元化。多参加有益的社会实践、义工活动，尝试到与自己专业相关的单位兼职，多体验不同层次的生活，培养自己的吃苦精神和社会责任感，以便适应突飞猛进的社会。

到大三，目标既已锁定，该出手时就出手了。或者是大学最后一年的学习了。应该系统地学习，将以前的知识重新归纳地学习，把未过关的知识点弄明白。而我们的专项水平也应该达到教师的层次，教学能力应有飞跃性的提高。多参加各种比赛以及活动，争取拿到更多的奖项及荣誉。除此之外，我们更应该多到校外参加实践活动，多与社会接触，多与人交际，以便了解社会形势，更好适应社会，更好地就业。

大四要进行为期两个月的实习，将对我们进行真正的考验，必须搞好这次的实习，积累好的经验，为求职作好准备。其次是编写好个人求职材料，进军招聘活动，多到校外参加实践，多上求职网站和论坛，这样自然会享受到勤劳的果实。在同学们为自已的前途忙得晕头转向的时候，毕业论文更是马虎不得，这是对大学四年学习的一个检验，是一份重任，绝不能糊弄过去，如果能被评上优秀论文是一件非常荣耀的事情！只要在大学前三年都能认真践行自己计划的，相信大四就是收获的季节。

生活上，在大学四年间应当养成良好的生活习惯，良好的生活习惯有利于学习和生活，能使我们的学习起到事半功倍的作用。我要合理地安排作息时间，形成良好的作息制度；还要进行强度的体育锻炼和适当的文娱活动；保证合理的营养供应，养成良好的饮食习惯；绝

图3-8　输入正文部分

3.2.3　保存文档

完成文档的各种编辑操作后，需要将其保存在计算机中，使其以文件形式存在，便于对其进行查看和修改。在文档编辑过程中也要特别注意保存，以免遇到停电或死机等情况使之前的工作白白浪费。通常，保存文档有以下几种情况。

微课：保存“学习计划”文档

1. 新文档的保存

创建好的新文档首次保存，其具体操作步骤如下。

（1）选择【文件】/【保存】命令，打开“另存为”对话框。

（2）在“地址栏”列表框中选择文档的保存路径，在“文件名”文本框中输入文件的保存名称，完成后单击“保存”按钮即可，如图 3-9 所示。

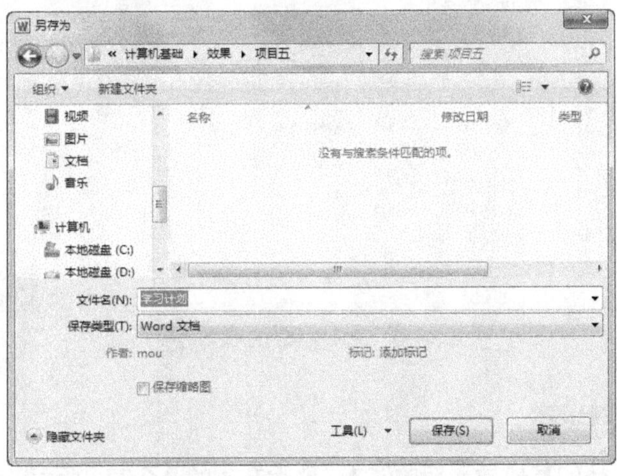

图3-9　“另存为”对话框

2. 旧文档与换名、换类型文档的保存

如果当前编辑的文档是旧文档且不需要更名或更改保存位置，直接单击“快速访问工具栏”中的“保存”按钮，或单击【文件】/【保存】命令即可保存文档。此时，不会出现对话框，而

只是以新内容代替了旧内容保存到原来的文档中。

如果要为正在编辑的旧文档更改名称或保存位置，单击【文件】/【另存为】命令，此时也会打开图 3-9 所示的“另存为”对话框，根据需要在对话框中选择新的存储位置或输入新的文件名称即可。

通过“保存类型”下拉列表框中的选项还可以更改文档的保存类型。

3. 自动保存文档

“自动保存”是指 Word 2010 会在一定时间内自动保存一次文档。这样的设计可以避免用户在进行了大量的编辑工作之后却因为意外而没有保存所导致的文档内容丢失。设置文档自动保存的操作步骤如下。

（1）在 Word 2010 中，单击【文件】/【选项】命令。

（2）打开“Word 选项”对话框，单击 “保存”选项卡。

（3）在“保存文档”栏中，选中“保存自动恢复信息时间间隔”复选框，并指定具体分钟数（可输入 1～120 的整数）。默认自动保存的时间间隔为 10 分钟，如图 3-10 所示。

（4）单击“确定”按钮，自动保存文档设置完毕。

图3-10 设置文档自动保存选项

3.2.4 基本编辑技术

编辑文档时，在文档的某处插入新的文本、删除文本的几个或几行字、修改文本的某些内容、复制和移动文本的一部分、查找或替换指定的文本等都是最基本的编辑操作。而在做编辑操作之前，需要掌握插入点的移动和文本的选定这两个最基本的操作。

1. 插入点的移动

在文本区域中，一个不断闪烁的黑色竖条“|”被称为插入点。在插入状态下，每输入一个

字符或汉字，插入点右边的所有文字就相应地向右移动一个位置。所以，可以在插入点前插入所需的文字和符号。

当鼠标指针移动到文本区时，其形状会变成“Ｉ”，但它不是插入点而是鼠标指针。只有将“Ｉ”形鼠标指针移动到文本的指定位置并单击鼠标后，才能完成将插入点移动到指定位置的操作。除了用鼠标移动插入点外，还可以使用键盘快速移动插入点到指定位置，表 3–1 列出了利用键盘移动插入点的几个常用键及其功能。

表 3-1　用键盘移动插入点的常用键及其功能

键　　面	功　　能
←	移动插入点到前一个字符
→	移动插入点到后一个字符
↑	移动插入点到前一行
↓	移动插入点到后一行
Page Up	移动插入点到前一页当前光标处
Page Down	移动插入点到后一页当前光标处
Home	移动插入点到行首
End	移动插入点到行尾
Ctrl+Page Up	移动插入点到上页的顶端
Ctrl+ Page Down	移动插入点到下页的顶端
Ctrl+ Home	移动插入点到文档首
Ctrl+ End	移动插入点到文档尾
Alt+ Ctrl+Page Up	移动插入点到当前页的开始
Alt+ Ctrl+ Page Down	移动插入点到当前页的结尾

2. 选择文本

对文本进行编辑前，首先应选定这部分文本。可以用鼠标或键盘来实现选定文本的操作。

在文档中，鼠标指针显示为“Ｉ”形的区域就是文档的编辑区；当鼠标指针移动到文档编辑区左侧的空白区时，鼠标指针变成指向右上方的箭头，这个空白区域被称为文档选定区，文档选定区可以用于快速选定文本。

（1）用鼠标选定文本

- 选定任意大小的文本区：将鼠标指针移动到所要选定文本区的开始位置，按下鼠标左键并拖动鼠标到所选文本区域的结束位置松开鼠标。这样，鼠标所拖过的区域即被选定，并以反白形式显示出来。如果要取消选定区域，可以用鼠标单击文档的任意位置或按键盘上的箭头键。
- 选定大块文本：单击选定区域的开始位置，然后按住【Shift】键，再配合滚动条将文本翻到选定区域的结束位置，并再次单击鼠标，则两次单击范围中包含的文本就被选定了。
- 选定矩形区域中的文本：将鼠标指针移动到所选区域的左上角，按住【Alt】键，拖动鼠标直到所选区域的右下角，松开鼠标。
- 选定一个句子：按住【Ctrl】键，将鼠标指针移动到所要选定句子的任意处单击。

- 选定一行或多行：将鼠标指针移到这一行左侧的文档选定区，当鼠标指针变成指向右上方的箭头时，单击鼠标左键就可以选定一行文本，如果拖动鼠标，则可选定若干行文本。
- 选定一个段落：将鼠标指针移动到所要选定段落左侧的文档选定区，当鼠标指针变成指向右上方的箭头时，双击鼠标就可以选定该段落。或者将鼠标指针移动到所要选定段落的任意位置连击三次鼠标即可。
- 选定不相邻的多段文本：按照上述任意方法选择一段文本后，按住【Ctrl】键，再选择另一处或多处文本，即可将不相邻的多段文本同时选中。
- 选定整篇文档：将鼠标指针移动到文档左侧的文档选定区并连击三次鼠标左键；或者按住【Ctrl】键的同时在文档左侧的文档选定区单击一下鼠标；也可以直接按快捷键【Ctrl+A】选定全文。

（2）用键盘选定文本。

用键盘选定文本时，应当首先将插入点移动到所选文本区域的开始位置，然后再根据需要按表 3–2 所示的组合键。

表 3-2　常用选定文本组合键

组合键	功　能
Shift+ →	选定插入点右边的一个字符或汉字
Shift+ ←	选定插入点左边的一个字符或汉字
Shift+ ↑	选定到上一行同一位置之间的所有字符或汉字
Shift+ ↓	选定到下一行同一位置之间的所有字符或汉字
Shift+Page Up	选定上一屏
Shift+Page Down	选定下一屏
Shift+Home	选定从插入点到它所在行的开头
Shift+End	选定从插入点到它所在行的末尾
Ctrl+Shift+Home	选定从插入点到文档首的所有字符
Ctrl+Shift+End	选定从插入点到文档尾的所有字符
Ctrl+A	选定整篇文档

3. 插入与删除文本

在编辑文档的过程中，会经常执行修改操作来对输入的内容进行更正。当要补充某些内容时，可以执行插入文本操作；当需要删除多余的内容时，可以执行删除文本操作。

- 插入文本。

插入文本时，要注意当前文档处在“插入”状态还是“改写”状态。如果状态栏中显示“改写”字样，则表示处在“改写”状态，如果显示“插入”字样则表示处在“插入”状态。用鼠标单击状态栏中的“插入”或“改写”可在这两种方式之间切换。

在“插入”状态下，只要将插入点移动到需要插入文本的位置，输入新文本就可以了，此时，插入点右边的文本随着新文字的输入逐一向右移动。如在“改写”状态下，则插入点右边的文本将被新输入的文本所替代。

- 删除文本。

Word 2010提供了多种方法删除文本。针对不同的删除内容，可采用不同的删除方法。

如果要在输入过程中删除一个字符或汉字，最简单的方法是将插入点移到此字符或汉字的左边，然后按【Delete】键，或者将插入点移到此字符或汉字的右边，然后按【Backspace】键。

对于大段文本的删除，可以先选中所要删除的文本，然后再按【Delete】键。

4. 复制文本

在编辑文档的过程中，往往会用到许多相同的内容。如果一次次地重复输入这些相同的内容将会浪费大量的时间，同时还有可能在输入过程中出现错误。使用复制功能可以很好地解决这一问题，既提升了效率又提高了准确性。复制文本就是指在目标位置为原有的文本创建一个副本，复制文本后，原位置和目标位置都将存在该文本。复制文本的方法有以下几种。

方法一：选择所需文本后，在【开始】/【剪贴板】组中单击“复制”按钮，复制文本，然后将插入点定位到目标位置，在【开始】/【剪贴板】组中单击“粘贴”按钮粘贴文本。

方法二：选择所需文本后，在其上单击鼠标右键，在弹出的快捷菜单中选择“复制”命令，然后将插入点定位到目标位置，单击鼠标右键，在弹出的快捷菜单中选择“粘贴”命令粘贴文本。

方法三：选择所需文本后，按【Ctrl+C】组合键复制文本，然后将插入点定位到目标位置，按【Ctrl+V】组合键粘贴文本。

方法四：选择所需文本后，按住【Ctrl】键不放，直接将其拖动到目标位置。

5. 移动文本

在编辑文档的过程中，可能会发现某段已输入的文本放在其他位置更合适，这时就需要使用移动文本功能。移动文本是指将文本从原来的位置移动到文档中的其他位置，具体操作步骤如下。

微课：移动和粘贴文本

（1）选择要移动的文本，在【开始】/【剪贴板】组中单击“剪切”按钮剪切或按【Ctrl+X】组合键，如图3-11所示。

（2）将插入点定位到要移动文本的目标位置，在【开始】/【剪贴板】组中单击“粘贴”按钮，或按【Ctrl+V】组合键，如图3-12所示，即可移动文本。

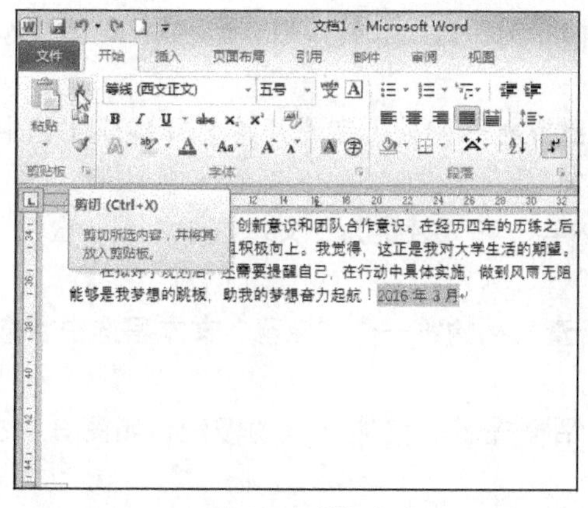

图3-11　剪切文本

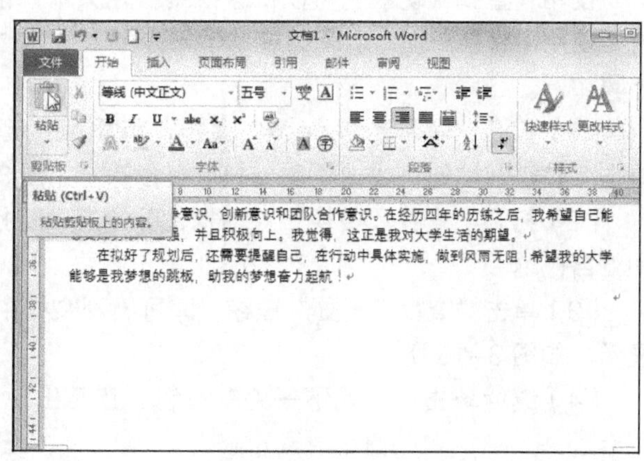

图3-12　粘贴文本

6. 查找和替换文本

在编辑文档的过程中，可能会发现某个词语输入错误或使用不够妥当。这时，如果在整篇文档中通过人工逐行搜索该词语，然后手工逐个地修改，将是一件极其烦琐的事，而且也不能保证准确无误。Word 2010 为用户提供了强大的查找和替换功能，可以帮助用户从烦琐的人工修改中解脱出来，从而提高工作效率。

微课：查找和替换文本

- 查找

利用查找功能可以帮助用户快速找到指定文本所在的位置，同时也能用来核对该文本是否存在，具体操作步骤如下。

（1）在【开始】/【编辑】组中单击“查找”按钮。

（2）打开“导航”任务窗格，输入需要查找的文本，如图 3-13 所示。

（3）此时，在文档中查找到的文本便会以黄色背景突出显示出来。

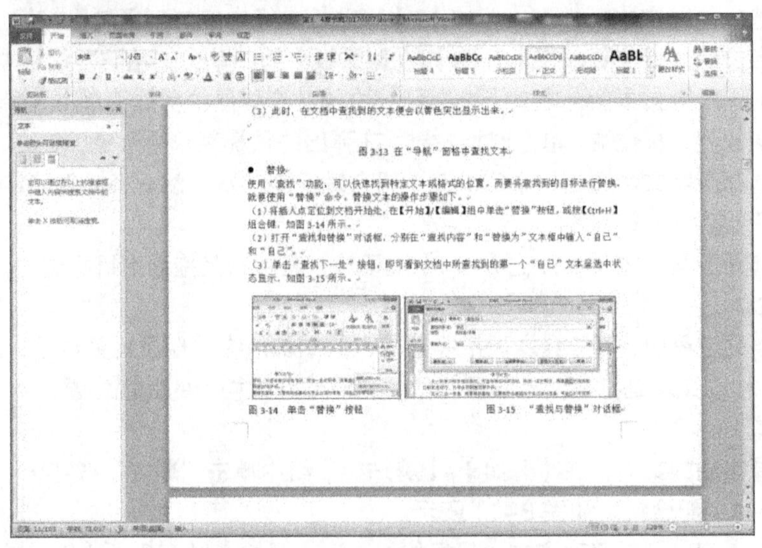

图3-13 在“导航”窗格中查找文本

- 替换

使用“查找”功能，可以快速找到特定文本或格式的位置。而要对查找到的目标进行替换，就要使用“替换”命令。下面将“学习计划.docx”文档中的“自已”替换成“自己”，具体操作步骤如下。

（1）打开“学习计划.docx”文档，将插入点定位到文档开始处，在【开始】/【编辑】组中单击“替换”按钮，或按【Ctrl+H】组合键，如图 3-14 所示。

（2）打开“查找和替换”对话框，分别在“查找内容”和“替换为”文本框中输入“自已”和“自己”。

（3）单击“查找下一处”按钮，即可看到文档中所查找到的第一个“自已”文本呈选中状态显示，如图 3-15 所示。

（4）继续单击“查找下一处”按钮，直至出现对话框提示已完成文档的搜索，如图 3-16 所示。

（5）单击“确定”按钮，返回“查找和替换”对话框，单击“全部替换”按钮，之后会出现提示对话框，提示完成替换的次数，直接单击“确定”按钮即可完成替换，如图 3-17 所示。

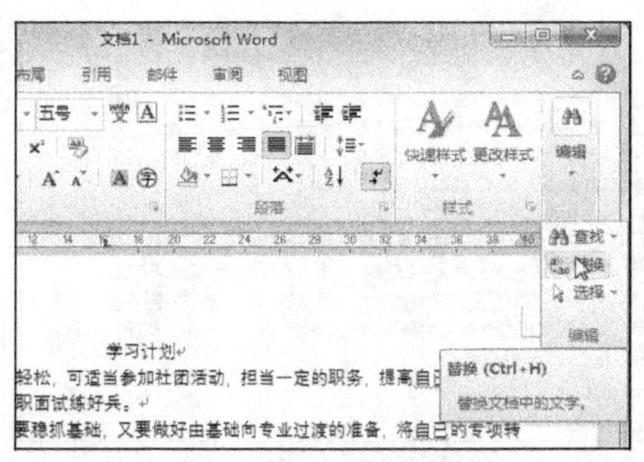

图3-14　单击“替换”按钮

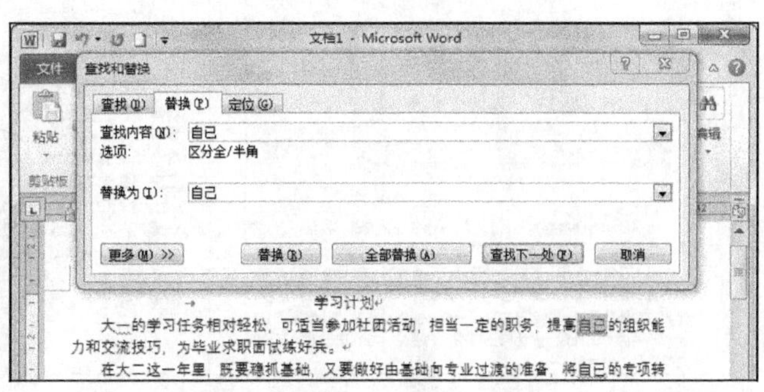

图3-15　“查找与替换”对话框

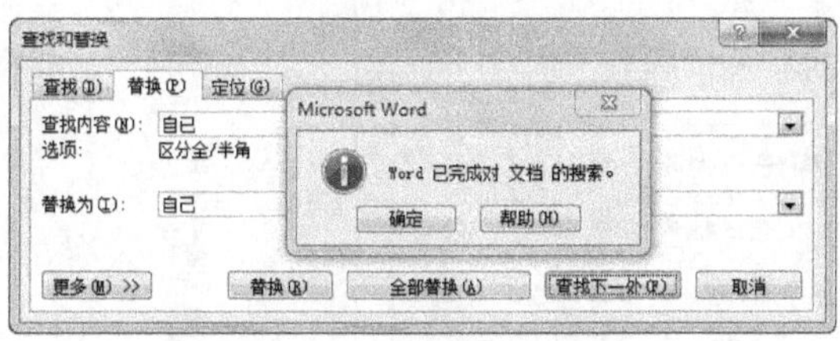

图3-16　提示完成文档的搜索

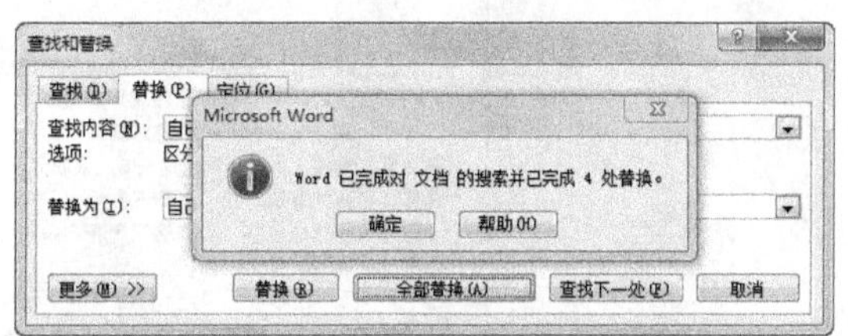

图3-17　提示完成替换

（6）单击“关闭”按钮，关闭“查找与替换”对话框，如图 3-18 所示，此时在文档中即可看到文本“自巳”已全部替换为“自己”，如图 3-19 所示。

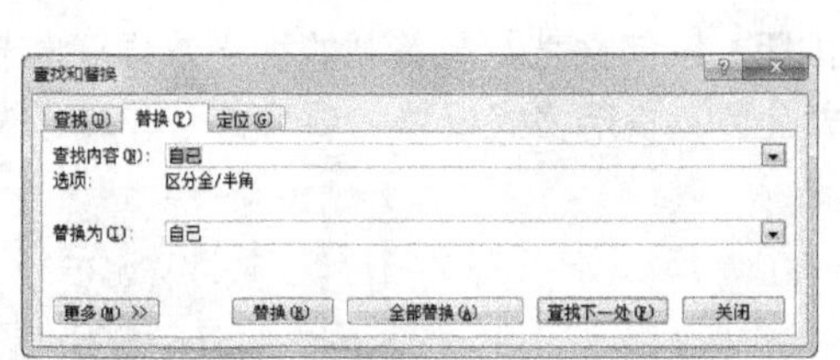

图3-18　关闭对话框

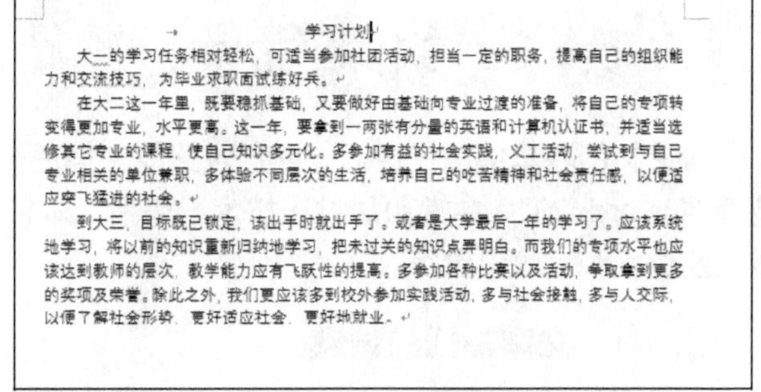

学习计划

大一的学习任务相对轻松，可适当参加社团活动，担当一定的职务，提高自己的组织能力和交流技巧，为毕业求职面试练好兵。

在大二这一年里，既要稳抓基础，又要做好由基础向专业过渡的准备，将自己的专项转变得更加专业，水平更高。这一年，要拿到一两张有分量的英语和计算机认证书，并适当选修其它专业的课程，使自己知识多元化。多参加有益的社会实践，义工活动，尝试到与自己专业相关的单位兼职，多体验不同层次的生活，培养自己的吃苦精神和社会责任感，以便适应突飞猛进的社会。

到大三，目标既已锁定，该出手时就出手了。或者是大学最后一年的学习了。应该系统地学习，将以前的知识重新归纳地学习，把未过关的知识点弄明白。而我们的专项水平也应该达到教师的层次，教学能力应有飞跃性的提高。多参加各种比赛以及活动，争取拿到更多的奖项及荣誉。除此之外，我们更应该多到校外参加实践活动，多与社会接触，多与人交际，以便了解社会形势，更好适应社会，更好地就业。

图3-19　替换后的效果

7. 撤销和恢复操作

Word 2010 具有自动记忆功能，用户对在编辑文档时执行过的各种操作都可进行撤销，同时也可以恢复被撤销的操作，具体操作步骤如下。

微课：撤销与恢复操作

（1）打开“学习计划.docx”文档，将文档标题“学习计划”修改为“计划”。

（2）单击“快速访问工具栏”中的“撤销”按钮，或按【Ctrl+Z】组合键，如图 3-20 所示，即可撤销刚才的修改操作。

（3）单击“恢复”按钮，或按【Ctrl+Y】组合键，便可以恢复到“撤销”操作前的文档效果，如图 3-21 所示。

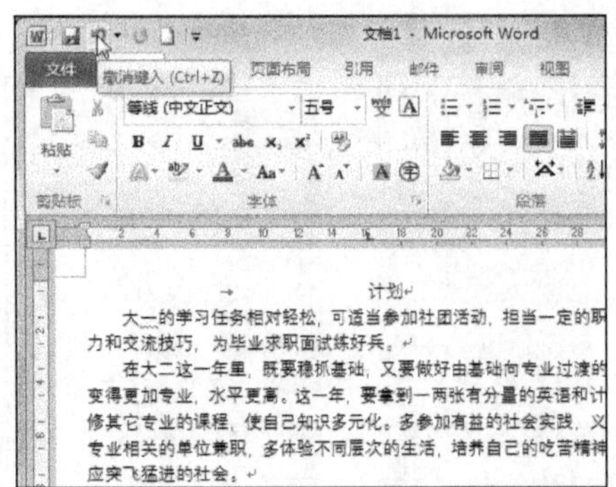

学习计划

大一的学习任务相对轻松，可适当参加社团活动，担当一定的职务，提高自己的组织能力和交流技巧，为毕业求职面试练好兵。

在大二这一年里，既要稳抓基础，又要做好由基础向专业过渡的准备，将自己的专项转变得更加专业，水平更高。这一年，要拿到一两张有分量的英语和计算机认证书，并适当选修其它专业的课程，使自己知识多元化。多参加有益的社会实践，义工活动，尝试到与自己专业相关的单位兼职，多体验不同层次的生活，培养自己的吃苦精神和社会责任感，以便适应突飞猛进的社会。

到大三，目标既已锁定，该出手时就出手了。或者是大学最后一年的学习了。应该系统地学习，将以前的知识重新归纳地学习，把未过关的知识点弄明白。而我们的专项水平也应该达到教师的层次，教学能力应有飞跃性的提高。多参加各种比赛以及活动，争取拿到更多的奖项及荣誉。除此之外，我们更应该多到校外参加实践活动，多与社会接触，多与人交际，以便了解社会形势，更好适应社会，更好地就业。

图3-20　修改后与撤销修改后的效果

计划

大一的学习任务相对轻松，可适当参加社团活动，担当一定的职务，提高自己的组织能力和交流技巧，为毕业求职面试练好兵。

在大二这一年里，既要稳抓基础，又要做好由基础向专业过渡的准备，将自己的专项转变得更加专业，水平更高。这一年，要拿到一两张有分量的英语和计算机认证书，并适当选修其它专业的课程，使自己知识多元化。多参加有益的社会实践，义工活动，尝试到与自己专业相关的单位兼职，多体验不同层次的生活，培养自己的吃苦精神和社会责任感，以便适应突飞猛进的社会。

到大三，目标既已锁定，该出手时就出手了。或者是大学最后一年的学习了。应该系统地学习，将以前的知识重新归纳地学习，把未过关的知识点弄明白。而我们的专项水平也应该达到教师的层次，教学能力应有飞跃性的提高。多参加各种比赛以及活动，争取拿到更多的奖项及荣誉。除此之外，我们更应该多到校外参加实践活动，多与社会接触，多与人交际，以便了解社会形势，更好适应社会，更好地就业。

图3-21　恢复后的效果

3.3 Word 2010 排版技术

对文档的基本编辑完成后，就要对整篇文档进行排版，以使文档具有美观的视觉效果。本节将介绍 Word 2010 中常用的排版技术，包括文本格式设置、段落格式设置、项目符号和编号设置以及边框和底纹设置等。

3.3.1 文本格式的设置

微课：设置字体格式

在 Word 文档中，文本内容包括汉字、字母、数字和符号等。设置文本格式则包括更改文字的字体、字号和颜色等。如果在通篇文档中采用相同的字体和字号，那么文档就会变得毫无特色，而通过对字体、字号等进行设置可以使文档变得美观大方、层次鲜明。

1. 使用浮动工具栏设置

在 Word 2010 中选择文本时，将出现一个半透明的工具栏，即浮动工具栏。在浮动工具栏中可快速设置字体、字号、字形、对齐方式、文本颜色和缩进级别等格式。使用浮动工具栏设置文本格式的步骤如下。

（1）打开“招聘启事.docx”文档，选择标题文本，将鼠标指针移动到浮动工具栏上，在“字体”下拉列表框中选择“华文琥珀”选项，如图 3-22 所示。

（2）在“字号”下拉列表框中选择“二号”选项，如图 3-23 所示。

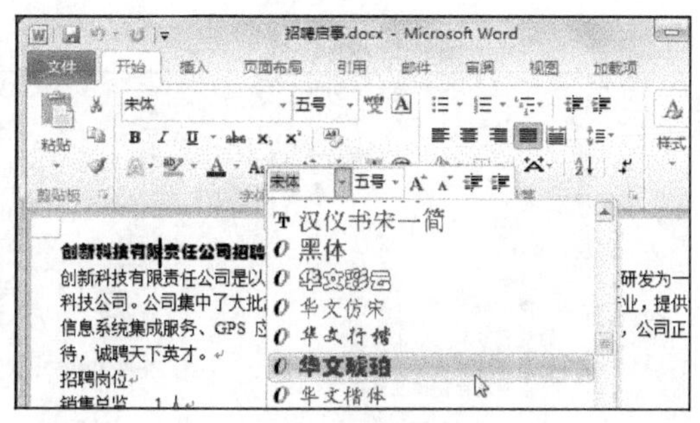
图3-22 设置字体

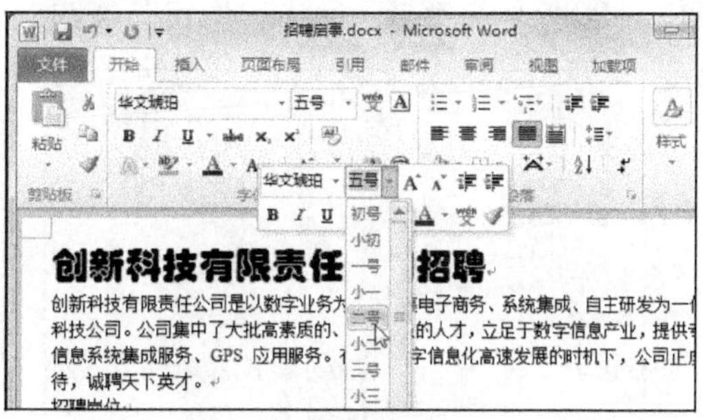
图3-23 设置字号

（3）单击“加粗”“倾斜”或“下划线”按钮，可以将选定的字符设置成粗体、斜体或加下划线的显示形式。

2. 使用“字体”组设置

【开始】/【字体】组的使用方法与浮动工具栏相似，都是选择文本后在其中单击相应的按钮，或在相应的下拉列表框中选择所需的选项进行设置。使用“字体”组设置文本格式的步骤如下。

（1）打开“招聘启事.docx”文档，选择除标题文本外的文本内容，在“字体”组的“字号”下拉列表框中选择“四号”选项，如图3-24所示。

（2）选择“招聘岗位”文本，在按住【Ctrl】键的同时选择“应聘方式”文本，在“字体”组中单击“加粗”按钮 **B**，如图3-25所示。

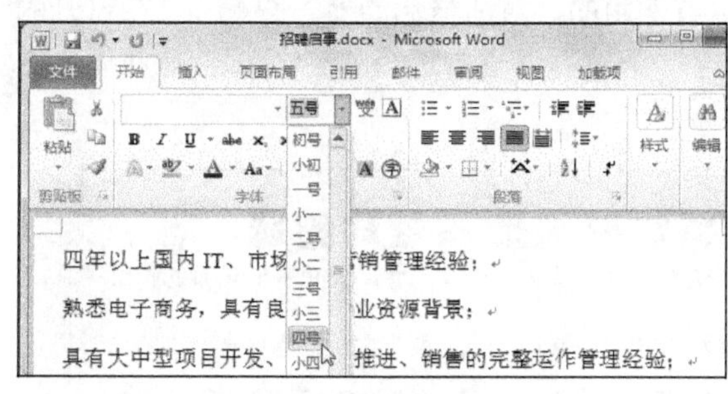
图3-24 设置字号

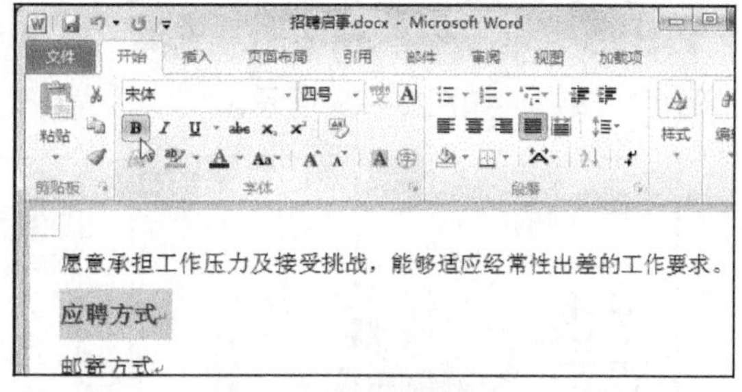
图3-25 设置字形

（3）选择“销售总监1人”文本，在按住【Ctrl】键的同时选择“销售助理5人”文本，在“字体”组中单击“下划线”按钮 U 右侧的下拉按钮 ，在打开的下拉列表框中选择“粗线”选项，如图3-26所示。

（4）在“字体”组中单击“字体颜色”按钮 A 右侧的下拉按钮 ，在打开的下拉列表框中选择“深红”选项，如图3-27所示。

3. 使用“字体”对话框设置

在“字体”组的右下角有一个小图标，即“对话框启动器”图标 ，单击该图标可打开“字体”对话框，在其中提供了与该组相关的更多选项，如设置间距和添加着重号等更多特殊的格式设置。使用“字体”对话框设置文本格式的步骤如下。

（1）选择标题文本，单击“字体”组右下角的“对话框启动器”图标 。

（2）在打开的“字体”对话框中单击“高级”选项卡，在“缩放”下拉列表框中输入数据“120%”，在“间距”下拉列表框中选择“加宽”选项，在“磅值”数值框中输入“3磅”，如图 3-28 所示，完成后单击“确定”按钮。

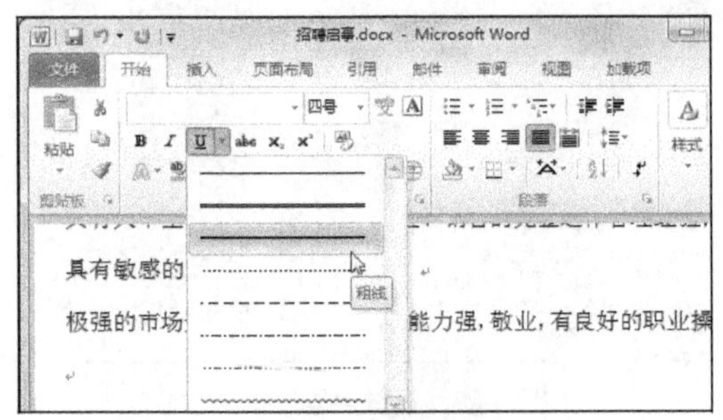

图3-26 设置下划线

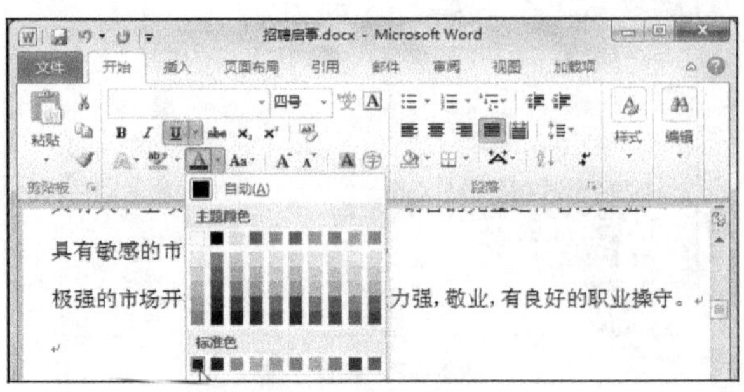

图3-27 设置字体颜色

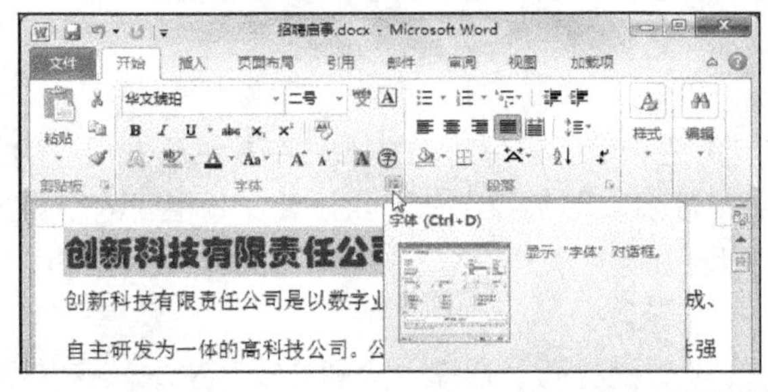

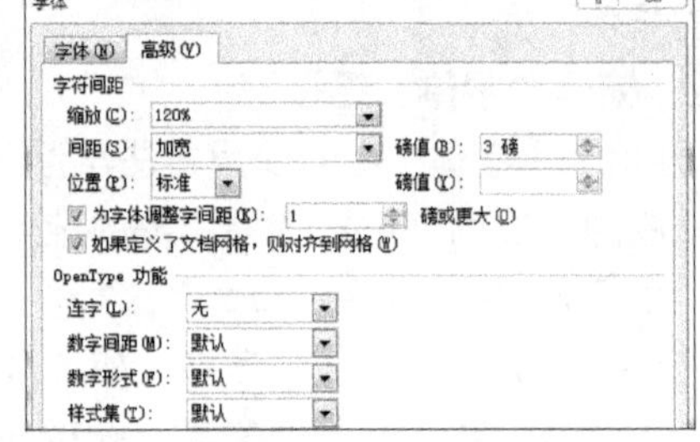

图3-28 设置字符间距

（3）选择“数字业务”文本，单击【字体】组右下角的“对话框启动器”图标 ，在打开的“字体”对话框中单击“字体”选项卡，在“着重号”下拉列表框中选择“.”选项，完成后单击“确定”按钮，如图 3-29 所示。

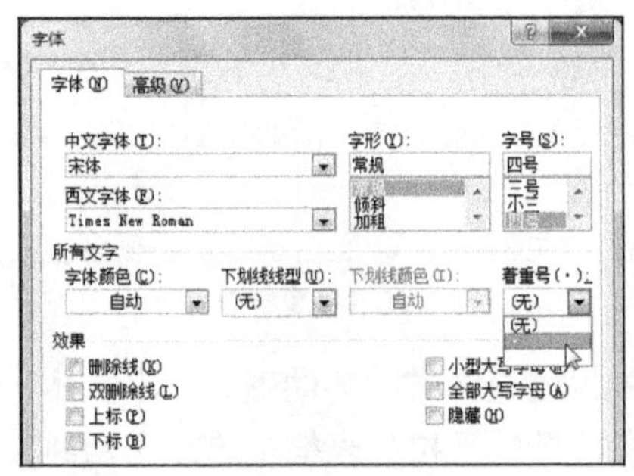

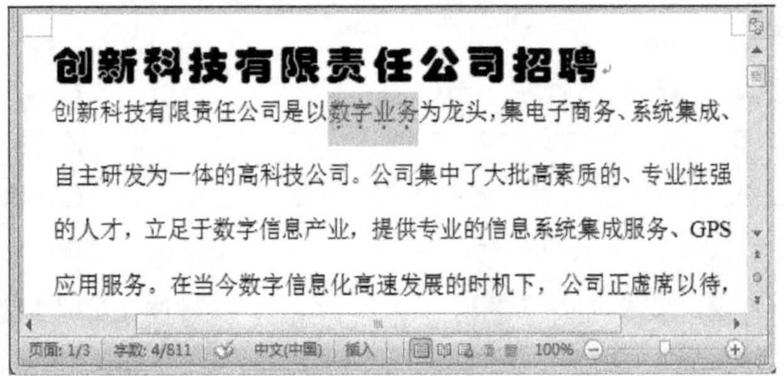

图3-29 设置着重号

3.3.2 段落格式的设置

段落是指以特定符号作为结束标记的一段文本，用于标记段落的符号是不可打印的字符。在 Word 2010 中，通常把两个回车符“↵”之间的部分叫做一个段落。在编排整篇文档时，通过设置合理的段落格式，可以使内容层次有致、结构鲜明，从而便于用户阅读。段落格式设置包括对段落对齐方式、段落缩进、行间距和段间距等的设置。

微课：设置段落对齐方式

1. 设置段落对齐方式

Word 2010 中的段落对齐方式包括左对齐、居中对齐、右对齐、两端对齐（默认对齐方式）

和分散对齐 5 种，在浮动工具栏和【开始】/【段落】组中单击相应的对齐按钮，可设置不同的段落对齐方式，设置段落对齐方式的步骤如下。

（1）打开“招聘启事.docx”文档，选择标题文本，在“段落”组中单击“居中”按钮≡，如图 3-30 所示。

（2）选择最后三行文本，在“段落”组中单击“右对齐”按钮≡，如图 3-31 所示。

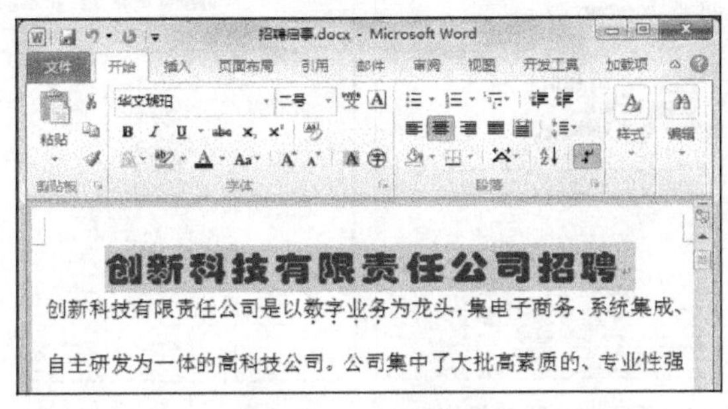

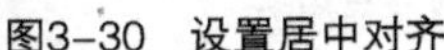
图3-30　设置居中对齐

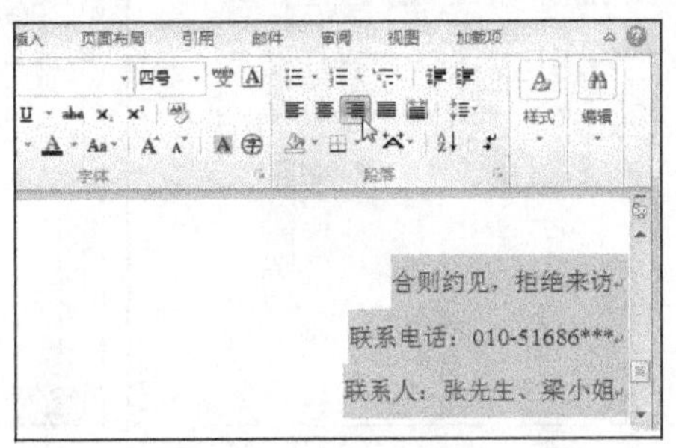

图3-31　设置右对齐

2. 设置段落缩进

段落缩进是指段落左右两边文字与页边距之间的距离，包括左缩进、右缩进、首行缩进和悬挂缩进。左缩进是指段落左侧到页面左侧页边距的距离；右缩进是指段落右侧到页面右侧页边距的距离；首行缩进是指段落中第一行第一个字符相对于左缩进位置起向内缩进的距离；悬挂缩进是指段落除第一行以外的所有行由左缩进位置起向内缩进的距离。

微课：设置段落缩进

为了使各种缩进量的值更精确、更详细，可使用【开始】/【段落】组中的“对话框启动器”打开“段落”对话框进行设置，设置段落缩进格式的步骤如下。

（1）打开“招聘启事.docx”文档，选择除标题和最后三行外的文本内容，单击【段落】组右下角的“对话框启动器”图标。

（2）在打开的“段落”对话框中单击“缩进和间距”选项卡，在“缩进”栏的“左侧”和“右侧”后的数值框中分别设置“1 字符”和“2 字符”，在“特殊格式”下拉列表框中选择“首行缩进”选项，其后的“磅值”数值框中将自动显示数值为“2 字符”，也可通过微调按钮调整其磅值，完成后单击“确定”按钮，返回文档中，设置首行缩进后的效果如图 3-32 所示。

此外，用户还可以通过在【开始】/【段落】组中单击“减少缩进量”按钮和“增加缩进量”按钮，来快速减少或增加段落的缩进量。要注意的是，这时的缩进是段落整体进行缩进，即左缩进。

3. 设置行间距和段间距

行间距是指段落中相邻两行之间的距离，而段间距是指相邻两段之间的距离，包括段前和段后的距离。Word 2010 提供了以下 6 个选项供用户设置行间距。

- 单倍行距：将行距设置为该行最大字体的高度加上一小段额外间距，额外间距的大小取决于所用字体。
- 1.5 倍行距：将行距设置为单倍行距的 1.5 倍。
- 2 倍行距：将行距设置为单倍行距的 2 倍。

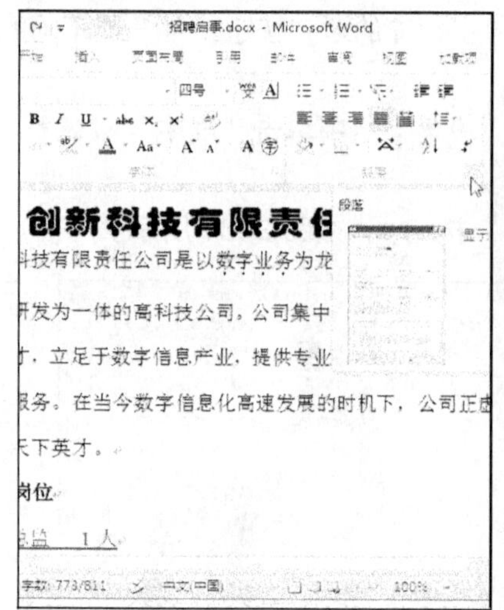
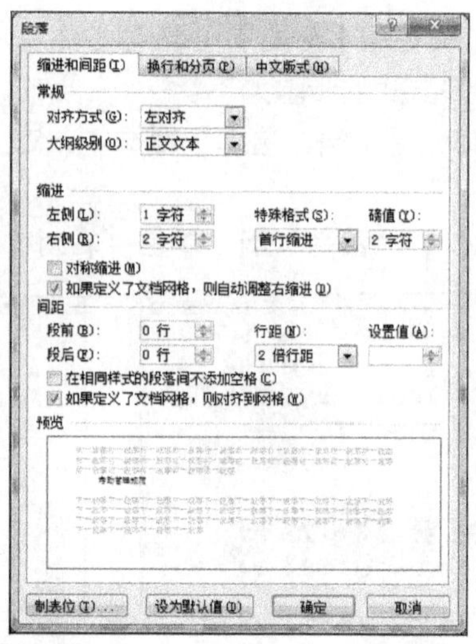
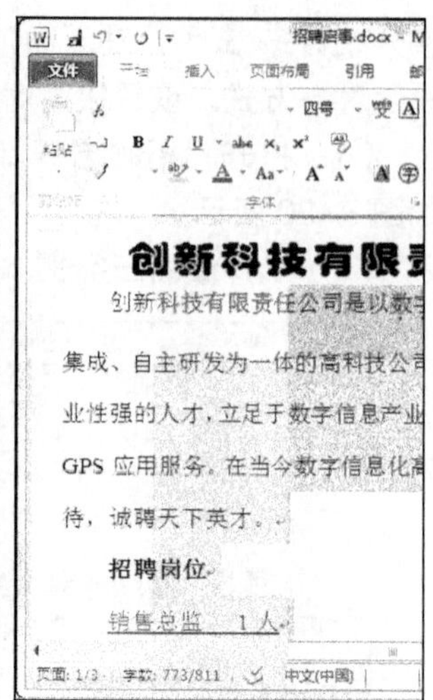

图3-32　在“段落”对话框中设置首行缩进

- 最小值：将行距设置为适应行上最大字体或图形所需的最小行距。
- 固定值：将行距设置为固定数值。
- 多倍行距：将行距设置为单倍行距的任意倍数。

默认的行间距是单倍行距，用户可根据实际需要在“段落”对话框中设置 1.5 倍行距或 2 倍行距等。设置行间距的步骤如下。

（1）打开“招聘启事.docx”文档，选择标题文本，单击【段落】组右下角的“对话框启动器”图标，打开“段落”对话框，单击“缩进和间距”选项卡，在“间距”栏的“段前”和“段后”数值框中分别输入“1 行”，完成后单击“确定”按钮，如图 3-33 所示。

（2）选择“招聘岗位”文本，在按住【Ctrl】键的同时选择“应聘方式”文本，单击【段落】组右下角的“对话框启动器”图标，打开“段落”对话框，单击“缩进和间距”选项卡，在“行距”下拉列表框中选择“多倍行距”选项，其后的“设置值”数值框中将自动显示数值为“3”，也可通过微调按钮调整数值框中的值，完成后单击“确定”按钮，如图 3-34 所示。

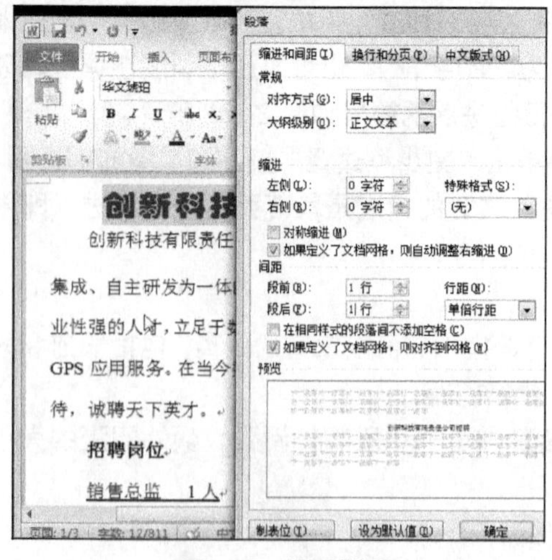

图3-33　设置段间距

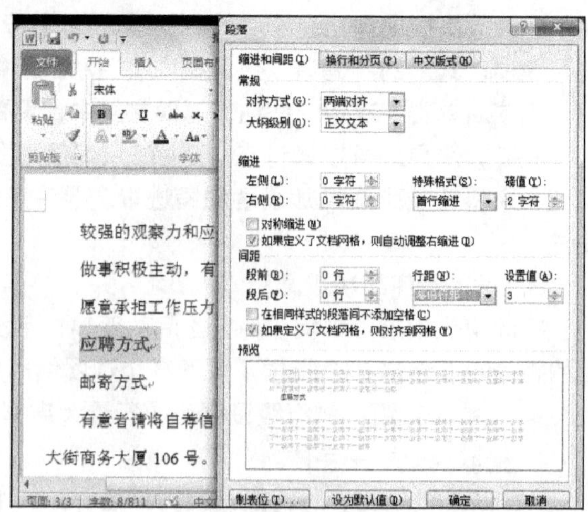

图3-34　设置行间距

4. 设置项目符号和编号

对于一些层次并列或有前后关系的相关文字或段落，例如一个问答题的几个要点，用户可以使用【开始】/【段落】组中的项目符号与编号功能，为属于并列关系的段落添加●、★和◆等项目符号，或添加“1. 2. 3.”“A. B. C.”等编号，这样可以使文档层次分明、条理清晰。

● 设置项目符号

微课：设置项目符号

在【段落】组中单击“项目符号”按钮，可添加默认样式的项目符号；若单击“项目符号”按钮右侧的下拉按钮，在打开的下拉列表框的“项目符号库”中可选择更多的项目符号样式。设置项目符号的步骤如下。

（1）选择“招聘岗位”文本，在按住【Ctrl】键的同时选择“应聘方式”文本。

（2）在【段落】组中单击“项目符号”按钮右侧的下拉按钮，在打开的下拉列表框的“项目符号库”中选择“✧”选项，返回文档，设置项目符号后的效果如图 3-35 所示。

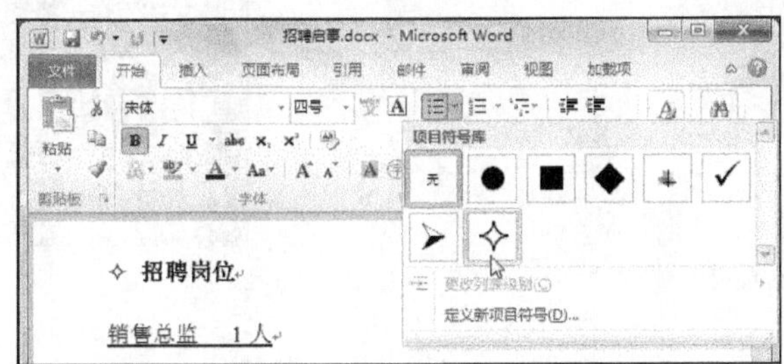

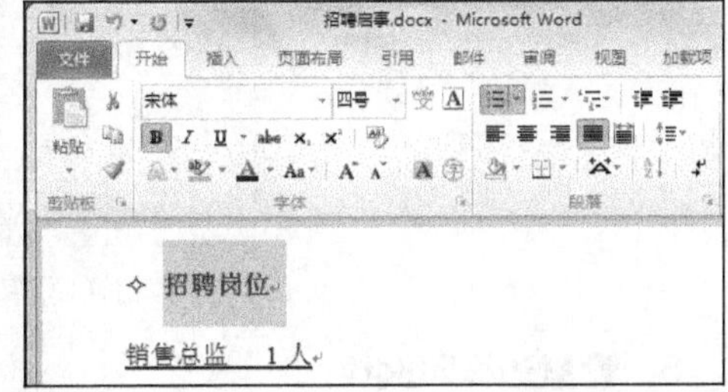

图3-35　设置项目符号

● 设置编号

微课：设置编号

编号主要用于设置一些按一定顺序排列的项目，如操作步骤或合同条款等。设置编号的方法与设置项目符号相似，即在“段落”组中单击“编号”按钮或单击该按钮右侧的下拉按钮，在打开的下拉列表框中选择所需的编号样式即可。设置编号的步骤如下。

（1）打开“招聘启事.docx”文档，选择“岗位职责：”与“职位要求：”之间的文本内容，在“段落”组中单击“编号”按钮右侧的下拉按钮，在打开的下拉列表框的“编号库”中选择“1. 2. 3.”选项。

（2）使用相同的方法在文档中依次设置其他位置的编号样式，其效果如图 3-36 所示。

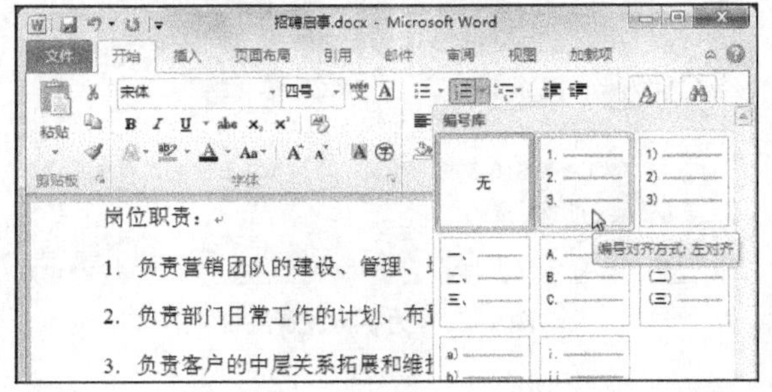

4. 愿意承担工作压力及接受挑战，能够适应经常性出差的工作要求。

✧ 应聘方式

1.

有意者请将自荐信、学历、简历（附 1 寸照片）等寄至中关村南大街商务大厦 106 号。

2.

图3-36　设置编号

5. 设置首字下沉

在很多杂志中，经常可以看到用正文第一段的第一个字放大突出显示的排版形式来替代段落的首行缩进，使内容更加醒目。在 Word 2010 中可以通过设置首字下沉来实现这一功能。设置首字下沉的步骤如下。

（1）将插入点移动到要设置首字下沉的段落的任意位置。

（2）单击【插入】/【文本】组中的“首字下沉”按钮，在打开的下拉列表框中选择“下沉”或“悬挂”选项。

（3）如果要对下沉文字的字体及下沉行数等详细参数进行设置，则单击“首字下沉选项”命令，在打开的图 3-37 所示的“首字下沉”对话框中进行设置即可。

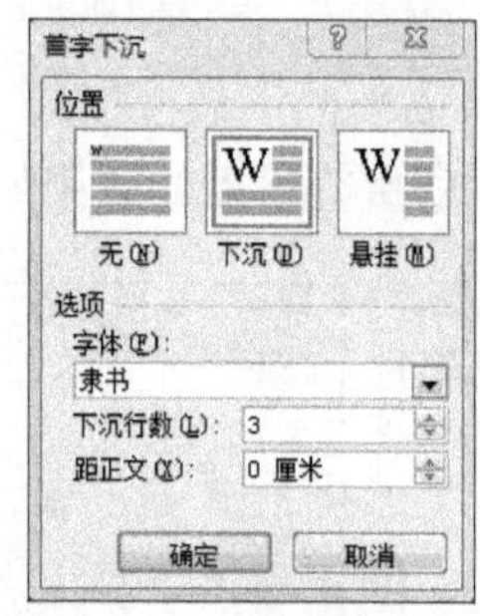

图3-37 “首字下沉”对话框

6. 设置边框和底纹

在 Word 文档中，可以为文档内容设置边框和底纹，起到美化文档的作用。

- 为字符设置边框与底纹。

在【开始】/【字体】组中单击“字符边框”按钮A或“字符底纹”按钮A，可为字符设置相应的边框与底纹效果。下面为“招聘启事.docx”文档设置段落边框和底纹，具体操作步骤如下。

（1）打开“招聘启事.docx”文档，同时选择邮寄地址和电子邮件地址的相关文字，然后在【字体】组中单击“字符边框”按钮A设置字符边框，如图 3-38 所示。

（2）继续在【字体】组中单击“字符底纹”按钮A设置字符底纹，如图 3-39 所示。

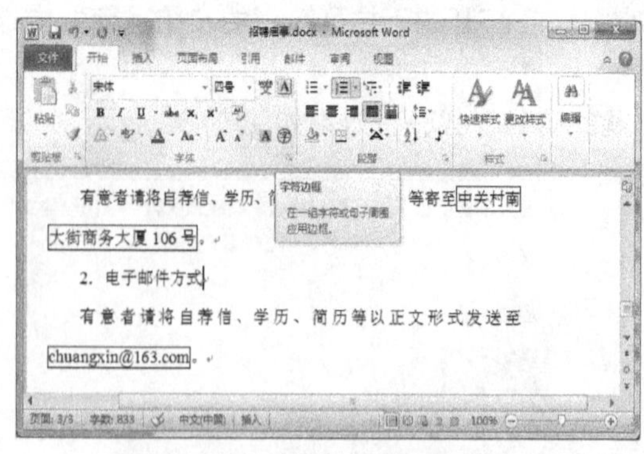

图3-38 为字符设置边框

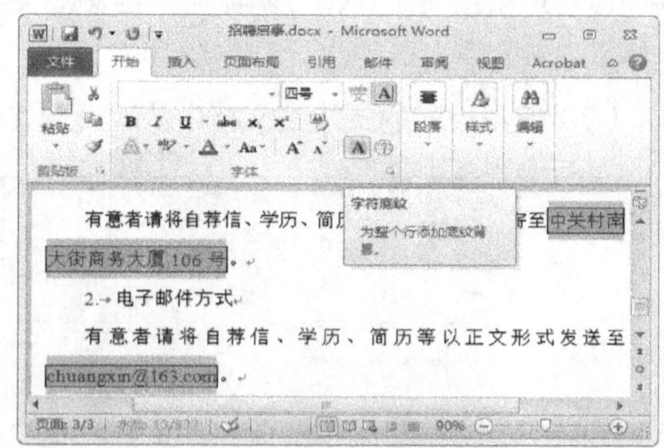

图3-39 为字符设置底纹

- 为段落设置边框与底纹。

在【开始】/【段落】组中单击“底纹”按钮右侧的下拉按钮，在打开的下拉列表框中可设置不同颜色的底纹样式；单击“下框线”按钮右侧的下拉按钮，在打开的下拉列表框中可设置不同类型的框线，若选择“边框和底纹”选项，可在打开的“边框和底纹”对话框中详细设置边框和底纹样式。为段落设置边框和底纹的步骤如下。

微课：为段落设置边框与底纹

（1）在“招聘启事.docx”文档中，选择标题行，在【段落】组中单击“底纹”按钮右侧的下拉按钮，在打开的下拉列表框中选择“深红”选项为标题行设置深红色底纹，如图3-40所示。

（2）选择第一个“岗位职责：”与“职位要求：”文本之间的段落，在“段落”组中单击“下框线”按钮右侧的下拉按钮，在打开的下拉列表框中选择“边框和底纹”选项，如图3-41所示。

（3）在打开的“边框和底纹”对话框中单击“边框”选项卡，在“设置”栏中选择“方框”选项，在“样式”列表框中选择“————”选项。

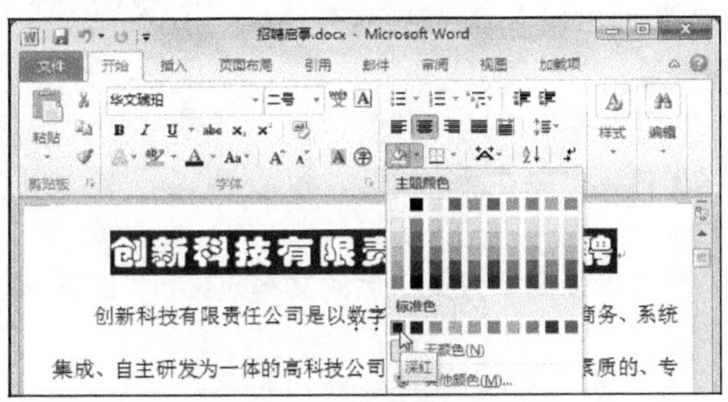

图3-40 在【段落】组中设置底纹

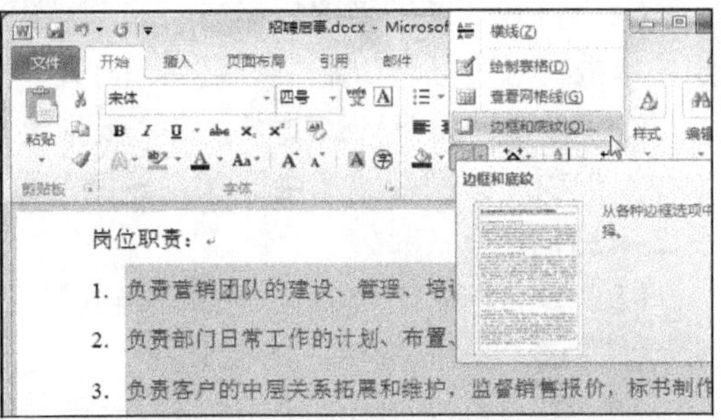

图3-41 选择“边框与底纹”选项

（4）单击“底纹”选项卡，在“填充”下拉列表框中选择“白色，背景1，深色15%”选项，单击“确定”按钮，在文档中设置边框与底纹后的效果如图3-42所示，完成后用相同的方法为其他段落设置边框与底纹样式。

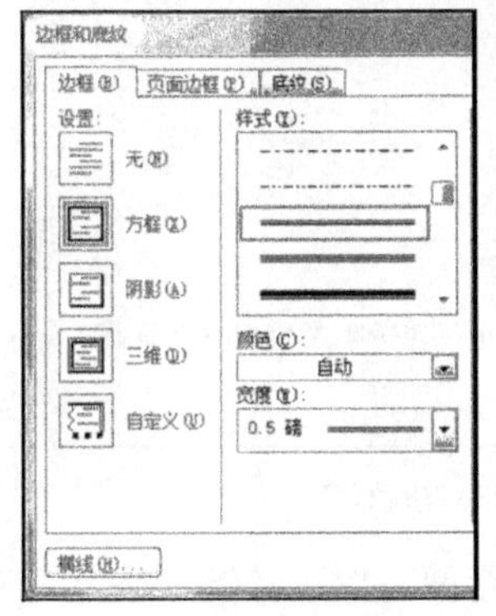

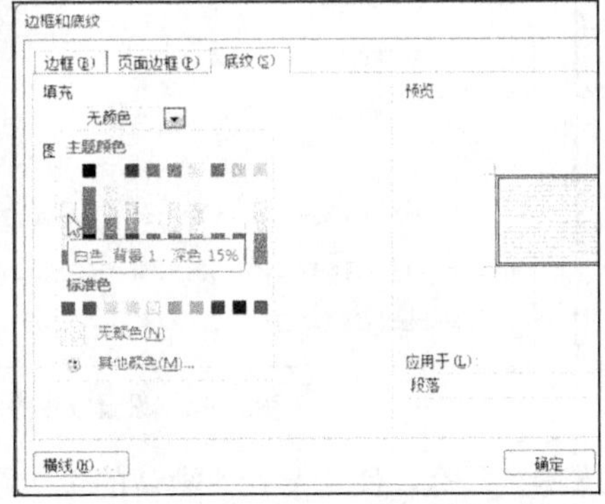

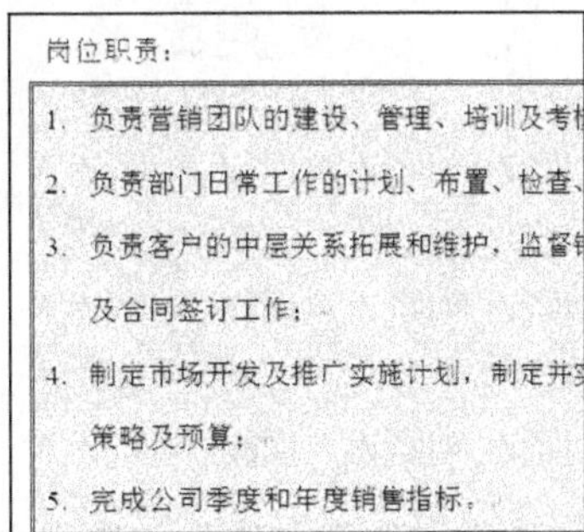

图3-42 通过对话框设置边框与底纹

3.3.3 页面格式设置

为了使文档具有较好的输出效果，还需要对其进行页面设置，包括设置纸张大小、页边距、页面背景以及添加水印等，这些设置将应用于文档的所有页面。

1. 设置纸张大小、纸张方向和页边距

Word 2010 中默认的纸张大小为 A4（21 厘米×29.7 厘米），纸张方向为纵向，页边距为普通，在【页面布局】/【页面设置】组中单击相应的按钮便可进行修改，具体操作步骤如下。

- 单击“纸张大小”按钮下方的按钮，在打开的下拉列表框中选择一个页面大小选项；或选择“其他页面大小”选项，在打开的“页面设置”对话框的“纸张大小”下拉列表框中选择“自定义大小”，然后输入纸张的宽度值和高度值。
- 单击“纸张方向”按钮下方的按钮，在打开的下拉列表框中选择“横向”或“纵向”选项，可以将纸张设置为相应的方向。
- 单击“页边距”按钮下方的按钮，在打开的下拉列表框中选择一个页边距选项；或选择“自定义边距”选项，在打开的“页面设置”对话框中输入上、下、左、右页边距值。

微课：设置页面大小

日常应用中可根据文档内容自定义页面大小，具体操作如下。

（1）打开“考勤管理规范.docx”文档，在【页面布局】/【页面设置】组中单击“对话框启动器”图标，打开“页面设置”对话框。

（2）单击“纸张”选项卡，在“纸张大小”下拉列表框中选择“自定义大小”选项，分别在“宽度”和“高度”数值框中输入“20”和“28”，如图 3-43 所示。

（3）单击“确定”按钮，返回文档编辑区，即可查看设置纸张大小后的文档效果，如图 3-44 所示。

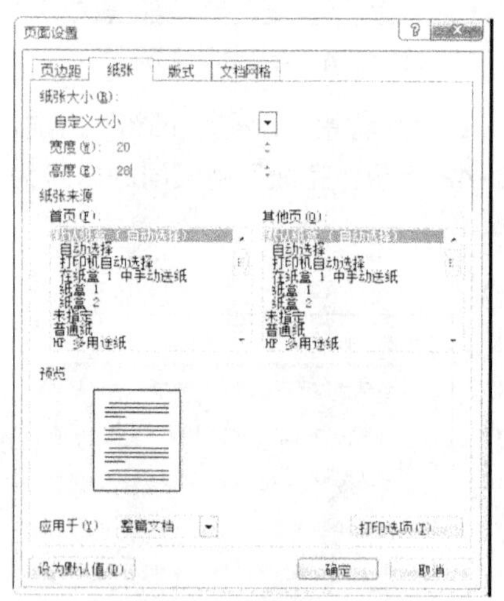

图3-43 设置纸张大小

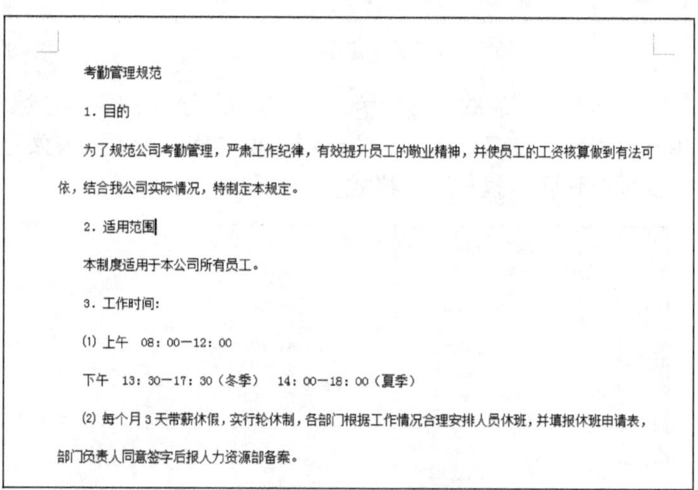

考勤管理规范

1. 目的

为了规范公司考勤管理，严肃工作纪律，有效提升员工的敬业精神，并使员工的工资核算做到有法可依，结合我公司实际情况，特制定本规定。

2. 适用范围

本制度适用于本公司所有员工。

3. 工作时间:

⑴ 上午 08：00—12：00

下午 13：30—17：30（冬季） 14：00—18：00（夏季）

⑵ 每个月 3 天带薪休假，实行轮休制，各部门根据工作情况合理安排人员休班，并填报休班申请表，部门负责人同意签字后报人力资源部备案。

图3-44 设置纸张大小后的效果

如果文档是给上级或者客户看的，那么，使用 Word 默认的页边距就可以了。但若是为了节省纸张，则可以适当缩小页边距，具体操作如下。

微课：设置页边距

（1）在【页面布局】/【页面设置】组中单击“对话框启动器”图标，打开“页面设置”对话框。

（2）单击“页边距”选项卡，在“页边距”栏中的“上”“下”数值框中分别输入“1 厘米”，在“左”“右”数值框中分别输入“1.5 厘米”，如图 3-45

所示。

（3）单击“确定”按钮返回文档编辑区，即可查看设置页边距后的文档效果，如图 3-46 所示。

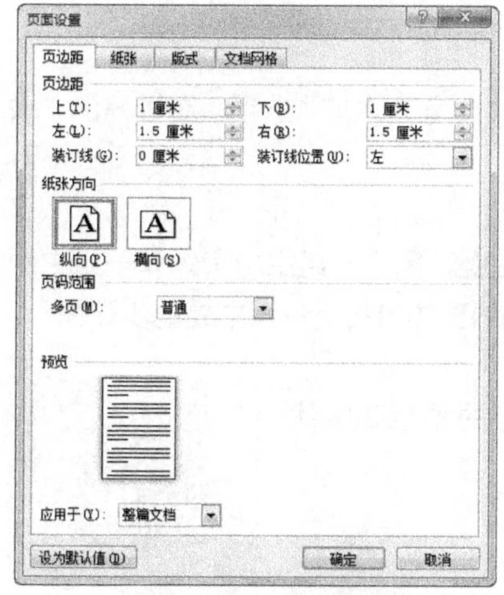

图3-45　设置页边距

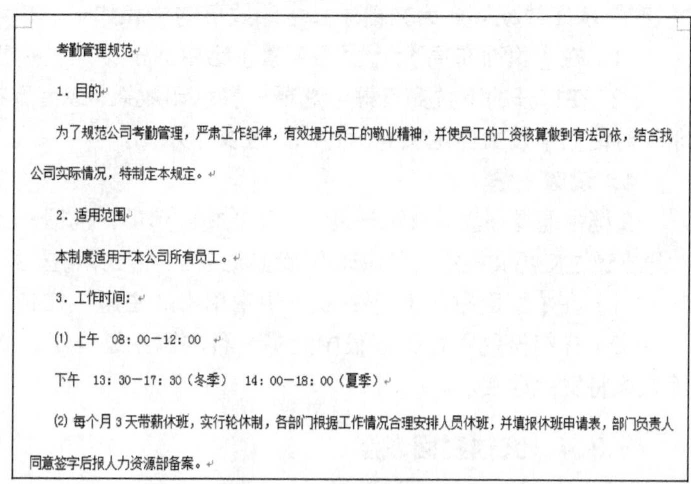

考勤管理规范

1. 目的

为了规范公司考勤管理，严肃工作纪律，有效提升员工的敬业精神，并使员工的工资核算做到有法可依，结合我公司实际情况，特制定本规定。

2. 适用范围

本制度适用于本公司所有员工。

3. 工作时间：

(1) 上午　08：00—12：00

下午　13：30—17：30（冬季）　14：00—18：00（夏季）

(2) 每个月 3 天带薪休班，实行轮休制，各部门根据工作情况合理安排人员休班，并填报休班申请表，部门负责人同意签字后报人力资源部备案。

图3-46　设置页边距后的效果

2. 设置页面颜色和背景

Word 2010 为用户提供了丰富的页面背景设置功能，可以非常方便地为文档页面设置页面颜色和背景图形。用户可以通过页面颜色设置为文档应用纯色背景、渐变色背景以及图片、纹理等填充效果的背景，其中渐变、图案、图片和纹理将以平铺或重复的方式来填充页面，从而让用户可以针对不同应用场景制作出专业美观的文档。为文档设置页面颜色和背景的步骤如下。

（1）在【页面布局】/【页面背景】组中单击“页面颜色”按钮。

（2）在打开的下拉列表框中选择一种页面背景颜色，如图 3-47 所示。如果在“主题颜色”或“标准色”中没有用户所需要的颜色，还可以选择“其他颜色”选项，在随后打开的“颜色”对话框中进行选择。

（3）若选择“填充效果”选项，在打开的对话框中单击“渐变”“纹理”“图片”等选项卡，便可设置渐变、纹理和图片等特殊填充效果，如图 3-48 所示。

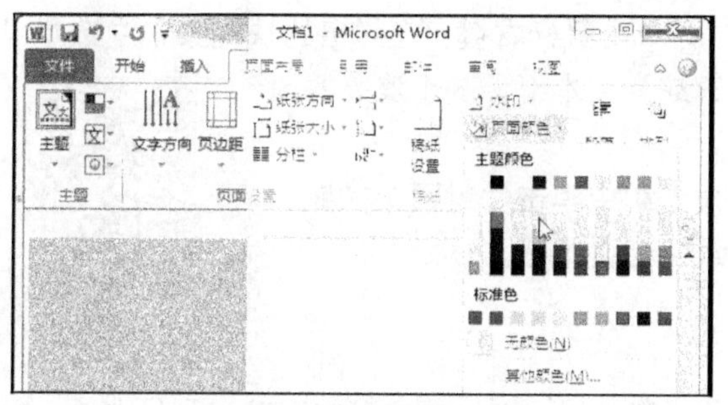

图3-47　设置页面背景

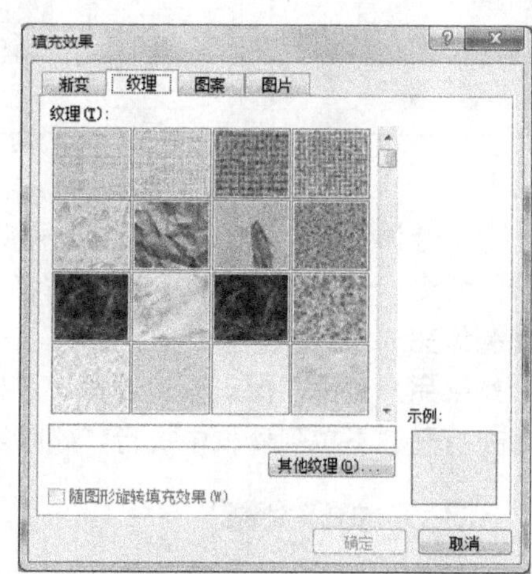

图3-48　“填充效果”对话框

3. 添加水印

制作各种正式公文文档时，为标明文档的所有权和出处，可以为文档添加水印背景，如添加“机密”水印效果等。为文档添加水印效果的步骤如下。

（1）在【页面布局】/【页面背景】组中单击水印按钮。

（2）在打开的下拉列表框中选择一种水印效果，或者选择“自定义水印”选项，在打开的“水印”对话框中设置自定义的图片水印或文字水印。

4. 设置主题

文档主题是一套具有统一设计元素的格式选项，包括一组主题颜色、一组主题字体和一组主题效果。通过应用文档主题可快速设置整篇文档的格式，统一文档的整体风格。设置主题的步骤如下。

（1）在【页面布局】/【主题】组中单击“主题”按钮。

（2）在打开的下拉列表框中选择一种内置主题样式，文档的颜色和字体等效果将发生改变。

微课：添加封面

3.3.4 文档封面设置

专业的文档要配以漂亮的封面才会更加完美，在 Word 2010 中，用户在制作某些办公文档时，可通过内置的“封面库”快速而轻松地为文档添加封面，封面内容一般包含标题、副标题、文档摘要、编写时间、作者和公司名称等。为文档添加封面的步骤如下。

（1）打开“公司简介.docx”文档，在【插入】/【页】组中单击封面按钮。

（2）在打开的下拉列表框中选择一种封面样式，为文档添加该类型的封面，如图 3-49 所示。

（3）此时，该封面就会自动被插入当前文档的第一页中，现有的文档内容会自动后移。在“输入文档标题”文本处单击，输入文本内容，如“公司简介”，在“键入文档副标题”处输入文本，如“瀚兴国际贸易（上海）有限公司”，如图 3-50 所示。

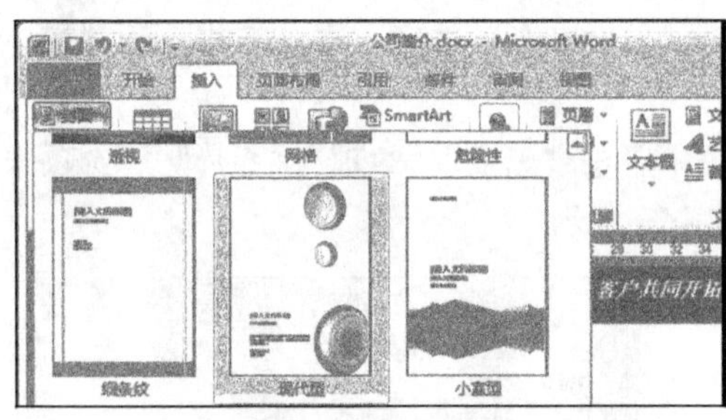

图3-49　选择封面样式

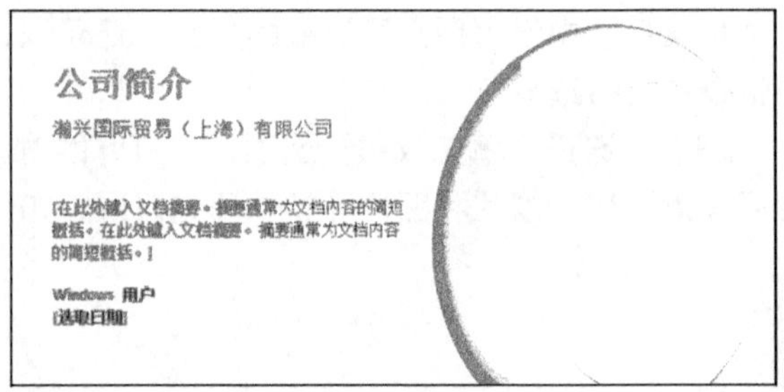

图3-50　输入标题和副标题

（4）选择“摘要”文本框，若无需此内容，可单击鼠标右键，在弹出的快捷菜单中选择“删除行”命令，使用相同方法删除“作者”和“日期”文本框，一个漂亮的封面就制作完成了。

如果用户日后想要删除该封面，可以在【页】组中单击“封面”按钮，然后在打开的下拉列表框中执行“删除当前封面”选项即可。

微课：预览并打印文档

3.3.5 打印文档

在文档中对文本内容编辑完成后可将其打印出来，即把制作的文档内容输出到纸张上。但是为了使输出的文档效果更佳，及时发现文档中隐藏的错误排版样式，可在打印文档之前预览打印效果，确认无误后再打印输出。打印文档的步骤如下。

（1）单击【文件】/【打印】命令。

（2）打开图 3-51 所示的打印后台视图。在视图的右侧可以即时预览文档的打印效果。同时，用户可以在打印设置区域中对打印机和打印选项进行相关设置，例如调整页边距、纸张大小等。

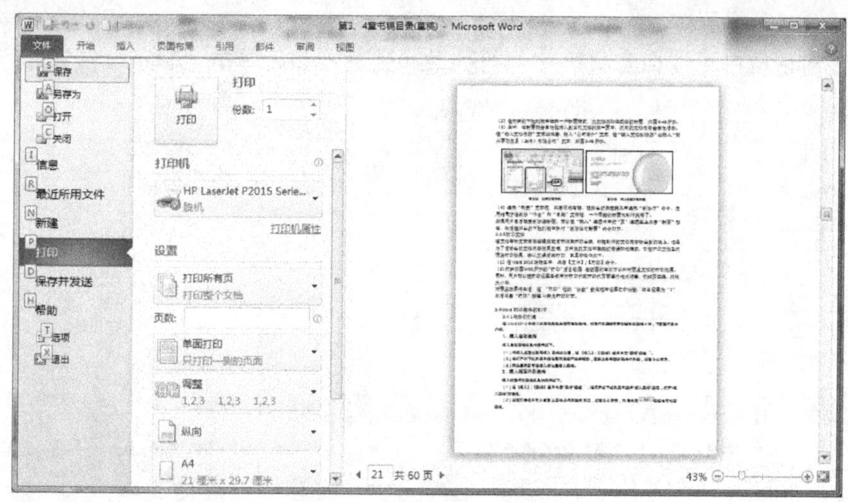

图3-51 打印文档后台视图

（3）对预览效果满意后，单击“打印”按钮开始打印即可。

3.4 Word 2010 表格的制作

表格是用于组织数据的最有用的工具之一，以行和列的形式简明扼要地表达信息，便于读者阅读，Word 2010 在这方面的功能十分强大。与早期版本相比，Word 2010 中的表格有了很大的改变，增添了表格样式、实时预览等全新的功能与特性，最大限度地简化了表格的格式化操作，使用户可以更加轻松地创建出专业、美观的表格。

3.4.1 表格的创建

在 Word 2010 中，用户可以通过多种方法来创建精美别致的表格，创建表格的方法有使用即时预览创建表格、使用“插入表格”命令创建表格、手动绘制表格、使用快速表格创建表格及文本转换为表格等。

微课：插入自动表格

1. 使用即时预览创建表格

利用“表格”下拉列表框插入表格的方法既简单又直观，并且可以让用户即时预览到表格在文档中的效果。使用即时预览创建表格的步骤如下。

（1）将插入点定位到需要插入表格的位置，在【插入】/【表格】组中单击“表格”按钮。

（2）在下拉列表框中的“插入表格”区域，以滑动鼠标的方式指定表格的行数和列数，直到达到需要的行列数后单击鼠标左键，即可将指定行列数目的表格插入文档中，如图 3-52 所示。

2. 使用“插入表格”命令创建表格

微课：插入指定行列表格

在 Word 2010 中还可以使用“插入表格”命令来创建表格。该方法可以让用户在将表格插入文档之前指定表格的行列数目，具体操作步骤如下。

（1）将插入点定位到需要插入表格的位置，在【插入】/【表格】组中单击“表格”按钮，在下拉列表中选择“插入表格”选项，打开“插入表格”对话框，如图 3-53 所示。

（2）在该对话框中可以自定义表格的行列数和列宽，然后单击“确定”按钮即可创建表格。

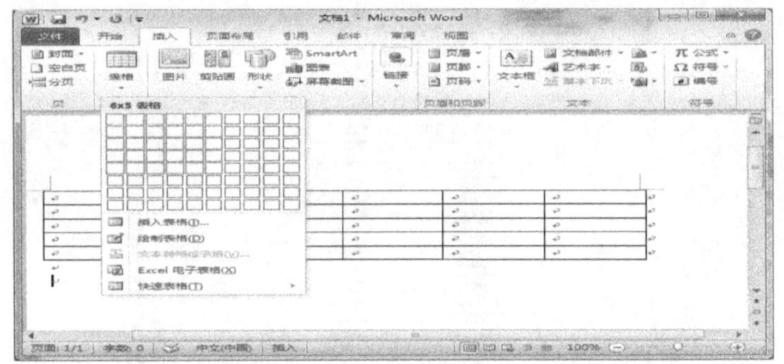
图3-52 实时预览创建表格

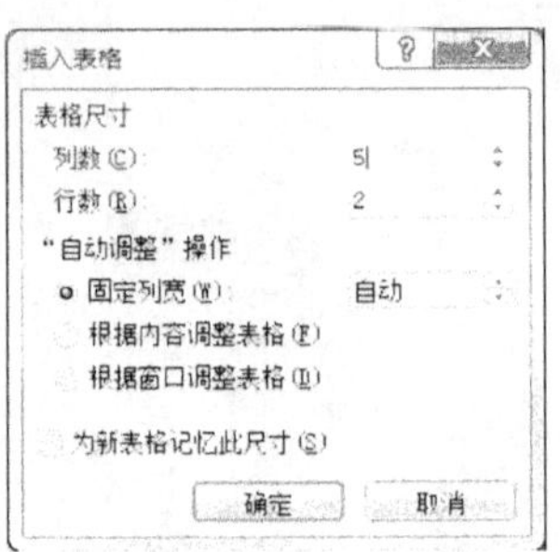

图3-53 “插入表格”对话框

3. 手动绘制表格

微课：绘制表格

自动插入表格的方法只能插入比较规则的表格，对于一些不规则的复杂表格，可以采用手动绘制表格的方法。手动绘制表格的步骤如下。

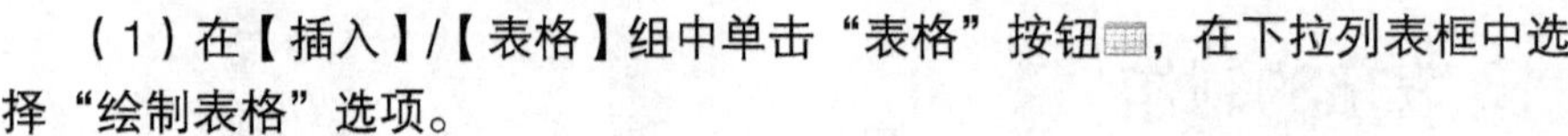

（1）在【插入】/【表格】组中单击“表格”按钮，在下拉列表框中选择“绘制表格”选项。

（2）此时鼠标指针变成形状，在需要插入表格的位置按住鼠标左键不放进行拖动，此时，会出现一个虚线框显示的表格，拖动鼠标调整虚线框到适当大小后释放鼠标，绘制出表格的外边界。

（3）按住鼠标左键不放从想要绘制线条的起点拖动至终点，释放鼠标左键，即可在表格中画出横线、竖线和斜线，从而将绘制的边框分成若干单元格，并形成各种样式的表格。

（4）在绘制表格的过程中，如果用户要擦除某条线，可以在【表格工具】/【设计】/【绘制边框】组中单击“擦除”按钮。此时鼠标指针会变成橡皮的形状，单击需要擦除的线条即可将其擦除。

4. 使用快速表格

快速表格是作为构建基块存储在库中的表格，可以随时被访问和重用。Word 2010 提供了一个“快速表格库”，其中包含一组预先设计好格式的表格，用户可以从中选择以迅速创建表格。使用快速表格创建表格的步骤如下。

（1）将插入点定位到需要插入表格的位置，在【插入】/【表格】组中单击“表格”按钮，在下拉列表框中选择“快速表格”选项。

（2）在打开的系统内置的快速表格库中，根据实际需要选择一种合适的表格。此时所选的快速表格就会被插入文档中。另外，为了符合特定的需要，用户可以用所需的数据替换表格中的占位符数据。

5. 将文本转换为表格

上述方法都需要先创建表格，然后在表格中输入数据。用户还可以将事先输入好的文本转换成表格，只需在文本中设置分隔符即可。将文本转换为表格的步骤如下。

（1）拖动鼠标选择需要转换为表格的文本，然后在【插入】/【表格】组中单击“表格”按钮▦，在下拉列表框中选择“文本转换成表格”选项。

（2）在打开的“将文字转换成表格”对话框中根据需要设置表格尺寸和文字分隔符，如图3-54所示，完成后单击“确定”按钮，即可将文本转换为表格。

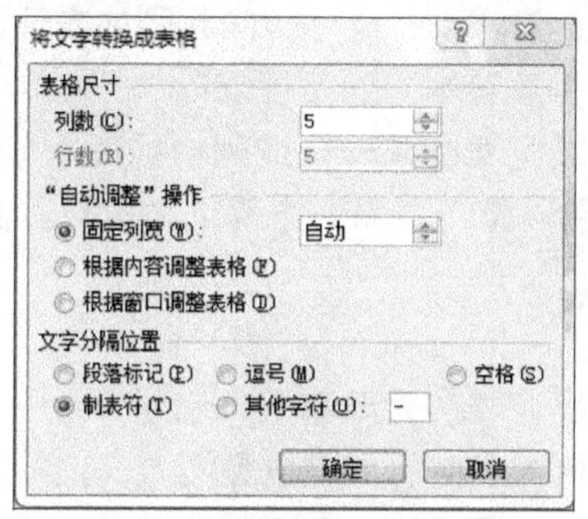

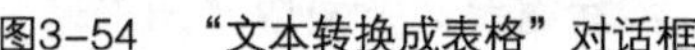
图3-54　“文本转换成表格”对话框

3.4.2　表格的选定和编辑

表格创建完成后，往往会根据需要进行一些改动，例如向表格中添加行、列，或者从表格中删除行、列等。

1. 选定表格

在对表格进行编辑之前，需要学会如何选择表格中不同的元素，如单元格、行、列或整个表格等。在Word 2010中选择表格元素有以下几种情况。

- 选定一个单元格

将鼠标指针移动到该单元格左边，当鼠标指针变成实心、指向右上方向的箭头时单击鼠标左键，该单元格即被选中。

- 选定一行

方法一：将鼠标指针移至表格外该行的左侧，当鼠标指针呈↗形状时，单击可以选择整行。如果按住鼠标左键不放向上或向下拖动，则可以选择多行。

方法二：在需要选择的行中单击任意单元格，在【表格工具】/【布局】/【表】组中单击“选择”按钮，在打开的下拉列表中单击“选择行”选项即可选择该行。

- 选定一列

方法一：将鼠标指针移动到表格外该列的顶端，当鼠标指针呈↓形状时，单击可选择整列。如果按住鼠标左键不放向左或向右拖动，则可选择多列。

方法二：在需要选择的列中单击任意单元格，在【表格工具】/【布局】/【表】组中单击“选择”按钮，在下拉列表框中单击“选择列”选项即可选择该列。

- 选定整个表格

方法一：将鼠标指针移动到表格边框线上，然后单击表格左上角的“全选”按钮⊞，即可选择整个表格。

方法二：通过在表格内部拖动鼠标选择整个表格。

方法三：在表格内单击任意单元格，在【表格工具】/【布局】/【表】组中单击选择按钮，在打开的下拉列表框中单击“选择表格”选项，即可选择整个表格。

2. 调整行高和列宽

调整行高是指改变本行中所有单元格的高度。将鼠标指向本行的下边框线，当鼠标指针变为垂直分离的双向箭头时，直接拖动鼠标即可调整本行的高度。

调整列宽是指改变本列中所有单元格的宽度。将鼠标指向此列的右边框线，当鼠标指针变为水平分离的双向箭头时，直接拖动鼠标即可调整本列的宽度。

也可以先将插入点定位到要改变行高或列宽的那一行或列中的任意单元格中，然后在【表格工具】/【布局】/【单元格大小】组中分别调整行高和列宽两个文本框右侧的微调按钮，即可精确调整行高和列宽。

3. 编辑表格

在制作表格时，最好事先在纸上绘制出表格的大致草图，规划好行列数，然后再在Word文档中创建表格。表格创建完成后，通常需要在表格的指定位置插入一些行列单元格，或将多余的行列删除以及合并或拆分单元格等，以满足实际需要。下面以“图书采购单”表格为例说明创建并编辑表格的具体步骤。

（1）打开Word 2010，在文档的开始位置输入标题文本“图书采购单”，然后按【Enter】键。

（2）在【插入】/【表格】组中单击“表格”按钮，在下拉列表框中选择“插入表格”选项，打开“插入表格”对话框。

（3）在该对话框中分别将“列数”和“行数”设置为“7”和“13”，单击“确定”按钮即可创建表格，如图3-55所示。

微课：绘制图书采购单表格框架

（4）选择标题文本，在【开始】/【字体】组中设置字体为“黑体”、字形为“加粗”、字号为“小一”，并设置对齐方式为“居中对齐”，效果如图3-56所示。

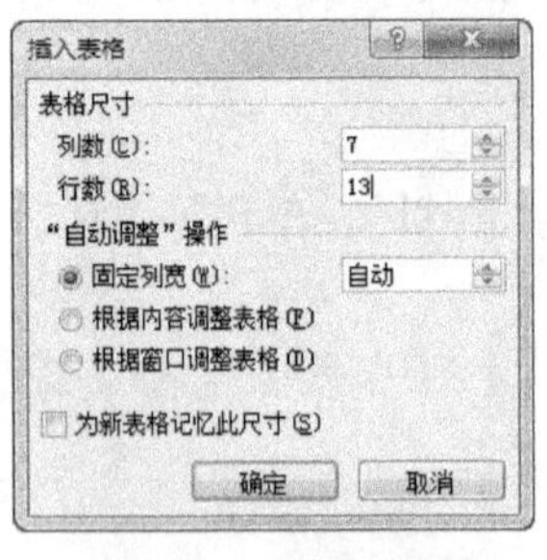

图3-55 插入表格

图3-56 设置标题字体格式

（5）将鼠标指针移动到表格右下角的控制点上，向下拖动鼠标调整表格的高度，如图3-57所示。

（6）选择第12行第2、3列单元格，单击鼠标右键，在弹出的快捷菜单中选择“合并单元格”命令。

（7）选择表格第13行第2、3列单元格，在【表格工具】/【布局】/【合并】组中单击“合并单元格”按钮，然后使用相同的方法合并其他单元格，完成后效果如图 3-58 所示。

（8）将鼠标指针移至第 2 列单元格的左侧边框上，当鼠标指针变为形状后，按住鼠标左键向左拖动鼠标，手动调整列宽。

图3-57　调整表格高度

图3-58　合并单元格

（9）将鼠标指针移动到第 1 行单元格的左侧，当其变为形状时，单击选择该行单元格，在【表格工具】/【布局】/【行和列】组中单击“在下方插入”按钮，在表格第 1 行下方插入一行单元格。

微课：编辑图书采购单表格

（10）同时选中倒数两行的最后两个单元格，在【表格工具】/【布局】/【合并】组中单击“拆分单元格”按钮。

（11）打开“拆分单元格”对话框，在其中设置列数为“2”，如图 3-59 所示，单击“确定”按钮。

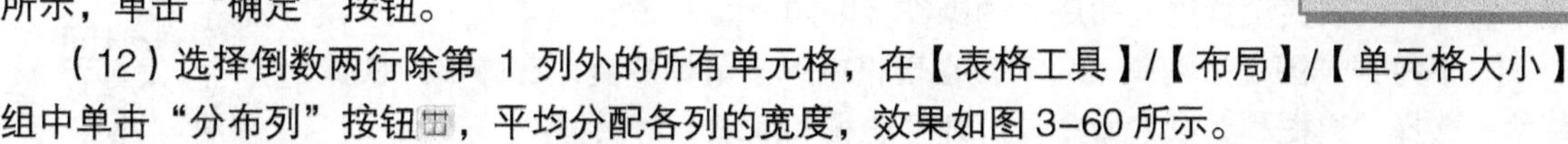
（12）选择倒数两行除第 1 列外的所有单元格，在【表格工具】/【布局】/【单元格大小】组中单击“分布列”按钮，平均分配各列的宽度，效果如图 3-60 所示。

（13）选择第 12 行单元格，单击鼠标右键，在弹出的快捷菜单中选择“删除行”命令。

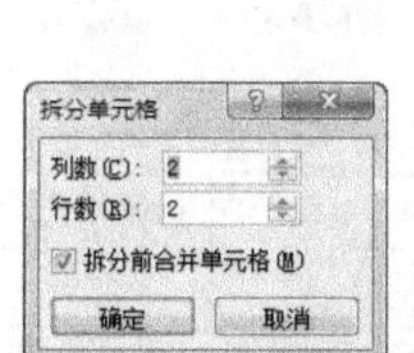

图3-59　拆分单元格

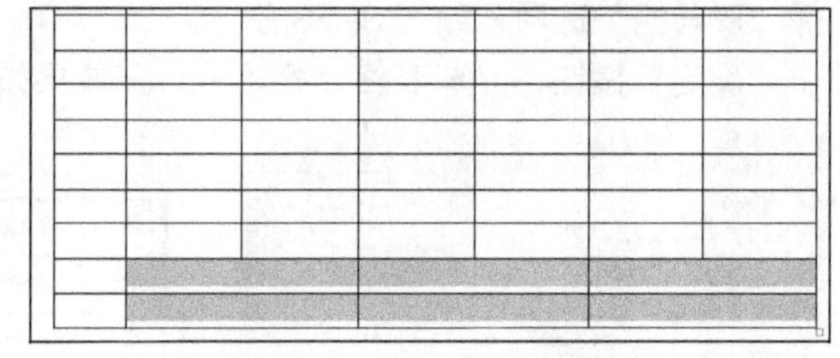

图3-60　平均分布列

4. 输入与编辑表格内容

将表格外形编辑好后，就可以向表格中输入相关内容，并设置相应的格式了，其具体操作如下。

微课：输入与编辑表格内容

（1）在表格中对应的单元格内输入相应的文本，如图 3-61 所示。

（2）选择表格第一行，设置字体格式为“黑体、五号、加粗”。

（3）在【表格工具】/【布局】/【单元格大小】组中单击“自动调整”按钮，在打开的下拉列表框中选择“根据内容自动调整表格”选项，完成后的效果如图 3-62 所示。

（4）在表格上单击“全选”按钮⊞选择表格，在【表格工具】/【布局】/【对齐方式】组中单击“水平居中”按钮☰，设置文本对齐方式为“水平居中对齐”。

图书采购单

序号	书名	类别	原价（元）	折扣率%	折后价(元)	入库日期
1	父与子全集	少儿	35		21	2015 年 12 月 31 日
2	古代汉语词典	工具	119.9		95.9	2015 年 12 月 31 日
3	世界很大，幸好有你	传记	39		29	2015 年 12 月 31 日
4	Photoshop CS5 图像处理	计算机	48		39	2015 年 12 月 31 日
5	疯狂英语 90 句	外语	19.8		17.8	2015 年 12 月 31 日
6	窗边的小豆豆	少儿	25		28.8	2015 年 12 月 31 日
7	只属于我的视界：手机摄影自白书	摄影	58		34.8	2015 年 12 月 31 日
8	黑白花意：笔尖下的 87 朵花之绘	绘画	29.8		20.5	2015 年 12 月 31 日
9	小王子	少儿	20		10	2015 年 12 月 31 日
10	配色设计原理	设计	59		41	2015 年 12 月 31 日

图3-61　输入文本

图书采购单

序号	书名	类别	原价（元）	折扣率%	折后价（元）	入库日期
1	父与子全集	少儿	35		21	2015 年 12 月 31 日
2	古代汉语词典	工具	119.9		95.9	2015 年 12 月 31 日
3	世界很大，幸好有你	传记	39		29	2015 年 12 月 31 日
4	Photoshop CS5 图像处理	计算机	48		39	2015 年 12 月 31 日
5	疯狂英语 90 句	外语	19.8		17.8	2015 年 12 月 31 日
6	窗边的小豆豆	少儿	25		28.8	2015 年 12 月 31 日
7	只属于我的视界：手机摄影自白书	摄影	58		34.8	2015 年 12 月 31 日
8	黑白花意：笔尖下的 87 朵花之绘	绘画	20.8		20.5	2015 年 12 月 31 日
9	小王子	少儿	20		10	2015 年 12 月 31 日
10	配色设计原理	设计	59		41	2015 年 12 月 31 日
11	基本乐理	音乐	38		31.9	2015 年 12 月 31 日

图3-62　调整表格列宽

5. 美化表格

完成表格内容的编辑后，还可以对表格的边框和底纹进行设置，以美化表格。如果要对部分单元格的边框和底纹进行修改，则先选中要更改的单元格；若是对整个表格进行更改，则需选中整个表格。为表格设置边框和底纹的操作步骤如下。

微课：设置与美化表格

（1）打开“图书采购单.docx”，在表格中单击鼠标右键，在弹出的快捷菜单中选择“边框和底纹”命令，打开“边框和底纹”对话框。

（2）在“边框”选项卡的“设置”栏中选择“虚框”选项，在“样式”列表框中选择“双画线”选项，如图 3-63 所示。

（3）单击“确定”按钮，完成表格外框线设置，效果如图 3-64 所示。

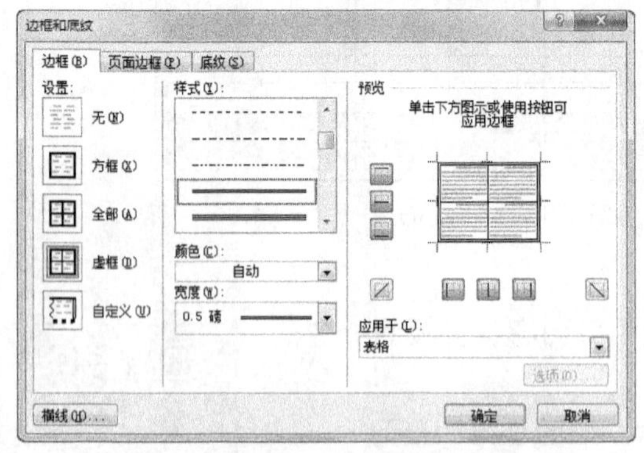

图3-63　设置外边框

图书采购单

序号	书名	类别	原价（元）	折扣率%	折后价（元）	入库日期
1	父与子全集	少儿	35		21	2015 年 12 月 31 日
2	古代汉语词典	工具	119.9		95.9	2015 年 12 月 31 日
3	世界很大，幸好有你	传记	39		29	2015 年 12 月 31 日
4	Photoshop CS5 图像处理	计算机	48		39	2015 年 12 月 31 日
5	疯狂英语 90 句	外语	19.8		17.8	2015 年 12 月 31 日
6	窗边的小豆豆	少儿	25		28.8	2015 年 12 月 31 日
7	只属于我的视界：手机摄影自白书	摄影	58		34.8	2015 年 12 月 31 日

图3-64　设置外边框后的效果

（4）选择表格第一行中所有的单元格，并打开“边框和底纹”对话框。

（5）单击“底纹”选项卡，在“填充”下拉列表框中选择“白色，背景 1，深色 25%”选项，如图 3-65 所示。

（6）单击“确定”按钮，完成单元格底纹的设置，效果如图 3-66 所示。

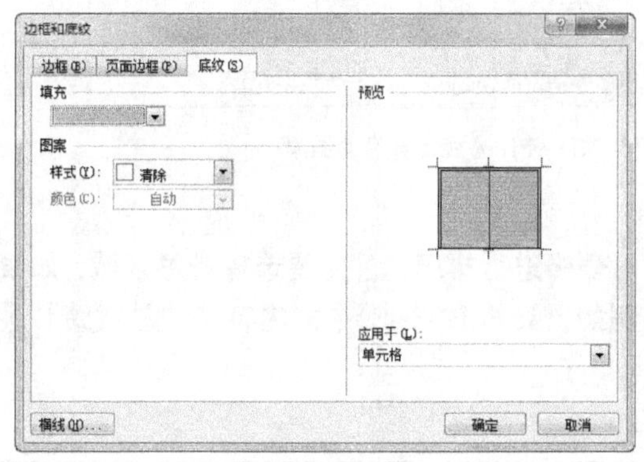

图3-65　设置底纹

图书采购单

序号	书名	类别	原价（元）	折扣率%	折后价（元）	入库日期
1	父与子全集	少儿	35		21	2015 年 12 月 31 日
2	古代汉语词典	工具	119.9		95.9	2015 年 12 月 31 日
3	世界很大，幸好有你	传记	39		29	2015 年 12 月 31 日
4	Photoshop CS5 图像处理	计算机	48		39	2015 年 12 月 31 日
5	疯狂英语 90 句	外语	19.8		17.8	2015 年 12 月 31 日
6	窗边的小豆豆	少儿	25		28.8	2015 年 12 月 31 日
7	只属于我的视界：手机摄影自白书	摄影	58		34.8	2015 年 12 月 31 日

图3-66　添加底纹后的效果

6. 表格转换为文本

要把一个表格转换为文本的操作步骤如下。

（1）选择整个表格，在【表格工具】/【布局】/【数据】组中单击“转换为文本”按钮，在打开的“表格转换成文本”对话框中选择分隔单元格中文字的分隔符。

微课：将表格转换为文本

（2）单击“确定”按钮即可将表格转换成文本。

7. 设置标题行跨页重复

在表格内容较多时，难免会跨越两页或更多页面。此时，如果希望表格的第一行（即标题行）可以自动地出现在每个页面的表格上方，可以设置标题行跨页重复。设置标题行跨页重复的操作步骤如下。

（1）将插入点定位在表格的标题行中。

（2）在【表格工具】/【布局】/【数据】组中单击“重复标题行”按钮即可。

3.4.3　表格数据的排序与计算

1. 表格中数据的计算

在表格中可能会涉及数据计算，在 Word 2010 中，可以通过在表格中插入公式的方法来对表格中的数据进行计算。以计算“图书采购单.docx”中所采购书目原价和折扣价的总和为例，说明表格中数据的计算步骤如下。

微课：计算表格中的数据

（1）将插入点定位到“总和”右侧的单元格中，在【表格工具】/【布局】/【数据】组中单击“公式”按钮 f_x，打开“公式”对话框。

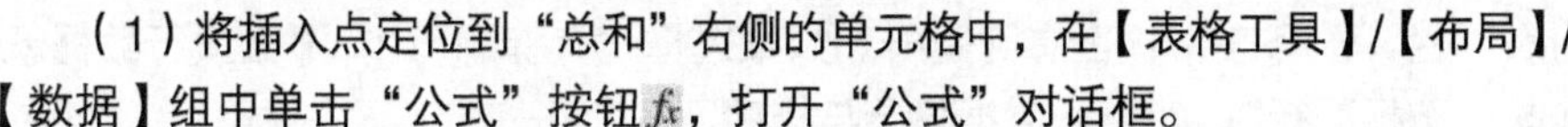

（2）在“公式”文本框中输入“=SUM（ABOVE）”，在“编号格式”下拉列表框中选择“¥#,##0.00;（¥#,##0.00）”选项，为公式的计算结果添加货币符号“¥”和千位分隔符，如图 3-67 所示。

（3）单击“确定”按钮，完成原价总和的计算。使用相同的方法计算折后价的总和，完成后的效果如图 3-68 所示。

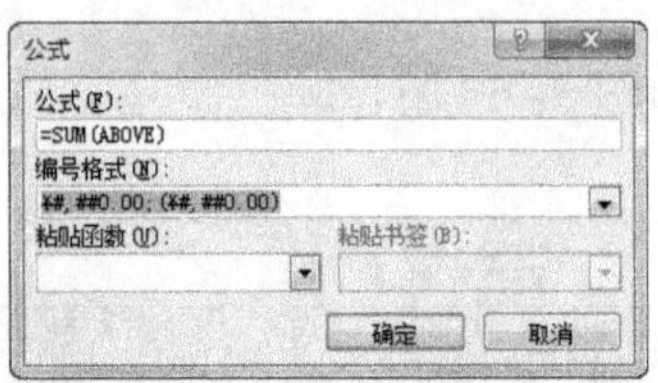

图3-67 设置公式与编号格式

8	黑白花意：笔尖下的 87 朵花之绘	绘画	29.8		20.5	2015 年 12 月 31 日
9	小王子	少儿	20		10	2015 年 12 月 31 日
10	配色设计原理	设计	59		41	2015 年 12 月 31 日
11	基本乐理	音乐	38		31.9	2015 年 12 月 31 日
13	总和		¥491.50		¥369.70	

图3-68 使用公式计算后的结果

2. 表格中数据的排序

Word 2010 还能对表格中的数据进行排序。要对表格进行排序，首先要选择排序区域，如果不选择排序区域，则默认是对整个表格进行排序。例如，要将表 3-3 中的内容按“总成绩”进行升序排序，具体操作步骤如下。

表 3-3 成绩统计表

科目 / 姓名	英语	计算机	高数	总成绩
李刚	85	91	76	252
王玲	76	96	82	254
张小青	93	87	87	267
平均分	84.67	91.33	81.67	

（1）选择表中除“平均分”以外的所有行，在【表格工具】/【布局】/【数据】组中单击 “排序”按钮，打开图 3-69 所示的“排序”对话框。

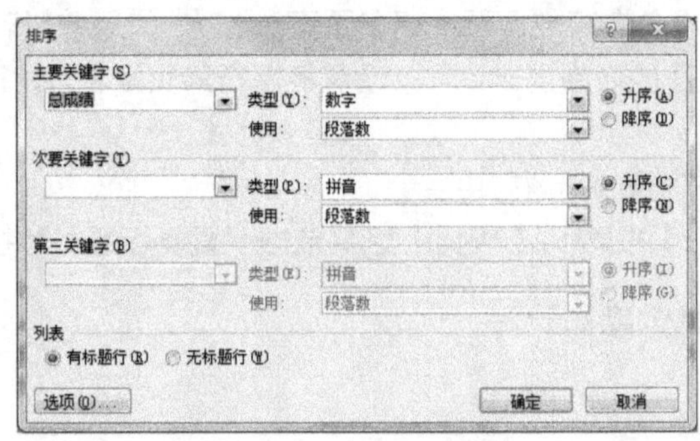

图3-69 “排序”对话框

（2）在“主要关键字”下拉列表框中选择“总成绩”，则“类型”下拉列表框中的内容自动变为“数字”，再选择升序排序。根据需要用同样的方式设置“次要关键字”以及“第三关键字”。在对话框底部的“列表”栏，选择表格是否有标题行。如果选择“有标题行”，那么顶行数据就不参与排序，如果选择“无标题行”，则顶行数据将参与排序。

（3）单击“确定”按钮完成对表格数据的排序。

3.5 Word 2010 图文混排

在实际处理文档的过程中，用户往往需要在文档的特定位置放置一些图片或剪贴画，并对其进行编辑修改，以增加文档的美观程度。Word 2010，为用户提供了功能强大的图片编辑工具，无需其他专业的图片工具，就能对图片进行插入、裁剪和添加特效，也可以更改图片的亮度、对比度、颜色饱和度、色调等，使用户能够轻松、快速地将简单的文档转换为图文并茂的艺术作品。

3.5.1　插入图片和剪贴画

微课：插入图片和剪贴画

在 Word 2010 中，用户可根据需要将图片和剪贴画插入文档中，使文档更加美观。下面在“公司简介.docx”文档中插入图片和剪贴画，具体操作步骤如下。

（1）将插入点定位到标题左侧，在【插入】/【插图】组中单击“图片”按钮，打开 “插入图片”对话框。

（2）在 “地址栏”列表框中选择图片的路径，在窗口工作区中选择要插入的图片，这里选择“公司标志.jpg”图片，并单击“插入”按钮，如图 3-70 所示。

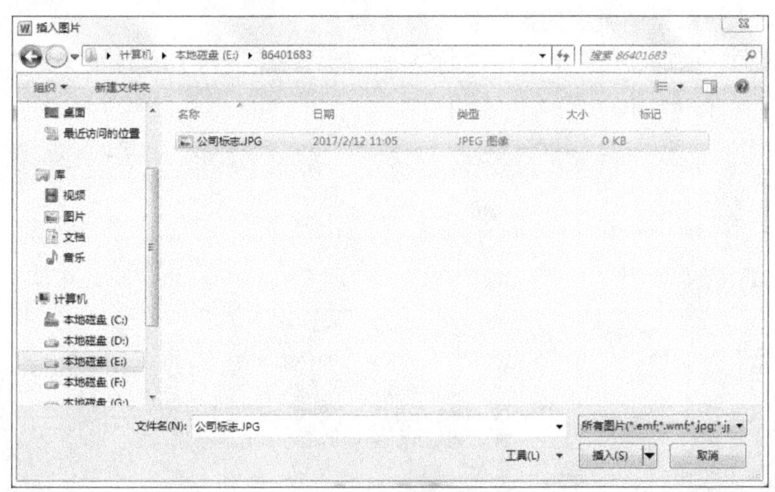

图3-70　插入图片

（3）在图片上单击鼠标右键，在弹出的快捷菜单中选择【自动换行】/【四周型环绕】命令，设置图片和文字的环绕方式。拖动图片四周的控制点调整图片大小，在图片上按住鼠标左键不放，向左侧拖动至适当位置释放鼠标，如图 3-71 所示。

（4）选择插入的图片，在【图片工具】/【格式】/【调整】组中单击“艺术效果”按钮，在打开的下拉列表框中选择“影印”选项，效果如图 3-72 所示。

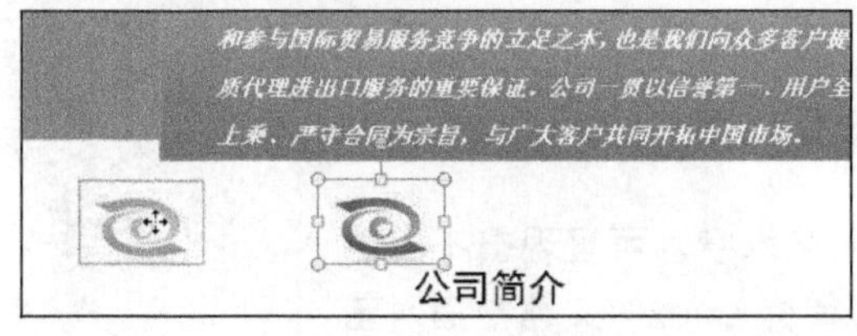

图3-71　移动图片

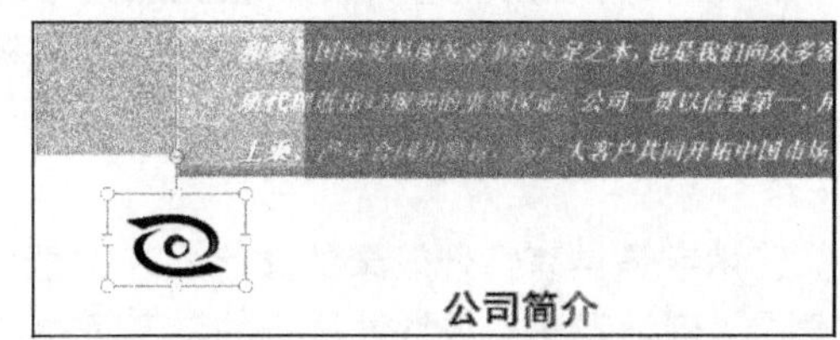

图3-72　查看调整图片效果

（5）将插入点定位到“公司简介”左侧，在【插入】/【插图】组中单击“剪贴画”按钮，打开“剪贴画”任务窗格，在“搜索文字”文本框中输入“花边”，单击“搜索”按钮，在下方的列表框中双击所需的剪贴画即可完成插入。

（6）选择插入的剪贴画，在【图片工具】/【格式】/【排列】组中单击“自动换行”按钮，在打开的下拉列表框中选择“衬于文字下方”选项。拖动剪贴画四周的控制点调整剪贴画大小，并将其移至左上角，效果如图 3-73 所示。

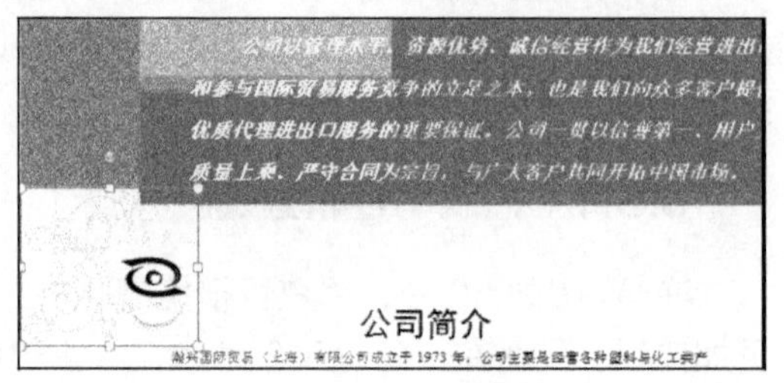

图3-73　移动剪贴画

（7）按【Ctrl+C】组合键复制剪贴画，按【Ctrl+V】组合键粘贴，将复制的剪贴画放至文档右侧与左侧图片平行的位置。

3.5.2　截取屏幕图片

在 Word 2010 中增加了屏幕截图功能，可以将计算机中开启的屏幕画面插入文档中。在 Word 2010 中插入屏幕截图画面的操作步骤如下。

（1）首先将插入点定位在要插入图片的位置，然后在【插入】/【插图】组中单击 “屏幕截图”按钮，如图 3-74 所示。

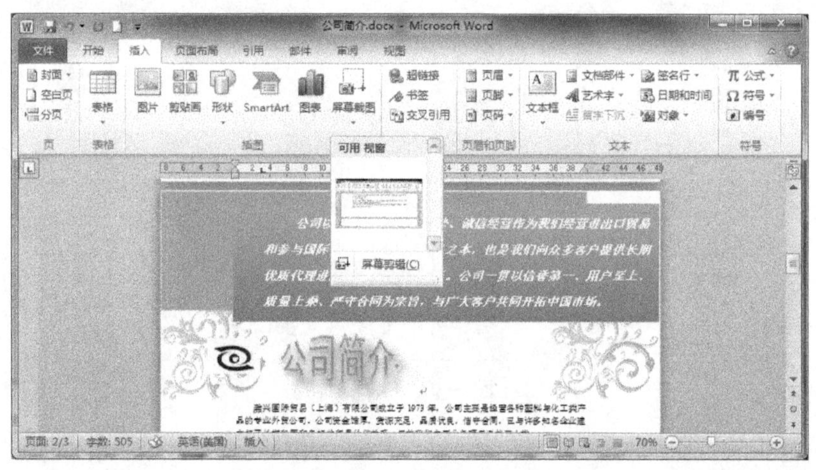

图3-74　插入屏幕截图

（2）在“可用视窗”列表中显示出目前在计算机中开启的应用程序屏幕画面，可以在其中选择并单击需要的屏幕图片，即可将整个屏幕画面作为图片插入文档中。

除此之外，用户可以单击下拉列表框中的“屏幕剪辑”选项，通过拖动鼠标的方式截取部分屏幕区域，并将截取的区域作为图片插入文档中。

3.5.3　插入艺术字

微课：插入艺术字

艺术字是具有特殊效果的文字，在文档中插入艺术字，可呈现出不同的效果，达到增强文档观赏性的目的。下面在“公司简介.docx”文档中插入艺术字美化标题样式，具体操作步骤如下。

（1）打开“公司简介.docx”文档，删除标题文本“公司简介”，在【插入】/【文本】组中单击“艺术字”按钮，在打开的下拉列表框中选择图 3–75 所示的选项。

（2）此时将在插入点处自动添加一个带有默认文本样式的艺术字文本框，在其中输入“公司简介”文本。选择艺术字文本框，将鼠标指针移至边框上，当鼠标指针变为✥形状时，按住鼠标左键不放，向左上方拖曳以改变艺术字位置，如图 3–76 所示。

（3）在【绘图工具】/【格式】/【形状样式】组中单击“形状效果”按钮，在打开的下拉列表框中选择【预设】/【预设 4】选项，如图 3–77 所示。

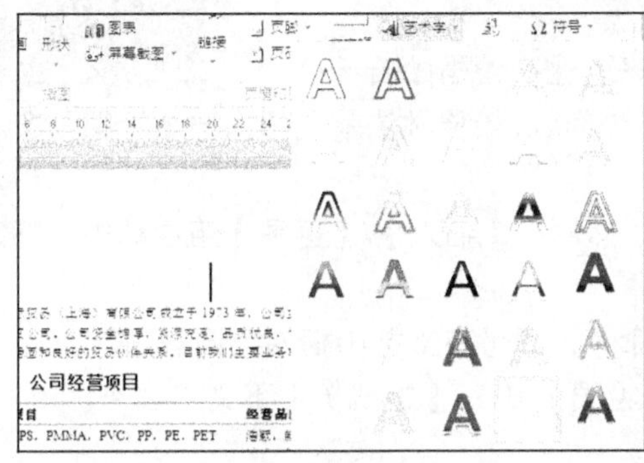
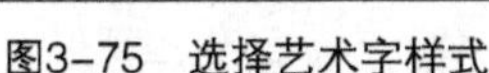

图3–75　选择艺术字样式

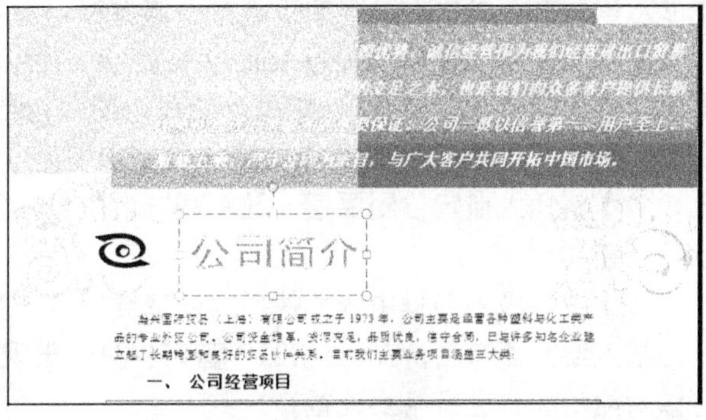

图3–76　移动艺术字

（4）在【绘制工具】/【格式】/【艺术字样式】组中单击“文本效果”按钮，在打开的下拉列表框中选择【转换】/【停止】选项，如图 3–78 所示。设置完成后返回文档查看艺术字的效果，如图 3–79 所示。

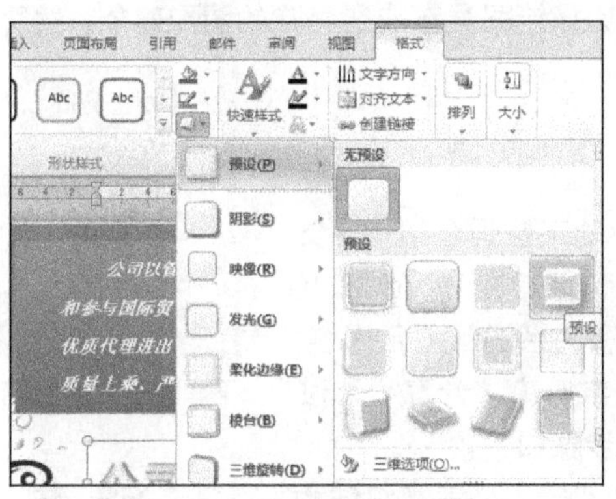

图3–77　添加形状效果

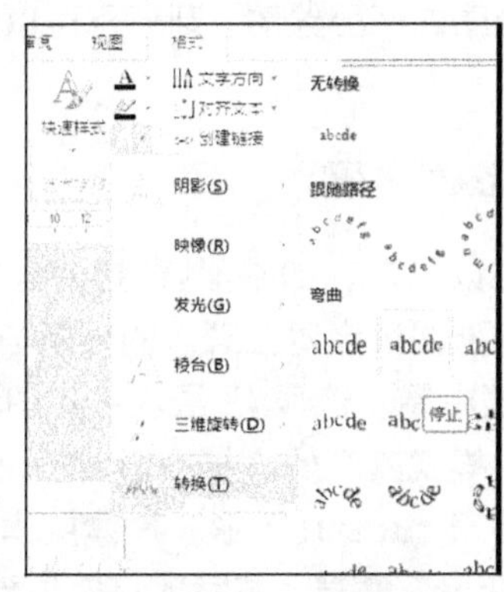

图3–78　更改艺术字效果

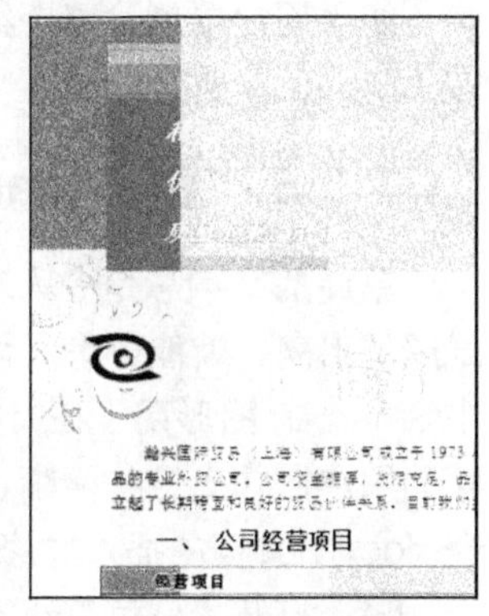

图3–79　查看艺术字效果

将艺术字插入文档中后，Word 2010 窗口中将会出现用于艺术字编辑的【绘图工具】/【格式】上下文选项卡，如图 3–80 所示。利用“形状样式”组中的命令按钮可以对艺术字的形状进行边框、填充、阴影、发光、三维效果等设置；利用“艺术字样式”组中的命令按钮可以对艺术字文本进行边框、填充、阴影、发光、三维效果和转换等设置。与图片一样，也可以通过“排列”组中的“自动换行”按钮下拉列表对其进行环绕方式的设置。

图3–80　绘图工具

3.5.4 绘制图形

Word 2010 中的绘图是指用户可以使用颜色、边框或其他效果对一个或一组图形对象（包括形状、图表、流程图、线条等）进行设置。在 Word 文档中插入图形对象时，通常要将图形对象放置在绘图画布中。绘图画布在绘图和文档之间提供了一条框架式的边界。在默认情况下，绘图画布没有背景和边框，但是如同处理图形对象一样，可以对绘图画布进行格式设置。

微课：绘制形状

绘图画布还能帮助用户将绘图的各个部分组合起来，这在绘画由若干个形状组成的图片时尤其有用。如果计划在绘图中包含多个形状，最佳做法就是插入一个绘图画布。在 Word 2010 中插入绘图画布的操作步骤如下。

（1）将插入点定位到要插入绘图画布的文档位置，然后在【插入】/【插图】组中单击 “形状”按钮。

（2）在下拉列表框中选择执行“新建绘图画布”命令，即可在文档中插入绘图画布。

插入绘图画布后，Word 2010 窗口中将会出现【绘图工具】/【格式】上下文选项卡，用户可以对绘图画布进行格式设置。

在文档中插入绘图画布后，便可以创建绘图了。创建绘图的操作步骤如下。

（1）单击【绘图工具】/【格式】/【插入形状】组中的“其他”按钮，打开绘图“形状库”列表。

（2）根据实际需要，单击选择一个形状，然后在画布中拖动鼠标即可将该形状添加到画布中。

如果用户要删除整个绘图或部分绘图，则分别可以选择绘图画布或要删除的图形对象，然后按【Delete】键即可。

3.5.5 插入 SmartArt 图形

微课：插入 SmartArt 图形

单纯的文字总是令人难以记忆，如果能够将文档中的某些理念以图形方式展现出来，就能够大大增强阅读者对该理念的理解与记忆。在 Word 2010 中 SmartArt 图形用于在文档中展示流程图、层次结构图和关系图等图示内容，帮助用户制作出结构清晰、样式美观的文档图形成一个字符串“计算机考试”。下面在“公司简介.docx”文档中插入并修饰 SmartArt 图形，具体操作步骤如下。

（1）打开“公司简介.docx”文档，将插入点定位到“二、公司组织结构”下第 2 行末尾处，按【Enter】键换行，在【插入】/【插图】组中单击“SmartArt”按钮，在打开的“选择 SmartArt 图形”对话框中单击“层次结构”选项卡，在右侧选择“组织结构图”样式，单击“确定”按钮，如图 3-81 所示。

（2）插入 SmartArt 图形后，单击 SmartArt 图形外框左侧的 按钮，打开“在此处键入文字”窗格，在第 1 行的项目符号后输入“董事会”文本，在第 2 行的项目符号后输入“监事会”文本，在第 3 行的项目符号后输入“总经理”文本，将插入点定位到第 4 行项目符号中，然后在【SmartArt 工具】/【设计】/【创建图形】组中单击“降级”按钮。

（3）在降级后的项目符号后输入“贸易部”文本，然后按【Enter】键添加子项目，并输入对应的文本，添加两个子项目后按【Delete】键删除多余的文本项目。

（4）将插入点定位到“总经理”文本后，在【SmartArt 工具】/【设计】/【创建图形】组中单击“布局”按钮，在打开的下拉列表框中选择“标准”选项，如图 3-82 所示。

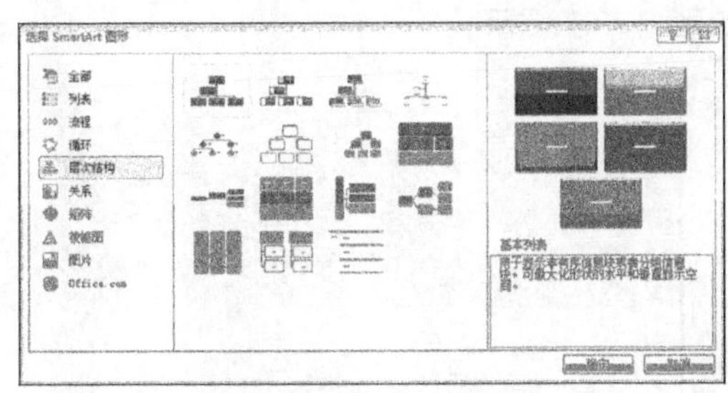

图3-81 选择SmartArt图形样式

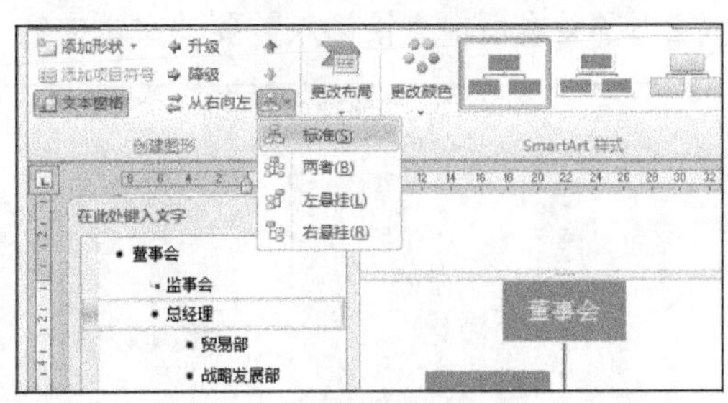

图3-82 更改组织结构图布局

（5）将插入点定位到“贸易部”文本后，按【Enter】键添加子项目，并对子项目降级，在其中输入“大宗原料处”文本，继续按【Enter】键添加子项目，并输入“辅料处”文本。将插入点定位到“贸易部”文本后，在【SmartArt 工具】/【设计】/【创建图形】组中单击“布局”按钮，在打开的下拉列表框中选择“两者”选项。

（6）使用相同方法在“战略发展部”和“综合管理部”文本后添加子项目。

（7）单击“在此处键入文字”窗格右上角的“关闭”按钮关闭该窗格。在【SmartArt 工具】/【设计】/【SmartArt 样式】组中单击“更改颜色”按钮，在打开的下拉列表框中选择图 3-83 所示的颜色选项。

（8）按住【Shift】键的同时分别单击各子项目，同时选择多个子项目。在【SmartArt 工具】/【格式】/【大小】组的“宽度”数值框中输入“2.5 厘米”，按【Enter】键，如图 3-84 所示。

（9）将鼠标指针移动到 SmartArt 图形的右下角，当鼠标指针变成形状时，按住鼠标左键拖动鼠标可以调整 SmartArt 图形的大小。

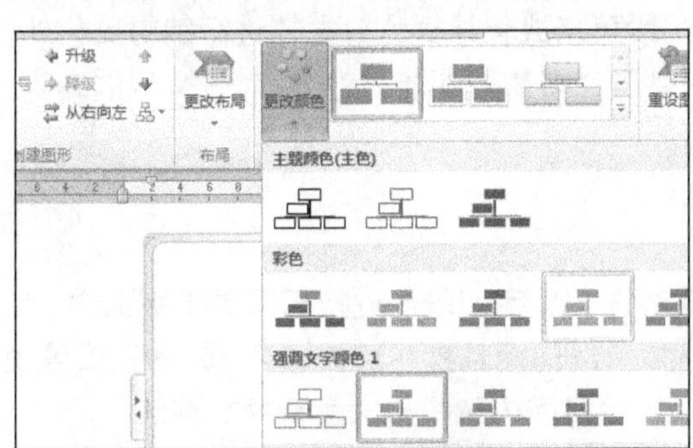

图3-83 更改SmartArt图形颜色

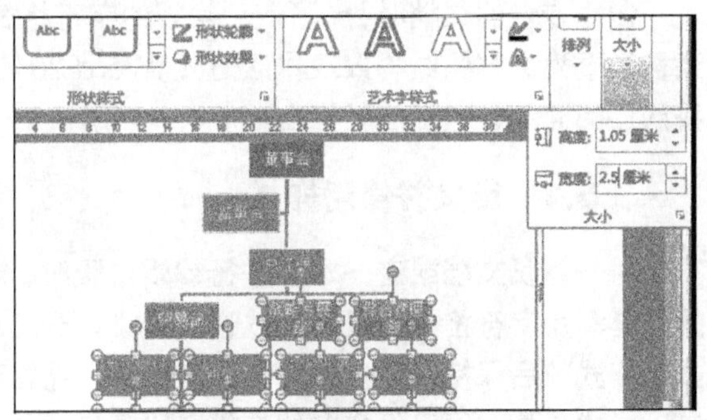

图3-84 调整分支项目框大小

3.5.6 插入文本框

文本框是存放文本的容器，也是一种特殊的图形对象。利用文本框可以制作出特殊的文档版式，文本框中既可以输入文本，也可以插入图片。在文档中可以插入 Word 2010 自带样式的文本框，也可以手动绘制横排或竖排文本框。插入文本框的具体操作步骤如下。

微课：插入并编辑文本框

（1）打开“公司简介.docx”文档，在【插入】/【文本】组中单击“文本框”按钮，在下拉列表框中选择“瓷砖型提要栏”选项，将指定类型的文本框插入文档中，如图 3-85 所示。

（2）在文本框中直接输入需要的文本内容，如图 3-86 所示。

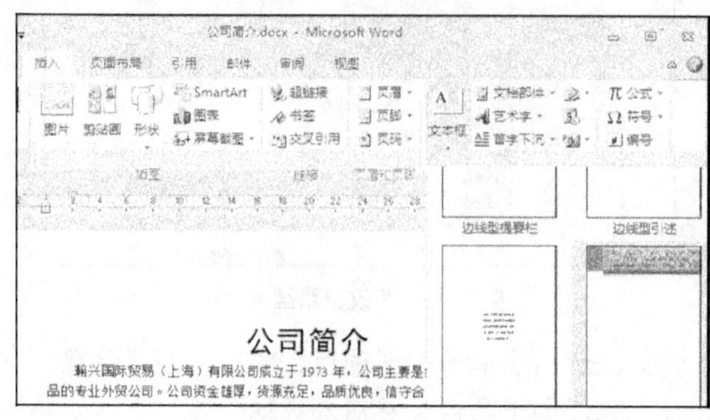

图3-85　选择文本框类型

图3-86　输入文本

（3）选择文本框中的文本内容，在【开始】/【字体】组中将文本格式设置为“宋体、小三、白色”。

将文本框插入文档后，在 Word 2010 窗口中将会出现【绘图工具】/【格式】上下文选项卡，文本框的编辑方法与艺术字类似，可以对其及其中的文字设置边框、填充色、阴影、发光、三维旋转等效果。如果想改变文本框中的文字方向，则单击【文本】组中“文字方向”按钮，在下拉列表框中选择相应的选项即可。

3.6　长文档的编辑与管理

制作专业的文档时，除了使用常规的字符格式化、段落格式化等操作对文档进行编辑美化外，还需要重视文档的结构以及排版方式。Word 2010 提供了许多简便功能，使用户对长文档的编辑、排版、阅读和管理更加轻松自如。

3.6.1　定义并使用样式

对一篇长文档或者一本书进行编辑排版时，需要对许多文字和段落进行相同的排版工作，如果只是利用字符格式和段落格式进行编排，不仅非常浪费时间而且容易厌烦，更重要的是很难使文档格式前后保持一致。使用样式能克服上述困难，在短时间内编排出高质量的文档。

样式是指一组已经命名的字符和段落格式的集合。它设定了文档中标题、题注以及正文等各个文档元素的格式。用户可以将一种样式应用于某个选定的段落或者段落中选定的字符上，所选择的段落或字符便具有这种样式的格式。对文档应用样式主要有以下优点。

- 使用样式便于统一文档格式。
- 使用样式便于构筑大纲，使文档更有条理。
- 编辑和修改文档格式更简单。
- 使用样式便于生成目录。

微课：套用内置样式

1. 在文档中应用样式

在编辑文档时，使用样式可以减少一些格式设置上的重复操作。Word 2010 自带的样式存放在“快速样式库”中，用户可以从中选择某种样式为所选文本快速应用该样式。下面为“考勤管理规范.docx”文档应用某种样式，具体操作步骤如下。

（1）打开 “考勤管理规范.docx”文档，将插入点定位到标题“考勤管理规范”文本右侧，在【开始】/【样式】组的“快速样式”列表框中选择“标题”选项，如图 3-87 所示。

（2）返回文档编辑区，查看设置标题样式后的文档效果，如图 3-88 所示。

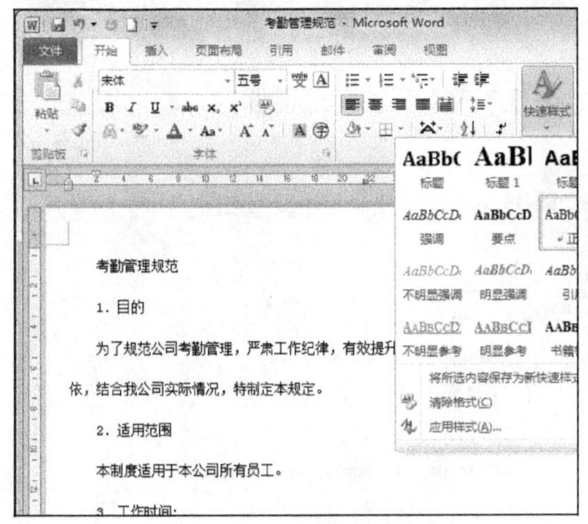

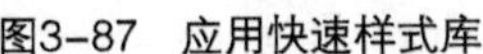
图3-87　应用快速样式库

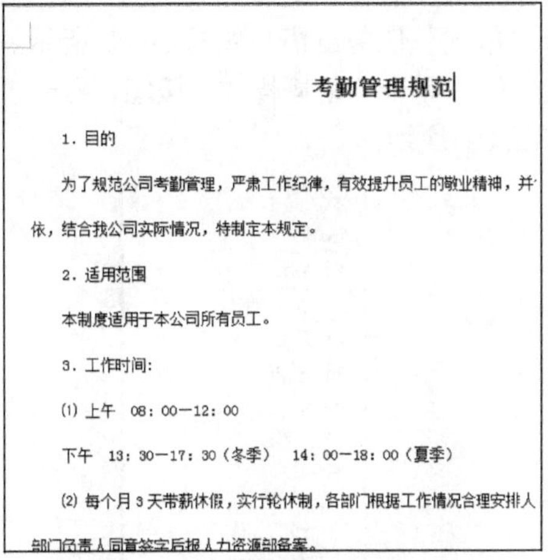

图3-88　查看设置标题样式后的效果

用户还可以使用“样式”任务窗格将某种样式应用于选中的文本，具体操作步骤如下。

（1）在文档中选择要应用样式的文本。

（2）在【开始】/【样式】组中单击“对话框启动器”按钮，打开“样式”任务窗格。

（3）在“样式”任务窗格的列表框中选择希望应用到选中文本的样式，即可为选中文本应用该样式。

除了单独为选中的文本或段落设置某种样式外，Word 2010 还内置了许多经过专业设计的样式集，而每个样式集都包含了一整套可应用于整篇文档的样式设置。只需用户选择某个样式集，其中的样式设置就会自动应用于整篇文档中，从而一次性完成了文档中所有元素的样式设置，如图 3-89 所示。

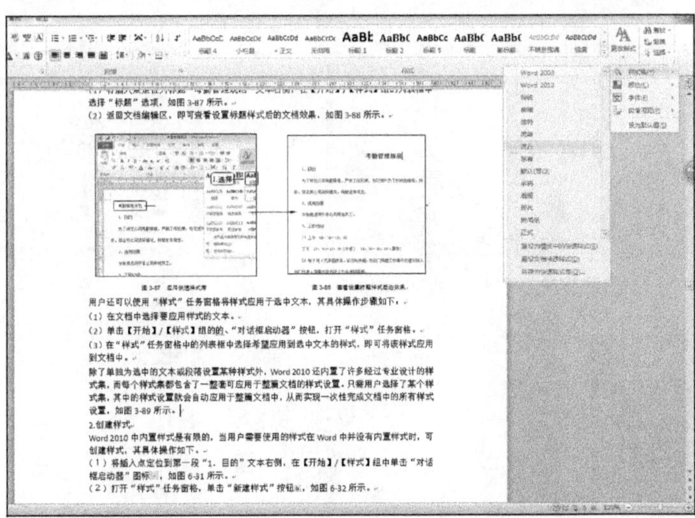

图3-89　应用样式集

2. 创建样式

Word 2010 自带的样式是有限的，如果用户需要使用的样式在 Word 2010“快速样式库”中不存在时，可自定义一个全新的样式。创建样式的具体操作步骤如下。

微课：创建样式

（1）打开“考勤管理规范.docx”文档，将插入点定位到第一段“1. 目的”文本右侧，在【开始】/【样式】组中单击“对话框启动器”图标，打开“样式”任务窗格，如图 3-90 所示。

（2）单击“新建样式”按钮，打开“根据格式设置创建新样式”对话框，如图 3-91 所示。

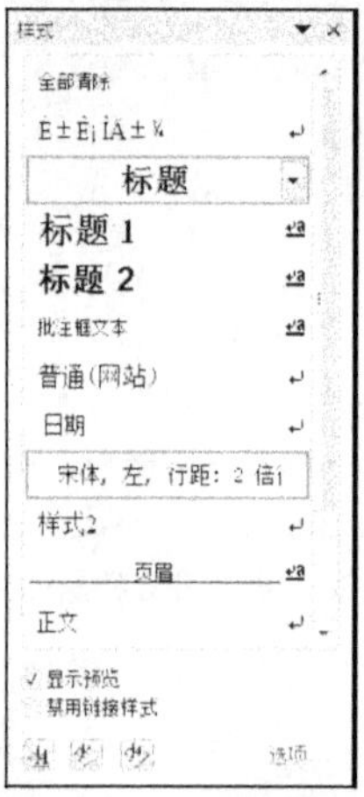

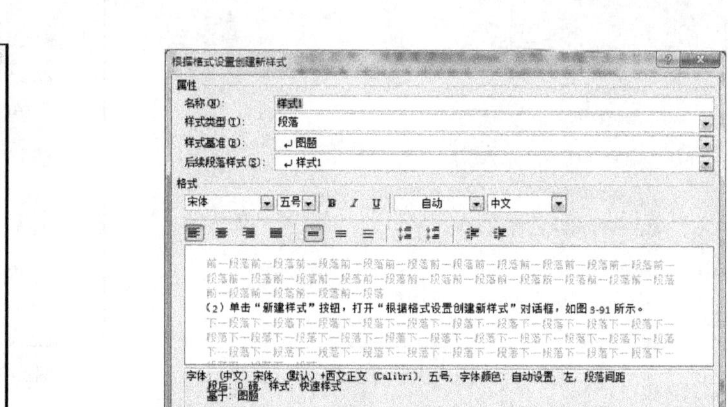

图3-90 “样式”任务窗格

图3-91 “根据格式设置创建新样式”对话框

（3）在“名称”文本框中输入“小项目”，在格式栏中将格式设置为“汉仪长艺体简、五号”，单击“格式”按钮，在打开的下拉列表框中选择“段落”选项，打开“段落”对话框，如图 3-92 所示。

（4）在“段落”对话框中间距栏的“行距”下拉列表框中选择“1.5 倍行距”选项，如图 3-93 所示。

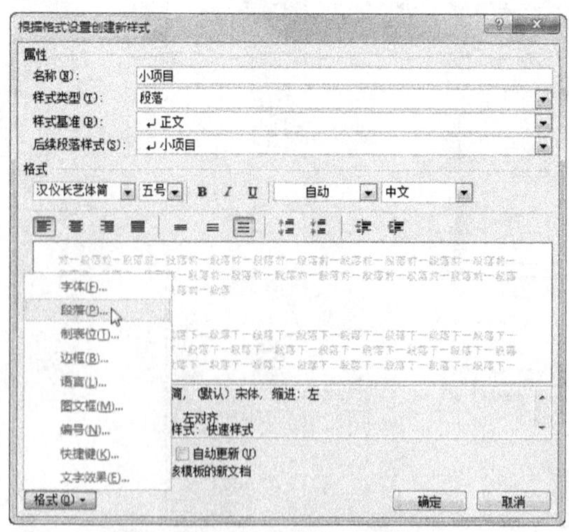

图3-92 设置新样式名称与格式

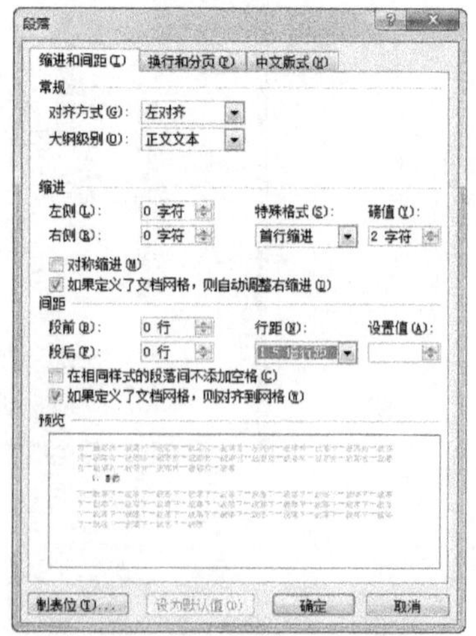

图3-93 设置“段落”格式

（5）单击“确定”按钮，返回到“根据格式设置创建新样式”对话框，再次单击“格式”按钮，在打开的下拉列表框中选择“边框”选项，打开“边框和底纹”对话框。

（6）单击“底纹”选项卡，在“填充”栏的下拉列表框中选择“白色，背景 1，深色 50%”选项，如图 3-94 所示。

（7）单击“确定”按钮，返回文档编辑区，即可查看创建样式后的文档效果，同时可以发现创建的“小项目”样式已经出现在“快速样式”库中，如图 3-95 所示。

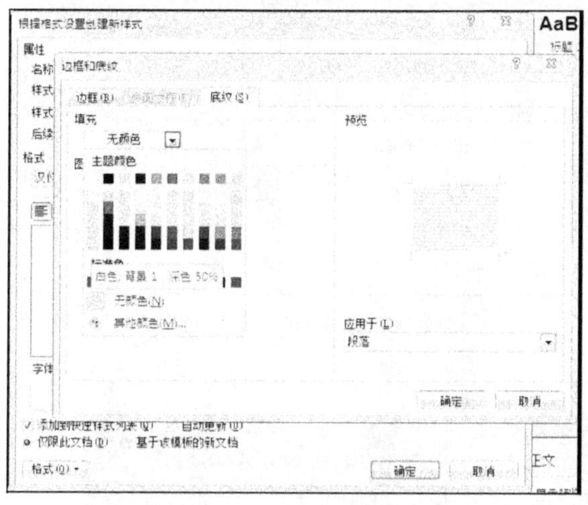

图3-94　设置边框和底纹

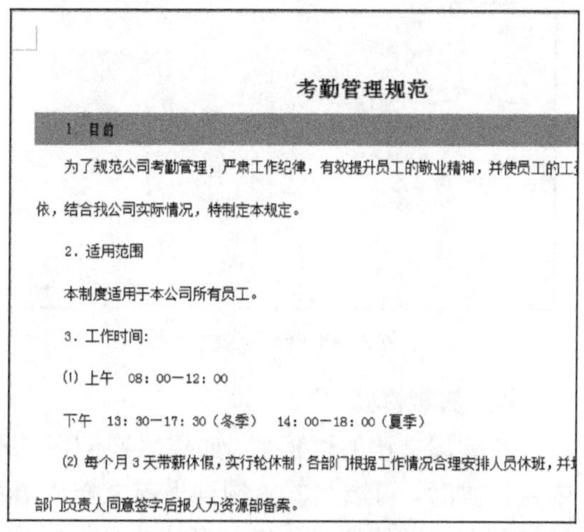

图3-95　创建的样式效果

3. 修改样式

创建新样式后，如果用户对创建的样式不满意，可通过“修改”样式功能对其进行修改。修改样式的具体操作步骤如下。

（1）在【开始】/【样式】组中单击“对话框启动器”图标，打开“样式”任务窗格，在“样式”任务窗格中选择创建的“小项目”样式，单击右侧的按钮，在下拉列表框中选择“修改”选项，打开“修改样式”对话框，如图 3-96 所示。

（2）在“格式”栏中将字体格式设置为“小三、‘茶色，背景 2，深色 50%’”，单击“格式”按钮，在下拉列表框中选择“边框”选项，打开“边框和底纹”对话框，如图 3-97 所示。

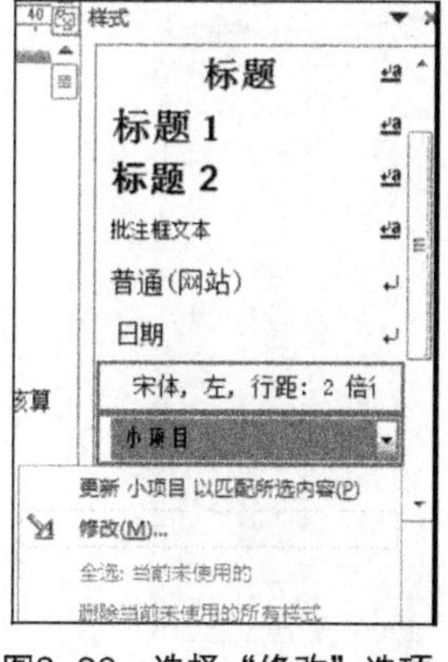

图3-96　选择“修改”选项

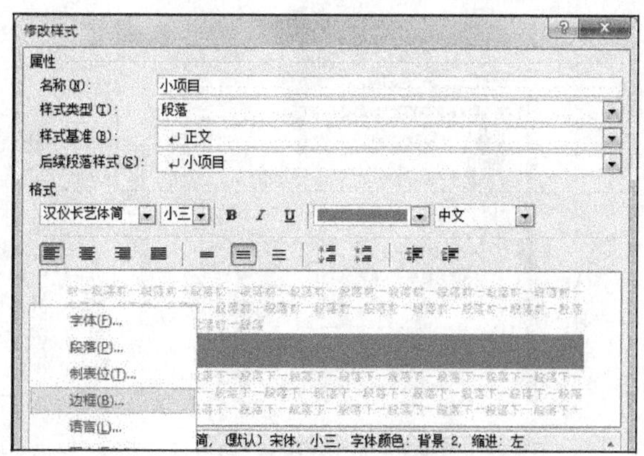

图3-97　修改字体和颜色

（3）单击“底纹”选项卡，在“填充”下拉列表框中选择“白色，背景 1，深色 15%”选项，单击“确定”按钮，完成“小项目”样式的修改，如图 3-98 所示。

（4）将插入点定位到其他同级别的文本上，在“样式”库中选择“小项目”选项为其应用样式，如图 3-99 所示。

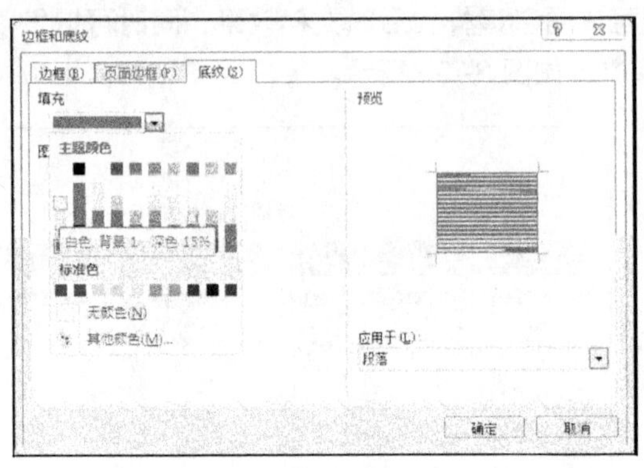

图3-98　修改底纹样式

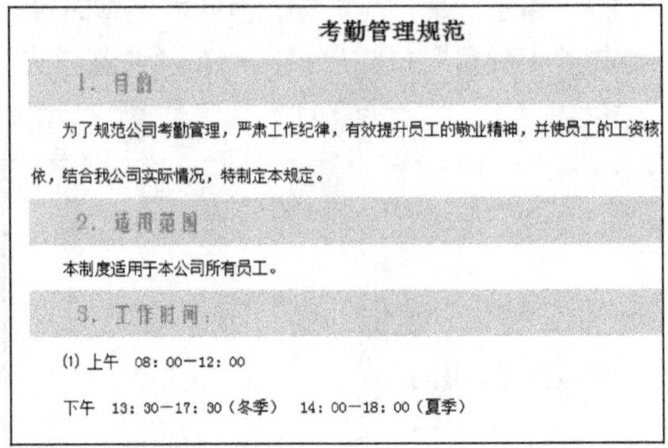

考勤管理规范

1. 目的

为了规范公司考勤管理，严肃工作纪律，有效提升员工的敬业精神，并使员工的工资核依，结合我公司实际情况，特制定本规定。

2. 适用范围

本制度适用于本公司所有员工。

3. 工作时间

(1) 上午　08：00—12：00

下午　13：30—17：30（冬季）　14：00—18：00（夏季）

图3-99　查看修改样式后的效果

4. 复制样式

在编辑文档的过程中，如果需要使用其他模板或文档中的样式时，可以将其复制到当前文档或模板中，而不必重复创建相同的样式。复制样式的具体操作步骤如下。

（1）打开需要复制样式的文档，在【开始】/【样式】组中单击“对话框启动器”按钮，打开“样式”任务窗格，单击“样式”任务窗格底部的“管理样式”按钮，打开“管理样式”对话框，如图 3-100 所示。

（2）在“编辑”选项卡下，单击“导入/导出”按钮，打开“管理器”对话框并切换到“样式”选项卡，如图 3-101 所示。在该对话框中，左侧区域显示的是当前文档中所包含的样式列表，而右侧区域则显示的是 Word 默认模板中所包含的样式。

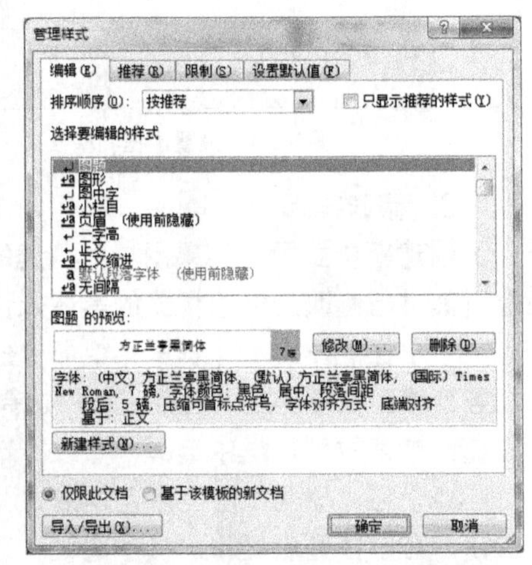

图3-100　“管理样式”对话框

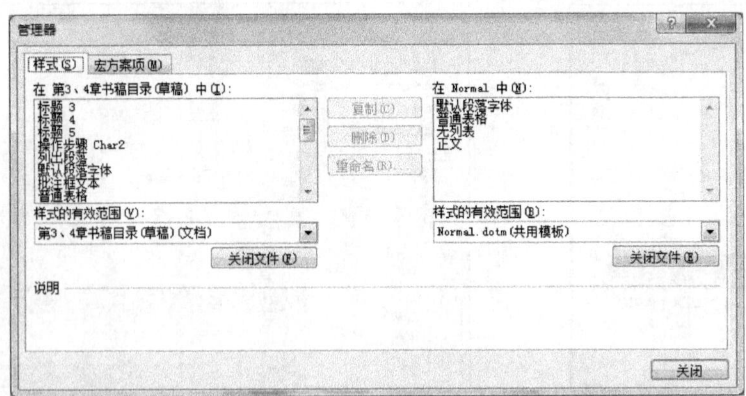

图3-101　样式管理器

（3）单击“管理器”对话框右侧区域中的“关闭文件”按钮，关闭默认的目标文档。此时，原来的“关闭文件”按钮就会变成“打开文件”按钮。

（4）单击“打开文件”按钮，打开“打开”对话框。在“文件类型”下拉列表框中选择“所有 Word 文档”，然后通过“查找范围”找到目标文件所在的路径，并选中已经包含了特定样式的文档。

（5）单击“打开”按钮将文档打开，此时在样式“管理器”对话框的右侧区域将显示出包含在打开文档中的样式列表，这些样式均可被复制到其他文档中，如图 3-102 所示。

（6）选中右侧区域样式列表中需要复制的样式名称，单击“复制”按钮，即可将选中的样式复制到自己的文档中。

（7）单击“关闭”按钮，完成复制操作。此时，就可以在自己文档的“样式”任务窗格中看到已复制的新样式了。

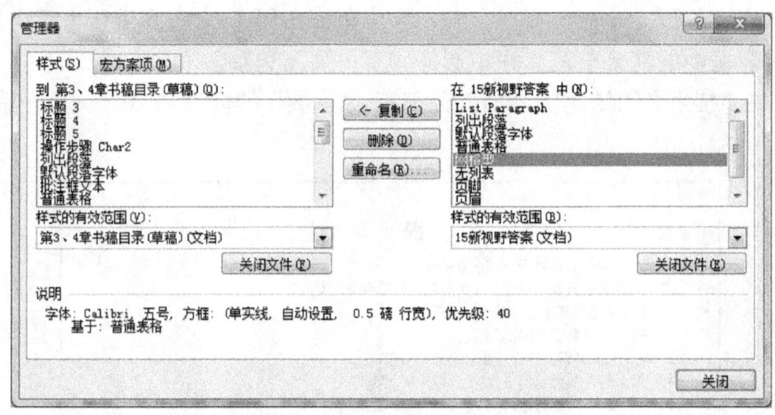

图3-102　打开包含多种样式的文档

复制样式时，如果目标文档或模板中已经存在相同名称的样式，系统会给出提示，可以决定是否要用复制的样式来替换现有的样式。如果既想要保留现有的样式，同时又想将其他文档或模板的同名样式复制过来，可以在复制前对样式进行重命名。

3.6.2　文档的分页与分节

微课：插入分隔符

文档的不同部分通常会另起一页开始，很多用户习惯通过加入多个空白行的办法使新的部分另起一页，但是这种做法会导致以后修改文档时需要重复排版，增加了工作量、降低了工作效率。利用 Word 2010 提供的分页符和分节符，可以有效地划分文档内容的不同部分，并将各部分放置在新的一页，极大地提高了排版的工作效率。

如果只是为了排版布局需要，单纯地将文档中的内容划分为上下两页，则在文档中插入分页符就可实现。如果在文档中插入分节符，不仅可以将文档内容划分为不同的页面，而且还可以分别针对不同的节进行页面设置等操作。插入分页符和分节符的具体操作步骤如下。

（1）打开“毕业论文.docx”文档，将插入点定位到文本“提纲”之前，在【页面布局】/【页面设置】组中单击“分隔符”按钮，在下拉列表框中的“分页符”栏中选择“分页符”选项。

（2）此时，在插入点所在位置插入分页符，“提纲”后的内容将出现在新的页面中，如

图 3-103 所示。

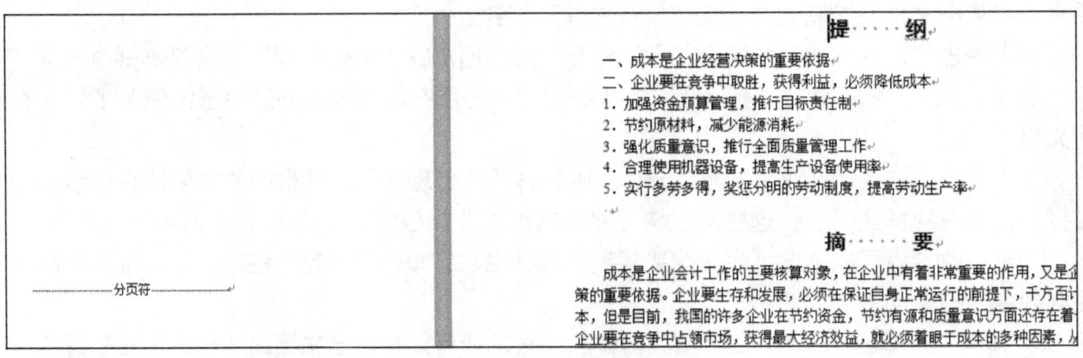

图3-103　插入分页符后效果

（3）将插入点定位到文本“摘要”之前，在【页面布局】/【页面设置】组中单击“分隔符”按钮，在下拉列表框中的“分节符”栏中选择“下一页”选项。

（4）此时，在“提纲”的结尾部分插入分节符，“摘要”的内容将从下一页开始，如图 3-104 所示。

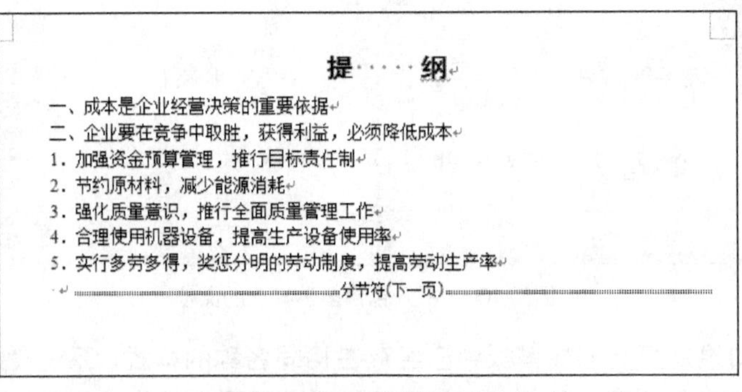

图3-104　插入分节符后的效果

在 Word 2010 中提供了 4 种类型的分节符，分别是“下一页”“连续”“偶数页”和“奇数页”，它们的功能分别如下。

- “下一页”：分节符后的文本从新的一页开始。
- “连续”：新节与其前面一节同处于当前页中。
- “偶数页”：分节符后面的内容转入下一个偶数页。
- “奇数页”：分节符后面的内容转入下一个奇数页。

默认情况下，Word 2010 将整个文档视为一节，所有对文档的设置都将应用于整篇文档。当插入“分节符”将文档分为几“节”后，可以根据需要为不同的“节”设置不同的格式。在一篇 Word 文档中，通常情况下会将所有页面均设置为“横向”或“纵向”。但是，有时也需要将文档中某些页面设置成与其他页面不同的方向。比如在文档中包含一个较大的表格时，如果采用纵向排版就无法将表格完全打印出来，于是就需要将表格部分采用横向排版。可是，如果直接通过“纸张方向”按钮来改变纸张方向时，就会引起整个文档中所有页面方向的改变。通常的做法是通过在文档中插入“分节符”，将文档分为不同的“节”，然后分别对不同的节进行纸张方向的设置，效果如图 3-105 所示。

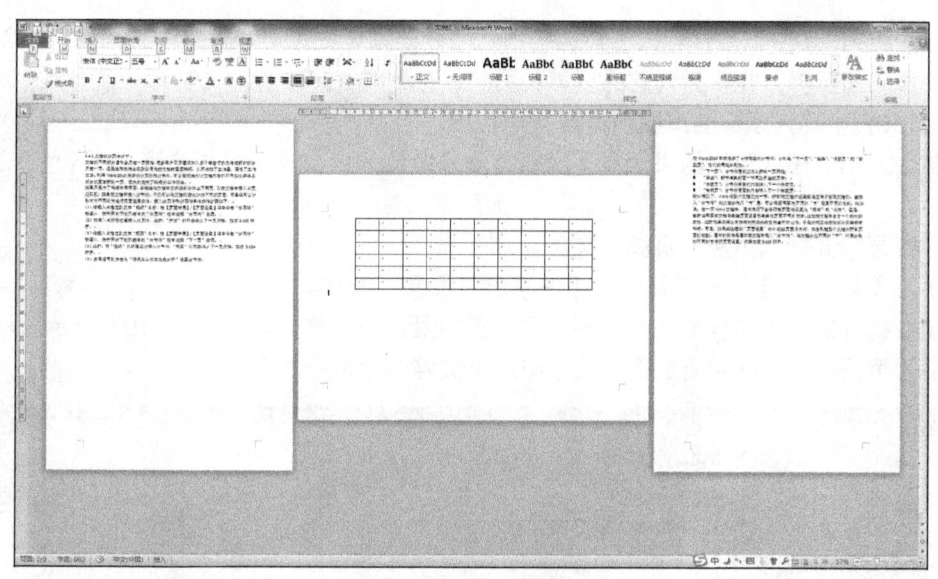

图3-105　页面方向的横纵混排

3.6.3　分栏

分栏排版就是将文字分成几栏排列，是常见于报纸、杂志的一种排版形式。Word 2010 提供的分栏功能可以将文本分为多栏，使版面更加生动。在文档中为文本分栏的具体操作步骤如下。

（1）选择需要分栏排版的文本，在【页面布局】/【页面设置】组中单击“分栏”按钮。

（2）在打开的下拉列表框中，提供了“一栏”“两栏”“三栏”“偏左”和“偏右”5 种内置的分栏方式，用户可以从中选择一种实现分栏排版。

（3）如果单击下拉列表框中的“更多分栏”选项，可以打开图 3-106 所示的“分栏”对话框，在对话框中对“宽度”和“间距”等参数进行更详细的设置。如果用户选中了“栏宽相等”复选框，则 Word 会在“宽度和间距”选项区域中自动计算栏宽，使各栏宽度相等。如果用户选中了“分隔线”复选框，则 Word 会在各栏间插入分隔线，使得分栏界限更加清晰明了。

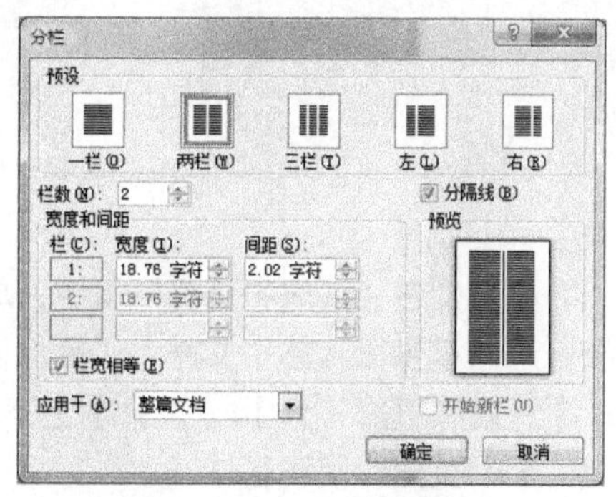

图3-106　“分栏”对话框

（4）单击“确定”按钮，完成分栏排版。

如果用户事先没有选中需要进行分栏排版的文本，那么上述操作默认应用于整篇文档。如果用户要取消分栏布局，只需在“分栏”下拉列表框中选择“一栏”选项即可。需要注意的是，分栏排版只有在页面视图中才能显示出来。

3.6.4　设置页眉和页脚

页眉和页脚是指文档中每个页面的顶部和底部与上下页边距之间的区域，为了使页面更加美观和便于阅读，许多文档都添加了页眉和页脚。在编辑文档时，可以在页眉和页脚中插入文本或图形，如页码、公司徽标、日期和作者姓名等。

在 Word 2010 中，不仅可以在文档中插入、修改预设的页眉和页脚样式，还可以创建自定义外观的页眉和页脚，并将新创建的页眉和页脚保存到样式库中。

微课：设置页眉和页脚

1. 在文档中插入预设的页眉和页脚

在整个文档中插入预设的页眉或页脚的方法基本相同，其具体操作步骤如下。

（1）打开需要插入页眉或页脚的文档。

（2）在【插入】/【页眉和页脚】组中单击“页眉”按钮。

（3）在打开的“页眉样式库”中列出了许多内置的页眉样式，如图 3-107 所示。从中选择一种合适的页眉样式，此时所选页眉就被应用于文档中的每一页了。

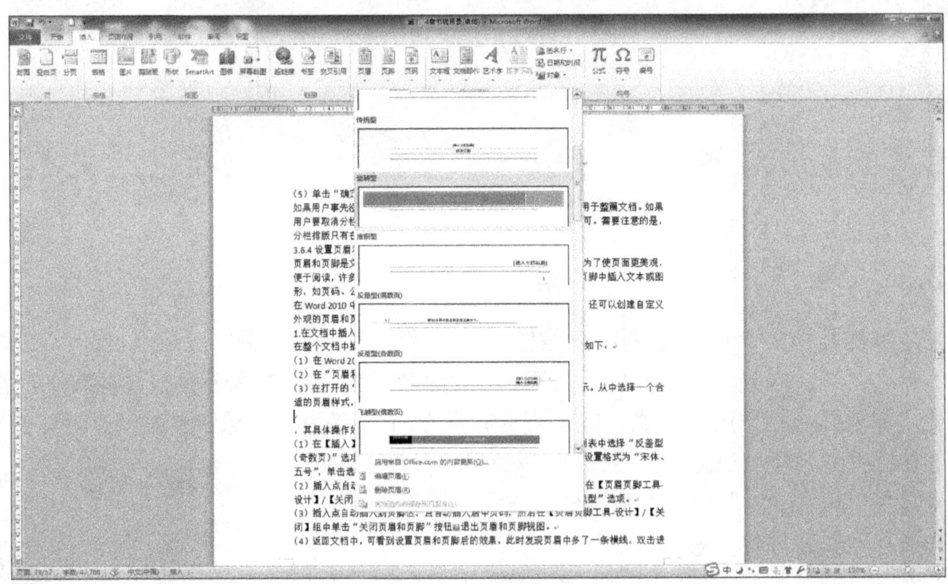

图3-107 插入页眉

同样，在“页眉和页脚”组中，单击“页脚”按钮，在打开的内置“页脚样式库”中即可选择合适的页脚插入整个文档中。另外，在文档中插入页眉或页脚后，Word 2010 窗口中会自动出现【页眉和页脚工具】/【设计】上下文选项卡，单击“关闭”组中的“关闭页眉和页脚”按钮，即可关闭页眉和页脚区域。

2. 创建首页不同的页眉和页脚

有时用户希望将文档首页与其他页面设置成不同的页眉和页脚，可以按照如下步骤进行设置。

（1）双击已经插入文档中的页眉或页脚区域，此时，自动打开【页眉和页脚工具】/【设计】上下文选项卡，如图 3-108 所示。

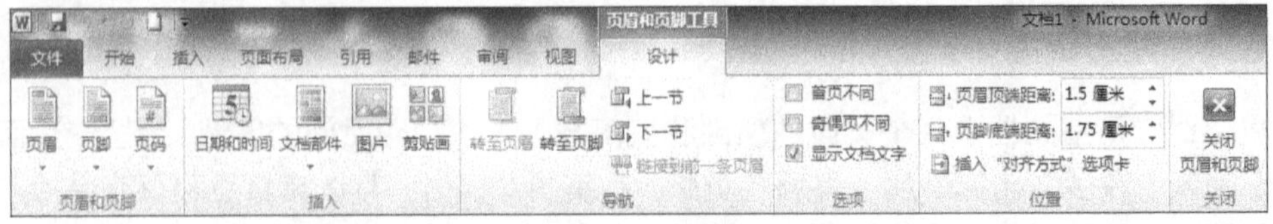

图3-108 页眉和页脚工具

（2）在【选项】组中选中“首页不同”复选框，此时文档首页中原先定义好的页眉或页脚就被删除了，用户可以重新设置不同于其他页面的页眉和页脚。

3. 创建奇偶页不同的页眉和页脚

有时需要为一个文档中的奇数页和偶数页创建不同的页眉或页脚。例如，在制作书籍资料时，通常将奇数页页眉设置为章节标题、偶数页页眉设置为书籍名称。要为奇偶页设置不同的页眉或页脚，具体操作步骤如下。

（1）双击已经插入文档中的页眉或页脚区域，此时，自动打开【页眉和页脚工具】/【设计】上下文选项卡。

（2）在【选项】组中选中“奇偶页不同”复选框，用户就可以分别为奇数页和偶数页设置不同的页眉或页脚了。

4. 为文档各节创建不同的页眉和页脚

可以为一个文档的各节创建不同的页眉或页脚。例如，为书籍的不同章节设置不同的页眉或页脚，具体操作步骤如下。

（1）将鼠标指针定位在文档的第一节中，在【插入】/【页眉和页脚】组中单击“页眉”按钮。

（2）在打开的“页眉样式库”中选择一种合适的内置页眉样式。这样，所选页眉样式就被应用到该节的每一页了。

（3）在打开的【页眉和页脚工具】/【设计】/【导航】组中单击“下一节”按钮，进入到第 2 节的页眉编辑区。

（4）在【导航】组中单击“链接到前一条页眉”按钮，断开新节中的页眉与前一节中页眉之间的链接。此时，Word 2010 页面中将不再显示“与上一节相同”的提示信息，这样用户就可以为本节创建新的页眉了。

（5）用同样的方法，可以为文档中不同的节创建不同的页脚。

5. 删除页眉和页脚

如果想将文档中已经创建好的页眉或页脚删除，操作步骤如下。

（1）在【插入】/【页眉和页脚】组中单击“页眉”按钮。

（2）在打开的下拉列表框中选择“删除页眉”选项，已经插入文档中的页眉将会被删除。

同样，在【插入】/【页眉和页脚】组中，单击“页脚”按钮，在打开的下拉列表框中执行“删除页脚”选项即可将文档中的页脚删除。

3.6.5　在文档中添加引用内容

在编辑长文档的过程中，插入脚注和尾注是十分必要的。当在文档中插入图片、表格等元素时，可以通过插入题注的办法为图片或表格添加标签。

1. 插入脚注和尾注

脚注和尾注通常用于在文档和书籍中显示所引用资料的来源和出处，或者用于对文档中的内容进行说明或补充。脚注和尾注都是用一条短横线与正文分开的。其中，脚注位于当前页面的底部或指定文字的下方，而尾注则位于整个文档的结尾处或指定节的结尾处。在文档中插入脚注或尾注的操作步骤如下。

（1）在文档中选择要添加脚注或尾注的文本，或者将光标置于文本之后。

（2）在【引用】/【脚注】组中单击“插入脚注”按钮，即可在该页面底端加入脚注区域并编辑脚注的具体内容。

（3）如果要对脚注或尾注的样式进行定义，可以单击“脚注”组中的“对话框启动器”按钮，打开图 3-109 所示的“脚注和尾注”对话框，设置其位置、格式及应用范围等。

用同样的方法可以为文本添加尾注。当插入脚注或尾注后，不需要向下滚动到页面底端或文档结尾处，只需要将鼠标指针指向文档中的脚注或尾注引用标记上，注释文本就会出现在屏幕提示中。

2. 插入题注

题注是一种可以为文档中的图片、表格或其他对象添加的编号标签，如果在文档的编辑过程中对题注执行了添加、删除、移动操作，则可以一次性更新所有题注编号，而不需要再逐一进行单独修改。在文档中插入题注的具体操作步骤如下。

（1）将光标定位到文档中要插入题注的位置。

（2）在【引用】/【题注】组中单击 “插入题注”按钮，打开图 3-110 所示的“题注”对话框。在该对话框中，可根据添加题注的对象类型，在“选项”区域的“标签”下拉列表框中选择不同的标签类型。

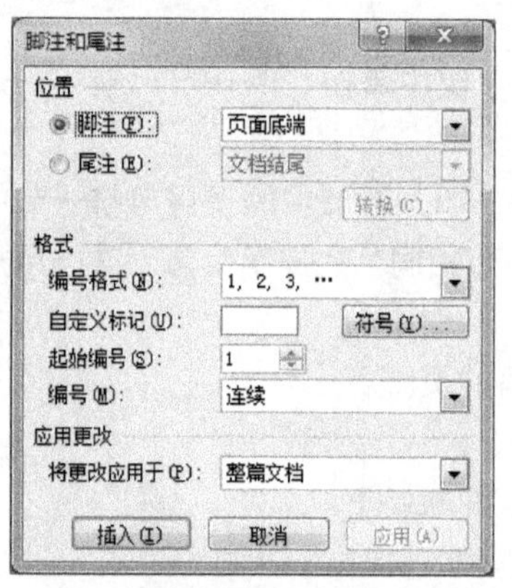

图3-109 “脚注和尾注”对话框

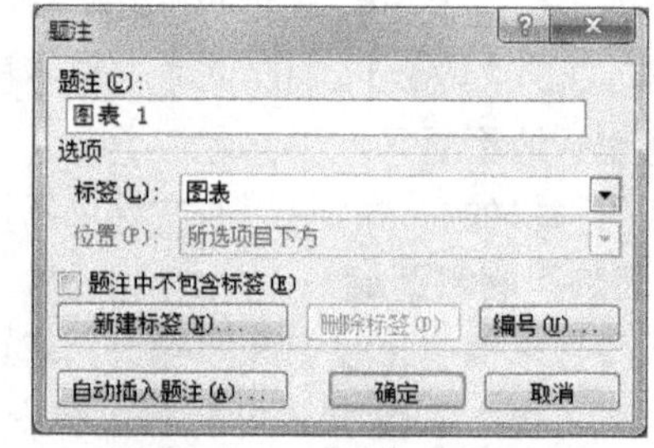

图3-110 “题注”对话框

（3）如果希望在文档中添加自定义的标签显示方式，可单击“新建标签”按钮，在为新的标签命名后，新的标签样式将出现在“标签”下拉列表框中，同时还可以单击“编号”按钮为标签设置位置与编号类型，如图 3-111 所示。

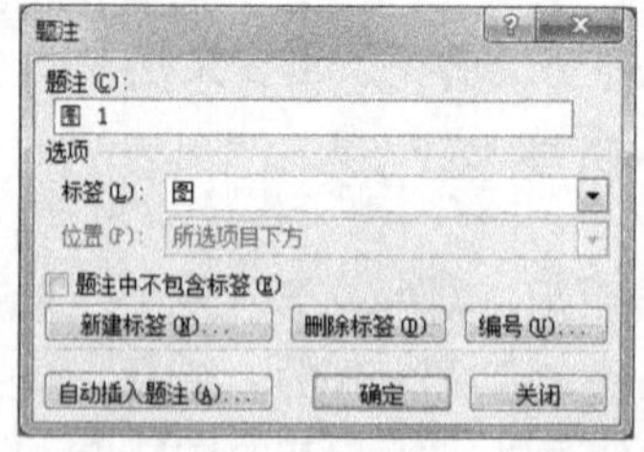

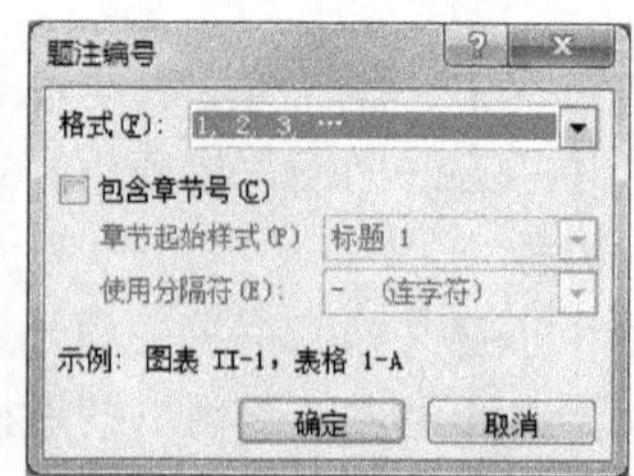

图3-111 设置自定义题注

（4）设置完成后，单击“确定”按钮，即可将题注添加到文档中指定的位置。

3.6.6　创建文档目录

微课：创建目录

目录是长篇幅文档中不可或缺的要素之一，它可以列出文档中各级标题及其所在的页码位置，便于读者快速查找相应的内容。Word 2010 提供了一个内置的“目录库”，其中包含多种目录样式可供选择，使得插入目录的操作变得十分快捷、方便。

1. 使用“目录库”创建目录

在文档中使用“目录库”是创建目录最快捷的方式之一，具体操作步骤如下。

（1）打开需要插入目录的文档，将插入点定位到要插入目录的位置（通常是文档的最前面）。

（2）在【引用】/【目录】组中单击“目录”按钮，打开图 3-112 所示的下拉列表框，系统内置的“目录库”以可视化的方式展示了多种目录的编排方式和显示效果。

（3）选择一种满意的目录样式，Word 2010 就会自动根据所标记的标题在指定位置创建目录，如图 3-113 所示。

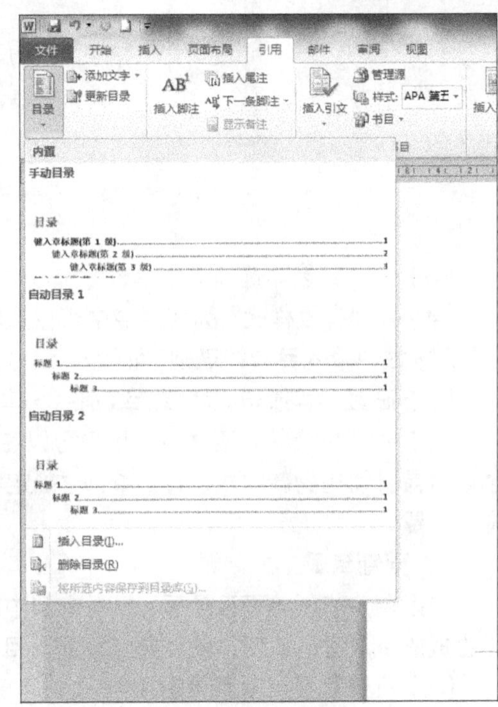

图3-112　“目录库”中的目录样式

2. 使用自定义样式创建目录

如果用户在文档的各级标题中已经应用了自定义样式，那么可以将需要的标题样式创建在目录中，具体操作步骤如下。

（1）将插入点定位到要插入文档目录的位置。

（2）在【引用】/【目录】组中单击“目录”按钮，在打开的下拉列表框中选择“插入目录”选项，打开图 3-114 所示的“目录”对话框。

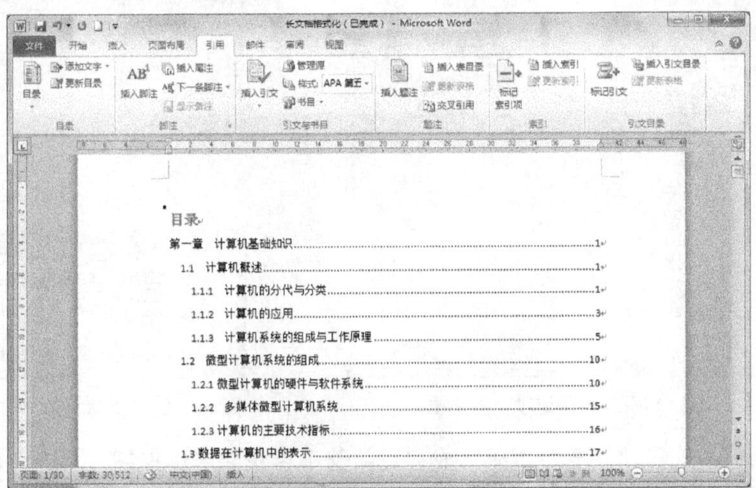

图3-113　在文档中插入目录

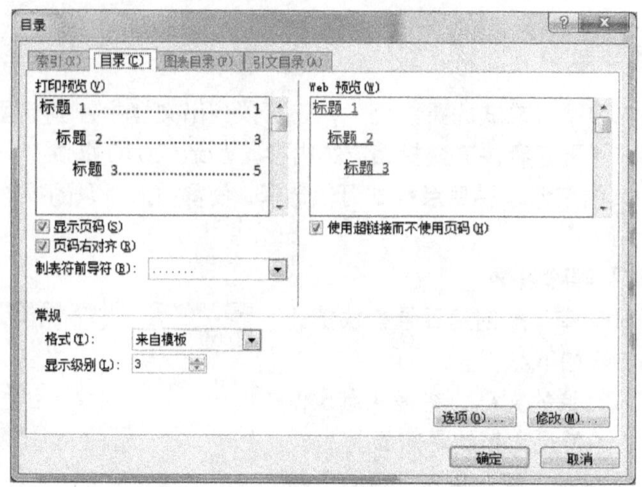

图3-114 “目录”对话框

（3）在“目录”选项卡中单击“选项”按钮，打开图 3-115 所示的“目录选项”对话框。

（4）在“有效样式”列表区域中可以查看文档中已有的标题样式，在样式名右侧的“目录级别”文本框中输入目录的级别（可输入 1～9 的一个数字），以指定对应标题样式代表的目录级别。

（5）设置完有效样式和目录级别后，单击“确定”按钮，返回到“目录”对话框。

（6）在“目录”对话框中，用户可以在“打印预览”和“Web 预览”区域中看到 Word 在创建目录时使用的新样式设置。单击“确定”按钮完成所有设置并将指定样式的目录插入文档中指定位置。

3. 更新目录

如果用户在创建好目录后，又对文档中的标题项进行了添加、删除或修改等操作，则必须对已生成的目录进行更新，使得文档标题与目录保持完全一致。更新目录的具体操作步骤如下。

（1）打开需要更新目录的文档。

（2）在【引用】/【目录】组中单击 “更新目录”按钮，打开图 3-116 所示的“更新目录”对话框。

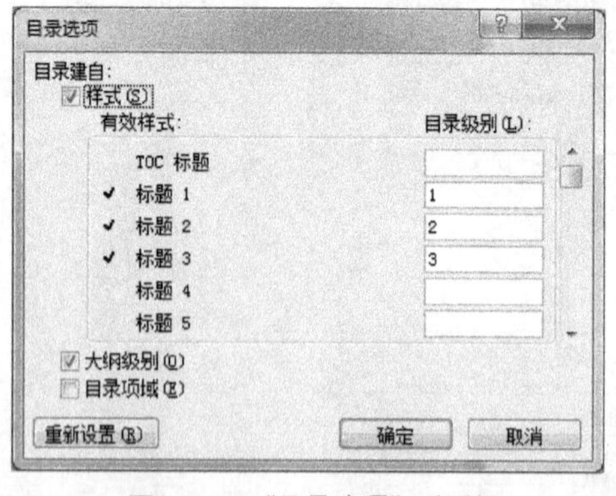

图3-115 “目录选项”对话框

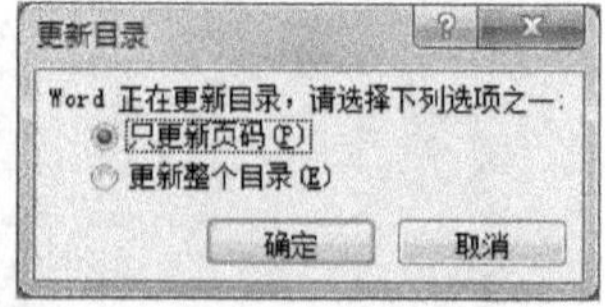

图3-116 “更新目录”对话框

（3）在对话框中选择“只更新页码”或“更新整个目录”单选按钮，单击“确定”按钮即可按照指定要求更新目录。

3.7 使用邮件合并技术批量处理文档

在日常工作中，我们经常会遇到这种情况：需要处理的文件主要内容基本都是相同的，只是具体数据有变化而已。例如在填写入学通知书、会议邀请函等大量格式相同，只要修改少数相关内容，而其他内容不变的文档时，就可以使用 Word 2010 提供的邮件合并功能来实现。

3.7.1 什么是邮件合并

Word 2010 提供的邮件合并可以将一个主文档与一个数据源文档结合起来，最终生成一系列输出文档。

1. 创建主文档

主文档是经过特殊标记的 Word 文档，它是用于创建输出文档的“模板”。其中包含了输出文档中的基本文本内容，这些文本内容在所有输出文档中都是相同的，比如入学通知书的标题、主题以及落款等。

2. 创建数据源文档

数据源实际上是一个数据列表，其中包含了用户希望合并到输出文档中的数据。通常它保存了姓名、通信地址、邮政编码等数据字段。Word 2010 邮件合并功能支持很多类型的数据源，常用的数据源有以下几种类型。

- Office 地址列表：在邮件合并过程中，“邮件合并”任务窗格为用户提供了创建简单“Office 地址列表”的机会，用户可以在新建的列表中填写收件人的姓名和地址等相关信息。
- Word 数据源：可以使用 Word 文档作为数据源。该文档中应该只包含 1 个表格，并且表格的第一行必须用于存放标题，其他行必须包含邮件合并所需要的数据记录。
- Excel 工作表：Excel 工作簿中的任意工作表或命名区域也可作为邮件合并数据源。
- Access 数据库：在 Access 中创建的数据库也可作为邮件合并数据源。

3. 邮件合并输出文档

邮件合并的最终文档包含了所有的输出结果，其中大部分文本内容在输出文档中都是相同的，只有少部分内容会随着收件人的不同而发生变化。利用“邮件合并”功能可以创建信函、电子邮件、传真、信封、标签等文档。

3.7.2 使用邮件合并技术制作邀请函

如果用户要制作一批邀请函发送给客户，这种类型的邮件内容通常包括固定不变的内容和变化的内容这两部分。其中，固定不变的内容通常存放在主文档中，如图 3-117 所示，变化的内容包括邀请人的姓名以及称谓等通常保存在数据源文档中，如图 3-118 所示。

下面就来介绍如何通过邮件合并功能将数据源中邀请人的信息自动填写到邀请函主文档中。不熟悉邮件合并功能的用户，可以使用 Word 2010 提供的“邮件合并分步向导”，它能够帮助用户一步一步地了解整个邮件合并的使用过程，并高效、顺利地完成邮件合并任务。利用“邮件合并分步向导”批量创建信函的操作步骤如下。

（1）打开已经创建的用于邮件合并的主文档“邀请函主文档.docx”。

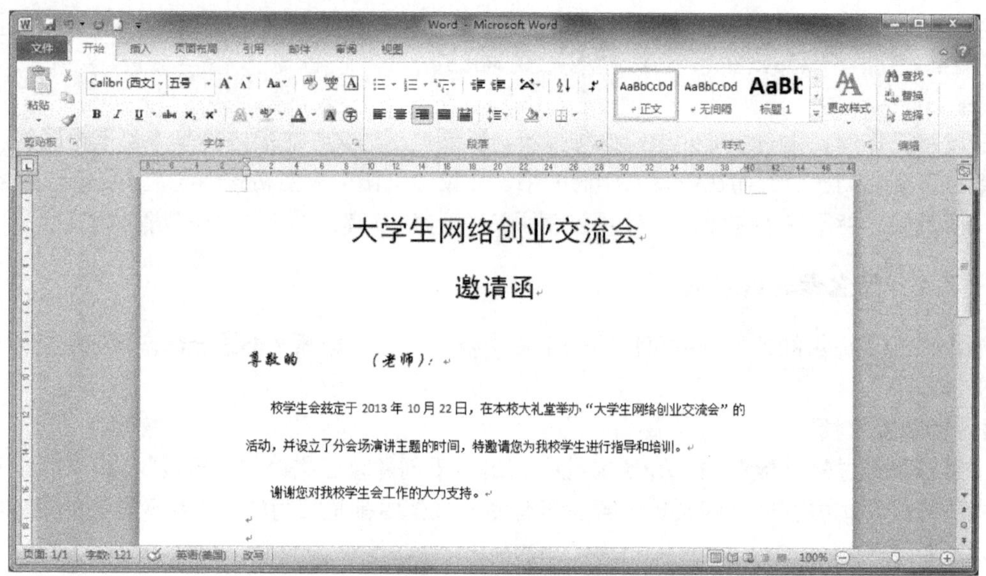

图3-117　邀请函主文档

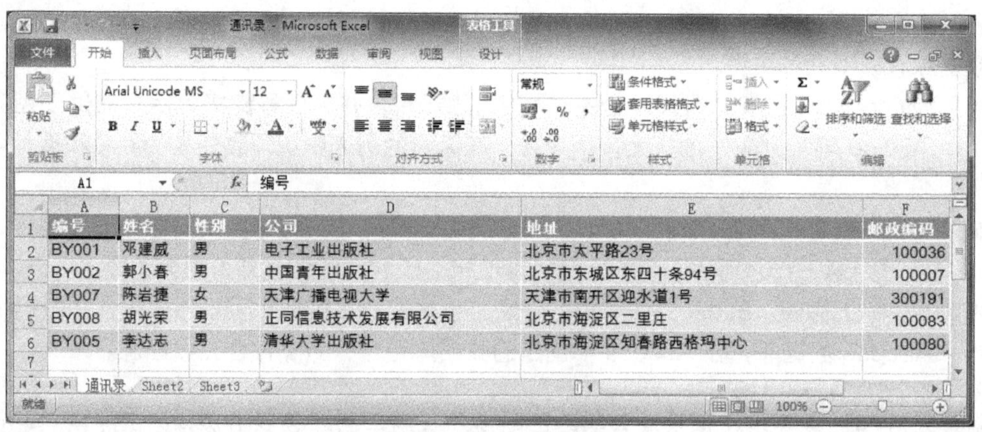

编号	姓名	性别	公司	地址	邮政编码
BY001	邓建威	男	电子工业出版社	北京市太平路23号	100036
BY002	郭小春	男	中国青年出版社	北京市东城区东四十条94号	100007
BY007	陈岩捷	女	天津广播电视大学	天津市南开区迎水道1号	300191
BY008	胡光荣	男	正同信息技术发展有限公司	北京市海淀区二里庄	100083
BY005	李达志	男	清华大学出版社	北京市海淀区知春路西格玛中心	100080

图3-118　邀请函数据源文档

（2）在【邮件】/【开始邮件合并】组中单击“开始邮件合并”按钮，在下拉列表框中执行“邮件合并分步向导”选项，打开“邮件合并”任务窗格，如图 3-119 所示。

（3）在“邮件合并”任务窗格的“邮件合并分步向导”第 1 步（共 6 步）中，在“选择文档类型”区域选择一种希望创建的输出文档的类型（本例选择“信函”）。

（4）单击“下一步：正在启动文档”超链接，进入“邮件合并分步向导”的第 2 步，在“选择开始文档”区域选择“使用当前文档”单选按钮，以当前文档作为邮件合并的主文档。再单击“下一步：选取收件人”超链接，进入“邮件合并分步向导”的第 3 步，在“选择收件人”区域中选中“使用现有列表”单选按钮，如图 3-120 所示。

（5）单击“浏览”超链接，打开“选取数据源”对话框，选择保存客户资料的 Excel 工作簿文件作为数据源，然后单击“打开”按钮。此时打开“选择表格”对话框，选择保存客户信息的工作表名称，如图 3-121 所示。

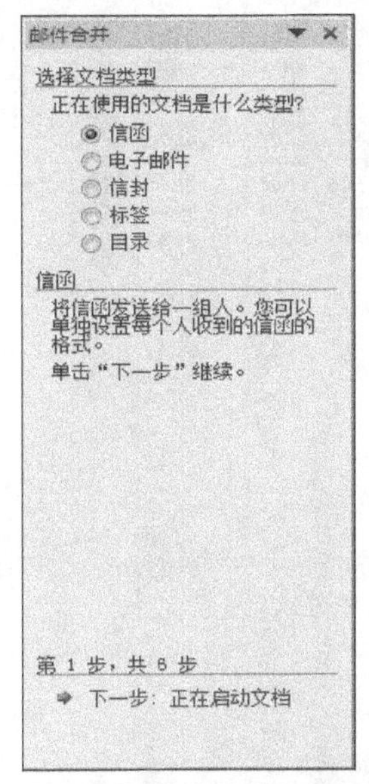

图3-119 “邮件合并”任务窗格

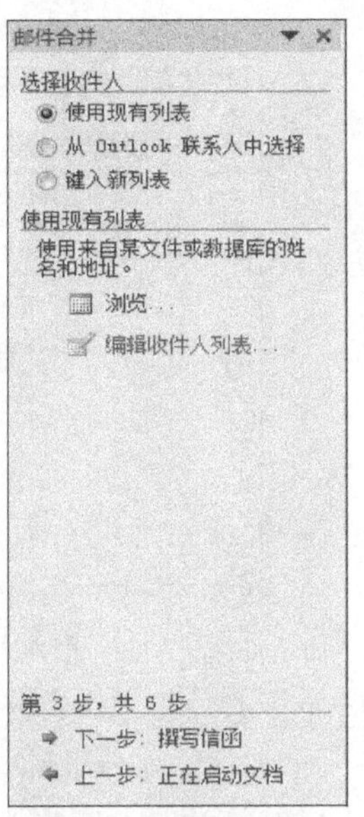

图3-120 选择数据源

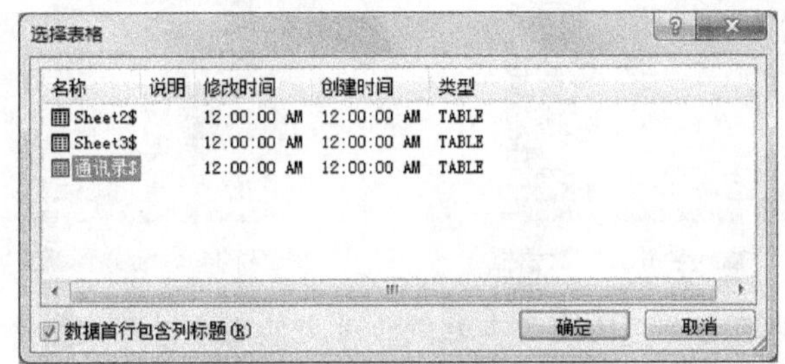

图3-121 选取工作表

（6）单击“确定”按钮，打开“邮件合并收件人”对话框，如图 3-122 所示。可以在对话框中对需要合并的收件人信息进行编辑。单击“确定”按钮，完成邮件合并主文档和数据源文档之间的链接工作。

（7）单击“下一步：撰写信函”超链接，进入“邮件合并分步向导”第 4 步。此时，需要将收件人信息添加到信函中，先将鼠标定位到文档中合适的位置，然后单击“地址块”“问候语”等超链接，本例单击“其他项目”超链接。

（8）打开图 3-123 所示的“插入合并域”对话框，在“域”列表中选择要添加到邀请函中的邀请人姓名所在位置的域，本例选择“姓名”域，单击“插入”按钮。

（9）插入所需的域后，单击“关闭”按钮，关闭“插入合并域”对话框。在文档中的相应位置就会出现已插入的域标记。

（10）单击“下一步：预览信函”超链接，进入“邮件合并分步向导”第 5 步。在“预览信函”区域中，单击“<<”或“>>”按钮，即可查看具有不同姓名的邀请人的信函。

（11）单击“下一步：完成合并”超链接，进入“邮件合并分步向导”的最后一步。在“合并”区域中，可以根据实际需要选择单击“打印”或“编辑单个信函”超链接，进行合并工作。

（12）选择“编辑单个信函”超链接，打开“合并到新文档”对话框，在“合并记录”区域中选择“全部”单选按钮，如图 3-124 所示，单击“确定”按钮。

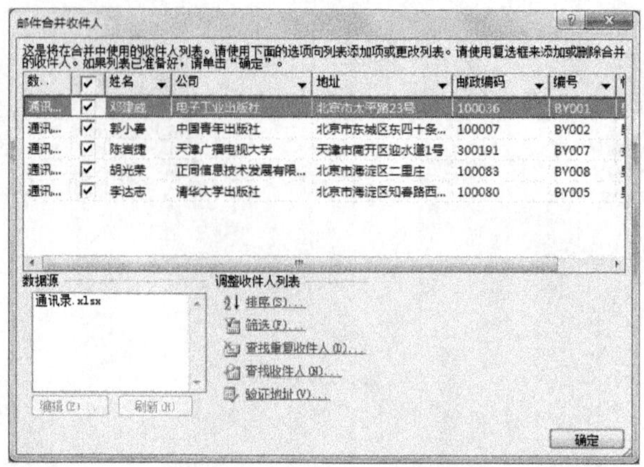

图3-122 设置邮件合并收件人

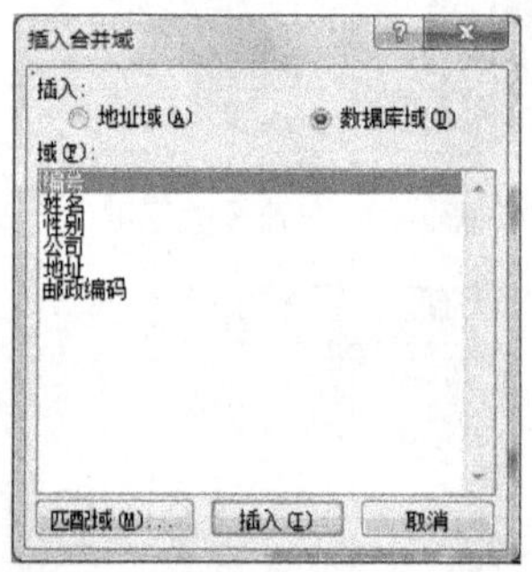

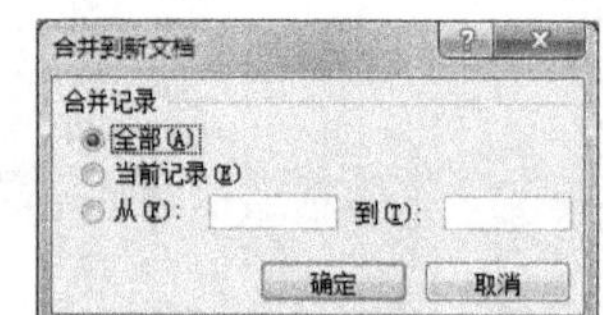

图3-123 “插入合并域”对话框　　图3-124 “合并到新文档”对话框

这样，Word 就会将 Excel 工作表中存储的收件人信息自动添加到邀请函主文档中，并合并生成一个图 3-125 所示的新文档。

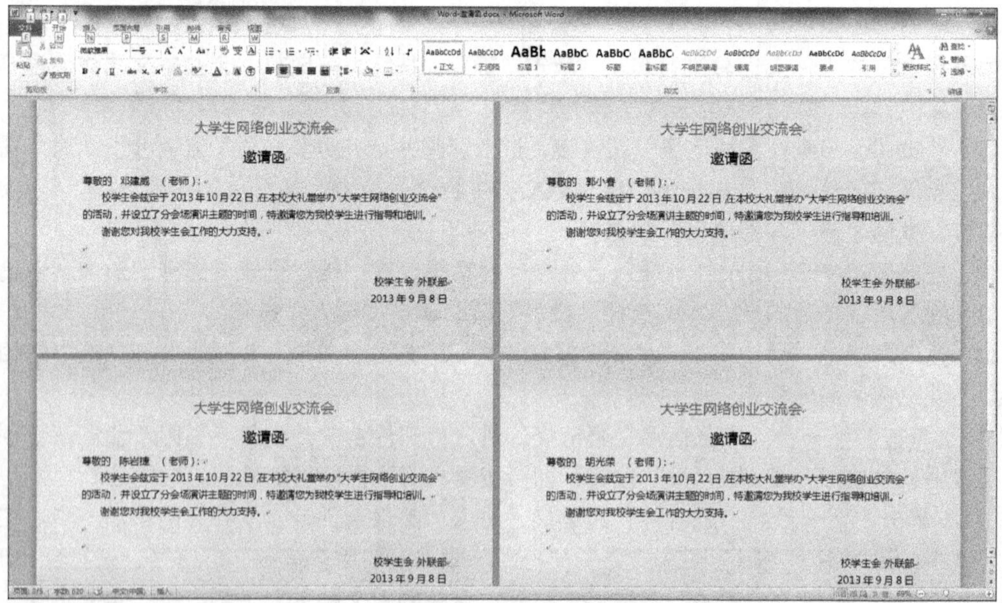

图3-125 批量生成的文档

习题三

1. 启动 Word 2010，按照下列要求对文档进行操作，效果如图 3-126 所示。

(1) 新建空白文档，将其以“产品宣传单.docx”为文件名进行保存，然后插入图片“背景图片.jpg”。

(2) 插入“填充-红色，强调文字颜色 2，粗糙棱台”效果的艺术字，然后转换艺术字的文本效果为“转换-弯曲-朝鲜鼓”，并调整艺术字的位置与大小。

(3) 插入文本框并输入文本，在其中设置文本的项目符号，然后设置形状填充为“无填充颜色”，形状轮廓为“无轮廓”，设置文本框的形状样式为“彩色轮廓-紫色，强调颜色 4”并调整文本框位置。

(4) 插入“随机至结果流程”效果的 SmartArt 图形，设置图形的排列位置为“浮于文字上方”，在 SmartArt 图形中输入相应的文本，更改 SmartArt 图形的颜色和样式，并调整图形位置与大小。

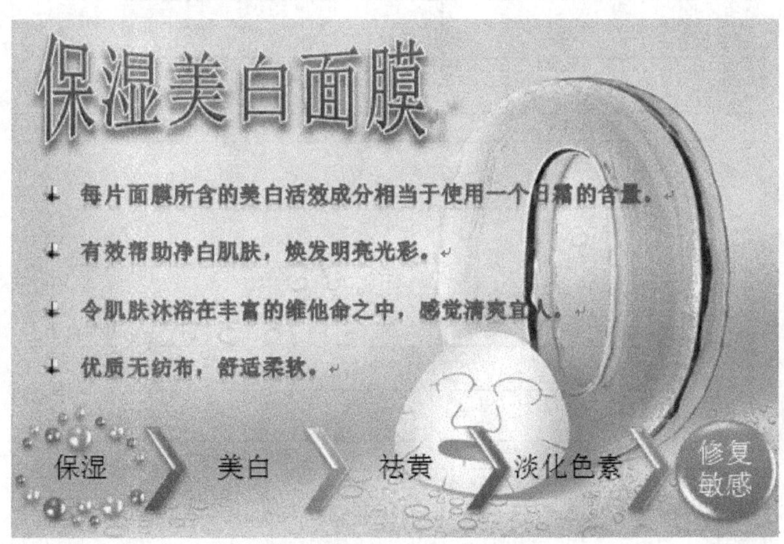

图3-126 “产品宣传单”效果

2. 打开“产品说明书.docx”文档，按照下列要求对文档进行操作。

(1) 将文档中的“饮水机”文本替换为“防爆饮水机”。

(2) 设置标题文本的字体格式为“黑体，二号”，段落对齐方式为“居中”；设置正文内容的字号为“四号”，段落缩进方式为“首行缩进 2 字符”；再设置最后 3 段的段落对齐方式为“右对齐”。

(3) 为相应的文本内容设置编号“1. 2. 3. …”和“1) 2) 3) …”，在“安装说明”文本后设置编号时，可先设置编号“1. 2.”，然后用格式刷复制编号“3. 4.”。

(4) 选择“公司详细的地址和电话”文本，在“字体”组中单击“以不同颜色突出显示文本”右侧的下拉按钮，在打开的下拉列表框中选择“黑色”选项，为字符设置黑色底纹。

3. 新建一个空白文档，并将其以“个人简历.docx”为文件名保存，按照下列要求对文档进行操作，效果如图 3-127 所示。

（1）输入标题文本，并设置格式为“微软雅黑、三号、居中”，缩进为“段前 0.5 行、段后 1 行”。

（2）插入一个 7 列 14 行的表格。

（3）合并第 1 行的第 6 列和第 7 列单元格、第 2～5 行的第 7 列单元格。

（4）擦除第 8 行的第 2 列与第 3 列之间的框线。

（5）将第 9 行和第 10 行单元格分别拆分为 2 列 1 行。

（6）在表格中输入相关的文字，调整表格大小，使其显示得更为美观。

个人简历

姓 名		性 别		出生日期		
户口所在地		婚 否		身 高		照 片
身份证号码						
毕业院校						
专 业						
计算机水平						
爱 好						
家庭住址						
学习经历			工作经历			
家庭状况	姓 名	年 龄	关 系	工作状况	联系电话	
应聘者申明	1.本人曾有不良记录：□有 □无 2.本人曾有无慢性病、传染病等病史：□有 □无 3.上述登记内容如有不符合实际情况的，同意作“辞退”处理：□同意 □不同意					
对该职位的理解						
填表日期： 年 月 日						

图3-127 “个人简历”效果

4. 打开“员工手册.docx”文档，按照下列要求对文档进行以下操作。

（1）为文档插入“运动型”封面，在“键入文档标题”“公司名称”“选取日期”模块中输入相应的文本。

（2）为整个文档应用“新闻纸”主题。

（3）在文档中为每一章的章标题、“声明”文本、“附件：”文本应用“标题 1”样式。

（4）为文档中的图片插入题注，并在文档中插入尾注，用于输入公司地址和电话。

4 Chapter

第 4 章 Excel 2010 的使用

Excel 2010 是 Microsoft 公司出品的 Office 2010 系列办公软件中的一个组件，是一款目前非常流行且应用广泛的电子表格软件。可以用来制作电子表格、完成复杂的数据运算、进行数据的统计和分析等，并且具有非常强大的图表制作功能。

本章主要介绍 Excel 中工作簿和工作表的建立与保存、工作表的编辑、公式和函数的使用、数据的排序、筛选和分类汇总以及图表与数据透视表的创建和编辑等内容。

4.1 Excel 2010 基础

Excel 2010 最基本的功能是制作电子表格，用户可在表格中输入相关的数据和信息，方便日常工作中对各种数据信息的记录、查询和管理。

4.1.1 Excel 2010 的启动与退出

1. 启动 Excel 2010

Excel 2010 的启动很简单，与其他常见应用软件的启动方法相似，主要有以下 3 种。

方法一：单击【开始】/【所有程序】/【Microsoft Office】/【Microsoft Excel 2010】命令，即可启动 Excel 2010。

方法二：创建了 Excel 2010 桌面快捷方式后，双击桌面上的快捷方式图标。

方法三：在任务栏中的“快速启动区”单击 Excel 2010 图标。

2. 退出 Excel 2010

完成对表格的编辑操作后就要退出 Excel 2010 工作环境了，主要有以下 4 种方法。

方法一：执行【文件】/【退出】命令。

方法二：单击 Excel 2010 窗口右上角的“关闭”按钮。

方法三：按【Alt+F4】组合键。

方法四：单击 Excel 2010 窗口左上角的控制菜单图标，在打开的下拉菜单中选择“关闭”命令。

4.1.2 Excel 2010 的窗口及其组成

Excel 2010 工作界面与 Word 2010 的工作界面基本相似，由快速访问工具栏、标题栏、“文件”按钮、选项卡、功能区、编辑栏和工作表编辑区等部分组成，如图 4-1 所示。下面介绍编辑栏和工作表编辑区的作用。

1. 编辑栏

编辑栏用来显示和编辑当前单元格中的数据或公式。默认情况下，编辑栏中包括名称框、“插入函数”按钮和编辑栏，但在单元格中输入数据或插入公式与函数时，编辑栏中的“取消”按钮和“输入”按钮也将显示出来。

- 名称框：名称框用来显示当前单元格的地址或函数名称，如在名称框中输入“A3”后，按【Enter】键表示选择 A3 单元格。
- “取消”按钮：单击该按钮表示取消输入的内容。
- “输入”按钮：单击该按钮表示确定并完成输入的内容。
- “插入函数”按钮：单击该按钮，打开“插入函数”对话框，在其中可选择相应的函数并插入当前单元格中。
- 编辑栏：编辑栏位于名称框的右侧，用于显示、输入、编辑、修改当前单元格中的数据或公式。

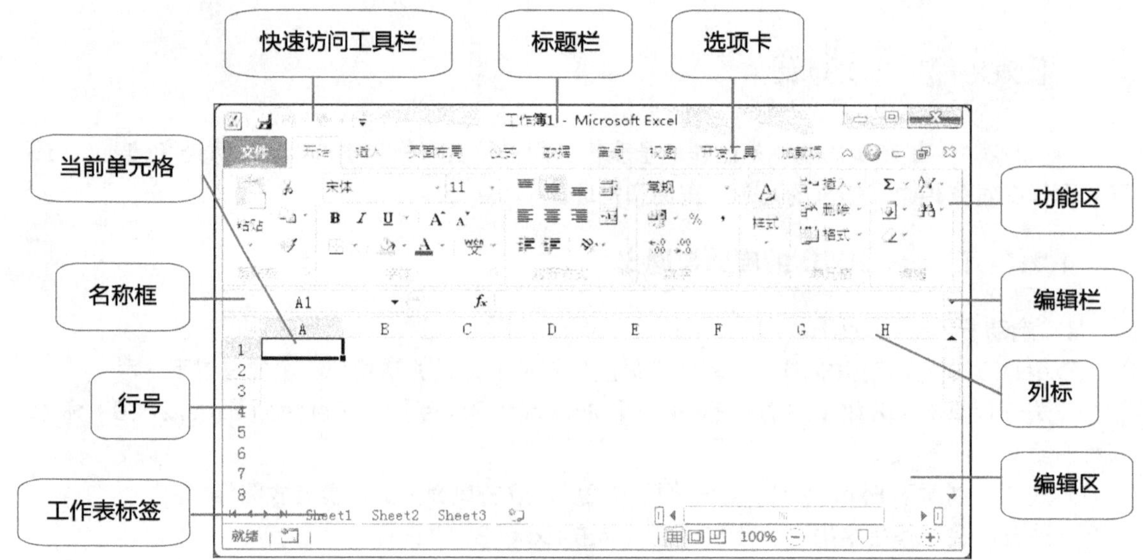

图4-1 Excel 2010窗口

2. 工作表编辑区

工作表编辑区是在 Excel 2010 中编辑数据的主要区域，它包括行号与列标、单元格和工作表标签等。

- 行号与列标：行号用“1、2、3…”等阿拉伯数字标识，列标用“A、B、C… ”等大写英文字母标识。一般情况下，单元格地址表示为“列标+行号”，如位于 A 列 1 行的单元格地址可表示为 A1。
- 工作表标签：工作表标签用于显示工作表的名称，如“Sheet1”“Sheet2”“Sheet3”等。单击相应的工作表标签即可切换到工作簿中的该工作表下。若在工作表标签左侧的任意一个滚动显示按钮上单击鼠标右键，在弹出的快捷菜单中选择任意一个工作表名称也可切换工作表。

4.1.3 Excel 2010 的基本概念

在 Excel 2010 中，工作簿、工作表和单元格是构成 Excel 2010 的基本框架，同时它们之间存在着包含与被包含的关系。了解其概念和相互之间的关系，有助于在 Excel 2010 中执行相应的操作。

1. 工作簿、工作表和单元格的概念

- 工作簿

工作簿即 Excel 文件，是用来存储和处理数据的文档，也称电子表格。默认情况下，新建的工作簿以“工作簿 1”命名，若继续新建工作簿则将以“工作簿 2”“工作簿 3”…命名，且工作簿名称将显示在标题栏的文档名处。

- 工作表

工作表是用来显示和分析数据的工作场所，它存储在工作簿中。默认情况下，一个工作簿中包含 3 张工作表，分别以“Sheet1”“Sheet2”和“Sheet3”命名。

- 单元格

每一行和每一列交叉处的长方形区域被称为单元格，它是 Excel 2010 中最基本的存储数据

单元。用户可以通过对应的行号和列标对其进行命名和引用。单个单元格地址可表示为“列标+行号”的形式，而多个连续的单元格被称为单元格区域，其地址表示为“单元格地址:单元格地址”，如A2单元格与C5单元格之间连续的单元格区域可表示为A2:C5。

2. 工作簿、工作表和单元格的关系

工作簿中包含了一张或多张工作表，工作表又是由排列成行或列的单元格组成的。在计算机中工作簿以文件的形式独立存在，Excel 2010创建的工作簿文件扩展名为“.xlsx”，而工作表依附在工作簿中，单元格则依附在工作表中，因此它们三者之间的关系是包含与被包含的关系。

4.2 基本操作

4.2.1 建立与保存工作簿

启动Excel 2010后，系统将自动新建名为“工作簿1”的空白工作簿。根据实际需要，用户还可以新建更多的空白工作簿，具体操作步骤如下。

（1）启动Excel 2010，选择【文件】/【新建】命令，在窗口中间的“可用模板”列表中选择“空白工作簿”选项。

（2）单击右下角的“创建”按钮，系统将新建名为“工作簿2”的空白工作簿。

（3）选择【文件】/【保存】命令，在打开的“另存为”对话框的“地址栏”下拉列表框中选择文件保存路径，在“文件名”下拉列表框中输入“学生成绩表.xlsx”，然后单击“保存”按钮。

微课：新建并保存工作簿

4.2.2 输入和编辑工作表数据

输入数据是制作表格的基础，在Excel 2010中输入和编辑数据时，必须先选定某个单元格使其成为当前单元格（也叫活动单元格），输入和编辑数据要在当前单元格中或编辑栏中进行。

Excel 2010支持多种类型数据的输入，如文本和数值等，向单元格输入数据可以通过以下3种方法。

微课：输入工作表数据

方法一：单击要输入数据的单元格，使其成为“当前单元格”，然后直接输入数据。

方法二：双击要输入数据的单元格，单元格内出现闪烁的光标，此时可直接输入数据或修改单元格内已有的数据。

方法三：选中单元格，然后在编辑栏中输入或修改数据。输入数据后，按【Enter】键确认输入，按【Esc】键取消输入。

1. 输入文本

文本数据可由汉字、字母、数字、特殊符号以及空格等组合而成。文本数据的特点是可以进行字符串运算而不能进行算术运算，文本数据默认的对齐方式为左对齐。输入文本数据时，需要注意以下几点。

- 如果输入的内容包含汉字、字母或者它们与数字的组合，例如“100元”，则默认为文本数据。

- 如果文本数据出现在公式或函数中，文本数据必须用英文双引号括起来。
- 如果输入编号、邮政编码、身份证号等无需计算的数字串时，可以在数字串前面加一个英文单引号“'”，这时 Excel 2010 会将数字串按文本数据处理。
- 输入过程中，如果文本长度超出单元格宽度，当右侧单元格为空时，超出部分延伸到右侧单元格；当右侧单元格不为空时，超出部分隐藏。

2. 输入数值

数值数据一般由数字、+、–、(、)、小数点、¥、$、%、/、E、e 等组成。数值数据的特点是可以进行算术运算。输入数值时，默认形式为常规表示法，如输入 67、321.63 等。当数值长度超过 11 位时，自动转换成科学计数法表示：<整数或实数>e±<整数>或者<整数或实数>E±<整数>。如输入 123456789000，则会显示为 1.23457E+11。数值数据默认的对齐方式为右对齐。输入数值数据时，需要注意以下两点。

- 如果单元格中的数字被“######”代替，则说明单元格的宽度不够，只需增加单元格的宽度即可。
- 在输入分数时，应先输入 0 和空格，然后再输入分数。如输入 3/4，正确的输入是：0 3/4。

3. 输入日期或时间

在单元格中输入 Excel 2010 可识别的日期或时间数据时，单元格的格式自动变为相应的“日期”或“时间”格式，输入的日期或时间在单元格内默认右对齐。

输入日期可采用的形式有 2016/08/18 或 2016-08-18 或 18-Aug-16；输入时间可采用的形式有 20:30 或 8:30PM。输入日期或时间数据时，应注意以下几点。

- 如果输入的数据是不能被识别的日期或时间格式，则输入的内容将被视为文本，并在单元格中左对齐。
- 如果单元格中首次输入的是日期，则该单元格就格式化为日期格式，再输入数值时仍然换算成日期。如首次输入 2016/08/18，再输入 10000 时，将显示为 1927/5/18。
- 如果要在单元格中同时输入日期和时间，应先输入日期后输入时间，且中间用空格隔开。例如，要表示 2016 年 8 月 18 日下午 8 点 30 分，则可输入 2016/08/18　20:30。
- 要在单元格中输入当前日期，可按【Ctrl+;】组合键；要输入当前时间，按【Shift+Ctrl+;】组合键。

4. 输入逻辑值

逻辑值数据有两个："TRUE"（真）和"FALSE"（假）。可以直接在单元格中输入逻辑值"TRUE"或"FALSE"，也可以通过输入公式得到计算结果为逻辑值。例如在某个单元格中输入公式：=5>6，则该单元格中显示的值为“FALSE”。

5. 输入批注

在 Excel 2010 中，用户可以为单元格输入批注内容，对单元格内容做进一步的说明和解释。插入批注通常有以下 2 种方法。

方法一：在选定的单元格上单击鼠标右键，执行“插入批注”命令，然后在编辑框中输入批注内容。

方法二：选定需要插入批注的单元格，在【审阅】/【批注】组中单击“新建批注”按钮，在编辑框中输入批注内容。

当单元格的右上角出现一个红色小三角时，表示该单元格含有批注，用鼠标指针指向该单元格时，批注内容会显示在单元格的边上。选中该单元格，单击鼠标右键，在弹出的快捷菜单中执行“编辑批注”和“删除批注”命令，可分别对批注进行修改和删除。

6. 自动填充单元格数据序列

在表格中输入数据时，对于一些相同的或者有规律的数据，如编号、序号、星期等，不必一一输入，可以采用自动填充功能实现快速输入。

- 利用填充柄填充数据序列

填充柄是位于选定单元格或单元格区域右下角的小黑方块。将鼠标指向填充柄时，鼠标指针变为黑色“+”形状。通过拖动填充柄，可以实现快速自动填充。利用填充柄不仅可以填充相同的数据，也可以填充有规律的数据。下面在“学生成绩表”中输入数据，具体操作步骤如下。

（1）打开“学生成绩表.xlsx”，选择 A1 单元格，在其中输入“计算机应用 4 班成绩表”文本，然后按【Enter】键切换到 A2 单元格，在其中输入“序号”文本。

（2）按【Tab】键或【→】键切换到 B2 单元格，在其中输入“学号”文本，再使用相同的方法依次在后面的单元格中输入“姓名”“英语”“高数”“计算机基础”“大学语文”及“上机实训”等文本。

（3）选择 A3 单元格，在其中输入“1”，将鼠标指针移动到单元格右下角，鼠标指针变为“+”形状，按住【Ctrl】键的同时按住鼠标左键不放拖动鼠标至 A13 单元格，此时，在 A4:A13 单元格区域中将自动生成序号。

（4）选择 B3:B13 单元格区域，在【开始】/【数字】组中的“数字格式”下拉列表框中选择“文本”选项，然后在 B3 单元格中输入学号“20150901401”，拖动鼠标为 B4:B13 单元格区域创建自动填充，填充后效果如图 4-2 所示。

- 利用对话框填充数据序列

利用对话框填充数据序列的方法有以下两种。

方法一：利用“序列”对话框填充数据序列，进行已定义序列的自动填充，包括数值、日期和文本等类型，具体操作步骤如下。

（1）在需要填充数据序列的单元格区域的第一个单元格中输入序列的第一个数值或文字。

（2）选定这个单元格或单元格区域，在【开始】/【编辑】组中单击“填充”按钮，在打开的下拉列表框中单击“系列”选项，在打开的“序列”对话框中进行相应设置即可，如图 4-3 所示。

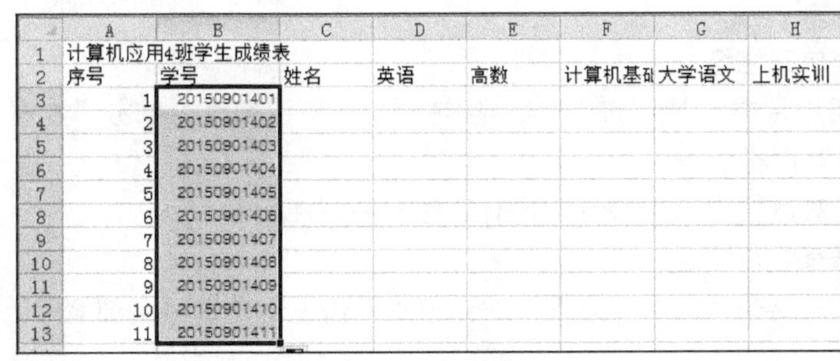

	A	B	C	D	E	F	G	H
1	计算机应用4班学生成绩表							
2	序号	学号	姓名	英语	高数	计算机基础	大学语文	上机实训
3	1	20150901401						
4	2	20150901402						
5	3	20150901403						
6	4	20150901404						
7	5	20150901405						
8	6	20150901406						
9	7	20150901407						
10	8	20150901408						
11	9	20150901409						
12	10	20150901410						
13	11	20150901411						

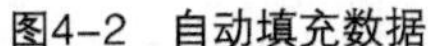
图4-2 自动填充数据

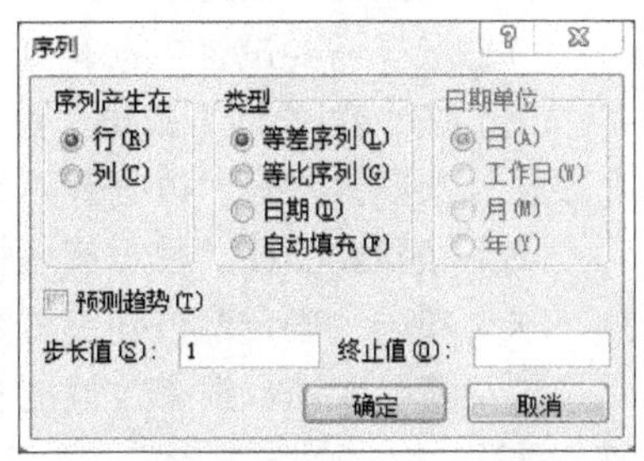

图4-3 “序列”对话框

方法二：利用“自定义序列”对话框填充数据序列，可自己定义要填充的序列，具体操作步骤如下。

（1）单击【文件】/【选项】命令，打开“Excel 选项”对话框。

（2）在“Excel 选项”对话框左侧的列表中选择“高级”，然后在对话框右侧的“常规”栏中单击“编辑自定义列表”按钮，打开图 4-4 所示的“自定义序列”对话框。

（3）在“自定义序列”对话框右侧“输入序列”区域输入用户自定义的数据序列，单击“添加”按钮，即可将自定义数据序列加入自定义序列内。

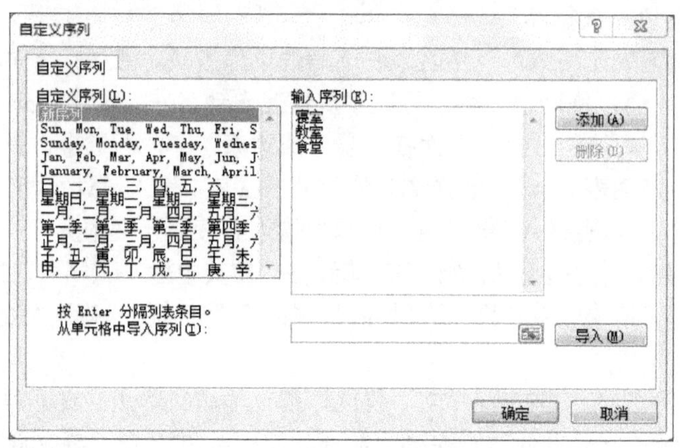

图4-4 “自定义序列”对话框

7. 设置数据有效性

在 Excel 2010 中，为了避免在输入数据时出现过多的错误，可以通过在单元格中设置数据有效性来进行相关控制，保证输入的数据在指定的范围内，从而降低出错率。

数据有效性用于定义可以在单元格中输入或应该在单元格中输入的数据类型、范围、格式等。可以通过设置数据有效性防止输入无效数据，或者在输入无效数据时自动发出警告。通过设置数据有效性可以实现以下常用功能。

- 将数据输入限制为指定序列的值，以实现大量数据的快速输入。
- 将数据输入限制为指定的数值范围，如指定最大值和最小值，指定整数和小数，限制为某时段内的日期和时间等。
- 将数据输入限制为指定长度的文本，如身份证号只能是 18 位。
- 限制重复数据的输入，如学生的学号、职工的职工号等。

设置数据有效性的基本操作步骤如下。

（1）选择需要设置数据有效性的单元格区域。

（2）在【数据】/【数据工具】组中单击 “数据有效性”按钮，在下拉列表中单击“数据有效性”选项，打开“数据有效性”对话框。

（3）根据需要在“数据有效性”对话框中指定各种数据有效性控制条件。

（4）单击“确定”按钮完成数据有效性设置。

如果需要取消数据有效性控制，只要在“数据有效性”对话框中单击左下角的“全部清除”按钮即可。

下面对图 4-2 所示的“学生成绩表”相关数据进行有效性设置，具体操作步骤如下。

（1）打开“学生成绩表.xlsx”，在 C3:C13 单元格区域中输入学生姓名，然后选择 D3:G13 单元格区域。

（2）在【数据】/【数据工具】组中单击 “数据有效性”按钮，打开“数据有效性”对话框，在“设置”选项卡中的“允许”下拉列表框中选择“整数”选项，在“数据”下拉列表框中选择“介于”选项，在“最大值”和“最小值”文本框中分别输入 100 和 0，如图 4-5 所示。

微课：设置数据有效性

（3）单击“输入信息”选项卡，在“标题”文本框中输入“注意”文本，在“输入信息”文本框中输入“请输入 0～100 的整数”文本，用于在输入信息时提示输入数值的范围。

（4）单击“出错警告”选项卡，在“标题”文本框中输入“出错”文本，在“错误信息”文本框中输入“输入的数据不在正确范围内，请重新输入”文本，当用户输入的数据不在有效范围时，提示用户输入有误，完成后单击“确定”按钮。

（5）在单元格中依次输入相关课程的学生成绩，选择 H3:H13 单元格区域，打开“数据有效性”对话框，在“设置”选项卡的“允许”下拉列表框中选择“序列”选项，在来源文本框中输入“优，良，及格，不及格”文本。

（6）选择 H3:H13 单元格区域中的任意单元格，然后单击单元格右侧的下拉按钮，在打开的下拉列表框中选择需要的选项即可，如图 4-6 所示。

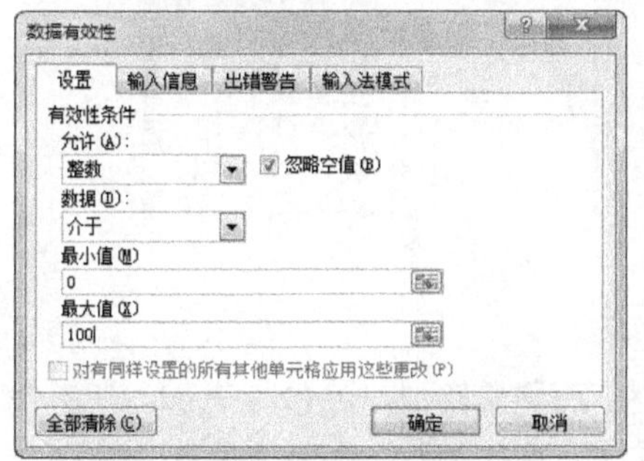

图4-5　设置数据有效性

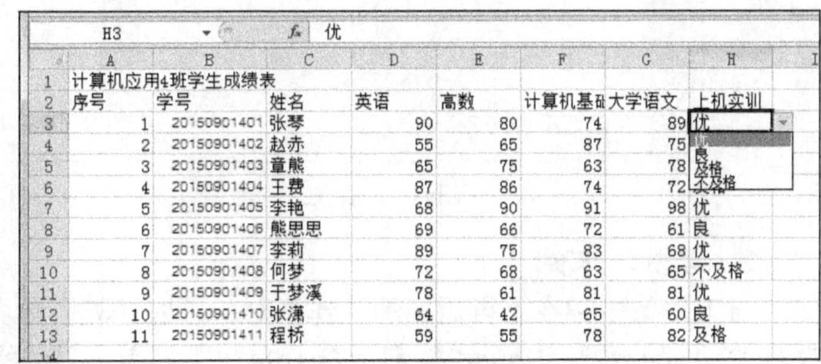

H3　fx 优

	A	B	C	D	E	F	G	H
1	计算机应用4班学生成绩表							
2	序号	学号	姓名	英语	高数	计算机基础	大学语文	上机实训
3	1	20150901401	张琴	90	80	74	89	优
4	2	20150901402	赵赤	55	65	87	75	优
5	3	20150901403	章熊	65	75	63	78	良 及格
6	4	20150901404	王费	87	86	74	72	不及格
7	5	20150901405	李艳	68	90	91	98	优
8	6	20150901406	熊思思	69	66	72	61	良
9	7	20150901407	李莉	89	75	83	68	优
10	8	20150901408	何梦	72	68	63	65	不及格
11	9	20150901409	于梦溪	78	61	81	81	优
12	10	20150901410	张潇	64	42	65	60	良
13	11	20150901411	程桥	59	55	78	82	及格
14								

图4-6　选择输入的数据

4.2.3　使用工作表和单元格

在 Excel 2010 中新建一个空白工作簿后，默认情况下工作簿中包含 3 张工作表，并依次被命名为 Sheet1、Sheet2 和 Sheet3。

1. 选择工作表

选择工作表可以选择一张或多张工作表。选择工作表的实质是选择工作表标签，主要有以下 4 种情况。

- 选择单张工作表：单击工作表标签，可选择对应的工作表。
- 选择连续的多张工作表：选择第一张工作表标签，按住【Shift】键的同时单击最后一张工作表标签。
- 选择不连续的多张工作表。选择第一张工作表标签，按住【Ctrl】键的同时单击其他需要选择的工作表标签。
- 选择全部工作表。在任意工作表标签上单击鼠标右键，在弹出的快捷菜单中选择“选定全部工作表”命令。

需要说明的是：如果同时选定了多张工作表，且其中包含当前工作表，则对当前工作表的编辑操作会作用到其他被选定的工作表。例如在当前工作表的某个单元格中输入了数据，或者进行了格式设置操作，相当于在所有选定工作表相同位置的单元格中做同样的操作。

2. 插入工作表

默认情况下，Excel 2010 工作簿中包含 3 张工作表，但用户可以根据需要同时插入一张或多张工作表。下面在“产品价格表.xlsx”工作簿中通过“插入”对话框插入空白工作表，具体操作步骤如下。

（1）打开“产品价格表.xlsx”，在“Sheet1”工作表标签上单击鼠标右键，在弹出的快捷菜单中选择“插入”命令，打开“插入”对话框。

（2）在“插入”对话框的“常用”选项卡中选择“工作表”选项，单击“确定”按钮，即可插入新的空白工作表，如图 4-7 所示。

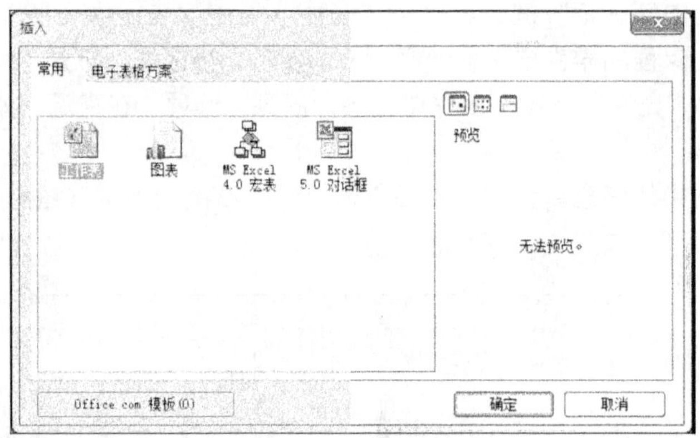

图4-7 插入工作表

3. 删除工作表

当工作簿中存在不再需要的工作表时，可以将其删除。下面将删除“产品价格表.xlsx”工作簿中的“Sheet2”“Sheet3”和“Sheet4”工作表，具体操作步骤如下。

微课：删除工作表

（1）打开“产品价格表.xlsx”，按住【Ctrl】键不放，同时选择“Sheet2”“Sheet3”和“Sheet4”工作表，在其上单击鼠标右键，在弹出的快捷菜单中选择“删除”命令。

（2）返回工作簿中可以看到“Sheet2”“Sheet3”和“Sheet4”工作表已被删除，如图 4-8 所示。

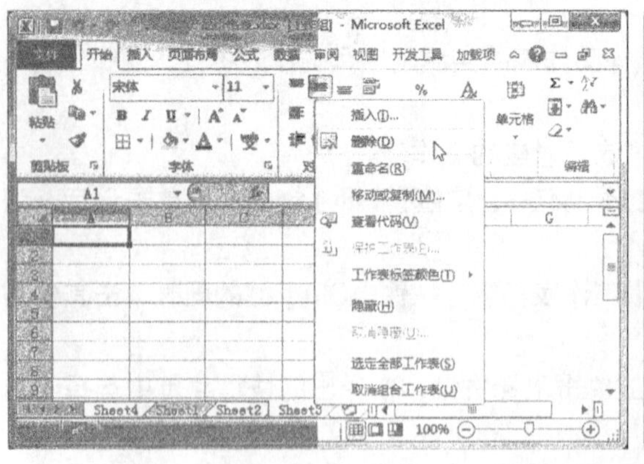

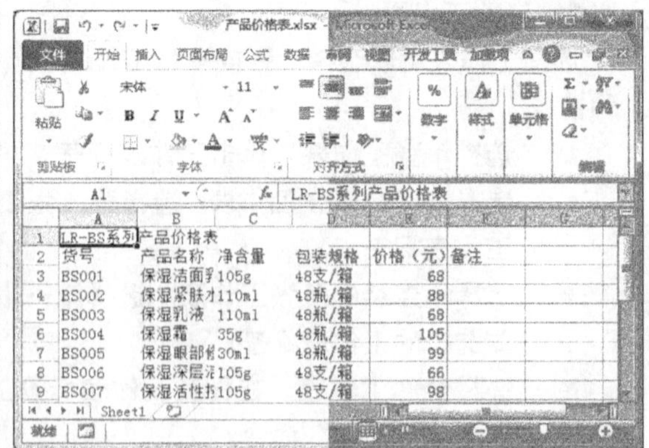

图4-8 删除工作表

4. 移动或复制工作表

在 Excel 2010 工作簿中，工作表的位置并不是固定不变的，有时为了避免重复制作相同的工作表，用户可根据需要移动或复制工作表。下面将在“产品价格表.xlsx”工作簿中复制“Sheet1”工作表，具体操作步骤如下。

微课：移动与复制工作表

（1）打开“产品价格表.xlsx”，在“Sheet1”工作表标签上单击鼠标右键，在弹出的快捷菜单中选择“移动或复制”命令，打开“移动或复制工作表”对话框。

（2）在“移动或复制工作表”对话框的“下列选定工作表之前”列表中选择移动工作表的位置，这里选择“移至最后”选项。

（3）选中“建立副本”复选框，表示复制工作表，单击“确定”按钮即可复制“Sheet1”工作表至目标位置，如图 4-9 所示。

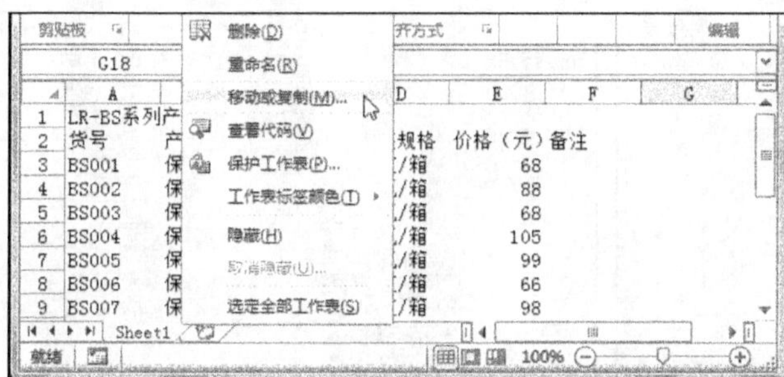

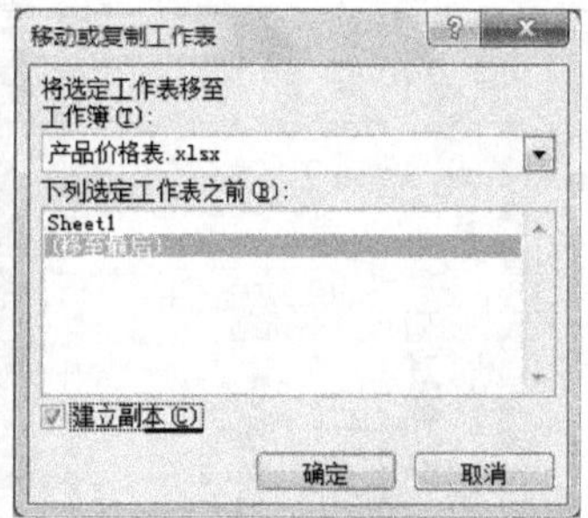

图4-9 设置移动位置并复制工作表

如果需要移动工作表，只需在上述操作过程中取消选择“建立副本”复选框即可。

5. 重命名工作表

工作表的名称默认为“Sheet1”“Sheet2”…，为了便于查询，可重命名工作表名称。下面在“产品价格表.xlsx”工作簿中重命名工作表，具体操作步骤如下。

微课：重命名工作表

（1）打开“产品价格表.xlsx”，双击“Sheet1”工作表标签，或在“Sheet1”工作表标签上单击鼠标右键，在弹出的快捷菜单中选择“重命名”命令，此时选择的工作表标签呈可编辑状态。

（2）直接输入文本“BS 系列”，按【Enter】键或在工作表的任意位置单击以退出编辑状态。

（3）使用相同的方法将 Sheet1（2）和 Sheet1（3）工作表标签重命名为“MB 系列”和“RF 系列”，如图 4-10 所示。

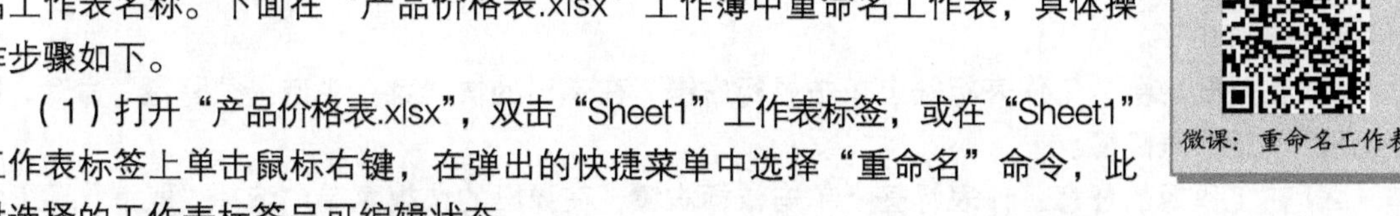

图4-10 重命名工作表

6. 拆分工作表

在 Excel 2010 中，可以使用拆分工作表的方法将工作表拆分为多个窗格，在每个窗格中都可进行单独的操作，这样有利于在数据量比较大的工作表中查看数据的前后对照关系。要拆分工作表，首先应选择作为拆分中心的单元格，然后执行拆分操作即可。下面在“产品价格表.xlsx”工作簿的“BS 系列”工作表中以 C4 单元格为中心拆分工作表，具体操作步骤如下。

（1）打开“产品价格表.xlsx”，在“BS 系列”工作表中选择 C4 单元格。

（2）在【视图】/【窗口】组中单击“拆分”按钮。

（3）此时工作表将以 C4 单元格为中心被拆分为 4 个窗格，在任意一个窗口中选择单元格，然后滚动鼠标滚轴即可显示出工作表中的其他数据，如图 4-11 所示。

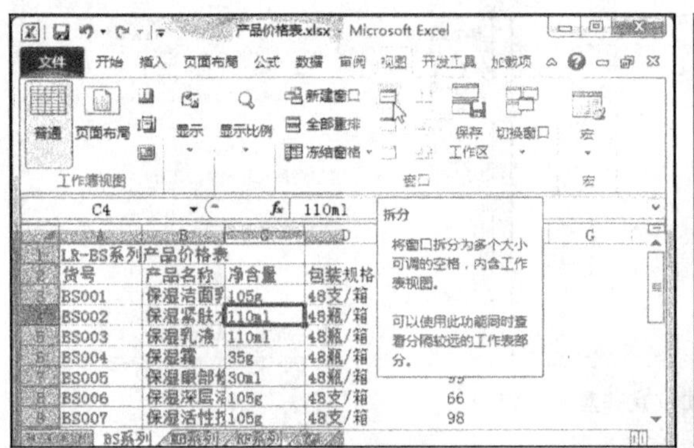

图4-11 拆分工作表

7. 隐藏与显示工作表

在 Excel 工作簿中，当不需要显示某张工作表时可将其隐藏，当需要时再使其重新显示出来，具体操作步骤如下。

（1）在需要隐藏的工作表标签上单击鼠标右键，在弹出的快捷菜单中选择“隐藏”命令，即可将所选的工作表隐藏。

（2）在工作簿的任意工作表标签上单击鼠标右键，在弹出的快捷菜单中选择“取消隐藏”命令，打开“取消隐藏”对话框。

（3）在“取消隐藏工作表”列表中选择需要显示的工作表，单击“确定”按钮即可将隐藏的工作表显示出来，如图 4-12 所示。

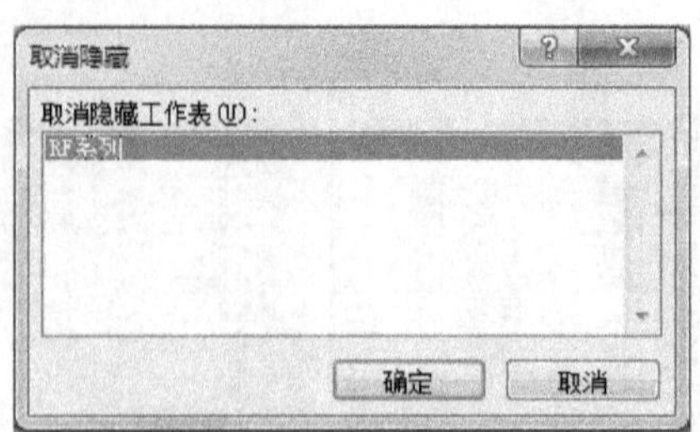

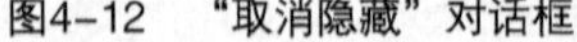
图4-12 “取消隐藏”对话框

8. 设置工作表标签颜色

默认状态下，当前工作表标签的颜色呈白底黑字显示，为了让工作表标签更加美观醒目，用户可设置工作表标签的颜色。下面在“产品价格表.xlsx”工作簿中设置工作表标签颜色，具体操作步骤如下。

（1）打开“产品价格表.xlsx”，在“BS 系列”工作表标签上单击鼠标右键，在弹出的快捷菜单中选择【工作表标签颜色】/【红色，强调文字颜色 2】命令。

（2）使用相同的方法分别为“MB 系列”和“RF 系列”工作表设置工作表标签颜色为“黄色”和“深蓝”。

（3）返回工作表中查看设置的工作表标签颜色，效果如图 4-13 所示。

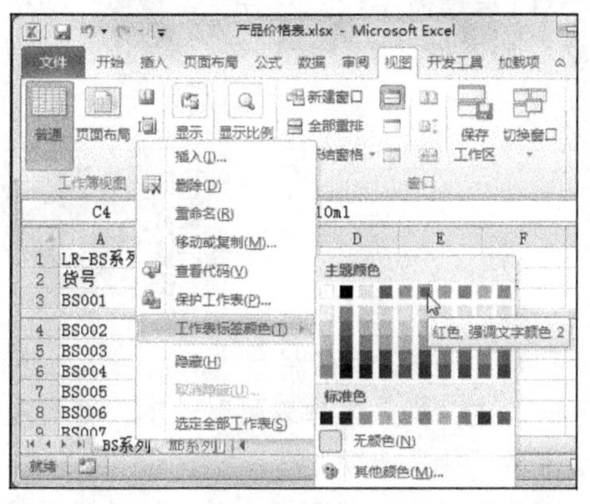
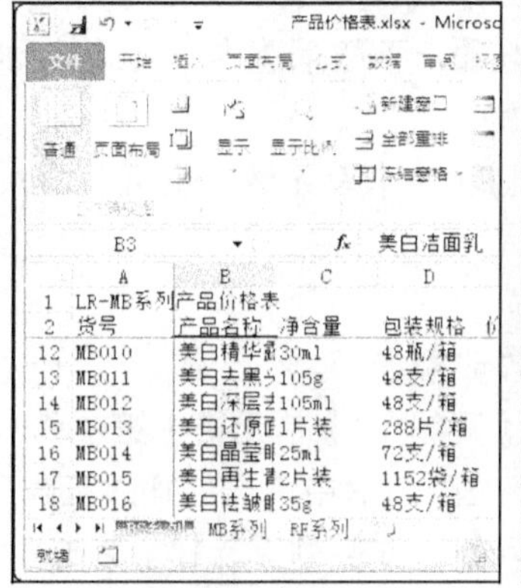
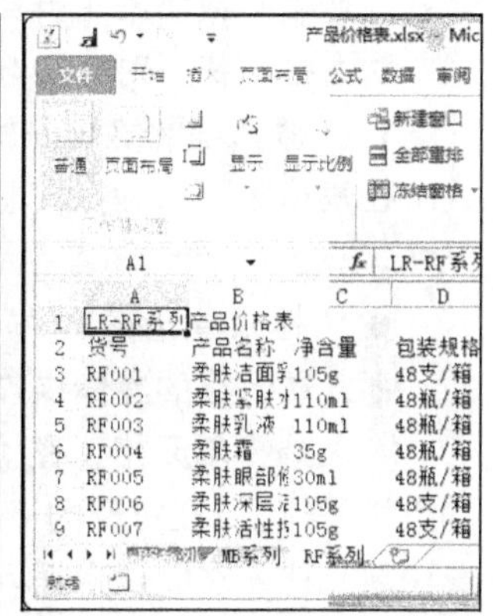

图4-13　设置工作表标签颜色

9. 选择单元格

要在表格中输入数据，首先应选择需要输入数据的单元格。在工作表中选择单元格的情况有以下 6 种。

- 选择单个单元格：单击单元格或在名称框中输入单元格的名称后按【Enter】键即可选择所需的单元格。
- 选择所有单元格：单击行号和列标左上角交叉处的“全选”按钮，或按【Ctrl+A】组合键即可选择工作表中所有的单元格。
- 选择相邻的多个单元格：选择起始单元格后，按住鼠标左键不放拖动鼠标到最后一个单元格，或选择起始单元格后，按住【Shift】键的同时选择最后一个单元格，即可选择相邻的多个单元格。
- 选择不相邻的多个单元格：按住【Ctrl】键的同时依次单击需要选择的单元格，即可选择不相邻的多个单元格。
- 选择整行：将鼠标指针移动到需选择行的行号上，当鼠标指针变成➡形状时，单击鼠标即可选择该行。
- 选择整列：将鼠标指针移动到需选择列的列标上，当鼠标指针变成⬇形状时，单击鼠标即可选择该列。

10. 合并与拆分单元格

当默认的表格结构不能满足实际需要时，可以通过合并与拆分单元格的方法来设置表格。

● 合并单元格

在编辑表格的过程中，为了使表格看起来更美观、层次更清晰，有时需要对某些单元格区域进行合并操作。合并单元格的具体操作步骤如下。

（1）选择需要合并的多个单元格。

（2）在【开始】/【对齐方式】组中单击“合并后居中”按钮。

● 拆分单元格

拆分单元格的方法与合并单元格的方法完全相反，具体操作步骤如下。

（1）选择合并的单元格。

（2）单击“合并后居中”按钮右侧的下拉按钮，在打开的下拉列表框中选择“取消单元格合并”选项；或者在【开始】/【对齐方式】组中单击对话框启动器按钮，打开“设置单元格格式”对话框，在“对齐”选项卡下取消选中“合并单元格”复选框。

11．插入与删除单元格

在表格中可以插入或删除单个单元格，也可以插入或删除一行或一列单元格。

微课：插入单元格

● 插入单元格

插入单元格的具体操作步骤如下。

（1）选择单元格，在【开始】/【单元格】组中单击“插入”按钮右侧的下拉按钮，在打开的下拉列表框中单击“插入工作表行”或“插入工作表列”选项，即可在选中单元格所在的位置插入整行或整列单元格。单击“插入单元格”选项，打开“插入”对话框。

（2）在“插入”对话框中选择相应的选项后，单击“确定”按钮，即可插入单元格并按要求移动原有单元格的位置。

微课：删除单元格

● 删除单元格

删除单元格的具体操作步骤如下。

（1）选择要删除的单元格，在【开始】/【单元格】组中单击“删除”按钮右侧的下拉按钮，在打开的下拉列表框中单击“删除工作表行”或“删除工作表列”选项，即可删除选定单元格所在的整行或整列单元格。单击“删除单元格”选项，打开“删除”对话框。

（2）在“删除”对话框中选择相应的选项后，单击“确定”按钮即可删除所选单元格并按要求移动其余单元格的位置。

12．命名单元格或单元格区域

为了使单元格或单元格区域的引用更加方便，可以为单元格或单元格区域命名。具体操作步骤如下。

（1）选定要命名的单元格或单元格区域。

（2）在“名称框”中输入单元格区域的名称后按【Enter】键完成对单元格或单元格区域的命名。

4.3 格式化工作表

工作表建成后，为了让表格看起来更加美观，可以对表格进行格式化操作。Excel 2010 功能区中包含对表格字体、对齐方式和数字格式等进行设置的按钮，可以完成大部分的格式设置。此外还可以利用 Excel 2010 提供的“条件格式”“套用表格格式”和“样式”等命令进行格式化设置。

4.3.1　设置单元格格式

在表格中输入数据后通常还需要对单元格设置相关的格式，美化表格。设置单元格格式主要包括字符格式化、数字格式化、对齐方式及边框和底纹的设置。

1. 字符格式化

字符格式化主要包括对字体、字形、字号和字体颜色等的设置，可以通过以下两种方法进行相应的设置。

- 使用功能区格式按钮设置

选定单元格或单元格区域后，可以直接利用【开始】/【字体】组中的相关命令按钮，对字体、字形、字号及字体颜色进行设置，如图 4-14 所示。

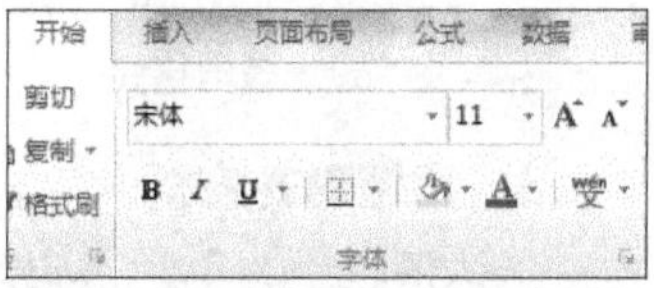

图4-14　设置字符格式选项卡

- 使用“设置单元格格式”对话框设置

选定单元格或单元格区域后，单击【开始】/【字体】组的对话框启动器按钮，打开图 4-15 所示的“设置单元格格式”对话框。在“字体”“字形”“字号”列表中分别选择一种字体、字形、字号对单元格中的字符进行设置；单击“下划线”和“颜色”下拉列表框可以为所选单元格字符添加对应的下划线和设置相应的颜色。

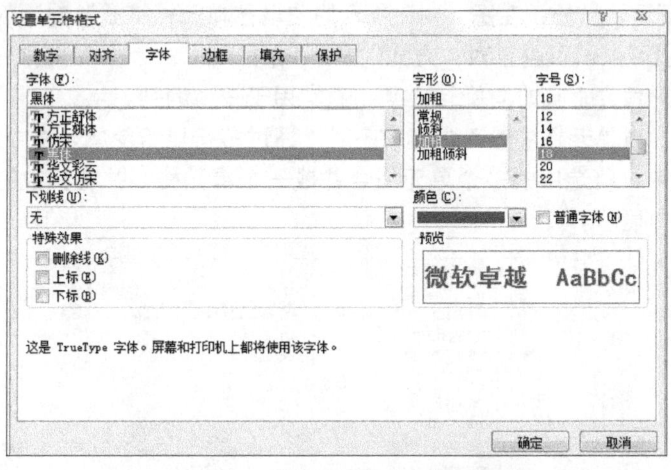

图4-15　“设置单元格格式”对话框

2. 设置数字格式

在 Excel 2010 中，数字是最常用的数据之一，所以系统提供了常规、数值、货币、日期和时间、会计专用、百分比以及自定义等多种数字格式供用户选择。数字格式化改变的是数字在单元格中的显示形式。

在【开始】/【数字】组中，提供了 5 种快速格式化数字的按钮，即会计数字格式按钮、百分比样式按钮、千位分隔样式按钮、增加小数位数按钮和减少小数位数按钮。设置数字格式时，只需选定单元格区域，单击相应的按钮即可完成，如图 4-16 所示。另外，也可以通过图 4-17

所示的“设置单元格格式”对话框进行更详细的设置。

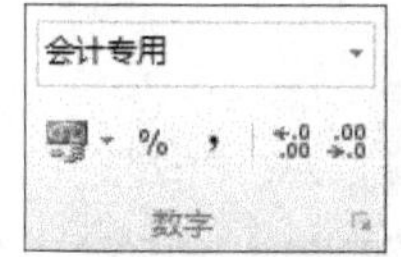

图4-16　设置数字格式

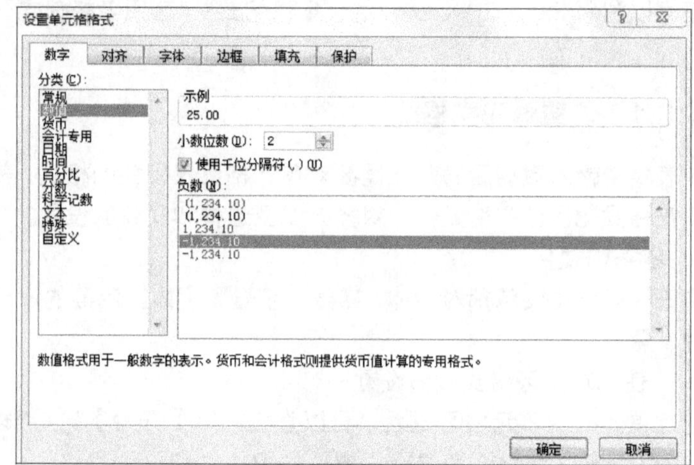

图4-17　“设置单元格格式”对话框

3. 设置对齐方式

默认情况下，单元格中文本型数据左对齐，数值型数据右对齐，用户也可以根据需要修改单元格数据的对齐方式。

【开始】/【对齐方式】组中提供了顶端对齐、垂直居中、底端对齐、文本左对齐、居中、文本右对齐以及合并后居中等按钮。设置对齐方式时，只需选定单元格，然后单击相应的对齐方式按钮，如图 4-18 所示。另外，在图 4-19 所示的“设置单元格格式”对话框中，除了可以设置水平对齐方式外，也可以设置垂直对齐方式以及下列内容。

- 方向：沿对角或垂直方向旋转文字，通常用于较窄的列。
- 自动换行：当单元格中输入内容较多时，通过多行显示使单元格中所有内容可见。
- 合并后居中：将选中的多个单元格合并成一个单元格，并将其中的内容在合并后的单元格内居中显示。

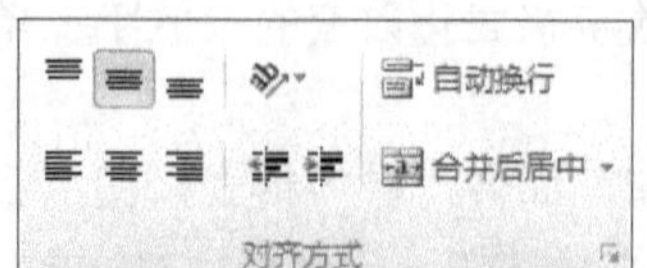

图4-18　设置对齐方式

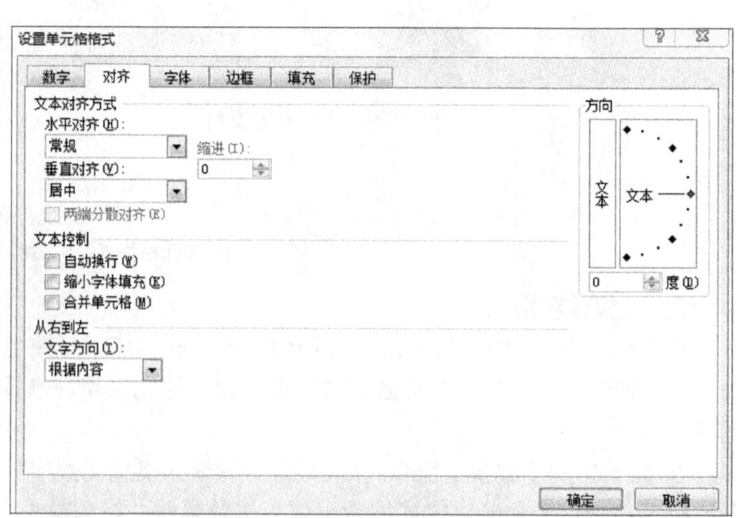

图4-19　“设置单元格格式”对话框

4. 设置边框和底纹

默认情况下，Excel 工作表中的网格线是为用户输入和编辑方便而预设的，在打印时，此网格线是不可见的。为了表格更加美观易读，可以为表格添加边框线，也可以为需要突出显示的重点单元格设置底纹颜色。

- 使用功能区格式按钮设置

（1）选定单元格或单元格区域后，在【开始】/【字体】组中单击边框按钮 ，从打开的下拉列表框中选择所需要的边框线即可为选定的单元格区域添加相应的边框。

（2）选定单元格或单元格区域后，在【开始】/【字体】组中单击填充颜色按钮 ，从打开的下拉列表框中选择所需要的颜色即可为选定的单元格区域填充相应的底纹颜色。

- 使用“设置单元格格式”对话框设置。

（1）选定要设置边框和底纹的单元格或单元格区域。

（2）在【开始】/【单元格】组中单击“格式”按钮，在打开的下拉列表框中选择“设置单元格格式”选项，打开“设置单元格格式”对话框。

（3）单击“边框”选项卡，在“线条样式”列表中选择一种线型样式，在“颜色”下拉列表框中选择一种颜色，在“边框”区域中，指定添加边框的位置，如图 4-20 所示。

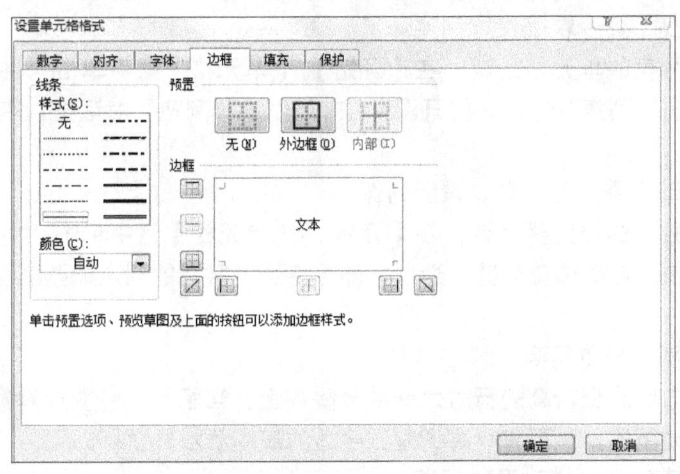

图4-20　“设置单元格格式”对话框

（4）单击“填充”选项卡，在“背景色”框中选择一种背景颜色，在“图案样式”列表中选择单元格底纹的图案样式。

下面对“学生成绩表”进行格式化，设置其单元格格式，具体操作步骤如下。

（1）打开“学生成绩表.xlsx”，选中 A1:H1 单元格区域，在【开始】/【对齐方式】组中单击“合并后居中”按钮 或单击该按钮右侧的下拉按钮 ，在打开的下拉列表框中选择“合并后居中”选项。

（2）选择 A1 单元格，在【开始】/【字体】组的“字体”下拉列表框中选择“微软雅黑”选项，在“字号”下拉列表框中选择“18”选项。

（3）选择 A2:H2 单元格区域，设置其字体为“方正兰亭超细黑简体”，字号为“12”，对齐方式为“居中对齐”。

微课：设置单元格格式

（4）在【开始】/【字体】组中单击“填充颜色”按钮 右侧的下拉按钮 ，在下拉列表框中选择“茶色，背景 2，深色 25%”选项。

（5）选择其余的数据，设置对齐方式为“居中对齐”，完成后的效果如图 4-21 所示。

	A	B	C	D	E	F	G	H
1	计算机应用4班学生成绩表							
2	序号	学号	姓名	英语	高数	计算机基础	大学语文	上机实训
3	1	20150901401	张琴	90	80	74	89	优
4	2	20150901402	赵赤	55	65	87	75	优
5	3	20150901403	章熊	65	75	63	78	良

图4-21　格式化工作表效果图

4.3.2　设置列宽与行高

默认状态下，单元格的行高和列宽是固定不变的，但是当单元格中的数据太多而不能完全显示其内容时，就需要将单元格的高度和宽度调整至合适的数值了。

1. 设置列宽

- 使用鼠标粗略设置列宽。

将鼠标指针指向要改变列宽的列标之间的分隔线上，当鼠标指针变成水平双向箭头形状时，按住鼠标左键并拖动鼠标，直至将列宽调整到合适的宽度后放开鼠标即可。

- 使用“列宽”命令精确设置列宽。

选择需要调整列宽的单元格区域，在【开始】/【单元格】组中单击“格式”按钮，在打开的下拉列表框中单击“列宽”选项，打开图 4-22 所示的“列宽”对话框，填入相应的参数精确设置列宽。

- 使用“自动调整列宽”命令设置列宽。

选择需要调整列宽的单元格区域，在【开始】/【单元格】组中单击“格式”按钮，在打开的下拉列表框中单击“自动调整列宽”选项，即可将选定区域的列宽调整至合适宽度。

2. 设置行高

- 使用鼠标粗略设置行高。

将鼠标指针指向要改变行高的行号之间的分隔线上，当鼠标指针变成垂直双向箭头形状时，按住鼠标左键并拖动鼠标，直至将行高调整到合适的高度后放开鼠标即可。

- 使用“行高”命令精确设置行高。

选择需要调整行高的单元格区域，在【开始】/【单元格】组中单击“格式”按钮，在打开的下拉列表框中单击“行高”选项，打开图 4-23 所示的“行高”对话框，填入相应的参数精确设置行高。

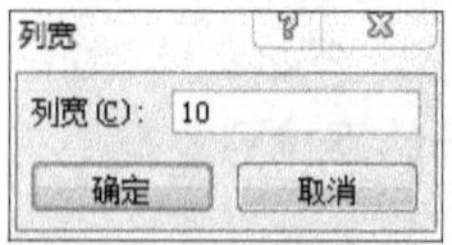

图4-22　“列宽”对话框

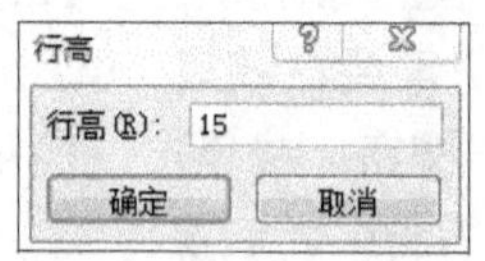

图4-23　“行高”对话框

- 使用“自动调整行高”命令设置行高。

选择需要调整行高的单元格区域，在【开始】/【单元格】组中单击“格式”按钮，在打开的下拉列表框中单击“自动调整行高”选项，即可将选定区域的行高调整至合适高度。

下面对“学生成绩表”进行格式化，设置其列宽与行高，具体操作步骤如下。

（1）打开“学生成绩表.xlsx”，选择 F 列，在【开始】/【单元格】组中单击“格式”按钮，在打开的下拉列表框中单击“自动调整列宽”选项，返回工作表中可以看到 F 列变宽且其中的数据完整地显示出来了，如图 4-24 所示。

（2）将鼠标指针移到第 1 行与第 2 行行号间的分隔线上，当鼠标指针变为‡形状时，按住鼠标左键不放向下拖动，待拖动至合适的高度后释放鼠标。

（3）单击第 2 行的行号并按住鼠标左键拖动到第 13 行行号上，选中第 2～13 行，在【开始】/【单元格】组中单击“格式”按钮，在打开的下拉列表框中单击“行高”选项，在“行高”对话框的数值框中输入“15”。

微课：调整行高和列宽

（4）单击“确定”按钮，完成对工作表中第 2～13 行行高的设置，如图 4-25 所示。

计算机应用4班学生成绩表

序号	学号	姓名	英语	高数	计算机基础	大学语文	上机实训
1	20150901401	张琴	90	80	74	89	优
2	20150901402	赵赤	55	65	87	75	优
3	20150901403	童熊	65	75	63	78	良
4	20150901404	王费	87	86	74	72	及格
5	20150901405	李艳	68	90	91	98	优
6	20150901406	熊思思	69	66	72	61	良
7	20150901407	李莉	89	75	83	68	优
8	20150901408	何梦	72	68	63	65	不及格
9	20150901409	于梦溪	78	61	81	81	优
10	20150901410	张潇	64	42	65	60	良
11	20150901411	程桥	59	55	78	82	及格

图4-24　自动调整列宽

计算机应用4班学生成绩表

序号	学号	姓名	英语	高数	计算机基
1	20150901401	张琴	90	80	74
2	20150901402	赵赤	55	65	87
3	20150901403	童熊	65	75	63
4	20150901404	王费	87	86	74
5	20150901405	李艳	68	90	91
6	20150901406	熊思思	69	66	72
7	20150901407	李莉	89	75	83
8	20150901408	何梦	72	68	63
9	20150901409	于梦溪	78	61	81
10	20150901410	张潇	64	42	65
11	20150901411	程桥	59	55	78

图4-25　设置行高后的效果

4.3.3　格式化工作表高级技巧

除了手动进行各种格式化操作外，Excel 2010 还提供了多种自动格式化的高级功能，方便用户快速格式化工作表。

1. 条件格式

条件格式功能可以快速为满足某些条件的单元格或单元格区域设置某种格式。例如，查找成绩表中的最高分和最低分时，无论成绩表中有多少人，利用条件格式都可以快速找到并以特殊格式标识出这些数据所在的单元格。

条件格式将会基于设定的条件来自动更改单元格区域的外观，可以突出显示所关注的单元格或单元格区域、强调异常值、使用数据条、颜色刻度和图标集来直观地显示数据。各项条件规则的功能说明如下。

- 突出显示单元格规则：通过使用大于、小于、等于、包含等比较运算符限定数据范围，对属于该数据范围内的单元格设定格式。例如，在学生成绩表中，将所有小于 60 分的成绩用红色字体突出显示。
- 项目选取规则：可以对选定单元格区域中的前若干个最高值或后若干个最低值、高于或低于该区域平均值的单元格设定特殊格式。例如，在学生成绩表中，利用绿色字体标出每门课程前 5 名的分数。
- 数据条：数据条可以帮助用户观察某个单元格相对于其他单元格中值的大小。数据条的长度代表单元格中值的大小，数据条越长，表示值越大，数据条越短，表示值越小。
- 色阶：通过使用两种或三种颜色的渐变效果来直观地比较单元格区域中的数据，用来显示数据分布和数据变化。一般情况下，颜色的深浅表示值的大小。例如，在绿色和黄色的双色色阶中，可以指定数值越大的单元格的颜色越绿，而数值越小的单元格的颜色越黄。

- 图标集：可以使用图标集对数据进行注释，每个图标代表一个值的范围。例如，在三色交通灯图标集中，绿色的圆圈代表较大值，黄色的圆圈代表中间值，红色的圆圈代表较小值。

利用预置条件实现快速格式化，具体操作步骤如下。

（1）选择工作表中需要设置条件格式的单元格或单元格区域。

（2）在【开始】/【样式】组中单击“条件格式”按钮，打开图 4-26 所示的规则下拉列表。

（3）将鼠标指针指向某一条规则，右侧将出现下级菜单，从中选择某一项预置的条件格式进行设置即可快速实现格式化。

除了 Excel 2010 中预设的条件规则外，用户也可以自定义更符合自己要求的规则，具体操作步骤如下。

（1）选择工作表中需要设置条件格式的单元格或单元格区域。

（2）在【开始】/【样式】组中单击“条件格式”按钮，在打开的下拉列表框中选择“新建规则”选项，打开图 4-27 所示的“新建格式规则”对话框。

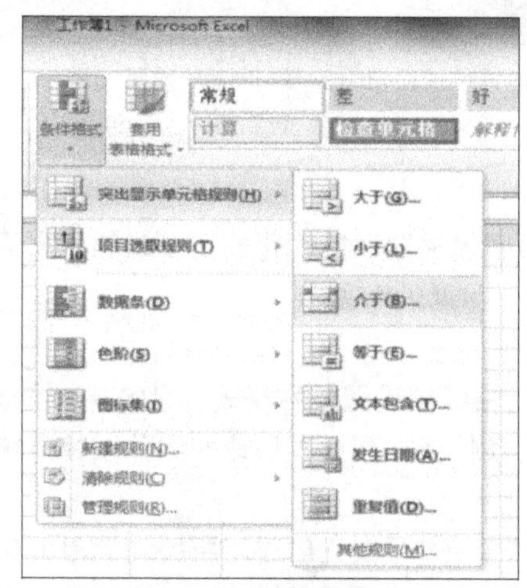

图4-26 “条件格式”规则列表

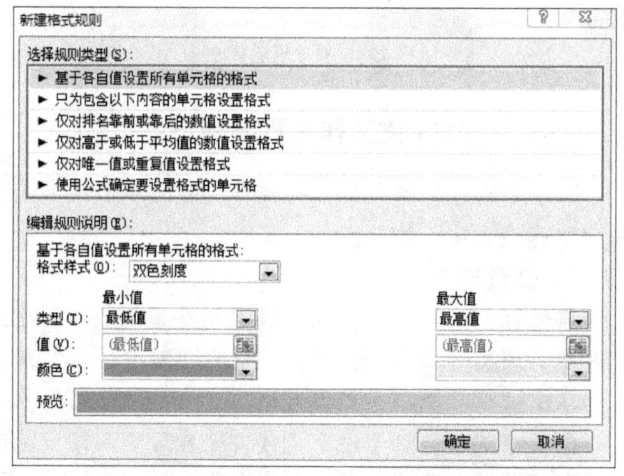

图4-27 “新建格式规则”对话框

（3）在“选择规则类型”列表中选择一个规则类型，然后在“编辑规则说明”区中设定条件及格式，之后单击“确定”按钮即可。

下面对“学生成绩表 xlsx”进行条件格式设置，将低于 60 分的成绩用红色字体标出，具体操作步骤如下。

微课：设置条件格式

（1）打开“学生成绩表.xlsx”，选择 D3:G13 单元格区域，在【开始】/【样式】组中单击“条件格式”按钮，在下拉列表框中选择“新建规则”选项，打开“新建格式规则”对话框。

（2）在“选择规则类型”列表中选择“只为包含以下内容的单元格设置格式”选项，在“编辑规则说明”区中设置条件为“单元格的值小于 60”，如图 4-28 所示。

（3）单击“格式”按钮，打开“设置单元格格式”对话框，在“字体”选项卡中设置字形为

“加粗倾斜”、字体颜色为标准色“红色”。

（4）依次单击“确定”按钮完成设置，效果如图 4-29 所示。

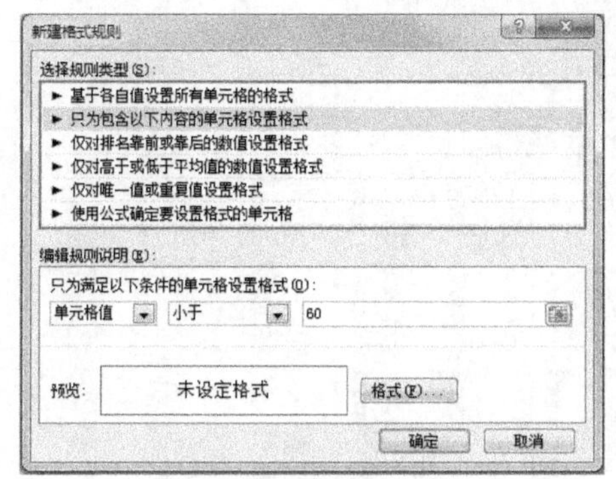

图4-28　新建格式规则

计算机应用4班学生成绩表

序号	学号	姓名	英语	高数	计算机基础	大学语文	上机实训
1	20150901401	张琴	90	80	74	89	优
2	20150901402	赵赤	*55*	65	87	75	优
3	20150901403	章熊	65	75	63	78	良
4	20150901404	王费	87	86	74	72	及格
5	20150901405	李艳	68	90	91	98	优
6	20150901406	熊思思	69	66	72	61	良
7	20150901407	李莉	89	75	83	68	优
8	20150901408	何梦	72	68	63	65	*不及格*
9	20150901409	于梦溪	78	61	81	81	优
10	20150901410	张潇	64	*42*	65	60	良
11	20150901411	程桥	*59*	*55*	78	82	及格

图4-29　条件格式设置效果图

2. 套用表格格式

Excel 2010 中提供了一些已经设置好的表格格式。如果用户希望工作表更美观，但又不想浪费太多的时间用于设置工作表格式时，可直接调用系统中已经设置好的表格格式，这样不仅可提高工作效率，还可保证表格格式的美观，具体操作步骤如下。

（1）选择需要套用表格格式的单元格区域，在【开始】/【样式】组中单击“套用表格格式”按钮，在下拉列表框中选择一种表格样式选项。

（2）由于已选择了套用范围的单元格区域，这里只需在打开的“套用表格式”对话框中单击“确定”按钮即可，如图 4-30 所示。

微课：套用表格格式

（3）套用表格格式后，将激活【表格工具】/【设计】上下文选项卡，在其中可重新设置表格样式和表格样式选项。

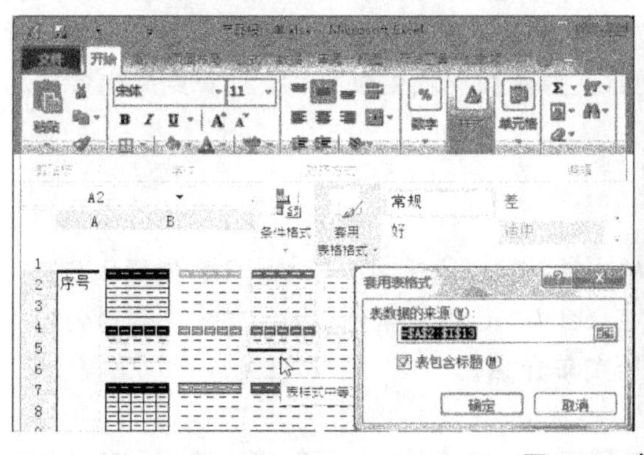

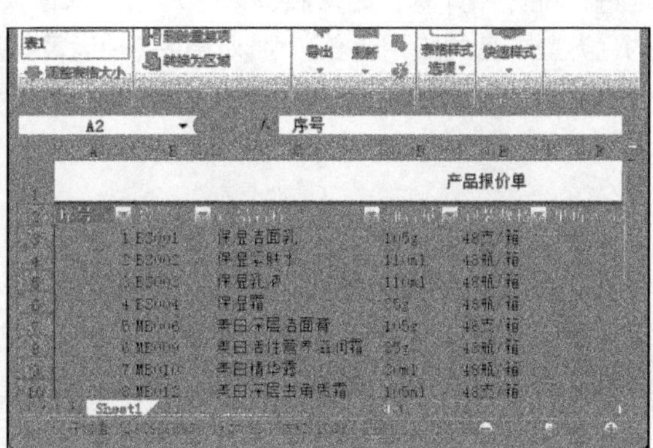

图4-30　套用表格格式

3. 设定与使用主题

主题是一组格式的集合，其中包括主题颜色、主题字体（包括标题字体、正文字体）和主题效果（包括线条、填充效果）等。通过应用文档主题，可以快速设定文档格式基调并使其看起来更加美观且专业。

Excel 2010 提供了许多内置的文档主题，还允许用户创建自己的文档主题。

图4-31 主题列表

● 使用主题

设定主题的基本方法是：打开需要应用主题的工作簿文档，在【页面布局】/【主题】组中单击“主题”按钮，打开图 4-31 所示的主题列表，从中选择需要的主题类型即可。

● 自定义主题

自定义主题可以根据用户的需要选择特定的颜色组合、字体组合和效果组合结合在一起并保存，以供选用。具体操作步骤如下。

（1）在【页面布局】/【主题】组中，单击“颜色”按钮选择一组主题颜色，通过“新建主题颜色”选项，可以自行设定颜色组合。

（2）单击“字体”按钮选择一组主题字体，通过“新建主题字体”选项，可以自行设定字体组合。

（3）单击“效果”按钮选择一组主题效果。

（4）在【页面布局】/【主题】组中单击“主题”按钮，在打开的主题列表最下方选择“保存当前主题”选项，在打开的对话框中输入主题名称。

（5）单击“保存”按钮，新建主题将会显示在主题列表最上方的“自定义”区域以供选用。

4.4 公式和函数

Excel 2010 中，不仅可以输入数据并进行格式化，更为重要的是可以通过公式或函数方便地进行统计和计算，如求和、求平均值、求最大值和最小值等。为此，Excel 2010 提供了大量的、类型丰富的实用函数，可以通过各种运算符及函数构造出各种公式以满足计算的需要。通过公式和函数计算出的结果不但正确率有保证，而且在原始数据发生改变后，计算结果也会自动更新。

4.4.1 使用公式的基本方法

公式就是一组表达式，它以“=”（等号）开始，其后的表达式由单元格引用、常量、运算符以及括号组成，复杂的公式还可以包括函数。在 Excel 2010 中使用公式前，首先需要对公式中的运算符和语法有大致的了解，下面分别对其进行简单介绍。

1. 运算符及其优先级

运算符即公式中的运算符号，用于对公式中的元素进行特定计算。运算符主要用于连接数据并产生相应的计算结果。常用的运算符有 4 类，如表 4-1 所示。

引用运算符是电子表格特有的运算符，可将单元格区域合并计算。

- 冒号（:）：引用运算符，具体指由两个对角的单元格围起来的单元格区域，如“A2:B4”，指定了 A2、B2、A3、B3、A4、B4 共 6 个单元格。
- 逗号（，）：联合运算符，表示逗号前后的单元格同时引用。例如“B3，C4，D5”，指定了 B3、C4、D5 这三个单元格。

表 4-1　运算符及其优先级

优先级别	类别	运算符
高 ↓ 低	引用运算符	:（冒号）、,（逗号）、（空格）
	算术运算符	-（负号）、%、^（乘方）、*和/、+和-
	字符连接运算符	&
	比较运算符	=、<、<=、>、>=、<>（不等于）

- 空格：交叉运算符，引用两个或两个以上单元格区域的重叠部分。例如“B5:D10 C7:E9”指定 C7、C8、C9、D7、D8、D9 这 6 个单元格，如果单元格区域没有重叠部分，就会出现错误信息“#NULL!”。

字符连接运算符&的作用是将两个字符串连接成为一个字符串。如果在公式中直接输入文本，则文本需要用英文双引号括起来。

2. 语法

Excel 2010 中的公式是按照特定的顺序进行数值运算的，这一特定顺序即为语法。Excel 2010 中的公式遵循一个特定的语法，最前面是等号，后面是参与计算的参数和运算符。如果公式中同时使用了多个运算符，则需按照运算符的优先级别进行运算，如果公式中包含了相同优先级别的运算符，则先进行括号里面的运算，然后再从左到右依次计算。

3. 输入公式

在 Excel 2010 中输入公式的方法与输入数据的方法类似，只需将公式输入相应的单元格中即可计算出结果，具体操作步骤如下。

（1）单击要输入公式的单元格。

（2）在单元格中输入一个等号“=”。

（3）输入第一个数值、单元格引用或者函数等。

（4）输入一个运算符。

（5）输入下一个数值、单元格引用等。

（6）重复以上步骤，输入完成后，按【Enter】键即可在单元格中显示出计算结果。

4. 编辑公式

编辑公式与编辑数据的方法相同。用鼠标双击含有公式的单元格，进入编辑状态，将插入点定位在编辑栏或单元格中需要修改的位置，按【Backspace】键删除多余或错误的内容，再输入正确的内容，完成后按【Enter】键即可完成公式的编辑，Excel 2010 自动对新公式进行计算。

4.4.2　公式中的单元格引用

输入单元格中的公式，可以像普通数据一样，通过拖动单元格右下角的填充柄或者通过【开始】/【编辑】组中的“填充”来进行公式的复制填充。此时，自动填充的内容不是数据本身，而是复制的公式，填充时公式中对单元格的引用采用的是相对引用。

1. 单元格引用分类

在复制公式时，单元格地址的正确引用十分重要。Excel 2010 中单元格地址的引用分为相对引用、绝对引用和混合引用三种。根据计算的要求，在公式中会出现相对地址、绝对地址和混合地址以及它们的混合使用。

- 相对地址

相对地址是指输入公式时直接通过单元格地址来引用单元格，如 A8、D3 等。表示当含有相对地址的公式被复制到目标单元格时，公式不是照搬原来单元格的内容，而是根据公式原来所在的位置和复制到的目标位置推算出公式中单元格地址相对于原位置的变化，使用变化后的单元格地址中的内容进行计算。

例如：在 Sheet1 工作表 D1 单元格中有公式“=（A1+B1+C1）/3”，将其复制到 D2 单元格时，由于公式原来位置 D1 与目标位置 D2 相比，列号不变，行号加 1，因此，D2 单元格的公式为“=（A2+B2+C2）/3”；将 D1 单元格公式“=（A1+B1+C1）/3”复制到 E3 单元格时，公式原来位置 D1 与目标位置 E3 相比，列号加 1，行号加 2，因此，E3 单元格的公式为“=（B3+C3+D3）/3”。

- 绝对地址

绝对地址是指在单元格地址的行号和列号前分别加上符号“$”，如$A$8、$D$3 等。单元格中含有绝对地址的公式无论被复制到哪个单元格，公式所引用的绝对地址均不会发生变化，公式永远是照搬原来单元格的内容。例如：D1 单元格有公式“=（$A$1+$B$1+$C$1）/3”，当将公式复制到 E3 单元格时公式仍然为“=（$A$1+$B$1+$C$1）/3”，公式中单元格引用地址不变。

- 混合地址

混合地址包含了相对地址和绝对地址。混合地址有两种形式，一种是行绝对、列相对，如“B$2”；另一种是行相对、列绝对，如“$B2”。单元格中含有混合地址的公式被复制到目标单元格时，相对地址部分会根据公式原来的位置和复制到的目标位置推算出公式中单元格地址相对原位置的变化，而绝对地址部分永远不变，之后，使用变化后的单元格地址中的内容进行计算。例如：将 D1 单元格公式“=（$A1+B$1+C1）/3”复制到 E3 单元格时，公式为“=（$A3+C$1+D3）/3”。

2. 跨工作表的单元格地址引用

单元格地址的一般形式为“[工作簿文件名]工作表名!单元格地址”。

在引用当前工作簿中不同工作表的单元格地址时，当前“[工作簿文件名]”可以省略，引用当前工作表单元格地址时“工作表名!”可以省略。例如，单元格 F4 中公式为“=（C4+D4+E4）*Sheet2!B1”，其中“Sheet2!B1”表示当前工作簿中 Sheet2 工作表的 B1 单元格地址，而 C4 表示当前工作表中 C4 单元格的地址。

4.4.3 使用函数的基本方法

函数实际上是一类特殊的、事先编辑好的公式，是为解决那些复杂计算需求而提供的一种预置算法。Excel 2010 提供了财务、日期与时间、数学与三角函数、统计、查找与引用、数据库、文本、逻辑、信息、工程和多维数据集这 12 类函数。运用函数进行计算可以大大简化公式的输入过程，只需设置必要的函数参数即可进行正确的计算。

1. 函数的形式

函数一般由函数名和参数组成，形式为“函数名（[参数 1]，[参数 2]，……）”。

其中，函数名由 Excel 提供，函数名中不区分大小写字母；括号中的参数可以有多个，中间用英文逗号隔开，方括号“[]”中的参数是可选参数，而没有方括号的参数是必需的参数，有的函数可以没有参数。函数参数可以是常量、单元格地址、单元格区域、已定义的名称、公式或函数等。

与输入公式相同，输入函数时也必须以等号“=”开始。

2. 函数的分类

Excel 2010 提供了大量函数，并按其功能进行了分类。Excel 2010 默认提供的函数类别如表 4-2 所示。

表 4-2 Excel 2010 函数类别

函数类别	常用函数示例及说明
财务函数	NPV（rate，value1，[value2]，…）通过使用贴现率以及一系列未来支出和收入，返回一项投资的净现值
日期和时间函数	YEAR（serial_number）返回某日期对应的年份
数学与三角函数	INT（number）将数字向下取整到最接近的整数
统计函数	AVERAGE（number1，[number2]，…）返回参数的算术平均值
查找与引用函数	VLOOKUP（lookup_value，table_array，col_index_num，[range_lookup]）搜索某个单元格区域的第一列，然后返回该区域相同行上任意单元格中的值
数据库函数	DCOUNTA（database，field，criteria），返回数据库中满足指定条件的记录字段（列）中的非空单元格的个数
文本函数	MID（text，start_num，num_chars）返回字符串中从指定位置开始的指定个数的字符
逻辑函数	IF（Logical_test，[Value_if_true]，[Value_if_false]）判断是否满足某个指定的条件，如果满足即返回某个值，如果不满足则返回另一个值
信息函数	ISBLANK（value）检验引用单元格的值是否为空，若为空则返回 TRUE
工程函数	CONVERT（number，from_unit，to_unit）将数字从一种度量体系转换为另一种度量体系，例如可以将“英里”转换为“千米”
兼容性函数	RANK（number，ref，[order]）返回某个数值在数字列表中的排位。该函数为保持与以前版本的兼容性而设置，Excel 2010 中可用 RANK.EQ 代替
多维数据集函数	CUBEVALUE（connection，member_expression1，…）从多维数据集中返回汇总值

3. 函数的输入与编辑

函数的输入方法与公式类似，可以直接在单元格中输入“=函数名（参数列表）”，但是要想记住每一个函数名并正确输入所有参数是非常困难的。因此通常采用参照的方式输入函数。

- 通过“插入函数”对话框插入函数

通过“插入函数”对话框输入函数是输入函数的常用方法之一，具体操作步骤如下。

（1）选定要插入函数的单元格。

（2）在【公式】/【函数库】组中单击“插入函数”按钮，打开图 4-32 所示的“插入函数”对话框。

（3）在“选择类别”下拉列表框中选择函数类别，然后在“选择函数”列表框中单击所需的函数名，单击“确定”按钮。

（4）在打开的“函数参数”对话框中输入参数即可，如图 4-33 所示。如果选择单元格区域作为函数参数，则单击参数框右侧的折叠对话框按钮来缩小公式选项板，选择单元格区域结束后，再单击参数框右侧的展开对话框按钮恢复公式选项板。

（5）单击“确定”按钮完成函数参数输入并返回工作表中查看计算结果。

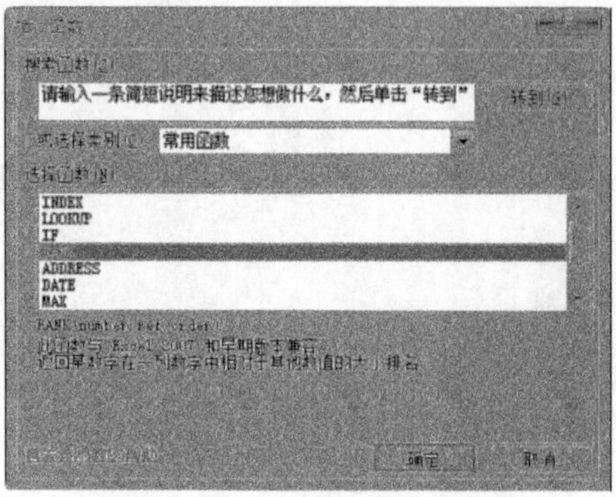

图4-32 “插入函数”对话框

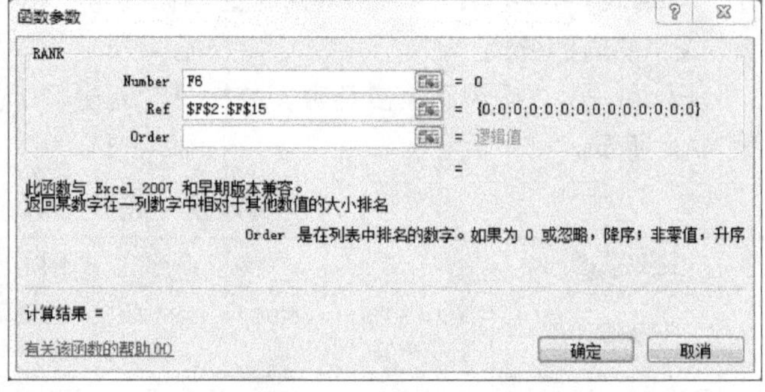

图4-33 “函数参数”对话框

- 通过【函数库】组插入函数

通过【函数库】组插入函数的具体操作步骤如下

（1）选定要插入函数的单元格

（2）在【公式】/【函数库】组中单击某一函数类别按钮。

（3）从打开的函数列表中选择所需要的函数，同样可以打开图 4-33 所示的“函数参数”对话框。

（4）输入函数参数后，单击“确定”按钮。

- 修改函数

在包含函数的单元格中双击鼠标，进入编辑状态，对函数进行修改后按【Enter】键确认。

- 函数嵌套

函数嵌套是指一个函数可以作为另一个函数的参数使用。例如 ROUND（AVERAGE（A2:C2），1），其中，ROUND 为一级函数，AVERAGE 为二级函数。先执行 AVERAGE 函数，再执行 ROUND 函数。一定要注意，AVERAGE 函数作为 ROUND 函数的参数，它的返回值的类型必须与 ROUND 函数参数的数值类型相匹配。Excel 函数最多可以嵌套七级。

4.4.4 常用函数的使用

Excel 2010 中提供了多种函数，每个函数的功能、语法结构及其参数的含义各不相同，本节将介绍一些常用函数的功能及其使用方法。如 SUM 函数、AVERAGE 函数、IF 函数、MAX/MIN 函数、COUNT 函数、SIN 函数以及 RANK.EQ 函数等。

1. 求和函数 SUM（number1，[number2]，…）

功能：求指定参数 number1、number2…相加的和。

参数说明：至少需要包含一个参数 number1。每个参数可以是单元格引用、单元格区域、数组、常量、公式或另一个函数的结果。

例如：=SUM（A1:A5）是将 A1:A5 中的所有数值相加； =SUM（A1，A3，A5）是将单元格 A1、A3 和 A5 中的数值相加。

下面在“产品销售测评表”中，求各门店的月营业总额，具体操作步骤如下。

（1）打开“产品销售测评表.xlsx”，选择 H4 单元格，在【公式】/【函数库】组中单击“自动求和”按钮。

（2）此时，便在 H4 单元格中插入求和函数“SUM”，同时 Excel 将自动识别函数参数“B4:G4”，如图 4-34 所示。

（3）单击编辑栏上的“输入”按钮✓，完成求和的计算，将鼠标指针移动到 H4 单元格的右下角，当其变为✚形状时，按住鼠标左键不放向下拖动至 H15 单元格后释放鼠标左键，系统将自动填充各门店月营业总额，如图 4-35 所示。

INDEX　=SUM(B4:G4)

上半年产品销售测评表										
店名	营业额（万元）						月营业总额	月平均营业额	名次	是否优秀
	一月	二月	三月	四月	五月	六月				
A店	95	85	85	90	89	84	=SUM(B4:G4)			
B店	92	84	85	85	88	90	SUM(number1, [number2], ...)			
D店	85	88	87	84	84	83				
E店	80	82	86	88	81	80				
F店	87	89	86	84	83	88				
G店	86	84	85	81	80	82				
H店	71	73	69	74	69	77				
I店	69	74	76	72	76	65				
J店	76	72	72	77	72	80				
K店	72	77	80	82	86	88				

图4-34　插入求和函数

店名							
A店	95	85	85	90	89	84	528
B店	92	84	85	85	88	90	524
D店	85	88	87	84	84	83	511
E店	80	82	86	88	81	80	497
F店	87	89	86	84	83	88	517
G店	86	84	85	81	80	82	498
H店	71	73	69	74	69	77	433
I店	69	74	76	72	76	65	432
J店	76	72	72	77	72	80	449
K店	72	77	80	82	86	88	485
L店	88	70	80	79	77	75	469
M店	74	65	78	77	68	73	435

图4-35　自动填充营业额

2. 条件求和函数 SUMIF（range，criteria，[sum_range]）

功能：对指定单元格区域中符合指定条件的值求和。

具体参数说明如下。

- range：必需的参数。用于条件计算的单元格区域。
- criteria：必需的参数。求和的条件，其形式可以为数字、表达式、单元格引用、文本或函数。例如，条件可以表示为 64、">64"、"北京"、TODAY（ ）等。
- sum_range：可选参数。要求和的实际单元格区域。如果 sum_range 参数被省略，Excel 2010 会对 range 参数中符合条件的单元格求和。

例如：=SUMIF（B2:B5，"John"，C2:C5），表示从 B2:B5 中查找等于“John”的单元格，并对其在 C2:C5 中相同行上的单元格求和；=SUMIF（B2:B25，">5"）表示对 B2:B25 区域中大于 5 的数值求和。

3. 平均值函数 AVERAGE（number1，[number2]，…）

功能：求指定参数 number1、number2…的算术平均值。

参数说明：至少需要包含一个参数 number1，最多可包含 255 个。

例如：=AVERAGE（B2：B6）表示对单元格区域 B2 到 B6 中的数值求平均值；=AVERAGE（B2：B6，C6）表示对单元格区域 B2 到 B6 中的数值与 C6 中的数值求平均值。

下面在“产品销售测评表”中，求各门店的月平均营业额，其具体操作步骤如下。

（1）打开“产品销售测评表.xlsx”，选择 I4 单元格，在【公式】/【函数库】组中单击“自动求和”按钮下方的下拉按钮，在打开的下拉列表框中选择“平均值”选项。

（2）此时，系统将自动在 I4 单元格中插入平均值函数“AVERGE”，同时 Excel 将自动识别函数参数“B4:H4”，将此参数手动更改为“B4:G4”，如图 4-36 所示。

（3）单击编辑栏中的“输入”按钮✓，完成函数的输入并计算结果。

（4）将鼠标指针移动到 I4 单元格右下角，当其变为✚形状时，按住鼠标左键不放向下拖动至 I15 单元格释放鼠标左键，系统将自动填充各门店月平均营业额，如图 4-37 所示。

INDEX　=AVERAGE(B4:G4)

店名	营业额（万元）						月营业总额	月平均营业额	名次	是否优秀
	一月	二月	三月	四月	五月	六月				
A店	95	85	85	90	89	84	528	=AVERAGE(B4:G4)		
B店	92	84	85	85	88	90	524	AVERAGE(number1, [number2]		
D店	85	88	87	84	84	83	511			
E店	80	82	86	88	81	80	497			
F店	87	89	86	84	83	88	517			
G店	86	84	85	81	80	82	498			
H店	71	73	69	74	69	77	433			
I店	69	74	76	72	76	65	432			
J店	76	72	72	77	72	80	449			
K店	72	77	80	82	86	88	485			
L店	88	70	80	79	77	75	469			
M店	74	65	78	77	68	73	435			

图4-36　插入平均值函数

店名	营业额（万元）						月营业总额	月平均营业额	名次
	一月	二月	三月	四月	五月	六月			
A店	95	85	85	90	89	84	528	88	
B店	92	84	85	85	88	90	524		
D店	85	88	87	84	84	83	511		
E店	80	82	86	88	81	80	497		
F店	87	89	86	84	83	88	517		
G店	86	84	85	81	80	82	498		
H店	71	73	69	74	69	77	433		
I店	69	74	76	72	76	65	432		
J店	76	72	72	77	72	80	449		
K店	72	77	80	82	86	88	485		
L店	88	70	80	79	77	75	469		
M店	74	65	78	77	68	73	436		

图4-37　自动填充月平均营业额

4. 条件平均值函数 AVERAGEIF（range，criteria，[average_range]）

功能：对指定区域中满足给定条件的所有单元格中的数值求算术平均值。

具体参数说明如下。

- range：必需的参数。用于条件计算的单元格区域。
- criteria：必需的参数。求平均值的条件，其形式可以为数字、表达式、单元格引用、文本或函数。
- average_range：可选参数。要计算平均值的实际单元格区域。如果 average_range 参数被省略，Excel 会对 range 参数中符合条件的单元格求平均值。

例如：=AVERAGEIF（B2:B5，">5000" ）表示对单元格区域 B2：B5 中大于 5000 的数值求平均值；=AVERAGEIF（B2:B5，">5000"，C2:C5）表示从 B2:B5 中查找大于 5000 的单元格，并对其在 C2:C5 中相同行上的单元格求平均值。

5. 最大值函数 MAX（number1，[number2]，…）

功能：求指定参数 number1、number2…中的最大值。

参数说明：至少需要包含一个参数 number1，且必须是数值，最多可包含 255 个。

例如：=MAX（B2:B6）表示从单元格区域 B2:B6 中查找并返回最大值。

6. 最小值函数 MIN（number1，[number2]，…）

功能：求指定参数 number1、number2…中的最小值。

参数说明：至少需要包含一个参数 number1，且必须是数值，最多可包含 255 个。

例如：=MIN（B2:B6）表示从单元格区域 B2:B6 中查找并返回最小值。

下面在“产品销售测评表”中，求各门店的月最高营业额和最低营业额，具体操作步骤如下。

（1）打开“产品销售测评表.xlsx”，选择 B16 单元格，在【公式】/【函数库】组中单击“自动求和”按钮下方的下拉按钮▾，在打开的下拉列表框中选择“最大值”选项，如图 4-38 所示。

（2）此时，系统将自动在 B16 单元格中插入最大值函数“MAX”，同时 Excel 将自动识别函数参数“B4:B15”，如图 4-39 所示。

（3）单击编辑栏中的“输入”按钮✓，完成函数的输入并计算结果。将鼠标指针移动到 B16

单元格的右下角，当其变为“+”形状时，按住鼠标左键不放并向右拖动至 I16 单元格释放鼠标，系统将自动计算出每个月所有门店的最高营业额、最高月营业总额和最高月平均营业额。

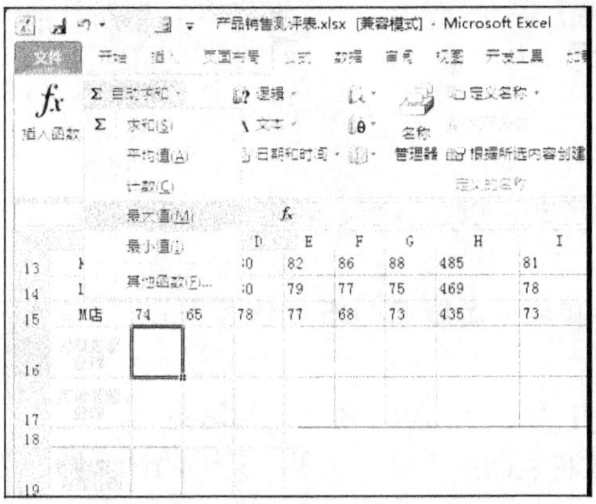

图4-38　选择“最大值”选项

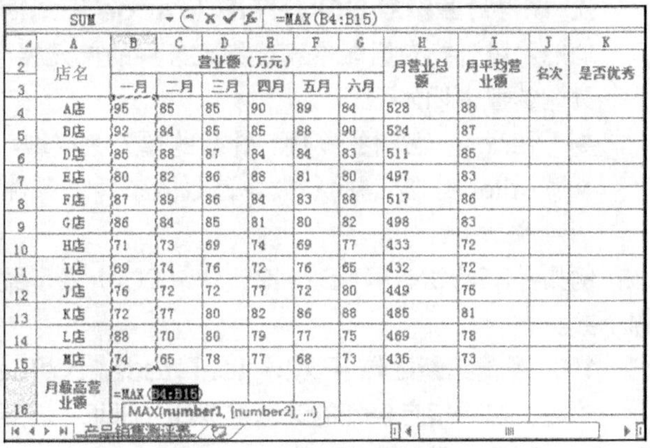

图4-39　插入最大值函数

（4）选择 B17 单元格，在【公式】/【函数库】组中单击“自动求和”按钮下方的下拉按钮，在打开的下拉列表框中选择“最小值”选项。

（5）此时，系统自动在 B17 单元格中插入最小值函数“MIN”，同时 Excel 将自动识别函数参数“B4: B16”，手动将其更改为“B4:B15”。

微课：使用最大值函数 MAX 和最小值函数 MIN

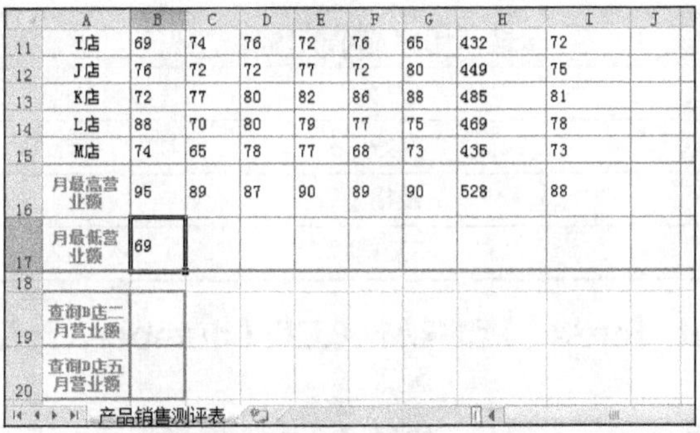

（6）单击编辑栏中的“输入”按钮，完成函数的输入并计算结果，如图 4-40 所示。

（7）将鼠标指针移动到 B17 单元格右下角，当其变为+形状时，按住鼠标左键不放并向右拖动至 I17 单元格释放鼠标左键，系统将自动计算出各门店最低月营业额和最低月营业总额、月最低平均营业额，如图 4-41 所示。

图4-40　插入最小值函数

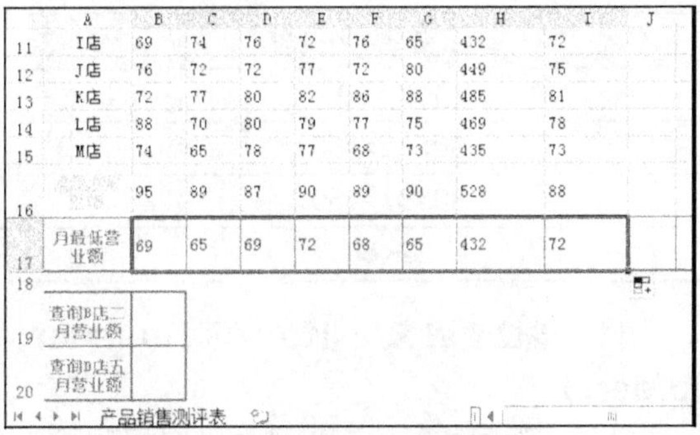

图4-41　自动填充月最低营业额

7. 计数函数 COUNT（value1，[value2]，…）

功能：统计指定区域中数值型数据的个数。只对存放数值的单元格进行计数。

参数说明：至少包含一个参数，最多可包含 255 个。

例如：=COUNT（B2:B8）表示统计单元格区域 B2:B8 中存放数值的单元格个数。

8. 计数函数 COUNTA（value1，[value2]，…）

功能：统计指定区域中不为空的单元格的个数。可对包含任何信息的单元格进行计数。

参数说明：至少包含一个参数，最多可包含 255 个。

例如：=COUNTA（B2:B8）表示统计单元格区域 B2:B8 中非空单元格的个数。

9. 条件计数函数 COUNTIF（range，criteria）

功能：统计指定区域中满足指定条件的单元格个数。

具体参数说明如下。

- range：必需的参数。计数的单元格区域。
- criteria：必需的参数。计数的条件。条件的形式可以为数字、表达式、单元格地址或文本。

例如：=COUNTIF（B2：B5，">50"）表示统计单元格区域 B2:B5 中值大于 50 的单元格的个数。

10. 逻辑判断函数 IF（logical_test，[value_if_true]，[value_if_false]）

功能：如果指定条件的计算结果为 TRUE，IF 函数将返回某个值；如果该条件的计算结果为 FALSE，则返回另一个值。

微课：使用 IF 函数

具体参数说明如下。

- logical_test：必需的参数。作为判断条件的任意值或表达式。
- value_if_true：可选的参数。logical_test 参数的计算结果为 TRUE 时所要返回的值。
- value_if_false：可选的参数。logical_test 参数的计算结果为 FALSE 时所要返回的值。

例如：=IF（B2>=60，"及格"，"不及格"）表示，如果单元格 B2 中的值大于等于 60，则显示"及格"字样，否则显示"不及格"字样。

=IF（B2>=90，"优秀"，IF（B2>=80，"良好"，IF（B2>=60，"及格"，"不及格"）））表示的对应关系如表 4-3 所示：

表 4-3　IF 函数嵌套对应关系

单元格 B2 中的值	公式单元格显示的内容
B2>=90	优秀
90>B2>=80	良好
80>B2>=60	及格
B2<60	不及格

11. 排位函数 RANK.AVG（number，ref，[order]）和 RANK.EQ（number，ref，[order]）

功能：返回某数字在一列数字中相对于其他数值的大小排名。如果多个数值排名相同，使用函数 RANK.AVG 将返回该数值的平均排名，使用函数 RANK.EQ 将返回该数值的实际排名。

具体参数说明如下。

- number：必需的参数。要确定其排位的数值。
- ref：必需的参数。要查找的数值列表所在的位置。
- order：可选参数。指定数值列表的排序方式，其中：如果 order 为 0 或忽略，对数值的排位按照降序的方式排列；如果 order 不为 0，对数值的排位按照升序的方式排列。

=RANK.EQ（5,B2:B6,1）表示求数值 5 在单元格区域 B2:B6 数值列表中的升序排位。

下面在“产品销售测评表”中，求各门店的月营业总额的排名，具体操作步骤如下。

（1）打开“产品销售测评表.xlsx”，选择 J4 单元格，在【公式】/【函数库】组中单击“插入函数”按钮 *fx*，打开“插入函数”对话框。

（2）在“选择类别”下拉列表框中选择“全部”选项，在“选择函数”列表框中选择“RANK.EQ”选项，如图 4-42 所示。

微课：使用排名函数 RANK

（3）单击“确定”按钮，打开“函数参数”对话框，在“Number”文本框中输入“H4”，单击“Ref”文本框右侧的“收缩”按钮。

（4）此时该对话框呈收缩状态，拖动鼠标选择要计算的 H4:H15 单元格区域。

（5）单击右侧的“拓展”按钮，返回“函数参数”对话框，将“Ref”文本框中的单元格的引用地址转换为绝对引用，如图 4-43 所示。

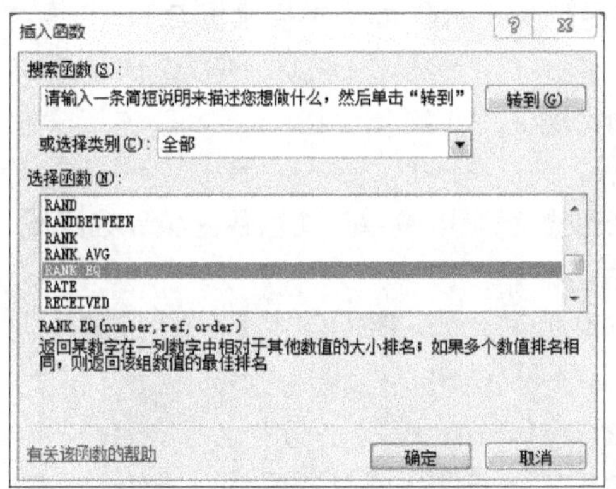

图4-42 “插入函数”对话框

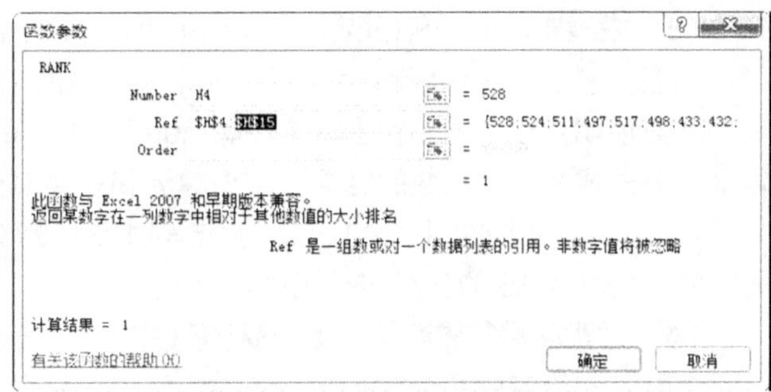

图4-43 “函数参数”对话框

（6）单击“确定”按钮，返回工作表即可查看排名情况。

（7）将鼠标指针移动到 J4 单元格的右下角，当其变为+形状时，按住鼠标左键不放向下拖动至 J15 单元格后释放鼠标左键即可计算出各门店的月营业总额排名。

12. 垂直查询函数 VLOOKUP（lookup_value，table_array，col_index_num，[range_lookup]）

功能：搜索指定单元格区域的第一列，然后返回该区域相同行上任何指定单元格的值。

具体参数说明如下。

- lookup_value：必需的参数。要在单元格区域的第 1 列中搜索的值。
- table_array：必需的参数。要查找的数据所在的单元格区域，lookup_value 要搜索的值在 table_array 的第 1 列中。
- col_index_num：必需的参数。最终返回数据所在的列号。col_index_num 为 1 时，返回 table_array 第 1 列中的值；col_index_num 为 2 时，返回 table_array 第 2 列中的值，以此类推。
- range_lookup：可选参数。一个逻辑值，取值为 TRUE 或 FALSE，指定希望 VLOOKUP 查找精确匹配值还是近似匹配值。如果 range_lookup 为 TRUE 或被省略，则返回近似匹配值，如果找不到精确匹配值，则返回小于 lookup_value 的最大值。如果 range_

lookup 为 FALSE，VLOOKUP 将只查找精确匹配值。如果 table_array 的第 1 列中有两个或更多值与 lookup_value 匹配，则使用第一个找到的值。如果找不到精确匹配值，则返回错误值#N/A。

如 range_lookup 为 TRUE 或省略，则必须按升序排列 table_array 第 1 列中的值；否则，VLOOKUP 可能无法返回正确的值。如果 range_lookup 为 FALSE，则不需要对 table_array 第 1 列中的值进行排序。

例如：=VLOOKUP（1，A2:C10，2）要查找的区域为 A2:C10，因此 A 列为第 1 列，B 列为第 2 列，C 列为第 3 列。表示近似匹配搜索 A 列（第 1 列）中的值 1，如果在 A 列中没有 1，则近似找到 A 列中与 1 最接近的值，然后返回同一行中 B 列（第 2 列）的值。

=VLOOKUP（0.7，A2:C10，3，FALSE）表示使用精确匹配在 A 列中搜索值 0.7。如果 A 列中没有 0.7 这个值，则返回一个错误#N/A。

13. 求乘积函数 PRODUCT（number1，number2，…）

功能：求指定的参数 number1、number2…的乘积。

参数说明：至少需要包含一个参数 number1。每个参数都可以是单元格引用、单元格区域、常量、公式或另一个函数的结果，空白单元格视为 0 进行计算。

例如：=PRODUCT（A1，B1）与=A1*B1 的结果相同；=PRODUCT（A1：A5）与=A1*A2*A3*A4*A5 的计算结果相同。

14. 对乘积进行求和函数 SUMPRODUCT（array1，array2，…）

功能：在给定的几个数组中，将数组间对应的元素相乘，并返回乘积之和。

具体参数说明如下。

- array1：必需的参数。其相应元素需要进行相乘并求和的第一个数组参数。
- array2，array3…：可选参数。2 到 255 个数组参数，其相应元素需要进行相乘并求和。
- 数组参数必须具有相同的维数，否则，函数 SUMPRODUCT 将返回错误值 #VALUE!。
- 函数 SUMPRODUCT 将非数值型的数组元素作为 0 处理。

例如：= SUMPRODUCT（A2:B5，D2:E5），表示将两个数组中所有对应元素的乘积求和，结果为 A2*D2+B2*E2+A3*D3+B3*E3+A4*D4+B4*E4+A5*D5+B5*E5 的值。

15. 绝对值函数 ABS（number）

功能：返回数值 number 的绝对值，number 为必需的参数。

例如：=ABS（–5），表示求–5 的绝对值；=ABS（B5），表示对单元格 B5 中的值求绝对值。

16. 向下取整函数 INT（number）

功能：将数值 number 向下舍入到最接近的整数，number 为必需的参数。

例如：=INT（6.7）表示将 6.7 向下舍入到最接近的整数，结果为 6；=INT（–7.8）表示将–7.8 向下舍入到最接近的整数，结果为–8。

17. 四舍五入函数 ROUND（number，num_digits）

功能：将指定的数值 number 按指定的位数 num_digits 进行四舍五入。

例如：=ROUND（30.6275，2）表示将数值 30.6275 四舍五入，保留两位小数。

18. 取整函数 TRUNC（number，[num_digits]）

功能：将指定的数值 number 的小数部分截去，返回整数。num_digits 为取整精度，默认为 0。

例如：=TRUNC（7.6）表示取 7.6 的整数部分，结果为 7；=TRUNC（-7.6）表示取-7.6 的整数部分，结果为-7。

19. 当前日期和时间函数 NOW()

功能：返回当前日期和时间。当将数据格式设置为数值时，会返回当前日期和时间所对应的数值，该数值的整数部分表示当天与 1900 年 1 月 1 日之间相差的天数。当需要在工作表上显示当前日期和时间，或者需要根据当前日期和时间计算并自动更新一个值时，此函数非常有用。

参数说明：此函数没有参数，所返回的值是计算机系统的当前日期和时间。

20. 函数 YEAR（serial_number）

功能：返回指定日期对应的年份。返回值为 1900 到 9999 之间的整数。

参数说明：serial_number　必需的参数。是一个日期型数据，其中包含要查找的年份。

例如：=YEAR（B2），当在 B2 单元格中输入日期 2016/10/1 时，该函数的返回值为 2016。

21. 当前日期函数 TODAY()

功能：返回今天的日期。当将数据格式设置为数值时，会返回今天日期所对应的数值，该数值表示今天与 1900 年 1 月 1 日之间的天数。通过该函数，可以实现无论何时打开工作簿时工作表上都能显示当前日期；该函数也可用于计算时间间隔，以及计算一个人的年龄。

参数说明：此函数没有参数，所返回的值是计算机系统的当前日期。

例如：=YEAR（TODAY()）-1978，假设一个人出生在 1978 年，该公式中的 TODAY 函数作为 YEAR 函数的参数来获取当前年份，然后减去 1978，最终返回此人的年龄。

22. 文本合并函数 CONCATENATE（text1，[text2]，…）

功能：将几个文本字符串合并成一个字符串。可将最多 255 个字符串连接成一个字符串。连接项可以是文本、数字、单元格地址或这些项目的组合。

参数说明：至少有一个文本字符串，最多可以有 255 个，各字符串之间用逗号隔开。

例如：=CONCATENATE（“计算机”，“考试”）表示将“计算机”和“考试”两个字符串连接成一个字符串“计算机考试”。

另外，也可以使用文本连接运算符“&”代替 CONCATENATE 函数来实现文本字符串的连接。例如：="计算机"&"考试"与=CONCATENATE（“计算机”，“考试”）的返回值相同。

23. 截取字符串函数 MID（text，start_num，num_chars）

功能：从文本字符串中的指定位置开始截取指定个数的字符并返回。

具体参数说明如下。

text：必需的参数。表示要从中截取字符的文本字符串。

start_num：必需的参数。字符串中要提取的第一个字符的位置，用阿拉伯数字表示。

num_chars：必需的参数。指定从文本字符串中截取并返回的字符个数。

例如：=MID（A5，3，5）表示从单元格 A5 中文本字符串的第 3 个字符开始，截取 5 个字符作为函数的返回值。

24. 左侧截取字符串 LEFT（text，[num_chars]）

功能：从文本字符串最左边开始返回指定个数的字符。

具体参数说明如下。

text：必需的参数。表示要从中截取字符的文本字符串。

num_chars：可选的参数。指定要截取的字符数量，必须是大于或等于 0 的整数，如果省略该参数，则默认其值为 1。

例如：=LEFT（B2，4），表示从单元格 B2 中的字符串中提取最左侧的 4 个字符。

25. 右侧截取字符串 RIGHT（text，[num_chars]）

功能：从文本字符串最右边开始返回指定个数的字符。

具体参数说明如下。

text：必需的参数。表示要从中截取字符的文本字符串。

num_chars：可选的参数。指定要截取的字符数量，必须是大于或等于 0 的整数，如果省略该参数，则默认其值为 1。

例如：=RIGHT（B2，4），表示从单元格 B2 中的字符串中提取最右侧的 4 个字符。

26. 删除空格函数 TRIM（text）

功能：删除指定文本或区域中的空格。除了单词之间的单个空格外，该函数将会清除文本中的所有空格。

例如：=TRIM（"　第　一　季　度　"）表示删除中文文本的前导空格、尾部空格以及字符间的空格。

27. 求字符串长度函数 LEN（text）

功能：统计并返回指定文本字符串中的字符个数。

具体参数说明如下。

text：必需的参数。表示要统计其长度的文本字符串。空格也将作为字符个数进行统计。

例如：=LEN（B2），表示统计 B2 单元格中字符串的长度。

4.4.5 公式和函数常见问题

在输入公式或函数的过程中，当输入有误时，单元格中经常会出现各种不同的错误提示信息。了解这些提示信息的含义，有助于更好地发现并修改公式或函数中的错误。表 4-4 中列出了公式或函数中常见的错误及其含义。

表 4-4 公式或函数中常见错误列表

错误提示	出错原因	举例
#DIV/0!	被除数为 0	例如=3/0
#N/A	引用了无法使用的数值	例如 HLOOKUP 函数的第 1 个参数对应的单元格为空
#NAME?	不能识别的名字	例如=sun（a1:a4）
#NULL!	交集为空	例如=sum（a1:a3 b1:b3）
#NUM!	数据类型不正确	例如=sqrt（-4）
#REF!	引用无效单元格	例如引用的单元格被删除
#VALUE!	不正确的参数或运算符	例如=1+"a"
#####	宽度不够	

下面简要说明各种错误信息可能产生的原因。

1. #DIV/0

若单元格中出现“#DIV/0”错误信息，可能的原因是：该单元格的公式中出现被零除问题，即输入的公式中出现了“0”除数，也可能是在公式中的除数引用了零值单元格或空白单元格。

解决的办法是修改公式中的零除数、零值单元格或空白单元格引用，或者在用作除数的单元格中输入不为零的值。

2. #N/A

当某个值不允许被用于函数或公式但却被其引用时，Excel 2010 将显示此错误。

3. #NAME?

在公式中使用了 Excel 2010 所不能识别的文本时将显示此错误信息。可以从以下几个方面进行检查。

- 使用了不存在的名称。应检查使用的名称是否存在。
- 公式中的名称或函数名拼写错误。修改拼写错误即可。
- 公式中区域引用不正确。如某单元格中有公式“=SUM（BZG3）”。
- 在公式中输入文本时没有使用英文双引号。

4. #NULL!

当指定两个不相交的区域的交集时，Excel 2010 将显示此错误。如果要引用两个不相交的区域，则两个区域之间应使用区域运算符“,”。

5. #NUM!

当公式或函数中包含无效数值时，Excel 2010 将显示此错误。

6. #REF!

当单元格引用无效时，Excel 2010 将显示此错误。设单元格 A9 中有数值“6”，单元格 A10 中有公式“=A9+1”，则单元格 A10 显示结果为 7。若删除单元格 A9，则单元格 A10 中的公式“=A9+1”对单元格 A9 引用无效，就会提示此错误信息。

7. #VALUE!

当公式中使用了不正确的参数时，将产生此错误信息。这时应确认公式或函数所使用的参数类型是否正确，公式中引用的单元格是否包含有效的数值。如果需要数字或逻辑值时却输入了文本，就会提示此错误信息。

8.

若单元格中出现“#####”错误信息时，可能的原因是单元格中的计算结果太长，该单元格的宽度不够，可以通过调整单元格的宽度来消除该错误，或者当单元格中包含负的日期或时间值时，Excel 2010 也将显示此错误。

4.5 图表

图表是以图形的形式来显示数值数据系列。通过创建图表可以更加直观地了解不同数据系列之间的关系以及数据之间的变化情况，方便对数据进行对比和分析。在 Excel 2010 中，只需选择图表类型、图表布局和图表样式，便可以轻松地创建具有专业外观的图表。

4.5.1 创建并编辑迷你图

迷你图是 Excel 2010 中的一个新功能，它不但简洁美观，而且可以清晰地展现数据的变化趋势，还可以突出显示最大值和最小值，并且占用空间也很小，因此为数据分析工作提供了极大的便利。

1. 迷你图的特点与作用

与普通图表不同，迷你图不是对象，而是插入单元格中的微型图表。因此，可以在单元格中输入文本并使用迷你图作为背景。

- 输入到行或列中的数据逻辑性很强，但很难一眼看出数据的分布形态。在数据旁边插入迷你图可以通过清晰简明的图形表示方法显示相邻数据的变化趋势。
- 当数据发生变化时，可以立即在迷你图中看到相应的变化。除了为一行或一列数据创建一个迷你图外，还可以通过选择与基本数据相对应的多个单元格来同时创建若干个迷你图。
- 通过拖动包含迷你图的单元格的填充柄，可以方便地为后面的数据创建迷你图。
- 打印包含迷你图的工作表时，迷你图将会被同时打印。

微课：插入迷你图

2. 创建迷你图

下面通过案例介绍如何创建一个迷你图，具体操作步骤如下。

（1）打开“销售分析表.xlsx”，选择 B16 单元格，在【插入】/【迷你图】组中单击“折线图”按钮，打开“创建迷你图”对话框，在“选择所需的数据”栏的“数据范围”文本框中输入飓风商城的数据区域“B4:B15”，单击“确定”按钮即可看到插入的迷你图，如图 4-44 所示。

创建迷你图
选择所需的数据
数据范围(D)： B4:B15
选择放置迷你图的位置
位置范围(L)： $B$16
确定　取消

	A	B	C	D	E	F
10	七月	580	475	490	425	482
11	八月	680	610	590	650	695
12	九月	920	586	775	475	490
13	十月	560	700	900	560	685
14	十一月	800	680	550	640	694
15	十二月	425	482	545	610	590
16						
17						
18						

图4-44 创建迷你图

（2）选择 B16 单元格，在【迷你图工具】/【设计】/【显示】组中选择“高点”和“低点”复选框，在“样式”组中单击“标记颜色”按钮，在下拉列表框中选择【高点】/【红色】选项，如图 4-45 所示。

（3）用同样的方法将低点设置为“绿色”，拖动 B16 单元格的填充柄为其他数据序列快速创建迷你图，如图 4-46 所示。

（4）向迷你图添加文本：由于迷你图是以背景的形式插入单元格中的，所以可以在含有迷你图的单元格中直接输入文本，并设置文本格式。

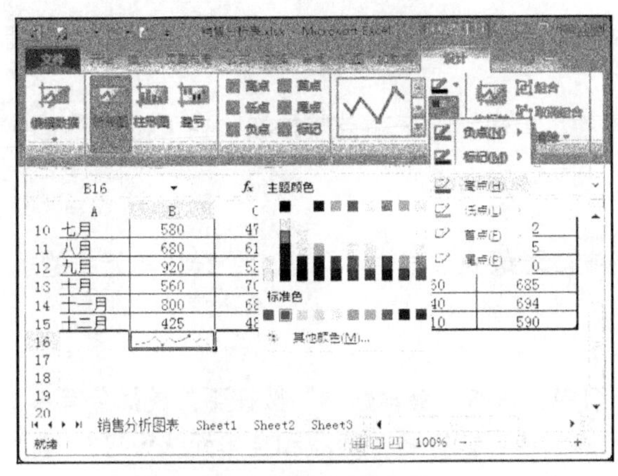

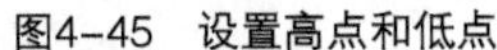

图4-45 设置高点和低点

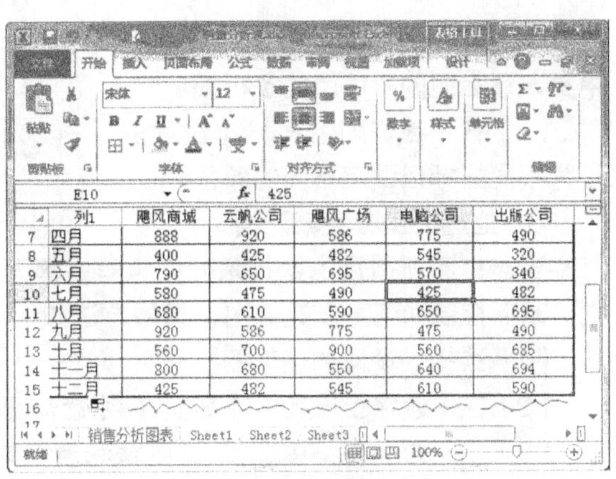

图4-46 填充创建迷你图

3. 更改迷你图类型

当用户在工作表中选择某个已创建的迷你图时，功能区中将会出现图 4-47 所示的【迷你图工具】/【设计】上下文选项卡。通过该选项卡，可以更改迷你图的类型，设置其样式，显示或隐藏折线迷你图上的数据点，或者设置迷你图组中的垂直轴的格式等。具体操作步骤如下。

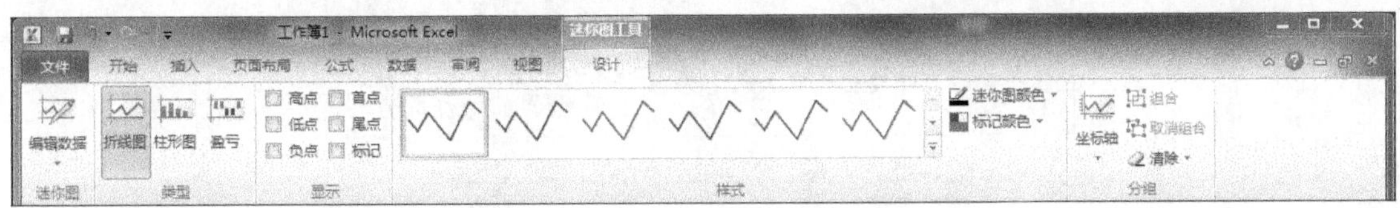

图4-47 “迷你图工具-设计”选项卡

（1）首先取消图组合。由于是以拖动填充柄的方式生成的系列迷你图，所以默认情况下，这组图被自动组合成一个图组。首先选择要取消组合的图组区域，在【迷你图工具】/【设计】/【分组】组中单击“取消组合”按钮撤销组合，否则将会成组改变其类型。

（2）选择要改变类型的迷你图。

（3）在【迷你图工具】/【设计】/【类型】组中选择改变后的类型按钮，如“柱形图”，这时折线迷你图将变成柱形迷你图。

4. 突出显示数据点

可以通过设置来突出显示迷你图中的各个数据标记，具体操作步骤如下。

（1）选择需要突出显示数据点的迷你图。

（2）在【迷你图工具】/【设计】/【显示】组中，按照需要进行下列设置：选中“标记”复选框，显示所有数据标记；选中“负点”复选框，显示负值；选中“高点”或“低点”复选框，显示最高值或最低值；选中“首点”或“尾点”复选框，显示第一个值或最后一个值。

（3）清除选择复选框，将隐藏相应的一个或多个标记。

5. 迷你图样式和颜色设置

可以为已创建的迷你图重新设置样式和颜色，具体操作步骤如下。

（1）选择要设置格式的迷你图。

（2）在【迷你图工具】/【设计】/【样式】组中，选择某个样式可以为迷你图应用指定的预定义样式。

（3）在【迷你图工具】/【设计】/【样式】组中，单击“迷你图颜色”按钮，在下拉列表框中更改迷你图的颜色及线条粗细。

（4）在【迷你图工具】/【设计】/【样式】组中，单击“标记颜色”按钮，在下拉列表框中可为不同的标记设定不同的颜色。

6. 处理隐藏和空单元格

当迷你图所引用的数据系列中含有空单元格或被隐藏的数据时，可指定处理该单元格的规则，从而控制如何显示迷你图，具体方法如下。

（1）选择要设置的迷你图。

（2）在【迷你图工具】/【设计】/【迷你图】组中，单击“编辑数据”按钮下方的黑色箭头。

（3）在下拉列表框中选择 “隐藏和清空单元格”选项，打开“隐藏和空单元格设置”对话框，如图 4-48 所示。

（4）在该对话框中按照需要选择相关的选项后单击“确定”按钮。

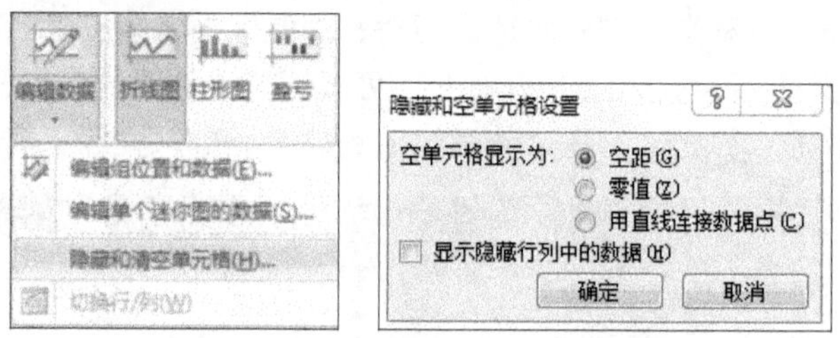

图4-48 打开“隐藏和空单元格设置”对话框

7. 清除迷你图

选择要清除的迷你图，在【迷你图工具】/【设计】/【分组】组中单击“清除”按钮即可。

4.5.2 创建图表

图表是 Excel 2010 中重要的数据分析工具，相对于迷你图，图表作为工作表中的嵌入对象，类型更丰富、创建更灵活、功能更全面、作用更强大。

1. 图表的类型

根据数据特征和观察角度的不同，Excel 2010 提供了柱形图、折线图、饼图、条形图等 11 大类图表，其中每个大类又包含若干个子类型，下面进行具体介绍。

- 柱形图：柱形图用于显示一段时间内的数据变化或说明各项之间的比较情况。在柱形图中，通常沿横坐标轴组织类别，沿纵坐标轴组织数值。
- 折线图：折线图可以显示随时间而变化的连续数据，通常适用于显示在相等时间间隔内数据的变化趋势。在折线图中，类别沿横坐标轴均匀分布，所有数值沿纵坐标轴均匀分布。
- 饼图：饼图用来显示一个数据系列中各项数值的大小、各项数值占总和的比例。饼图中的数据点显示为整个饼图的百分比。
- 条形图：条形图显示各持续型数值之间的比较情况。
- 面积图：面积图显示数值随时间或其他类别数据变化的趋势。面积图强调数值随时间而变化的程度，也可用于引起人们对总值趋势的关注。

- XY 散点图：散点图显示若干数据系列中各数值之间的关系，或将两组数值绘制为 XY 坐标的一个系列。散点图有两个数值轴，沿横坐标轴（x 轴）方向显示一组数值数据，沿纵坐标轴（y 轴）显示另一组数值数据。散点图通常用于显示和比较数值，例如科学数据、统计数据和工程数据等。
- 股价图：股价图通常用来显示股价的波动，也可用于显示其他科学数据。例如，可以使用股价图来说明每天或每年气温的波动。必须按正确的顺序来组织数据才能创建股价图。
- 曲面图：利用曲面图可以找到两组数据之间的最佳组合。当类别和数据系列都是数值时，可以使用曲面图。
- 圆环图：与饼图类似，圆环图显示各个部分与整体之间的关系，但是它可以包含多个数据系列。
- 气泡图：气泡图用于比较成组的三个值而非两个值。第三个值确定气泡数据点的大小。
- 雷达图：雷达图用于比较几个数据系列的聚合值。

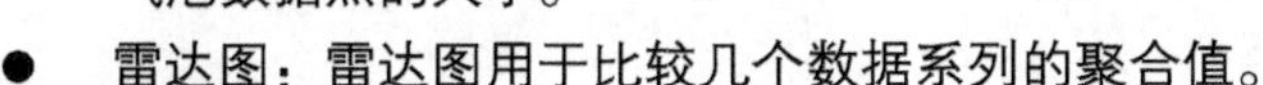

微课：创建图表

2. 创建图表

创建图表时，首先需要创建或打开数据表，然后根据数据表创建图表。下面为“销售分析表”创建图表，具体操作步骤如下。

（1）打开“销售分析表.xlsx”，选择用于创建图表的单元格区域 A3:F15。

（2）在【插入】/【图表】组中单击“柱形图”按钮，在打开的下拉列表的“二维柱形图”中选择“簇状柱形图”选项。

（3）在当前工作表中创建了一个柱形图，图表中显示了各公司每月的销售情况。将鼠标指针移动到图表中的某一系列，即可查看该系列对应的分公司在该月的销售数据，如图 4-49 所示。

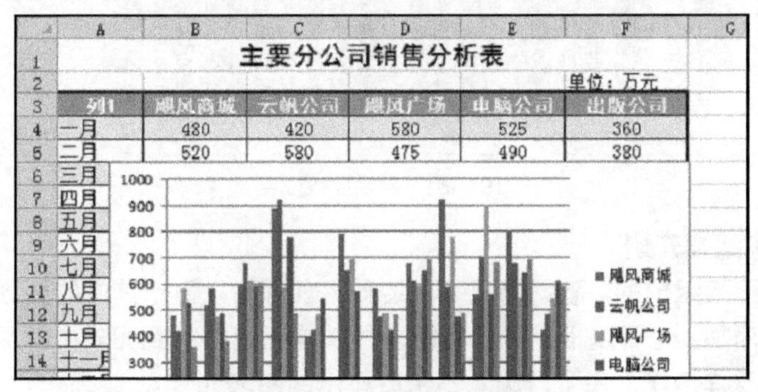

主要分公司销售分析表

单位：万元

列1	飓风商城	云帆公司	飓风广场	电脑公司	出版公司
一月	480	420	580	525	360
二月	520	580	475	490	380
三月					
四月					
五月					
六月					
七月					
八月					
九月					
十月					
十一月					

图4-49 插入图表效果

（4）此时创建的图表是以对象方式嵌入到工作表中的，将鼠标指针指向空白的图表区，当指针变为✥形状时，按下鼠标左键不放并拖动鼠标，即可将图表移动到指定的位置。

（5）将鼠标指向图表外边框上的控制点上，当指针变为双向箭头形状时，拖动鼠标即可改变图表大小。

3. 将图表移动到单独的工作表中

默认情况下，图表会被作为嵌入对象与数据放置在同一工作表中，也可以将图表单独放在一个工作表中，具体操作步骤如下。

（1）单击图表区中任意位置，使其处于选中状态。

（2）在【图表工具】/【设计】/【位置】组中单击“移动图表”按钮 ，打开图 4-50 所示的“移动图表”对话框，选择“新工作表”单选按钮，在后面的文本框中输入工作表的名称，这里输入“分公司销售柱形图表”。

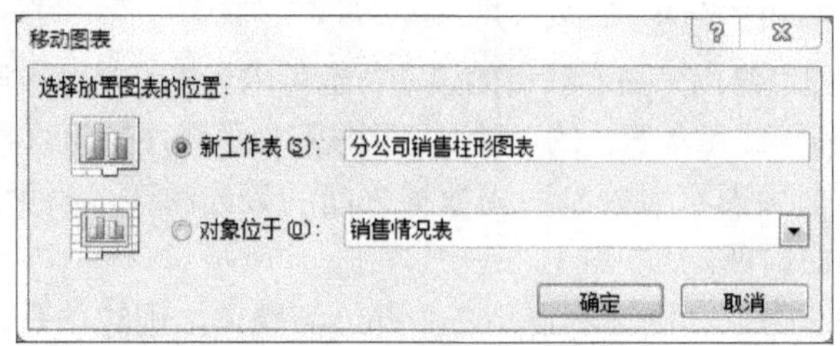

图4-50 “移动图表”对话框

（3）单击“确定”按钮，图表将被移动到新工作表中，同时图表将自动调整为适合工作表区域的大小，如图 4-51 所示。

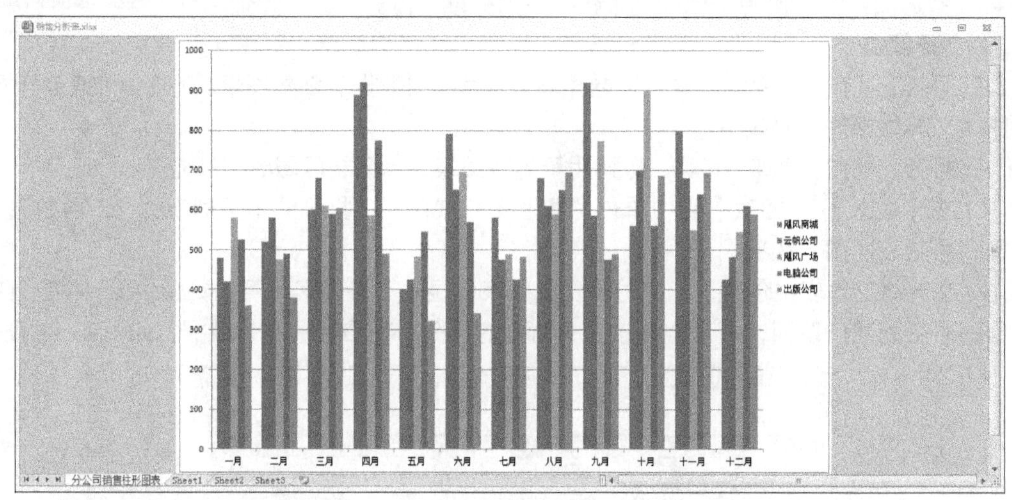

图4-51 移动图表效果

4. 图表的基本组成元素

图表是由许多元素组成的。默认情况下，某类图表可能只显示其中的部分元素，而其他元素可以根据需要进行添加，也可以根据需要将图表的某些元素移动到图表中的其他位置、调整图表元素的大小或者更改其格式，还可以删除不希望显示的图表元素。

- 图表区：包含整个图表及其全部元素。一般在图表中的空白位置单击鼠标即可选中整个图表区。
- 绘图区：通过坐标轴来界定的区域，包括所有数据系列、分类名、刻度线标志和坐标轴标题等。
- 数据系列：数据系列是指在图表中绘制的相关数据，这些数据来源于数据表的行或列。图表中的每个数据系列具有唯一的颜色或图案并且在图表的图例中表示。可以在图表中绘制一个或多个数据系列。饼图只有一个数据系列。
- 坐标轴：坐标轴是界定图表绘图区的线条，用作度量的参照框架。x 轴通常为水平坐标轴并包含分类，y 轴通常为垂直坐标轴并包含数据。

- 图例：图例用于标识图表中的数据系列或分类指定的图案及颜色。
- 图表标题：是对整个图表的说明性文本，可以自动显示在图表顶部的居中位置。
- 坐标轴标题：是对坐标轴的说明性文本。
- 数据标签：用来标识数据系列中数据点的详细信息，数据标签代表源于数据表单元格的单个数据点或数值。

4.5.3　编辑图表

创建图表后，可以根据需要进一步对图表进行编辑修改，使其更加美观、显示的信息更加丰富。编辑图表包括修改图表数据源、更改图表类型、设置图表样式、调整图表布局、设置图表格式、调整图表对象的显示和分布，以及使用趋势线等操作，具体操作步骤如下。

（1）打开“销售分析表.xlsx”，选择创建好的图表，在【图表工具】/【设计】/【数据】组中单击“选择数据”按钮，打开“选择数据源”对话框。

微课：编辑图表

（2）单击“图表数据区域”文本框右侧的按钮，对话框将折叠，在工作表中选择 A3:E15 单元格区域，单击按钮返回到“选择数据源”对话框，在“图例项（系列）”和“水平（分类）轴标签”列表框中即可看到修改的数据区域，如图 4-52 所示。

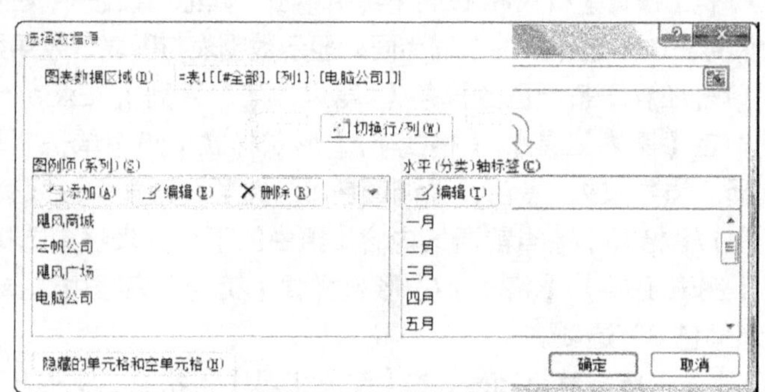

图4-52　“选择数据源”对话框

（3）单击“确定”按钮，返回图表，可以看到图表所显示的序列发生了变化，如图 4-53 所示。

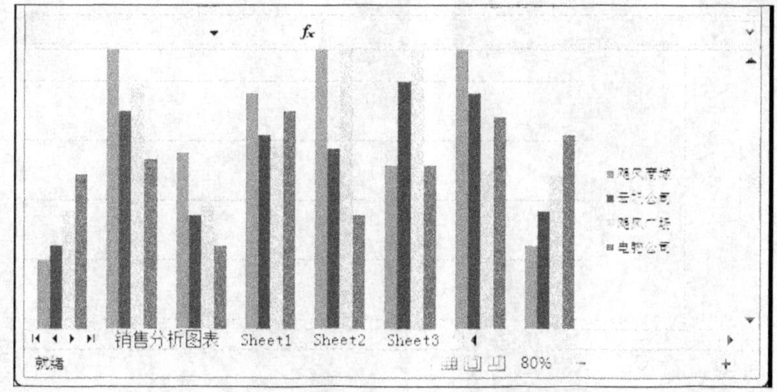

图4-53　修改图表数据源后效果

（4）在【图表工具】/【设计】/【类型】组中单击“更改图表类型”按钮，打开“更改图表类型”对话框，在左侧的列表中选择“条形图”选项卡，在右侧列表框的“条形图”栏中选择“三维簇状条形图”选项，如图 4-54 所示。

（5）单击“确定”按钮，完成图表类型的修改，效果如图 4-55 所示。

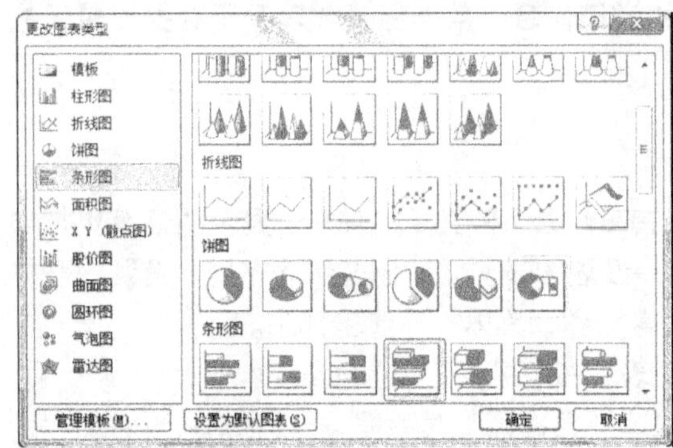

图4-54　选择图表类型

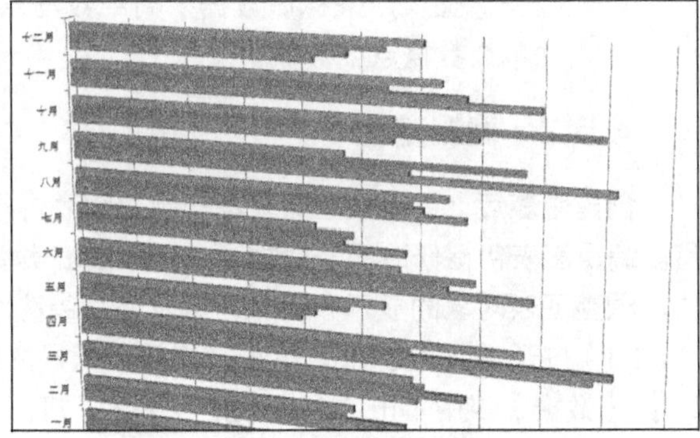

图4-55　修改图表类型后的效果

（6）在【图表工具】/【设计】/【图表样式】组中单击“其他”按钮，在打开的下拉列表中选择“样式 42”选项，更改所选图表样式。

（7）在【图表工具】/【设计】/【图表布局】组中单击“其他”按钮，在打开的列表框中选择“布局 5”选项。此时即可更改所选图表的布局为同时显示数据表与图表，效果如图 4-56 所示。

（8）在图表区中单击任意一条绿色数据条（“飓风广场”系列），Excel 2010 将自动选择图表中所有该数据系列，在【图表工具】/【格式】/【形状样式】组中单击“其他”按钮，在打开的下拉列表框中选择“强烈效果-橙色，强调颜色 6”选项，图表中该系列的样式随之改变。

（9）在【图表工具】/【格式】/【当前所选内容】组中的下拉列表框中选择“水平（值）轴 主要网格线”选项；在【图表工具】/【格式】/【形状样式】组的列表框中选择一种网格线的样式，这里选择“粗线-强调颜色 3”选项。

（10）在图表空白处单击选择整个图表，在【图表工具】/【格式】/【形状样式】组中单击“形状填充”按钮，在打开的下拉列表框中选择【纹理】/【绿色大理石】选项，完成图表样式的设置，效果如图 4-57 所示。

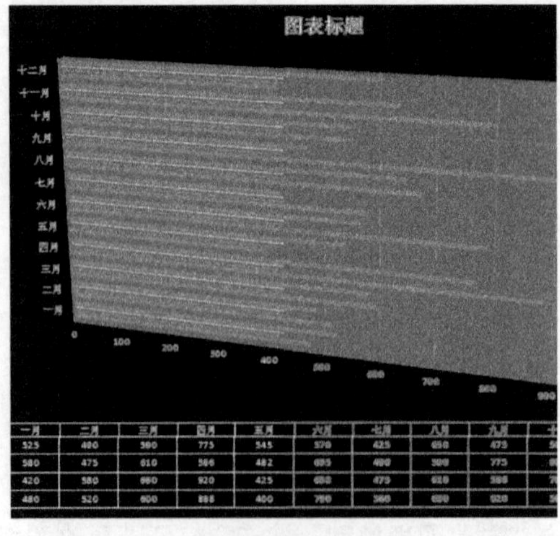

图4-56　更改图表布局

图4-57　设置图表格式

（11）在【图表工具】/【布局】/【标签】组中单击“图表标题”按钮，在打开的下拉列表中选择“图表上方”选项，此时在图表上方显示图表标题文本框，单击后可编辑图表标题内容。

（12）在【图表工具】/【布局】/【标签】组中单击“坐标轴标题”按钮，在打开的下拉列表中选择【主要纵坐标轴标题】/【竖排标题】选项，如图4-58所示。

（13）在纵坐标轴左侧显示出坐标轴标题框，然后输入“销售月份”；在【图表工具】/【布局】/【标签】组中单击“图例”按钮，在打开的下拉列表中选择“在右侧覆盖图例”选项，即可将图例显示在图表右侧，如图4-59所示。

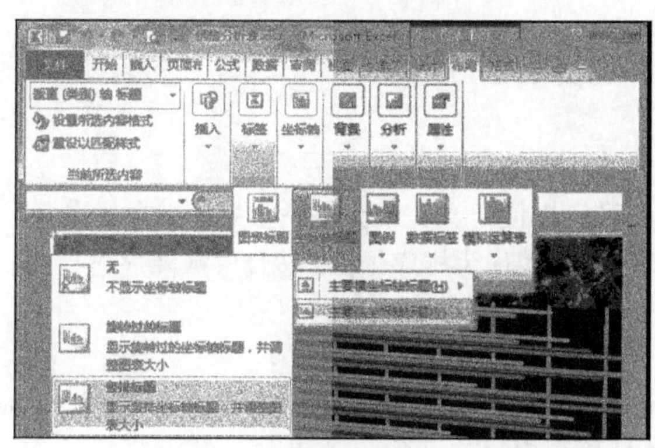

图4-58 选择坐标轴标题的显示位置

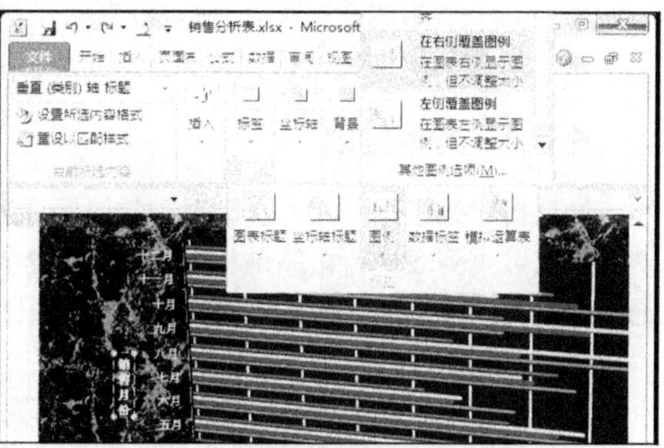

图4-59 设置图例的显示位置

（14）在【图表工具】/【布局】/【标签】组中单击“数据标签”按钮，在打开的下拉列表中选择“显示”选项，即可在图表的数据系列上显示数据标签。

4.5.4 打印图表

工作表中的图表将会在保存工作簿时一起保存在工作簿文档中。用户可以对图表进行单独的打印设置。

1. 整页打印图表

- 当图表放置在单独的工作表中时，直接打印该张工作表即可单独打印图表到一页纸上。
- 当图表以嵌入方式置于数据工作表中时，首先单击选中该张图表，然后通过执行【文件】/【打印】命令进行打印，即可只将选定的图表打印到一页纸上。

2. 作为表格的一部分打印图表

当图表以嵌入方式置于数据工作表中时，首先选中这张工作表，然后通过执行【文件】/【打印】命令进行打印，即可将图表作为工作表的一部分与数据列表一起打印在一页纸上。

3. 不打印工作表中的图表

首先将需要打印的数据区域（不包括图表）设定为打印区域，再通过执行【文件】/【打印】命令打印活动工作表，即可不打印图表而只打印数据列表。

4.6 数据分析与处理

在工作表中输入基础数据后，Excel 2010不仅具有数据计算的能力，而且可以对这些大量、无序的数据进行组织、排列、分析，从而获取更加丰富的信息。

Excel 2010 数据处理功能全部是建立在正确的数据列表基础上实现的，因此，需要重点强调一下数据列表的构建规则。

- 数据列表一般是一个矩形区域，应与周围的非数据列表内容用空白行列隔开，也就是说一组数据列表中没有空白行和空白列。
- 数据列表要有一个标题行，作为每列数据的标志。标题行一般不能使用纯数字，不能重复，也不能分置于两行中。
- 数据列表中不能包括合并单元格，标题行单元格不能插入斜线表头。
- 每一列中的数据类型一般应统一。
- 数据列表中每一行被称为一条记录，每一列被称为一个字段。

4.6.1 数据排序

数据排序是按照一定的规则对数据进行重新排列，以便于浏览或为进一步处理数据做准备。对工作表数据列表进行排序是将选择的“关键字”字段内容作为排序依据，按升序或降序进行的。通过对数据进行排序，有助于快速直观地组织并查找数据。

1. 快速排序

如果只依据数据列表中的某一列作为排序关键字，则可利用【数据】/【排序和筛选】组中的升序按钮 A↓ 或降序按钮 Z↓ 实现快速排序，具体操作步骤如下。

（1）打开工作簿文件，选择排序依据列的任意一个单元格。

（2）在【数据】/【排序和筛选】组中单击升序按钮 A↓ 或降序按钮 Z↓ 选择排序方式，则数据表中的记录就会按所选字段为排序关键字进行相应的排序操作。

排序依据的数据列中的数据类型不同，排序方式就不同，其中：如果是对文本进行排序，则按字母顺序从 A 到 Z 为升序，从 Z 到 A 为降序；如果是对数值进行排序，则按数字从小到大为升序，从大到小为降序；如果是对日期和时间进行排序，则按从早到晚为升序，从晚到早为降序。

2. 复杂排序

如果排序的依据不是一个关键字而是多个，则可以通过设置“排序”对话框的多个排序依据对数据内容进行复杂排序，具体操作步骤如下。

（1）选择需要排序的数据列表中的任意一个单元格。

（2）在【数据】/【排序和筛选】组中单击排序按钮，打开图 4-60 所示的“排序”对话框。

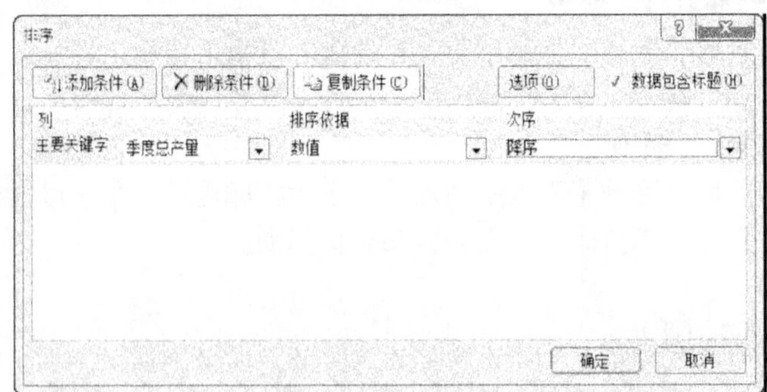

图4-60 “排序”对话框

（3）单击“主要关键字”下拉列表按钮，在展开的列表中选择主关键字，然后设置排序依据和次序。

（4）单击“添加条件”按钮，条件列表中会新增一行次要关键字，依次设置次要关键字、排序依据和次序。

（5）如果有必要，还可以增加更多的排序关键字。单击“确定”按钮，完成对工作表数据的排序。

3. 自定义排序

还可以将用户的自定义列表作为排序依据进行排序，具体操作步骤如下。

（1）创建一个自定义序列。

（2）在【数据】/【排序和筛选】组中单击排序按钮，打开 “排序”对话框。

（3）设置好排序关键字和排序依据后，在“次序”下拉列表中选择“自定义序列”选项，打开“自定义序列”对话框。

（4）在“自定义序列”对话框中选择自定义序列后，单击“确定”按钮返回到“排序“对话框中，此时，“次序”已设置为自定义序列方式，数据内容将按自定义序列的排序方式进行排序。

下面根据要求对“员工绩效表”进行排序，具体操作步骤如下。

（1）打开“员工绩效表.xlsx”，选择 G 列任意单元格，在【数据】/【排序和筛选】组中单击“升序”按钮，此时数据列表中的数据将按照“季度总产量”由低到高进行排序。

（2）选择 A2:G14 单元格区域，在“排序和筛选”组中单击“排序”按钮，打开“排序”对话框。

（3）在“主要关键字”下拉列表框中选择“季度总产量”选项，在“排序依据”下拉列表框中选择“数值”选项，在“次序”下拉列表框中选择“降序”选项。

（4）单击“添加条件”按钮，在“次要关键字”下拉列表框中选择“3 月份”选项，在“排序依据”下拉列表框中选择“数值”选项，在“次序”下拉列表框中选择“降序”选项。

（5）单击“确定”按钮，此时数据列表先按照“季度总产量”列降序排列，对于“季度总产量”列中相同的数据，再按照“3 月份”列进行降序排列，效果如图 4-61 所示。

一季度员工绩效表

编号	姓名	工种	1月份	2月份	3月份	季度总产量
CJ-0110	林琳	装配	520	528	519	1567
CJ-0109	王潇妃	检验	515	514	527	1556
CJ-0113	王冬	检验	570	500	486	1556
CJ-0115	程旭	运输	516	510	528	1554
CJ-0119	赵菲菲	流水	528	505	520	1553
CJ-0124	刘松	流水	533	521	499	1553
CJ-0121	黄鑫	流水	521	508	515	1544
CJ-0123	郭永新	运输	535	498	508	1541

Sheet1 Sheet2 Sheet3

就绪 平均值: 771.8333333 计数: 91 求和: 37048 100%

图4-61　查看排序结果

4.6.2　数据筛选

数据筛选是在工作表的数据列表中快速查找符合条件的数据。筛选条件可以是数值或文本，可以是单元格颜色，还可以根据需要构建复杂条件实现高级筛选。

对数据列表中的数据进行筛选后，就会仅显示那些满足指定条件的记录，并隐藏那些不满足条件的记录。对筛选结果可以直接复制、查找、编辑、设置格式、制作图表和打印等。

1. 自动筛选

自动筛选是进行简单条件的筛选，具体操作步骤如下。

（1）选择数据列表中的任意一个单元格。

（2）在【数据】/【排序和筛选】组中单击筛选按钮，此时，在数据列表中每个列标题的右侧会出现一个筛选箭头。

（3）单击某个列标题右侧的筛选箭头，打开一个筛选器选择列表，列表下方将显示当前列中包含的所有值。同时，当列中数据格式为文本时，还会显示“文本筛选”选项；当列中数据为数字格式时会显示“数字筛选”选项。

（4）根据需要在筛选器列表中选择需要显示的项目即可实现筛选。

（5）如果要取消筛选，在【数据】/【排序和筛选】组中单击筛选按钮即可。

下面在“员工绩效表”中筛选出工种为“装配”的员工绩效数据，具体操作步骤如下。

（1）打开“员工绩效表.xlsx”，选择工作表中的任意一个单元格，在【数据】/【排序和筛选】组中单击“筛选”按钮，进入筛选状态。

（2）在C2单元格中单击筛选箭头，在打开的筛选列表中撤销选中“检验”“流水”和“运输”复选框，仅选中“装配”复选框。

（3）单击“确定”按钮，将在数据表中仅显示工种为“装配”的员工数据，而将其他员工数据全部隐藏。

微课：自动筛选

2. 自定义筛选

自定义筛选提供了多条件定义的筛选，通过设定筛选条件可以将满足指定条件的数据筛选出来，而将其他数据隐藏，具体操作步骤如下。

（1）选择数据列表中的任意一个单元格。

（2）在【数据】/【排序和筛选】组中单击筛选按钮。

（3）单击某个列标题右侧的筛选箭头，打开一个筛选器选择列表，在列表中选择“文本筛选”或“数字筛选”，再执行其下一级菜单中的“自定义筛选”选项，打开图4-62所示的“自定义自动筛选方式”对话框。

（4）根据要求，在该对话框中设置筛选条件后单击“确定”按钮即可。

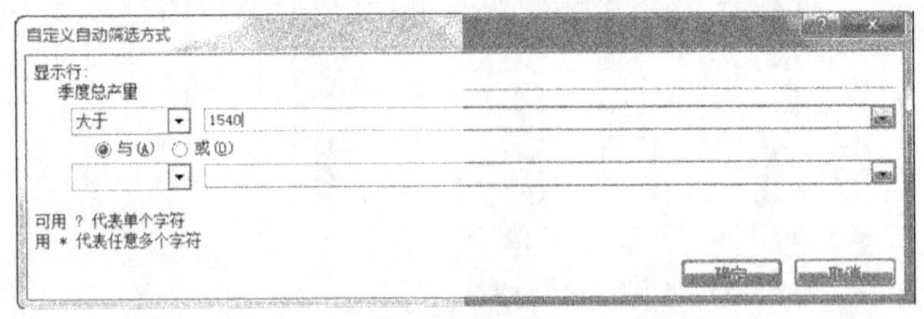

图4-62 “自定义自动筛选方式”对话框

微课：自定义筛选

下面在“员工绩效表”中筛选出季度总产量大于“1540”的相关信息，具体操作步骤如下。

（1）打开“员工绩效表.xlsx”，单击“筛选”按钮进入筛选状态。

（2）在“季度总产量”单元格中单击按钮，在打开的下拉列表中选择【数字筛选】/【大于】选项，打开“自定义自动筛选方式”对话框。

（3）在“季度总产量”栏的“大于”下拉列表框右侧的下拉列表框中输入“1540”，单击“确定”按钮。

3. 高级筛选

高级筛选是以用户设定的条件为依据对数据列表中的数据进行筛选，可以筛选出同时满足两个或两个以上复杂条件的数据。高级筛选中的复杂条件必须放置在一个单独的区域中，可以为该区域命名以便引用。

- 创建复杂筛选条件

构建复杂筛选条件的原则包括以下几点：

（1）条件区域中必须有列标题、且与数据列表中的列标题一致。

（2）多个条件如果是“与”的关系，必须放在同一行中；如果是“或”的关系，必须放在不同的行中。

（3）条件区域与数据列表区域之间至少要有一个空白行。

（4）筛选条件中可以使用下列运算符用于比较两个值：=（等于）、<（小于）、>（大于）、<=（小于等于）、>=（大于等于）、<>（不等于）。

构建复杂筛选条件的步骤如下。

（1）在数据列表前插入至少三个空白行，并从空白行的左上角开始依次输入作为筛选条件的列标题。

（2）在相应的列标题下输入筛选条件。

- 依据复杂条件进行高级筛选

条件区域设置完成后进行高级筛选的具体操作步骤如下。

（1）打开要进行筛选的工作簿，根据筛选条件构建条件区域。

（2）选择数据区域中任意一个单元格，在【数据】/【排序和筛选】组中单击“高级”按钮，打开图 4-63 所示的“高级筛选”对话框。

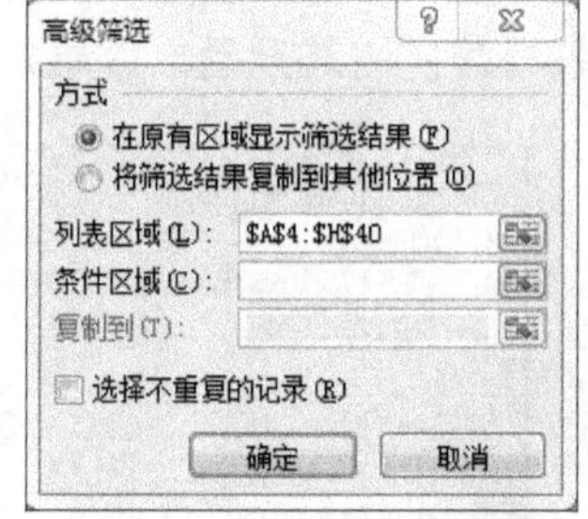

图4-63 “高级筛选”对话框

（3）在“方式”区域设定筛选结果的存放位置。

（4）在“列表区域”框中通常显示当前选中的数据区域，也可以重新设定区域。

（5）在“条件区域”框中单击鼠标，选择筛选条件所在的区域。

（6）单击“确定”按钮，符合筛选条件的数据行将显示在数据列表的指定位置。

下面在“员工绩效表.xlsx”工作簿中筛选出 1 月份产量大于“510”，季度总产量大于“1556”的数据，具体操作步骤如下。

微课：高级筛选

（1）打开“员工绩效表.xlsx”，在 C16 单元格中输入筛选条件标题“1 月份”，在 C17 单元格中输入条件“>510”，在 D16 单元格中输入筛选条件标题“季度总产量”，在 D17 单元格中输入条件“>1556”。

（2）在数据列表中选择任意一个单元格，在【数据】/【排序和筛选】组中单击高级按钮，打开“高级筛选”对话框，单击选中“将筛选结果复制到其他位置”单选项，将“列表区域”设置为“$A$2:$G$14”，在“条件区域”文本框中输入“$C$16:$D$17”，在“复制到”文本框中输入“$A$18:$G$25”。

（3）单击“确定”按钮，在原数据表下方的 A18:G19 单元格区域中单独显示出筛选结果。

4.6.3 分类汇总

分类汇总是将数据列表中的数据先依据一定的标准分组，然后对同组数据的相关信息应用分类汇总函数统计得到相应的计算结果，包括求和、计数、平均值、最大值、最小值等。分类汇总的结果可以按分组明细进行分级显示，以便于显示或隐藏每个分类汇总的明细行。

1. 创建分类汇总

运用 Excel 2010 的分类汇总功能可以对表格中同一类数据进行统计运算，下面对“员工绩效表.xlsx”按工种汇总季度总产量的平均值，具体操作步骤如下。

（1）打开“员工绩效表.xlsx”，选择作为分组依据的数据列“工种”中的任意一个单元格，在【数据】/【排序和筛选】组中单击“升序”按钮，对数据进行排序。

（2）在【数据】/【分级显示】组中单击“分类汇总”按钮，打开“分类汇总”对话框。在“分类字段”下拉列表框中选择“工种”选项，在“汇总方式”下拉列表框中选择“求和”选项，在“选定汇总项”列表框中选中“季度总产量”复选框，如图 4-64 所示。

（3）单击“确定”按钮，即可对数据列表进行分类汇总，同时直接在表格中显示汇总结果。

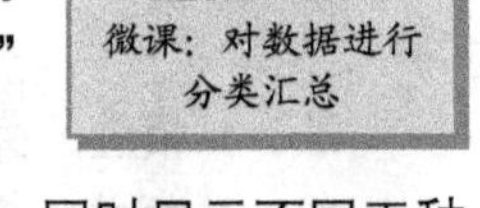
微课：对数据进行分类汇总

（4）使用相同的方法打开“分类汇总”对话框，在“汇总方式”下拉列表框中选择“平均值”选项，在“选定汇总项”列表框中选中“季度总产量”复选框，取消选中“替换当前分类汇总”复选框。

（5）单击“确定”按钮，在原有汇总数据表的基础上继续添加分类汇总，同时显示不同工种每季度的平均产量，效果如图 4-65 所示。

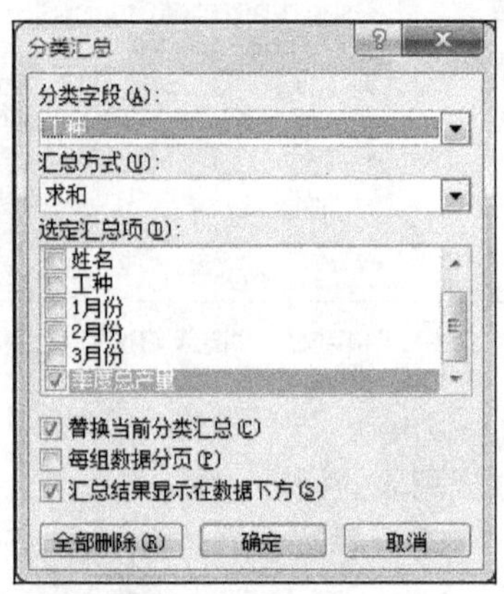

图4-64 设置分类汇总

	A	B	C	D	E	F	G
1	一季度员工绩效表						
2	编号	姓名	[illegible]	[illegible]	[illegible]	[illegible]	[illegible]
3	CJ-0111	张敏	检验	480	526	524	1530
4	CJ-0109	王潇妃	检验	515	514	527	1556
5	CJ-0113	王冬	检验	570	500	486	1556
6	CJ-0116	吴明	检验	530	485	505	1520
7		检验 平均值					1540.5
8		检验 汇总					6162
9	CJ-0121	黄鑫	流水	521	508	515	1544
10	CJ-0119	赵菲菲	流水	528	505	520	1553
11	CJ-0124	刘松	流水	533	521	499	1553
12		流水 平均值					1550
13		流水 汇总					4650
14	CJ-0118	韩柳	运输	500	520	498	1518
15	CJ-0123	郭永新	运输	535	498	508	1541
16	CJ-0115	程旭	运输	516	510	528	1554
17		运输 平均值					1537.6667
18		运输 汇总					4613
19	CJ-0112	程建茹	装配	500	502	530	1532
20	CJ-0110	[illegible]	装配	520	528	519	1567

图4-65 查看嵌套分类汇总结果

2. 删除分类汇总

如果要删除已经创建的分类汇总，具体操作步骤如下。

（1）在已经创建了分类汇总的数据区域中单击任意一个单元格。

（2）在【数据】/【分级显示】组中单击“分类汇总”按钮，打开“分类汇总”对话框。

（3）在“分类汇总”对话框中，单击“全部删除”按钮。

3. 分级显示

分类汇总的结果可以形成分级显示。通过分级显示可以将分类汇总后暂时不需要的数据隐藏起来，当需要查看时再使其显示出来。

单击工作表左边列表树的“-”号可以隐藏该类别的数据记录，只保留该类别的汇总信息，此时“-”号变成“+”号；单击“+”号时，即可将隐藏的数据记录信息显示出来。

4.6.4　合并计算

对 Excel 2010 数据表进行管理，有时需要将多张工作表中的数据合并到一个主工作表中。所合并的工作表可以与主工作表位于同一个工作簿中，也可以位于不同的工作簿中。使用“合并计算”功能，可以将多张工作表中的数据合并到一个工作表中。具体操作步骤如下。

（1）打开要进行合并计算的工作簿。

（2）切换到放置合并数据的主工作表中，在要显示合并数据的单元格区域左上角单击鼠标。

（3）在【数据】/【数据工具】组中单击“合并计算”按钮，打开图 4-66 所示的“合并计算”对话框。

（4）在“函数”下拉列表框中选择一个汇总函数，比如“求和”函数。

（5）在“引用位置”框中单击鼠标，然后在要参与合并计算的工作表中选择合并区域。

（6）在“合并计算”对话框中，单击“添加”按钮，选定的合并计算区域显示在“所有引用位置”列表框中。

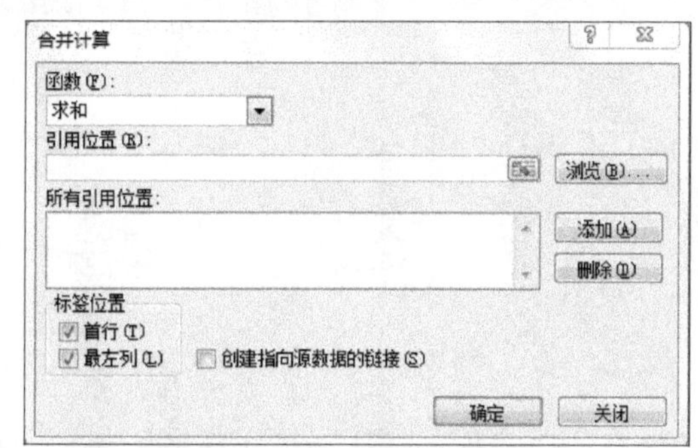

图4-66　“合并计算”对话框

（7）重复步骤（5）和步骤（6）添加其他的合并区域至“所有引用位置”列表框中。

（8）在“标签位置”组下，按照需要选择标签在源数据区域中所在位置的复选框，可以只选一个，也可以两者都选。

（9）单击“确定”按钮，完成合并。

4.6.5　数据透视表和数据透视图

数据透视表是一种交互式的数据报表，可以从源数据列表中快速提取并汇总大量的数据，同时可对汇总结果进行各种筛选以查看源数据的不同统计结果。

若要创建数据透视表，必须先创建其源数据。数据透视表是根据源数据列表生成的，源数据列表中每一列都被称为汇总多行信息的数据透视表字段，列名称被称为数据透视表的字段名。

1. 创建数据透视表

下面为“员工绩效表”创建数据透视表，具体操作步骤如下。

（1）打开“员工绩效表.xlsx”，选择 A2:G14 单元格区域，在【插入】/【表格】组中单击“数据透视表”按钮，打开“创建数据透视表”对话框。

（2）由于已经选定了数据区域，因此只需设置放置数据透视表的位置，这里选择“新工作表”单选项，如图 4-67 所示。

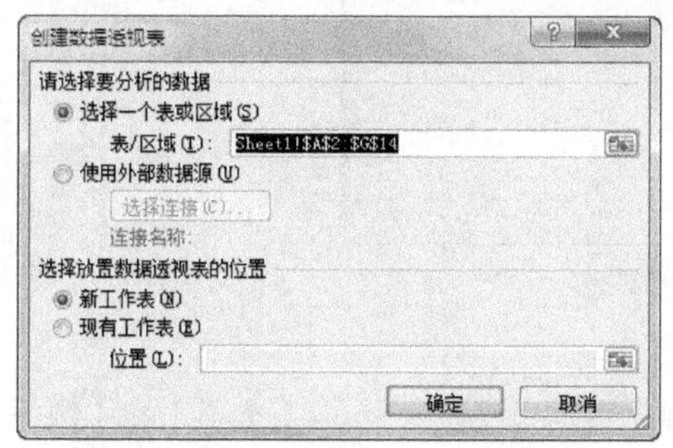

图4-67　“创建数据透视表”对话框

（3）单击“确定”按钮，此时将新建一张工作表，并在其中显示一个空白数据透视表，右侧显示出“数据透视表字段列表”窗格。

（4）在“数据透视表字段列表”窗格中将“工种”字段拖动到“报表筛选”区域，数据表中将自动添加筛选字段。然后用同样的方法将“姓名”和“编号”字段拖动到“报表筛选”区域。

微课：创建并编辑数据透视表

（5）使用同样的方法按顺序将“1 月份”~“季度总产量”字段拖到“数值”区域，如图 4-68 所示。

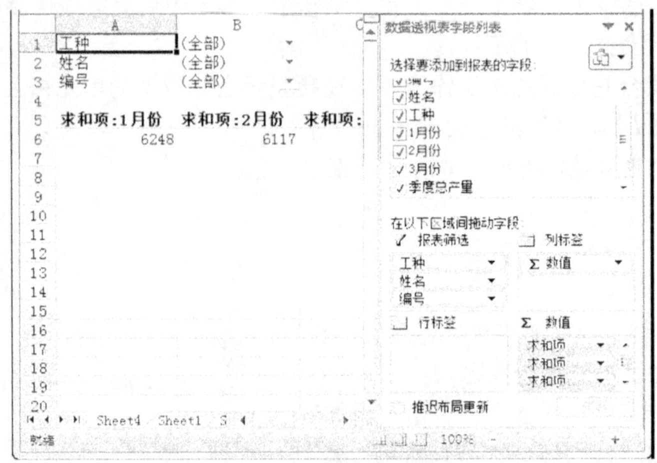

图4-68　添加字段

（6）在创建好的数据透视表中单击“工种”字段后的 按钮，在打开的下拉列表框中选择“流水”选项，如图 4-69 所示，单击“确定”按钮，即可在表格中显示该工种下所有员工的汇总数据。

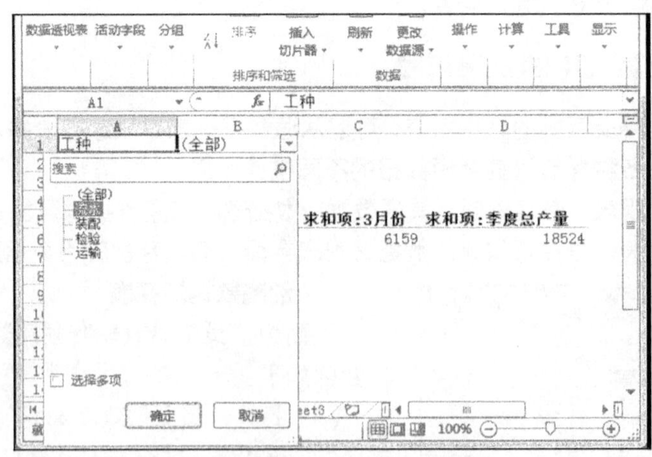

图4-69　对汇总结果进行筛选

2. 更新和维护数据透视表

在数据透视表中的任意单元格中单击鼠标，将出现【数据透视表工具】/【选项】和【数据透视表工具】/【设计】上下文选项卡，如图 4-70 所示。

图4-70　“数据透视表工具-选项”选项卡

● 刷新数据透视表

在创建数据透视表之后，如果对源数据列表中的数据进行了修改，那么需要在【数据透视表工具】/【选项】/【数据】组中单击“刷新”按钮，所做的修改才能反映在数据透视表中。

● 更改数据源

如果在源数据区域中添加了新的行或列，则可以通过更改数据源将这些行或列包含到数据透视表中，具体操作步骤如下。

（1）在【数据透视表工具】/【选项】/【数据】组中单击“更改数据源”按钮，从打开的下拉列表中选择“更改数据源”选项，打开图 4-71 所示的“更改数据透视表数据源”对话框。

（2）在对话框中重新选择数据源区域以包含新增的行或列数据。

（3）单击“确定”按钮。

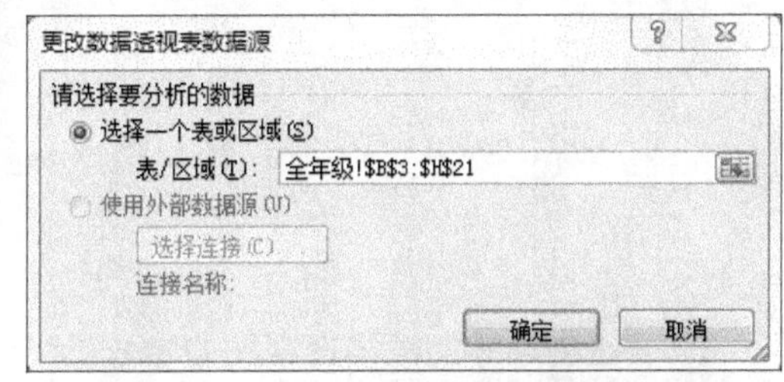

图4-71　“更改数据透视表数据源”对话框

3. 设置数据透视表的格式

可以像设置普通表格一样对数据透视表进行格式设置，也可以通过图 4-72 所示的【数据透视表工具】/【设计】上下文选项卡为数据透视表快速指定预置样式。

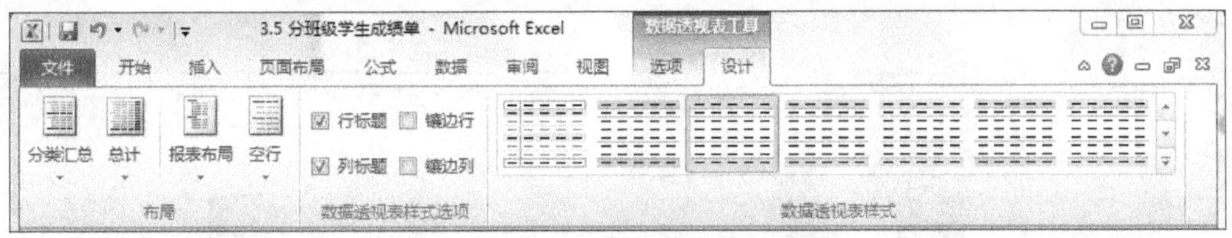

图4-72　“数据透视表工具-设计”选项卡

在数据透视表的任意单元格中单击鼠标，在【数据透视表工具】/【设计】/【数据透视表样式】组中选择任意样式，相应格式即可应用到当前数据透视表中。

4. 创建数据透视图

通过数据透视表分析数据后，为了更直观地显示数据情况，还可以根据数据透视表创建数据透视图。数据透视图以图形的形式呈现数据透视表中的汇总数据，其作用与普通图表一样，可以更直观地对数据进行比较。而它与普通图表的区别在于，当创建数据透视图时，数据透视图的图表区中将会显示字段筛选器，以便对基本数据进行筛选。

为数据透视图提供源数据的是相关联的数据透视表。在相关联的数据透视表中对字段布局和数据所做的修改，都会立即反映在数据透视图中。

下面根据“员工绩效表”中的数据透视表创建数据透视图，具体操作步骤如下。

微课：创建数据透视图

（1）在“员工绩效表.xlsx”工作簿中创建数据透视表后，在【数据透视表工具】/【选项】/【工具】组中单击“数据透视图”按钮，打开“插入图表”对话框。

（2）在左侧的列表中选择“柱形图”选项卡，在右侧列表框的“柱形图”栏中选择“三维簇状柱形图”选项。

（3）单击“确定”按钮，即可在数据透视表工作表中添加数据透视图，如图4-73所示。

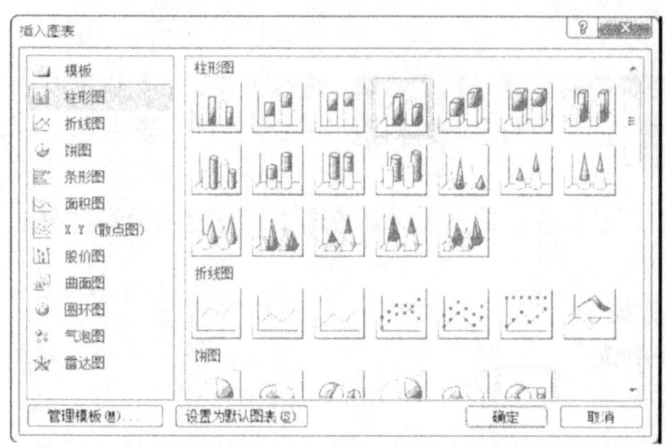

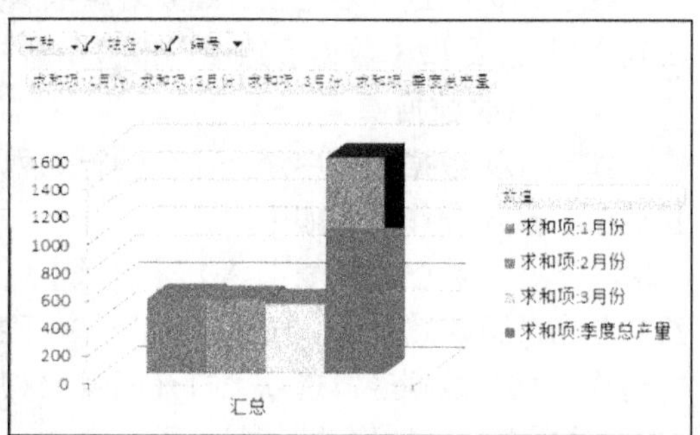

图4-73 创建数据透视图

（4）在创建好的数据透视图中单击 姓名 按钮，在打开的下拉列表框中选择“全部”选项，单击“确定”按钮，即可在数据透视图中看到所有流水工种员工的数据求和项，如图4-74所示。

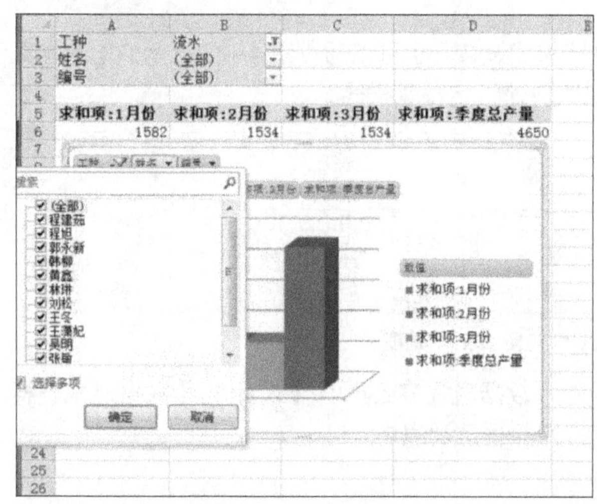

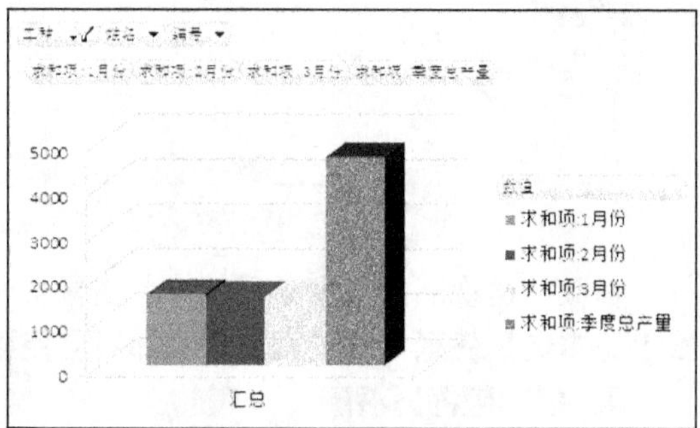

图4-74 创建数据透视图

5. 删除数据透视表和数据透视图

删除数据透视表的基本步骤如下。

（1）在要删除的数据透视表的任意位置单击。

（2）在【数据透视表工具】/【选项】/【操作】组中单击“选择”按钮，从下拉列表中选择“整个数据透视表”命令。

（3）按【Delete】键即可删除指定的数据透视表。

删除数据透视图的基本方法：在要删除的数据透视图中空白区域单击鼠标选择数据透视图，

然后按【Delete】键即可。删除数据透视图不会删除相关联的数据透视表。

4.7 打印工作表

工作表建立完成并格式化后，可以将其打印出来。在打印输出前应对工作表进行相关的页面设置，使其输出效果更加美观。

4.7.1　页面设置

1. 页面设置

页面设置包括对页边距、页眉页脚、纸张大小及方向等项目的设置。在 Excel 2010 中，可以通过【页面布局】/【页面设置】组中的各功能按钮对页面布局效果进行快速设置，基本操作方法如下。

（1）打开要进行页面设置的表格。

（2）在图 4-75 所示的【页面布局】/【页面设置】组中，进行各项页面设置，具体介绍如下。

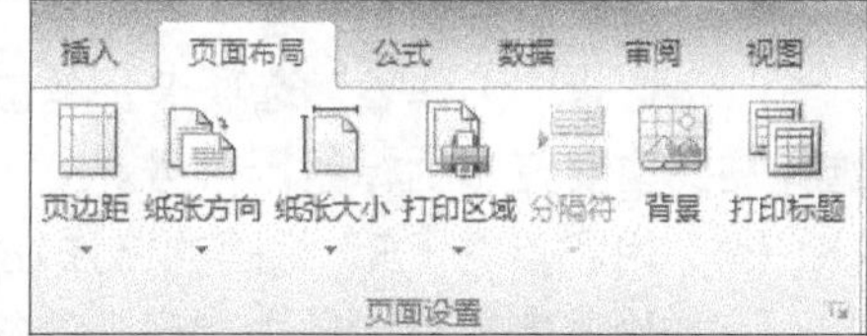

图4-75　“页面布局”功能面板

页边距：单击“页边距”按钮，可以从打开的下拉列表框中选择一个预置样式。

纸张方向：单击“纸张方向”按钮，设定横向或纵向打印。

纸张大小：单击“纸张大小”按钮，在下拉列表中选择所需要的纸张大小。

打印区域：可以设置只打印工作表的一部分，设定区域以外的内容将不会被打印出来。

（3）设置页眉和页脚：在【页面布局】/【页面设置】组中打开“页面设置”对话框，在“页眉/页脚”选项卡中，从“页眉”或“页脚”下拉列表中可以选择系统预定义的页眉和页脚内容。单击“自定义页眉”或“自定义页脚”按钮，可以在打开的对话框中自行设置页眉和页脚内容。

2. 设置页面背景

默认情况下，Excel 工作表中的数据呈白底黑字显示。为使工作表更美观，除了为其填充颜色外，用户还可以插入喜欢的图片作为背景。下面为“学生成绩表.xlsx”设置背景图片，具体操作步骤如下。

（1）打开“学生成绩表.xlsx”，在【页面布局】/【页面设置】组中单击“背景”按钮，打开“工作表背景”对话框，在“地址栏”下拉列表框中选择背景图片的保存路径，在工作区选择“渐变.jpg”图片。

（2）单击“确定”按钮，返回工作表中，即可看到将图片设置为工作表背景后的效果，如图 4-76 所示。

3. 设置工作表重复打印标题

当工作表纵向超过一页长或者横向超过一页宽的时候，可以指定在每一页上都重复打印标题行或列，使数据更加容易阅读和识别。具体操作步骤如下。

（1）打开需要重复打印标题行或列的工作表。

（2）在【页面布局】/【页面设置】组中单击“打印标题”按钮，打开图 4-77 所示的“页面设置”对话框。

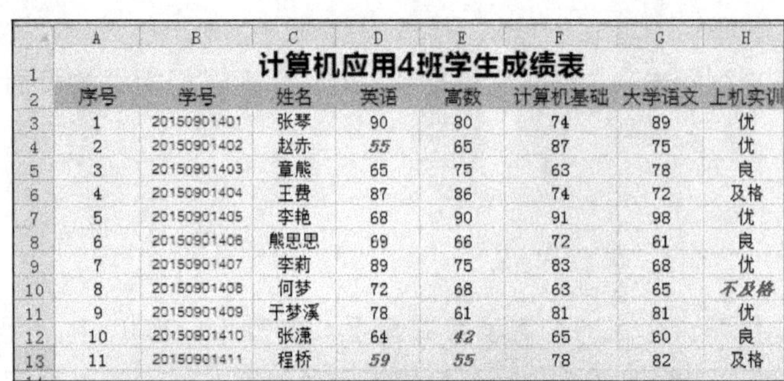

计算机应用4班学生成绩表							
序号	学号	姓名	英语	高数	计算机基础	大学语文	上机实训
1	20150901401	张琴	90	80	74	89	优
2	20150901402	赵赤	55	65	87	75	优
3	20150901403	章熊	65	75	63	78	良
4	20150901404	王费	87	86	74	72	及格
5	20150901405	李艳	68	90	91	98	优
6	20150901406	熊思思	69	66	72	61	良
7	20150901407	李莉	89	75	83	68	优
8	20150901408	何梦	72	68	63	65	不及格
9	20150901409	于梦溪	78	61	81	81	优
10	20150901410	张潇	64	42	65	60	良
11	20150901411	程桥	59	55	78	82	及格

图4-76　设置工作表背景后的效果

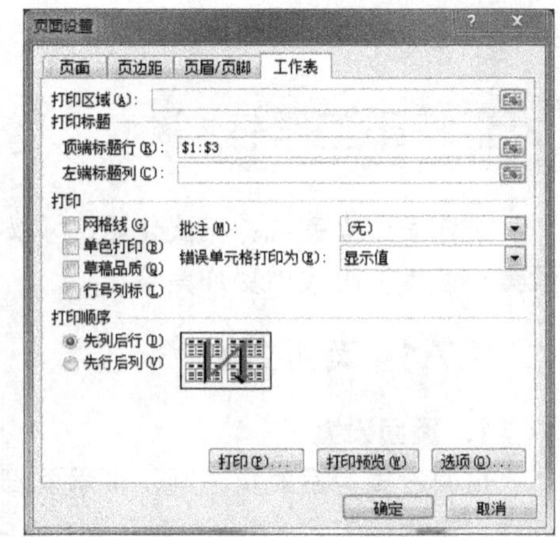

图4-77　“页面设置”对话框“工作表”选项卡

（3）选择“工作表”选项卡，单击“顶端标题行”右侧的“对话框压缩”按钮，从工作表中选择需要重复打印的标题行行号。

（4）用和步骤（3）相同的方法在“左端标题列”框中设置重复的标题列。

（5）设置完成后，单击“确定”按钮，即可完成重复打印标题行或列的设置。

4.7.2　打印预览及打印

在打印表格之前需先预览打印效果。预览打印效果后，若对表格内容和页面设置不满意，可重新进行设置，如调整纸张方向和页边距等，直至满意后再打印。

下面在“产品价格表”中预览并打印工作表，具体操作步骤如下。

（1）打开“产品价格表.xlsx”，选择【文件】/【打印】命令，在窗口右侧预览工作表的打印效果，在窗口中间的“设置”栏的“纸张方向”下拉列表中选择“横向”选项，如图4-78所示。

（2）在窗口中间列表的下方单击“页面设置”按钮，打开“页面设置”对话框，单击“页边距”选项卡，在“居中方式”栏中选择“水平”和“垂直”复选框，如图4-79所示。

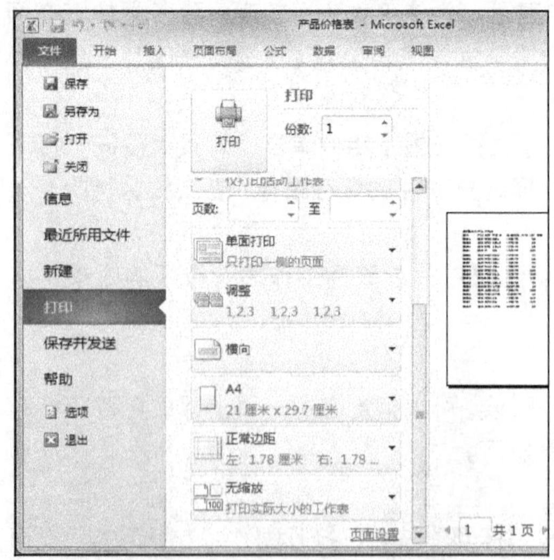

图4-78　预览打印效果并设置纸张方向

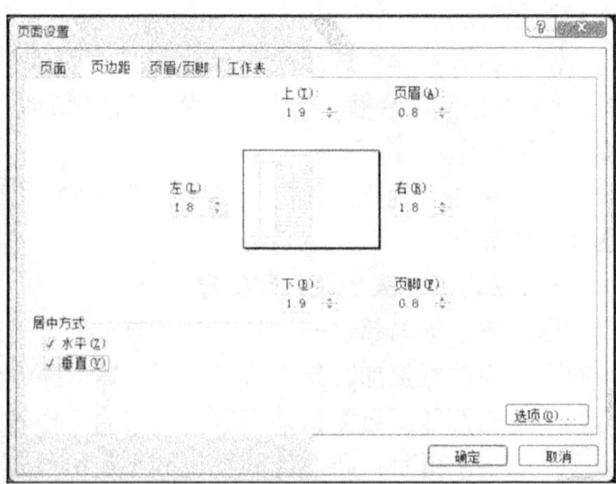

图4-79　设置居中方式

（3）单击“确定”按钮，返回打印窗口，在窗口中间“打印”栏的“份数”数值框中可设置打印份数，这里输入 “5”，设置完成后单击“打印”按钮打印表格。

习题四

1. 新建一个空白工作簿，并将其以“预约客户登记表.xlsx”为文件名进行保存，按照下列要求对表格进行操作，效果如图 4-80 所示。

（1）依次在单元格中输入相关的文本、数字、日期与时间、特殊符号等数据。

（2）使用鼠标左键拖动填充柄填充数据，然后通过“序列”对话框填充数据。

（3）数据录入完成后保存工作簿并退出 Excel 2010。

	A	B	C	D	E	F	G	H	I
1				预约客户登记表					
2	预约号	公司名称	预约人姓名	联系电话	接待人	预约日期	预约时间	事由	备注
3	1	佳明科技有限公司	顾建	1584562****	莫雨菲	2013/11/20	9:30	采购	
4	2	腾达实业有限公司	贾云国	1385462****	苟丽	2013/11/21	15:45	设备维护检修	★★★
5	3	顺德有限公司	关玉贵	1354563****	莫雨菲	2013/11/22	10:00	采购	
6	4	腾达实业有限公司	孙林	1396564****	莫雨菲	2013/11/23	10:25	采购	
7	5	新世纪科技公司	蒋安辉	1302458****	苟丽	2013/11/23	16:00	质量检验	★
8	6	宏源有限公司	罗红梅	1334637****	苟丽	2013/11/24	17:00	送货	
9	7	科华科技公司	王富贵	1585686****	章正翱	2013/11/25	11:30	送货	
10	8	宏源有限公司	郑珊	1598621****	章正翱	2013/11/26	11:45	技术咨询	
11	9	拓启股份有限公司	张波	1586985****	章正翱	2013/11/27	14:00	技术咨询	
12	10	新世纪科技公司	高天水	1598546****	莫雨菲	2013/11/28	11:00	质量检验	
13	11	佳明科技有限公司	耿跃升	1581254****	章正翱	2013/11/28	14:30	技术培训	
14	12	科华科技公司	郑立志	1375382****	苟丽	2013/11/28	16:30	设备维护检修	★★★
15	13	顺德有限公司	郑才枫	1354582****	苟丽	2013/11/29	15:00	技术培训	
16									

图4-80　“预约客户登记表”数据效果

2. 新建一个空白工作簿，按照下列要求对表格进行操作。

（1）将新建的空白工作簿以“员工信息表.xlsx”为文件名进行保存，然后在其中选择相应的单元格输入数据，并填充序列数据，效果如图 4-81 所示。

（2）删除“Sheet2”和“Sheet3”工作表，然后将“Sheet1”工作表重命名为“员工信息表”。

（3）以 C3 单元格为冻结中心冻结窗格并查看数据，完成后保存并退出 Excel 2010。

	A	B	C	D	E	F	G	H	I
1	员工信息表								
2	员工编号	姓名	出生年月	性别	学历	通信地址	联系电话	兴趣爱好	经历背景
3	1	穆慧	1983/11/2	女	博士	百花西街324号	15986531***	看书、听音乐	干部出身，曾是外资企业办公室主任
4	2	萧小丰	1983/12/13	女	硕士	东胜街100号	13986527***	唱歌、打球	干部出身，曾在经贸委工作
5	3	许如云	1981/7/22	女	高中	凤鸣路1号	13086534***	唱歌、舞蹈	曾是全省美展评议委员
6	4	章海兵	1981/3/17	男	本科	光华大道1号	13986522***	上网、游戏	曾做过工程维护管理工作
7	5	贺阳	1985/6/23	男	本科	红星路111号	13986530***	健身	文学青年编辑出身
8	6	杨春丽	1984/4/22	女	专科	剑南路78号	13286526***	唱歌、舞蹈	曾担任库房管理员兼应收应付会计
9	7	石坚	1981/5/21	男	博士	青年路2号	15986521***	书法、乐器	曾是研究院教授
10	8	李满堂	1982/11/20	男	初中	青羊北路168号	13986525***	驾驶	军人出身，优秀共产党员
11	9	江颖	1985/5/6	男	高中	人民南路204号	13286524***	足球、赛车	曾是仓管员
12	10	孙晟成	1981/9/18	男	硕士	双园街36号	13786533***	旅游、看书	曾是某大学商业设计系讲师，现任助理教授
13	11	王开	1987/8/20	男	本科	体育南路66号	13986532***	唱歌、打球	曾是外资企业销售助理
14	12	陈一名	1982/9/15	女	专科	万和路2号	13386529***	看书	曾任杂志社发行人
15	13	邢剑	1978/12/22	男	初中	卫国路12号	13986535***	足球、下棋	工头出身，为人低调
16	14	李虎	1983/3/7	女	专科	玉林小区18号	13886523***	看书、听音乐	曾是城建局办公室主任
17	15	张宽之	1985/9/15	女	本科	长顺上街1号	13986528***	上网	曾是外资企业办公室文员
18	16	袁远	1985/5/11	男	硕士	置信路4号	13986536***	体育、集邮	知识分子家庭出身，曾在经贸委工作

图4-81　“员工信息表”数据效果

3. 打开“往来客户一览表.xlsx”工作簿，按照下列要求对工作簿进行操作。

（1）合并 A1:L1 单元格区域，然后选择 A～L 列，自动调整列宽。

（2）选择 A3:A12 单元格区域，在“设置单元格格式”对话框的“数字”选项卡中自定义序号的格式为“0.00”。

（3）选择 I3:I12 单元格区域，在“设置单元格格式”对话框的“数字”选项卡中设置数字格式为“文本”，完成后在相应的单元格中输入 11 位以上的数字。

（4）剪切 A10:I10 单元格区域中的数据，将其插入到第 7 行下方。

（5）将 B6 单元格中的“明铭”修改为“德瑞”，再查找 “有限公司”，并将其替换为“有限责任公司”。

（6）选择 A1 单元格，设置字体格式为“方正姚体、20、深蓝”，选择 A2:L2 单元格区域，设置字体格式为“方正舒体、12”。

（7）选择 A2:L12 单元格区域，设置对齐方式为“居中”，边框为“所有框线”，完成后重新调整单元格行高与列宽。

（8）选择 A2:L12 单元格区域，套用表格格式“表样式中等深浅 16”，完成后保存工作簿。

4. 打开素材文件“员工工资表.xlsx”工作簿，按照下列要求对表格进行操作。

（1）选择 F5:F20 和 J5:J20 单元格区域，然后在【公式】/【函数库】组中单击“自动求和”按钮快速计算应领工资和应扣工资。

（2）分别选择 K5:K20 和 M5:M20 单元格区域，在编辑栏中输入公式“=F5-J5”和“=K5-L5”，完成后按【Ctrl+Enter】组合键计算实发工资和税后工资。

（3）选择 L5:L20 单元格区域，在编辑栏中输入函数“=IF(K5-1500<0,0,IF (K5-1500<1500,0.03*(K5-1500)-0,IF(K5-1500<4500,0.1*(K5-1500)-105,IF(K5-1500<9000,0.2*(K5-1500)-555,IF(K5-1500<35000,0.25*(K5-1500)-1005)))))”，完成后按【Ctrl+Enter】组合键计算个人所得税。

（4）选择 A3:M4 单元格区域，在“排序和筛选”组中单击“筛选”按钮，然后在工作表中相应列标题单元格右侧单击▾按钮筛选需查看的数据。

5. 打开“每月销量分析表.xlsx”工作簿，按照下列要求对表格进行操作。

（1）在 A7 单元格中输入数据“迷你图”，然后在 B7:M7 单元格区域中创建迷你图，并显示迷你图标注和设置迷你图样式为“迷你图样式彩色#2”，完成后调整行高。

（2）同时选择 A3:A6 和 N3:N6 单元格区域，创建“簇状条形图”，然后设置图表布局为“布局 5”，并输入图表标题“每月产品销量分析图”，再设置图表样式为“样式 28”，形状样式为“细微效果-黑色，深色 1”，完成后移动图表到合适位置。

（3）选择 A2:N6 单元格区域，创建数据透视表并将其存放到新的工作表中，然后添加每月对应的字段，完成后设置数据透视表样式为“数据透视表样式中等深浅 10”。

5 Chapter 第 5 章 PowerPoint 2010 的使用

PowerPoint 2010 作为 Office 2010 的三大核心组件之一，主要用于幻灯片的制作与播放，在各种需要演讲、演示的场合都可见到其踪迹。它帮助用户以简单的操作，快速制作出图文并茂、富有感染力的演示文稿，并且还可通过视频和动画等多媒体形式表现复杂的内容，从而使听众更容易理解。本章主要介绍演示文稿的创建、编辑、放映和输出，以及幻灯片的一些基础操作。

5.1 PowerPoint 2010 概述

5.1.1 PowerPoint 2010 的窗口及其组成

在【开始】菜单下，选择【所有程序】/【Microsoft Office】/【Microsoft PowerPoint 2010】命令或双击计算机磁盘中保存的 PowerPoint 2010 演示文稿（其扩展名为.pptx）即可启动 PowerPoint 2010。PowerPoint 2010 工作界面如图 5-1 所示。

图5-1 PowerPoint 2010工作界面

从图 5-1 中可以看出 PowerPoint 2010 的工作界面与 Word 2010 和 Excel 2010 的工作界面基本类似，其中快速访问工具栏、标题栏、选项卡和功能区等部分的结构及作用更是基本相同（选项卡的名称以及功能区的按钮会因为软件的不同而不同）。

1. 幻灯片窗格

幻灯片窗格位于演示文稿编辑区的右侧，用于显示和编辑幻灯片的内容，其功能与 Word 的文档编辑区类似。

2. "幻灯片/大纲"浏览窗格

"幻灯片/大纲"浏览窗格位于演示文稿编辑区的左侧，其上方有两个选项卡，单击不同的选项卡，可在"幻灯片"浏览窗格和"大纲"浏览窗格之间切换。其中在"幻灯片"浏览窗格中将显示当前演示文稿中所有幻灯片的缩略图，单击某个幻灯片缩略图，将在右侧的幻灯片窗格中显示该幻灯片的内容，如图 5-2 所示；在"大纲"浏览窗格中可以显示当前演示文稿中所有幻灯片的标题与正文内容，用户在"大纲"浏览窗格或幻灯片窗格中编辑文本内容时，将同步在另一个窗格中产生变化，如图 5-3 所示。

3. 备注窗格

在该窗格中输入当前幻灯片的解释和说明等信息，以供演讲者在正式演讲时参考。

图5-2　“幻灯片”浏览窗格

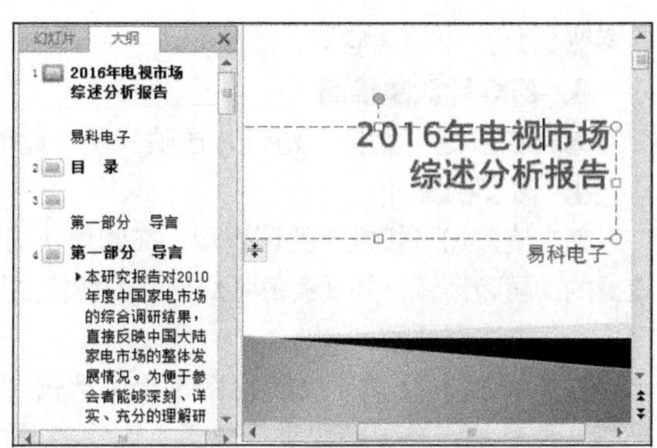

图5-3　“大纲”浏览窗格

4. 状态栏

状态栏位于工作界面的下方，如图 5-4 所示，它主要由状态提示栏、视图切换按钮和显示比例栏组成。其中状态提示栏用于显示幻灯片的数量、序列信息，以及当前演示文稿使用的主题；视图切换按钮用于在演示文稿的不同视图之间进行切换，单击相应的视图切换按钮即可切换到对应的视图中，从左到右依次是“普通视图”按钮、“幻灯片浏览”按钮、“阅读视图”按钮、“幻灯片放映”按钮；显示比例栏用于设置幻灯片窗格中幻灯片的显示比例，单击按钮或按钮，将以 10%的比例缩小或放大幻灯片，拖动两个按钮之间的图标，将适时放大或缩小幻灯片，单击右侧的按钮，将根据当前幻灯片窗格的大小显示幻灯片。

图5-4　状态栏

5.1.2　演示文稿与幻灯片

演示文稿和幻灯片是相辅相成的两个部分，演示文稿由幻灯片组成，两者是包含与被包含的关系。

演示文稿由“演示”和“文稿”两个词语组成，这说明它是为演示某种效果而制作的文档，主要用于会议报告、产品展示和辅助教学等领域。

5.1.3　视图模式及切换方式

PowerPoint 2010 提供了 5 种视图模式：普通视图、幻灯片浏览视图、幻灯片放映视图、阅读视图、备注页视图，在工作界面下方的状态栏中单击相应的视图切换按钮或在【视图】/【演示文稿视图】组中单击相应的视图切换按钮都可进行切换。

1. 普通视图

单击该按钮可切换至普通视图，此视图模式下可对幻灯片整体结构和单张幻灯片进行编辑，这种视图模式也是 PowerPoint 默认的视图模式。

2. 幻灯片浏览视图

单击该按钮可切换至幻灯片浏览视图，在该视图模式下不能对幻灯片进行编辑，但可同时预览多张幻灯片中的内容。

3. 幻灯片放映视图

单击该按钮可切换至幻灯片放映视图，此时幻灯片将按设定的效果放映。

4. 阅读视图

单击该按钮可切换至阅读视图，在阅读视图中可以查看演示文稿的放映效果，预览演示文稿中设置的动画和声音，并观察每张幻灯片的切换效果，它将以全屏动态方式显示每张幻灯片的效果。

5. 备注页视图

在【视图】/【演示文稿视图】组中单击“备注页”按钮可切换至备注页视图，备注页视图是将备注窗格以整页格式进行显示，制作者可以方便地在其中编辑备注内容。

5.1.4 演示文稿的基本操作

启动 PowerPoint 2010 后，就可以对 PowerPoint 文件（即演示文稿）进行操作了。Office 软件间具有共通性，因此演示文稿的操作与 Word 文档的操作也有一定的相似之处。

1. 新建演示文稿

启动 PowerPoint 2010 后，选择【文件】/【新建】命令，将在工作界面中间区域显示所有与新建演示文稿相关的选项，如图 5-5 所示。

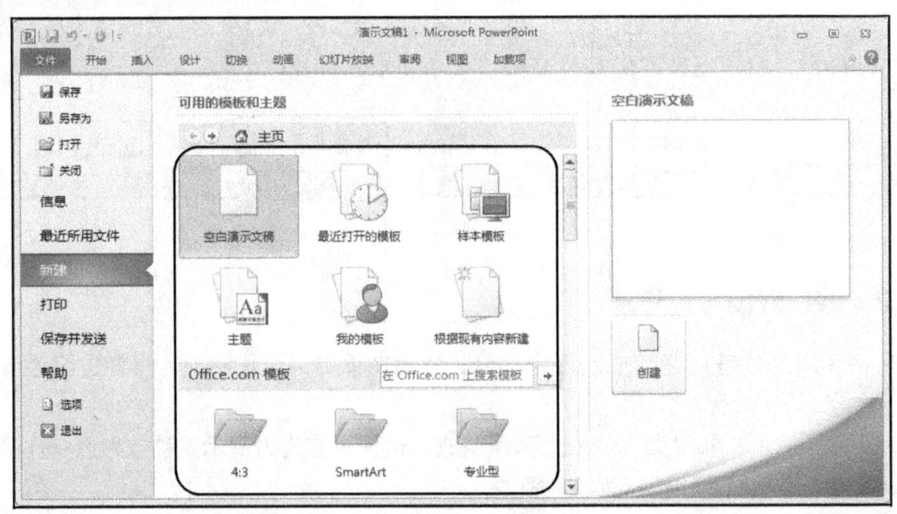

图5-5 新建相关的选项

在工作界面中间的“可用的模板和主题”栏及“Office.com 模板”栏中可选择创建不同模式的演示文稿。选择一种需要的演示文稿类型后，单击右侧的“创建”按钮，即可新建演示文稿。

下面分别介绍新建演示文稿各相关选项的作用。

- 空白演示文稿

选择该选项后，将新建一个没有内容，只有一张标题幻灯片的演示文稿。此外，启动 PowerPoint 2010 后，系统会自动新建一个空白演示文稿；在 PowerPoint 2010 界面按【Ctrl+N】组合键也可快速新建一个空白演示文稿。

- 最近打开的模板

选择该选项后，将在打开的窗格中显示用户最近使用过的演示文稿模板，选择其中一个，系统将以该模板为基础新建一个演示文稿。

● 样本模板

选择该选项后，将在右侧显示 PowerPoint 2010 提供的所有样本模板，选择其中一个模板后单击“创建”按钮，将新建一个以选择的样本模板为基础的演示文稿。此时演示文稿中已有多张幻灯片，并有设计的背景、文本等内容。可方便用户依据该样本模板快速制作出类似的演示文稿效果，如图 5-6 所示。

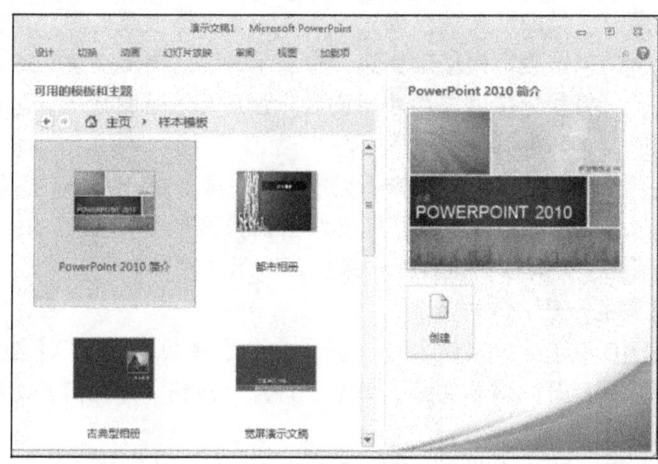

图5-6　样本模板

● 主题

选择该选项后，将在右侧显示提供的主题选项，用户可选择其中一个选项进行演示文稿的新建。通过“主题”新建的演示文稿只有一张标题幻灯片，但其中已有设置好的背景及文本效果，因此同样可以简化用户的设置操作。

● 我的模板

选择该选项后，将打开“新建演示文稿”对话框，在其中选择用户以前保存为 PowerPoint 模板文件的选项（关于保存为 PowerPoint 模板文件的方法将在后面详细讲解），单击“确定”按钮，即可完成演示文稿的新建，如图 5-7 所示。

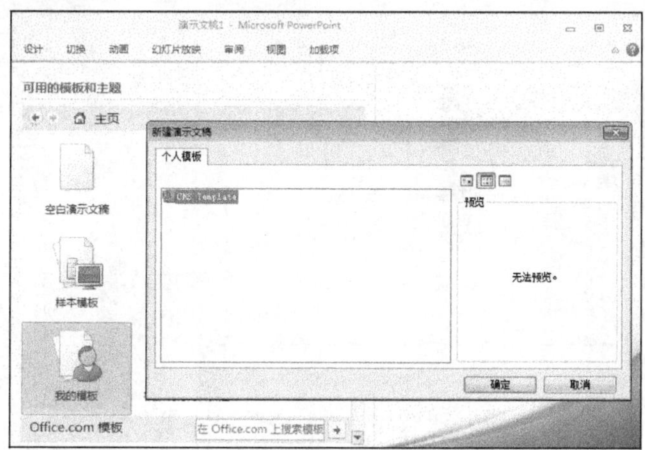

图5-7　我的模板

● 根据现有内容新建

选择该选项后，将打开“根据现有演示文稿新建”对话框，选择以前保存在计算机磁盘中的任意一个演示文稿，单击“新建”按钮，将打开该演示文稿，用户可在此基础上加以修改，制作成自己的演示文稿效果。

● “Office.com 模板”栏

该栏中列出了多个文件夹，每个文件夹是一类模板，选择一个文件夹，将显示该文件夹下的 Office 网站上提供的所有该类演示文稿模板，选择其中一个模板类型后，单击“下载”按钮，将自动下载该模板，然后以该模板为基础新建一个演示文稿。需要注意的是，使用“Office.com 模板”栏中的功能需要计算机连接网络后才能实现，否则无法下载模板并进行演示文稿的新建。

2. 打开演示文稿

当需要对已有的演示文稿进行编辑、查看或放映时，需先将其打开。打开演示文稿的方式有多种，如果未启动 PowerPoint 2010，可直接双击需打开的演示文稿的图标。而在已经启动 PowerPoint 2010 的情况下，有以下几种方法来打开演示文稿。

● 打开演示文稿的一般方法

在 PowerPoint 2010 中选择【文件】/【打开】命令或者按【Ctrl+O】组合键，打开“打开”对话框，在其中选择需要打开的演示文稿，单击“打开”按钮，即可打开选择的演示文稿。

● 打开最近使用的演示文稿

PowerPoint 2010 提供了记录最近打开演示文稿保存路径的功能，如果想打开刚关闭的演示文稿，可选择【文件】/【最近所用文件】命令，在打开的页面中将显示最近使用的演示文稿名称和保存路径，然后选择需要的演示文稿即可将其打开。

● 以只读方式打开演示文稿

用户对以只读方式打开的演示文稿只能进行浏览，不能更改演示文稿中的内容。其打开方法为选择【文件】/【打开】命令，打开“打开”对话框，在其中选择需要打开的演示文稿，单击“打开”按钮右侧的下拉按钮，在打开的下拉列表中选择“以只读方式打开”选项，如图 5-8 所示。此时，打开的演示文稿“标题”栏中将显示“只读”字样。

图5-8 以只读的方式打开

- 以副本方式打开演示文稿

以副本方式打开演示文稿是指将演示文稿作为副本打开，对演示文稿进行编辑时不会影响原文件的效果。其打开方法和以只读方式打开演示文稿的方法类似，在“打开”对话框中选择需要的演示文稿后，单击“打开”按钮右侧的下拉按钮▾，在下拉列表中选择“以副本方式打开”选项，在打开的演示文稿“标题”栏中将显示“副本”字样。

3. 保存演示文稿

用户应将制作好的演示文稿及时保存在计算机中，同时应根据需要选择不同的保存方式，以满足实际的需求。保存演示文稿的方法有很多，下面将分别进行介绍。

- 直接保存演示文稿

直接保存演示文稿是最常用的保存方法，其方法为选择【文件】/【保存】命令或单击快速访问工具栏中的“保存”按钮，打开“另存为”对话框，选择保存位置并输入文件名后，单击“保存”按钮。当执行过一次保存操作后，再次选择【文件】/【保存】命令或单击 “保存”按钮，可对两次保存操作之间所编辑的内容进行保存，而不会打开“另存为”对话框。

- 另存为演示文稿

若不想改变原有演示文稿中的内容，可通过“另存为”命令将演示文稿保存在其他位置或更改其名称。选择【文件】/【另存为】命令，打开“另存为”对话框，重新设置保存的位置或文件名，单击“保存”按钮，如图 5-9 所示。

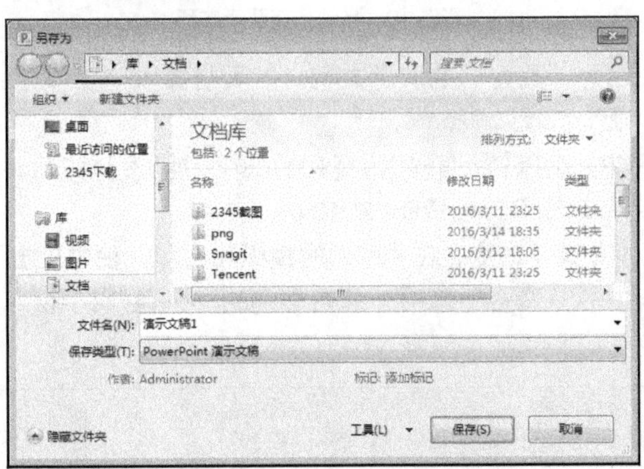

图5-9 “另存为”对话框

- 将演示文稿保存为模板

将制作好的演示文稿保存为模板，可提高制作同类演示文稿的速度。选择【文件】/【保存】命令，打开“另存为”对话框，在“保存类型”下拉列表框中选择“PowerPoint 模板”选项，单击“保存”按钮。

- 保存为低版本演示文稿

如果希望保存的演示文稿可以在 PowerPoint 97 或 PowerPoint 2003 软件中打开或编辑，应将其保存为低版本。在“另存为”对话框的“保存类型”下拉列表中选择“PowerPoint 97 – 2003 演示文稿”选项，其余操作与直接保存演示文稿操作相同。

- 自动保存演示文稿

在制作演示文稿的过程中，为了减少不必要的损失，可设置演示文稿定时保存，即到达指定时间后，无需用户执行保存操作，系统将自动对其进行保存。选择【文件】/【选项】命令，打开“PowerPoint 选项”对话框，单击“保存”选项卡，在“保存演示文稿”栏中选中两个复选框，然后在“保存自动恢复信息时间间隔”复选框后面的数值框中输入要自动保存的时间间隔，在“自动恢复文件位置”文本框中输入文件未保存就关闭时的临时保存位置，单击“确定”按钮，如图 5-10 所示。

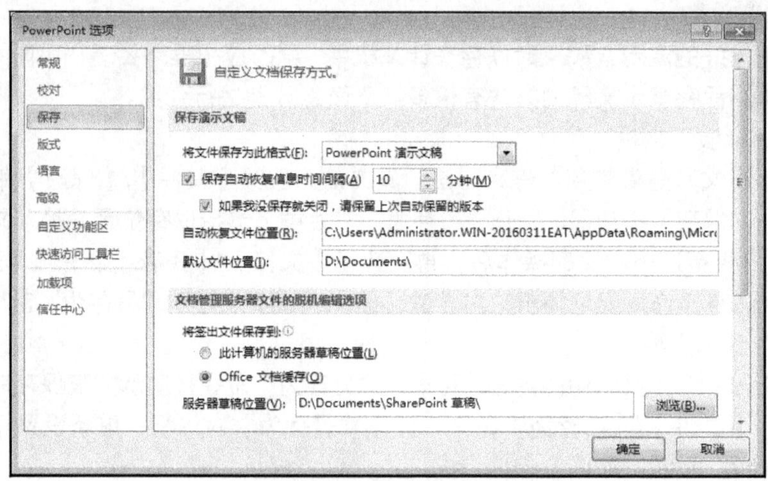

图5-10　自动保存演示文稿

下面将新建一个主题为“聚合”的演示文稿，然后将其以“工作总结.pptx”为文件名保存在计算机桌面上，具体操作步骤如下。

微课：新建并保存演示文稿

（1）在【开始】菜单中，选择【所有程序】/【Microsoft Office】/【Microsoft PowerPoint 2010】命令，启动 PowerPoint 2010。

（2）选择【文件】/【新建】命令，在“可用的模板和主题”栏中单击“主题”选项，选择主题集中的“聚合”选项，单击右侧的“创建”按钮，如图 5-11 所示。

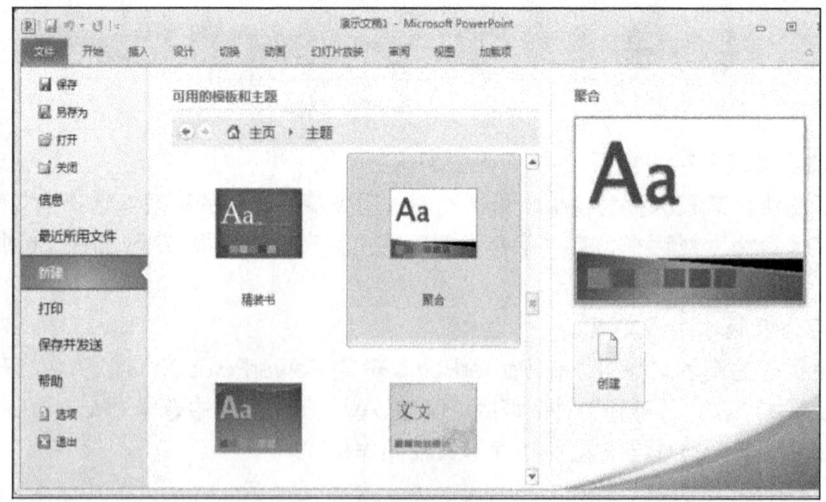

图5-11　选择主题

（3）在快速访问工具栏中单击“保存”按钮，打开“另存为”对话框，在“地址栏”下拉列表框中选择“桌面”选项，在“文件名”文本框中输入“工作总结”，在“保存类型”下拉列表框中选择“PowerPoint 演示文稿”选项，单击“保存”按钮，如图 5-12 所示。

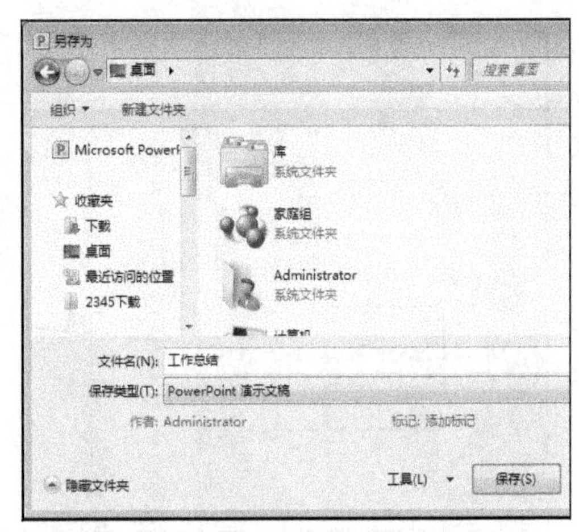

图5-12　设置保存参数

4. 关闭演示文稿

完成演示文稿的编辑或结束放映操作后，若不再需要对演示文稿进行其他操作，即可将其关闭。关闭演示文稿的常用方法有以下 3 种。

方法一：通过单击按钮关闭。单击 PowerPoint 2010 工作界面标题栏右上角的“关闭”按钮，关闭演示文稿并退出 PowerPoint 程序。

方法二：通过快捷菜单关闭。在 PowerPoint 2010 工作界面标题栏上单击鼠标右键，在弹出的快捷菜单中选择“关闭”命令。

方法三：通过命令关闭。选择【文件】/【关闭】命令，关闭当前演示文稿。

5.2　PowerPoint 2010 演示文稿的设置

5.2.1　编辑幻灯片

幻灯片是演示文稿的组成部分，一个演示文稿一般由多张幻灯片组成，所以编辑幻灯片也是编辑演示文稿最主要的操作之一。

1. 新建幻灯片

空白演示文稿中默认只包含一张幻灯片，当对一张幻灯片编辑完成后，就需要新建其他幻灯片。用户可以根据需要在演示文稿的任意位置新建幻灯片。常用的新建幻灯片的方法主要有以下 3 种。

方法一：通过快捷菜单新建。在“幻灯片”浏览窗格中需要新建幻灯片的位置单击鼠标右键，在弹出的快捷菜单中选择“新建幻灯片”命令。

方法二：通过选项卡新建。在【开始】/【幻灯片】组中单击“新建幻灯片”按钮下方的下拉按钮，在打开的下拉列表框中选择一种版式，将新建一张带有版式的幻灯片，如图 5-13 所示。版式用于定义幻灯片中内容的显示位置，用户可根据需要向里面放置文本、图片以及表格等内容。

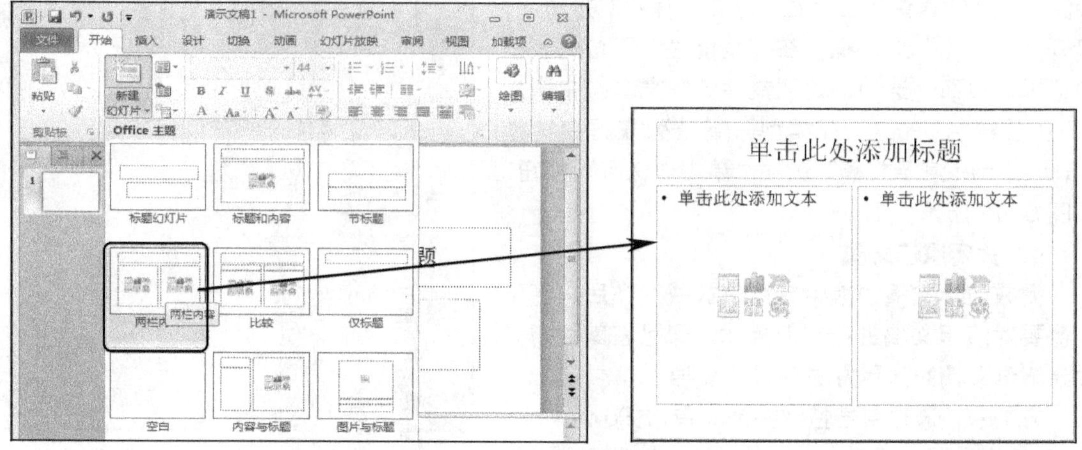

图5-13　选择幻灯片版式

方法三：通过快捷键新建。在“幻灯片”浏览窗格中，选择任意一张幻灯片的缩略图，按【Enter】键，将在选择的幻灯片后新建一张与该幻灯片版式相同的幻灯片。

接下来我们将制作演示文稿“工作总结.pptx”的前两张幻灯片，首先在标题幻灯片中输入主标题和副标题文本，然后新建第 2 张幻灯片，其版式为“内容与标题”，再在各占位符中输入演示文稿的目录内容，其具体操作步骤如下。

微课：新建幻灯片并输入文本

（1）新建的演示文稿中有一张标题幻灯片，在“单击此处添加标题”占位符中单击，其中的文字将自动消失，切换到中文输入法并输入“工作总结”。

（2）在副标题占位符中单击，然后输入“2015 年度 技术部王林”，如图 5-14 所示。

（3）在“幻灯片”浏览窗格中将光标定位到标题幻灯片后，在【开始】/【幻灯片】组中单击“新建幻灯片”按钮下方的下拉按钮，在打开的下拉列表中选择“内容与标题”选项，如图 5-15 所示。

图5-14　制作标题幻灯片

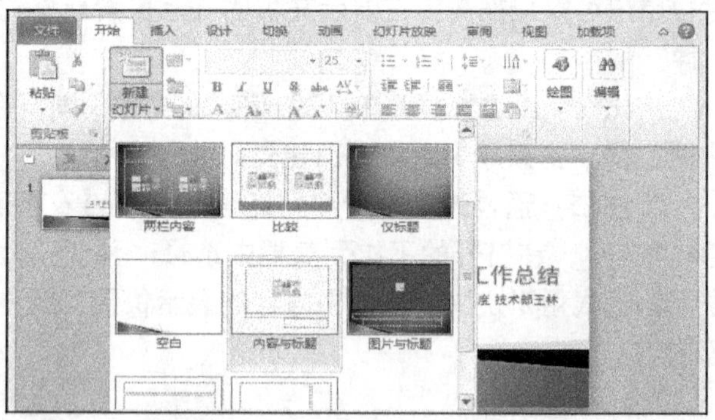

图5-15　选择幻灯片版式

（4）在标题幻灯片后新建了一张“内容与标题”版式的幻灯片，如图 5-16 所示。然后在各占位符中输入图 5-17 中所示的文本，完成第 2 张幻灯片的制作。在幻灯片内容占位符中输入文本时，系统默认在文本前添加项目符号，用户可根据实际需要保留或删除。

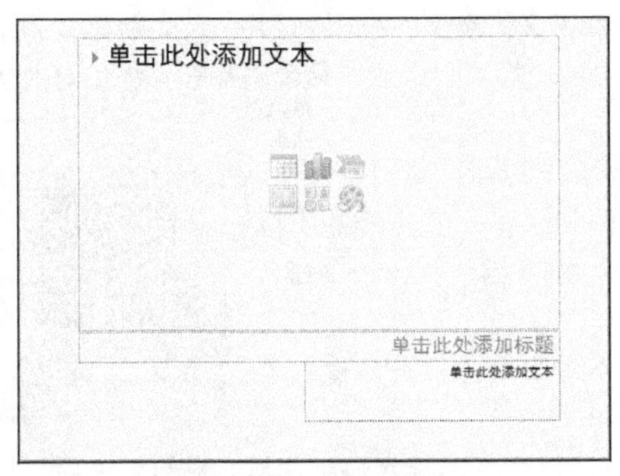

图5-16　内容与标题版式

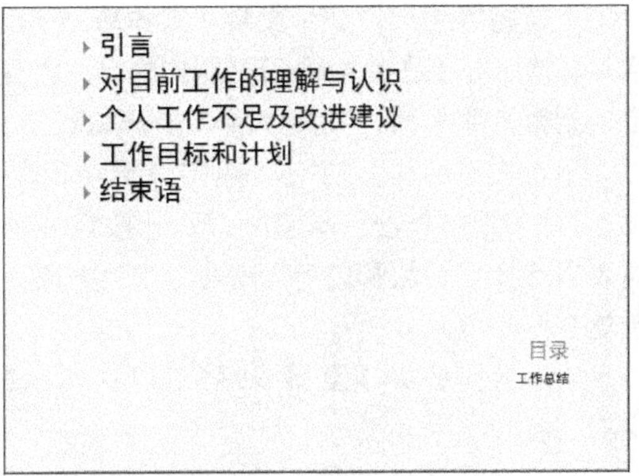

图5-17　输入文本

2. 选择幻灯片

先选择后操作是计算机操作的默认规律，在 PowerPoint 2010 中也不例外，要操作幻灯片，必须先进行选择。由于需要选择的幻灯片数量不同，选择的具体方法也有所区别。

- 选择单张幻灯片。

在“幻灯片/大纲”浏览窗格或“幻灯片浏览”视图中单击幻灯片缩略图，可选择该幻灯片。

- 选择多张相邻的幻灯片。

在“幻灯片/大纲”浏览窗格或“幻灯片浏览”视图中，单击第 1 张幻灯片，按住【Shift】键不放，再单击需选择的最后一张幻灯片，释放【Shift】键后，两张幻灯片之间的所有幻灯片均被选择。

- 选择多张不相邻的幻灯片。

在“幻灯片/大纲”浏览窗格或“幻灯片浏览”视图中，单击要选择的第 1 张幻灯片，按住【Ctrl】键不放，再依次单击需选择的幻灯片即可。

- 选择全部幻灯片。

在“幻灯片/大纲”浏览窗格或“幻灯片浏览”视图中，按【Ctrl+A】组合键，将选择当前演示文稿中所有的幻灯片。

3. 移动和复制幻灯片

在制作演示文稿的过程中，可能需要对各幻灯片的顺序进行调整，或者需要在某张已完成的幻灯片上修改信息，将其制作成新的幻灯片，此时就需要移动和复制幻灯片，有如下方法可实现幻灯片的移动和复制。

方法一：通过拖动鼠标移动或复制。在“幻灯片/大纲”浏览窗格中，选择需移动的幻灯片，按住鼠标左键不放，拖动到目标位置后释放鼠标，完成移动操作；选择需复制的幻灯片，按住【Ctrl】键的同时将其拖动到目标位置，可实现幻灯片的复制。

方法二：通过菜单命令移动或复制。选择需移动或复制的幻灯片，在其上单击鼠标右键，在弹出的快捷菜单中选择“剪切”或“复制”命令；然后将光标定位到目标位置，单击鼠标右键，在弹出的快捷菜单中选择“粘贴”命令，完成幻灯片的移动或复制。

方法三：通过快捷键移动或复制。选择需移动或复制的幻灯片，按【Ctrl+X】组合键（移动）或【Ctrl+C】组合键（复制），然后将光标定位到目标位置，按【Ctrl+V】组合键（粘贴）完成移动或复制操作。

下面将继续制作演示文稿“工作总结.pptx”中的第 3 张至第 12 张幻灯片，首先新建 9 张幻灯片，然后分别在其中输入需要的内容，再复制第 1 张幻灯片到最后，最后调整第 4 张幻灯片的位置到第 6 张后面，其具体操作步骤如下。

（1）在“幻灯片”浏览窗格中将光标定位到第 2 张幻灯片后，在【开始】/【幻灯片】组中单击“新建幻灯片”按钮下方的下拉按钮，在打开的下拉列表中选择“标题和内容”选项，新建一张幻灯片，再按 8 次【Enter】键，新建 8 张幻灯片。

微课：复制并移动幻灯片

（2）分别在第 4 至第 11 张幻灯片的标题占位符和文本占位符中输入需要的内容。

（3）选择第 1 张幻灯片，按【Ctrl+C】组合键，然后将光标定位到第 11 张幻灯片后，按【Ctrl+V】组合键，则在第 11 张幻灯片后新增加一张幻灯片，其内容与第 1 张幻灯片完全相同，如图 5-18 所示。

（4）选择第 4 张幻灯片，按住鼠标不放，将其拖动到第 6 张幻灯片后释放鼠标，此时第 4 张幻灯片将移动到第 6 张幻灯片后，如图 5-19 所示。

图5-18　复制幻灯片

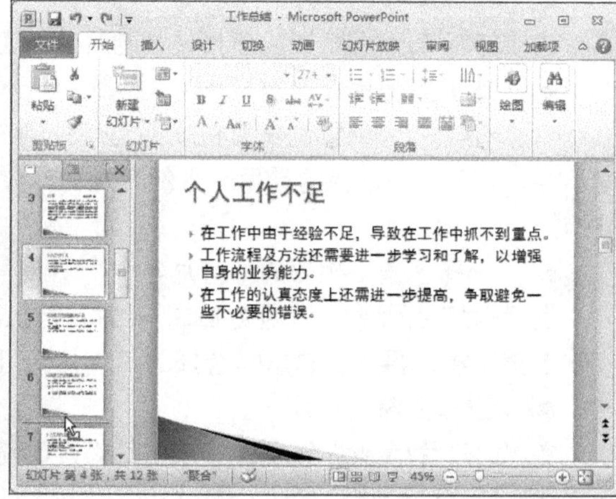

图5-19　移动幻灯片

4. 删除幻灯片

在“幻灯片/大纲”浏览窗格或“幻灯片浏览”视图中可删除演示文稿中多余的幻灯片。其方法为选择需删除的一张或多张幻灯片后按【Delete】键，或单击鼠标右键，在弹出的快捷菜单中选择“删除幻灯片”命令。

5. 更改幻灯片版式

在“幻灯片/大纲”浏览窗格中选中需要更改版式的幻灯片，在【开始】/【幻灯片】组中单击“版式”按钮旁边的下拉按钮，在打开的下拉列表中选择需要的版式即可。

5.2.2　编辑文本

接下来将编辑第 10 张幻灯片和第 12 张幻灯片，首先在第 10 张幻灯片中移动文本的位置，然后复制文本并对其内容进行修改；在第 12 张幻灯片中将对标题文本进行修改，再删除副标题文本，其具体操作如下。

（1）选择第 10 张幻灯片，在右侧“幻灯片”窗格中拖动鼠标选择第一段和第二段文本，按住鼠标不放，此时鼠标指针变为形状，拖动鼠标到第四段文本前，如图 5-20 所示。将选择的第一段和第二段文本移动到原来的第四段文本前。

（2）选择调整后的第四段文本，按【Ctrl+C】组合键，或在选择的文本上单击鼠标右键，在弹出的快捷菜单中选择“复制”命令。

（3）在原始的第五段文本前单击鼠标，按【Ctrl+V】组合键，或单击鼠标右键，在弹出的快捷菜单中选择“粘贴”命令，将选择的第四段文本复制到第五段，如图 5-21 所示。

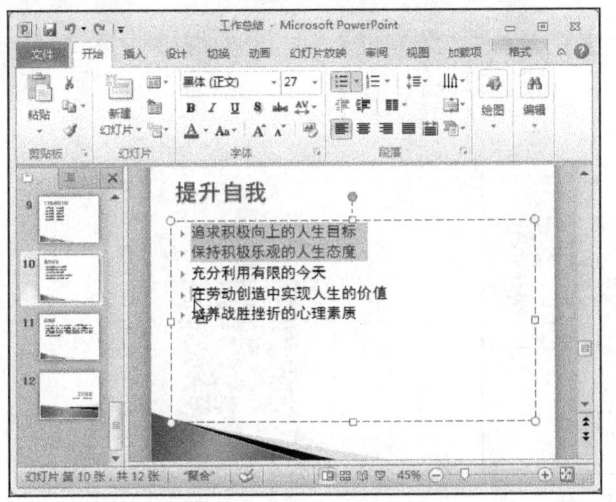

图5-20 移动文本

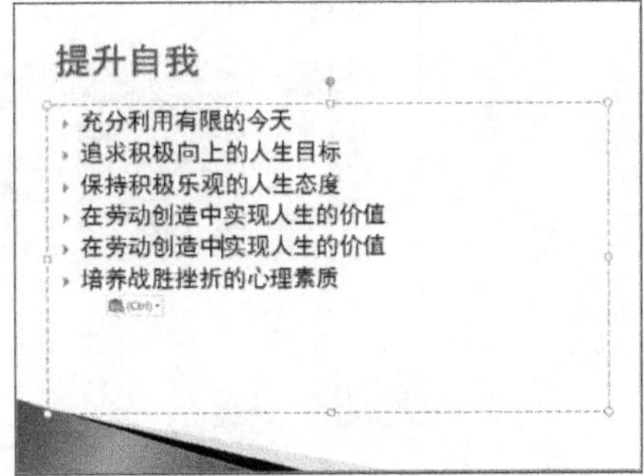

图5-21 复制文本

（4）将光标定位到当前第五段文本的“中”字后，输入“找到工作的乐趣”，然后多次按【Delete】键，删除多余的文字，如图 5-22 所示。

（5）选择第 12 张幻灯片，在“幻灯片”窗格中选择原来的标题“工作总结”，然后输入新的文本“谢谢”，将在删除原有文本的基础上修改成新文本。

（6）选择副标题中的文本，如图 5-23 所示，按【Delete】键或【Backspace】键将其删除，完成演示文稿的制作。

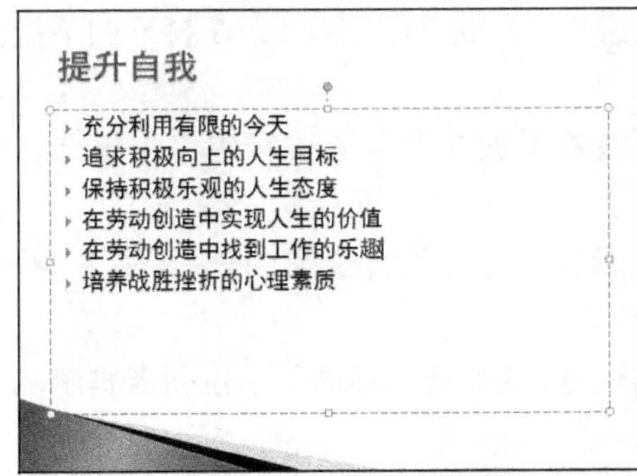

图5-22 增加和删除文本

图5-23 修改和删除文本

5.2.3 使用文本框

最后来编辑“工作总结.pptx”中的第 3 张幻灯片，输入标题占位符和文本占位符中的内容，并在幻灯片右上角插入一个横排文本框，其具体操作如下。

（1）选中第 3 张幻灯片，在标题占位符中输入文本“引言”。

（2）将光标定位到文本占位符中，按【Backspace】键，删除文本插入点前的项目符号，输入引言下的所有文本。

（3）在【插入】/【文本】组中单击“文本框”按钮下方的下拉按钮，在打开的下拉列表中选择“横排文本框”选项。

（4）此时鼠标指针呈↓形状，在幻灯片右上角单击鼠标定位文本插入点，输入文本“帮助、感恩、成长”，效果如图 5-24 所示。

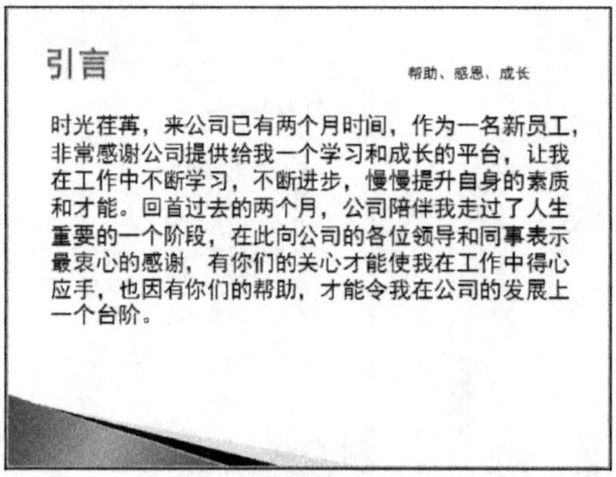

引言　　帮助、感恩、成长

时光荏苒，来公司已有两个月时间，作为一名新员工，非常感谢公司提供给我一个学习和成长的平台，让我在工作中不断学习，不断进步，慢慢提升自身的素质和才能。回首过去的两个月，公司陪伴我走过了人生重要的一个阶段，在此向公司的各位领导和同事表示最衷心的感谢，有你们的关心才能使我在工作中得心应手，也因有你们的帮助，才能令我在公司的发展上一个台阶。

图5-24 第3张幻灯片效果

微课：文本框的使用

5.2.4 插入艺术字、形状

1. 艺术字

艺术字拥有比普通文本更多的美化和设置功能，如渐变的颜色、各种形状效果和立体效果等，因此艺术字在演示文稿中使用得十分频繁。

下面将打开演示文稿“产品上市策划.pptx”，在第 2 张幻灯片顶部输入艺术字，并设置字体、填充图片及艺术字效果，其具体操作步骤如下。

（1）在【插入】/【文本】组中单击“艺术字”按钮下方的下拉按钮，在打开的下拉列表框中选择最后一排中第 2 列的艺术字效果。

（2）此时将出现一个艺术字占位符，在“请在此放置您的文字”占位符中单击鼠标，输入“目录”。

（3）将鼠标指针移动到“目录”四周的控制点上，鼠标指针变为形状，按住鼠标左键不放，拖动鼠标至幻灯片顶部，将艺术字“目录”移动到该位置。

（4）选择其中的“目录”文本，在【开始】/【字体】组中单击“字体”下拉列表框中的“华文琥珀”选项，修改艺术字的字体，如图 5-25 所示。

（5）保持艺术字的选择状态，此时将自动激活【绘图工具】上下文选项卡，在【绘图工具】/【格式】/【艺术字样式】组中单击“文本填充”按钮，在打开的下拉列表中选择“图片”选项，打开

“插入图片”对话框，选择需要填充到艺术字的图片文件“橙汁.jpg”，单击“打开”按钮。

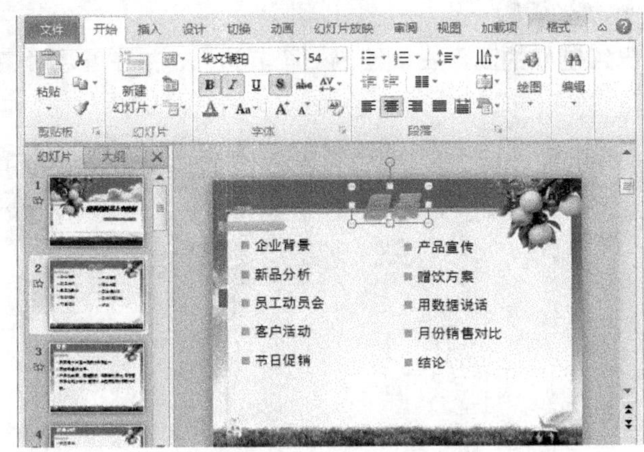

图5-25　移动艺术字并修改字体

（6）在【绘图工具】/【格式】/【艺术字样式】组中单击 文本效果 按钮，在打开的下拉列表中选择【映像】/【紧密映像，8 pt 偏移量】选项，如图 5-26 所示，最终效果如图 5-27 所示。

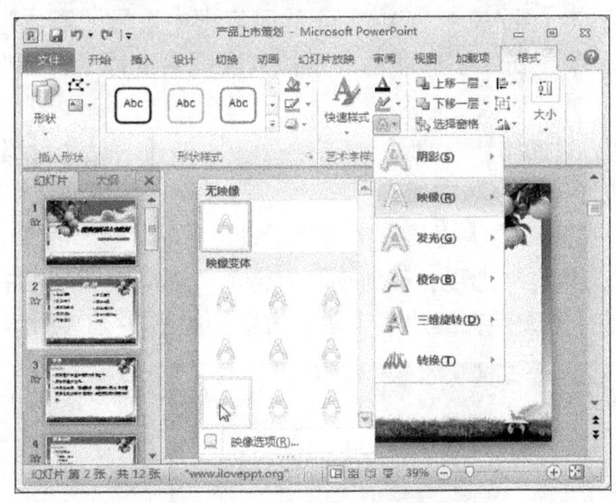

图5-26　选择文本映像

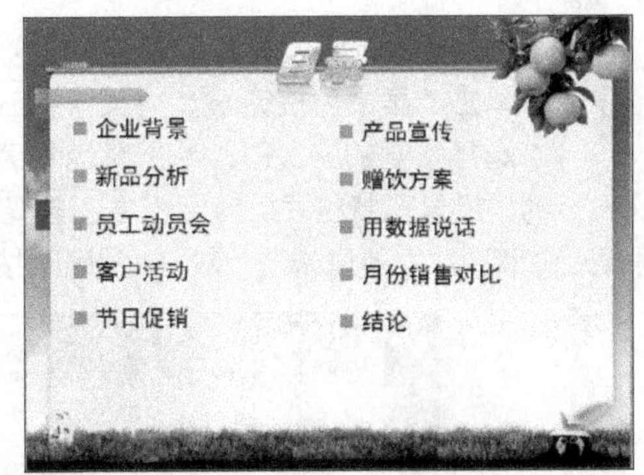

图5-27　查看艺术字效果

2. 形状

形状是 PowerPoint 提供的基础图形，通过基础图形的绘制、组合，有时可达到比图片和系统预设的 SmartArt 图形更好的效果。下面我们将绘制梯形、矩形和五边形，并分别在各形状中编辑文字，设置其形状样式，最后将所有形状组合，其具体操作如下。

（1）打开演示文稿“产品上市策划.pptx”，选择第 9 张幻灯片，在【插入】/【插图】组中单击“形状”按钮，在打开的列表中选择“基本形状”栏中的“梯形”选项，此时鼠标指针变为十形状，在幻灯片左上方按下左键并拖动鼠标绘制一个梯形，作为房顶的示意图，如图 5-28 所示。

（2）在【插入】/【插图】组中单击“形状”按钮，在打开的下拉列表中选择【矩形】/【矩形】选项，然后在梯形下方绘制一个矩形，作为房子的主体。

（3）在绘制的矩形上单击鼠标右键，在弹出的快捷菜单中选择“编辑文字”命令，文本插入点将自动定位到矩形中，此时输入文本“学校”。

（4）使用与前面相同的方法，在已绘制好的图形右侧绘制一个五边形，并在五边形中输入文字“分杯赠饮”，如图 5-29 所示。

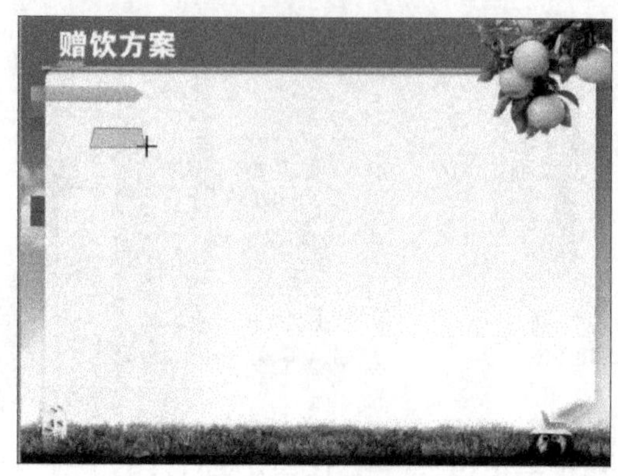

图5-28　绘制屋顶

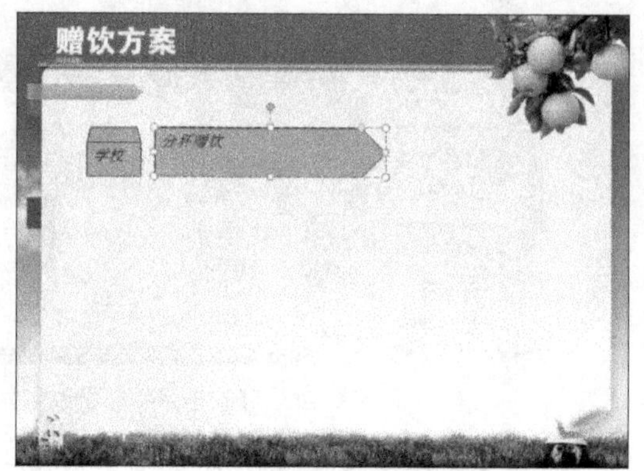

图5-29　绘制图形并输入文字

（5）选择“学校”文本，在【开始】/【字体】组中的“字体”下拉列表框中选择“黑体”选项，在“字号”下拉列表框中选择“20”选项，在“字体颜色”下拉列表框中选择“深蓝”选项。

（6）使用相同方法，设置五边形中的文字为“楷体”“加粗”“28”“白色”。在【开始】/【段落】组中单击“居中”按钮≡，将文字在五边形中水平居中对齐。

（7）选择绘制的五边形，单击鼠标右键，在弹出的快捷菜单中选择“设置形状格式”命令，在打开的“设置形状格式”对话框左侧选择“文本框”选项，在对话框右侧的“内部边距”栏中设置上边距为“0.4 厘米”，单击“关闭”按钮，使文字在五边形中垂直居中，如图 5-30 所示。

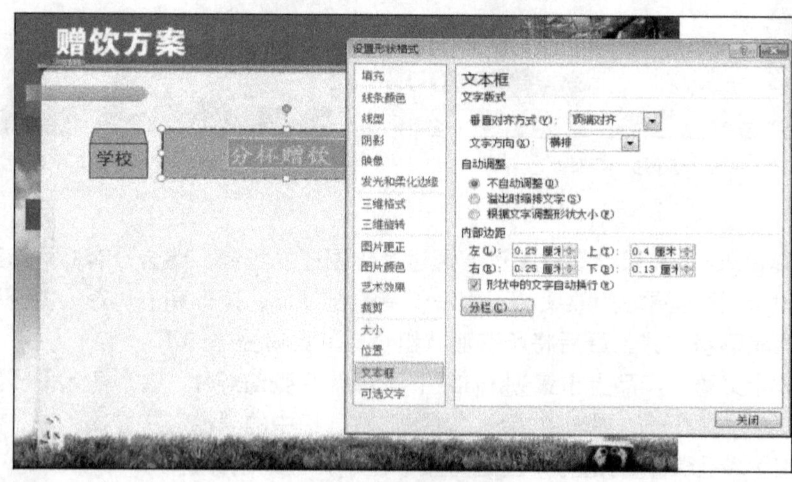

图5-30　设置形状格式

（8）同时选择左侧绘制的梯形和矩形，在【绘图工具】/【格式】/【形状样式】组中单击“其他”下拉按钮，在打开的下拉列表框中选择第 3 排的第 3 个选项，快速更改房子的填充颜色和边框颜色。

(9) 同时选择左侧的房子图形和右侧的五边形图形，单击鼠标右键，在弹出的快捷菜单中选择【组合】/【组合】命令，将绘制的 3 个形状组合为一个图形，如图 5-31 所示。

(10) 选择组合的图形，按住【Ctrl】键和【Shift】键不放，向下拖动鼠标，将组合的图形再垂直复制两个。

(11) 对所复制图形中的文本进行修改，修改后的文本如图 5-32 所示。

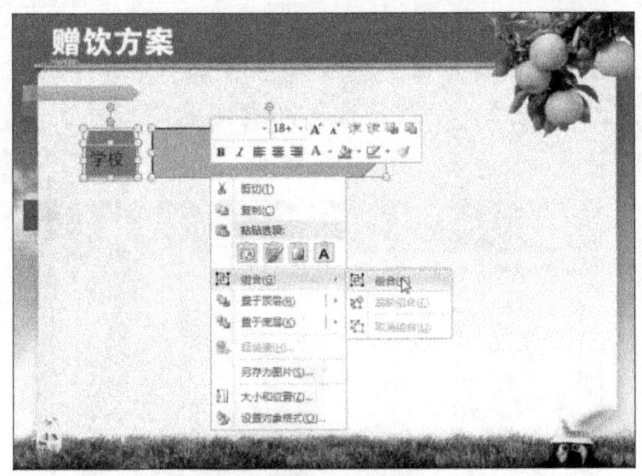

图5-31 组合图形

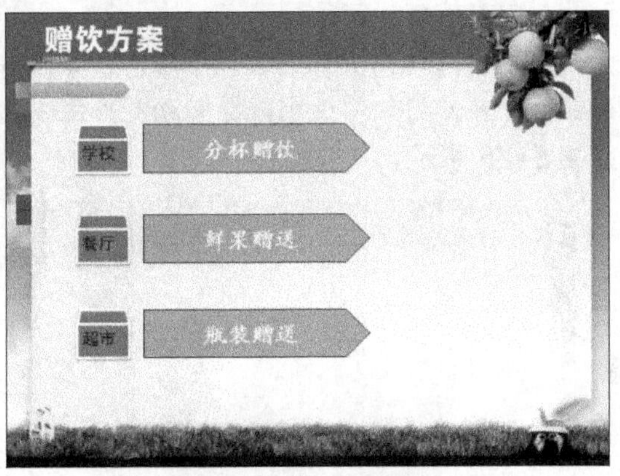

图5-32 复制并编辑图形

5.2.5 插入图片、图形

1. 图片

图片是演示文稿中非常重要的一部分，在幻灯片中可以插入计算机中保存的图片，也可以插入 PowerPoint 自带的剪贴画。打开演示文稿“产品上市策划.pptx”，在第 4 张幻灯片右边插入“饮料瓶”图片，调整图片的角度并设置阴影效果；在第 11 张幻灯片中插入剪贴画“”，其具体操作如下。

(1) 在“幻灯片”浏览窗格中选择第 4 张幻灯片，在【插入】/【图像】组中单击“图片”按钮，打开“插入图片”对话框。

(2) 选择需插入图片的保存位置，这里的位置为“桌面”，选择图片文件“饮料瓶”，单击“插入”按钮，如图 5-33 所示。

图5-33 插入图片

（3）返回 PowerPoint 工作界面即可看到插入图片后的效果。将鼠标指针移动到图片四角的圆形控制点上，拖动鼠标调整图片大小。

（4）选择图片，将鼠标指针移动到图片任意位置，当鼠标指针变为✥形状时，拖动鼠标到幻灯片右侧的空白位置，释放鼠标将图片放置在该位置，如图 5-34 所示。

（5）将鼠标指针移动到图片上方的绿色控制点上，当鼠标光标变为形状时，向左拖动鼠标使图片向左旋转一定角度。

（6）继续保持图片的选择状态，在【图片工具】/【格式】/【调整】组中单击“删除背景”按钮，在幻灯片中使用鼠标拖动图片每一边中间的控制点，使饮料瓶的所有内容均显示出来，如图 5-35 所示。

图5-34 缩放并移动图片

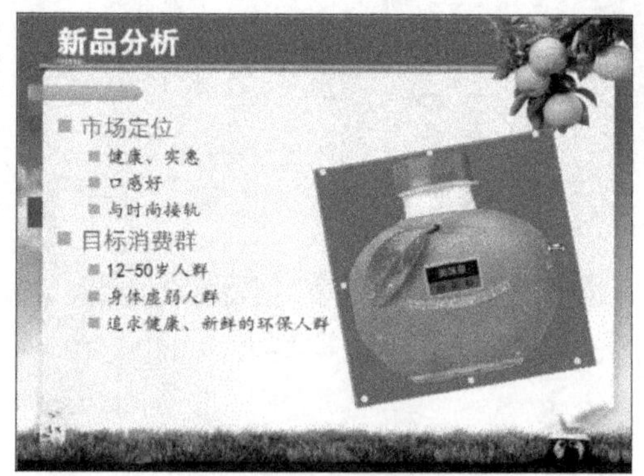

图5-35 显示饮料瓶所有内容

（7）此时会激活“背景消除”选项卡，单击“关闭”组的“保留更改”按钮✓，饮料瓶图片中的白色背景将消失。

（8）在【图片工具】/【格式】/【图片样式】组中单击 图片效果 按钮，在打开的下拉列表中选择【阴影】/【左上对角透视】选项，为图片设置阴影后的效果如图 5-36 所示。

（9）选择第 11 张幻灯片，单击占位符中的“剪贴画”按钮，打开“剪贴画”任务窗格，在“搜索文字”文本框中不输入任何内容（表示搜索所有剪贴画），单击选中“包括 Office.com 内容”复选框，再单击“搜索”按钮，在下方的列表框中选择要插入的剪贴画，如图 5-37 所示。

图5-36 设置阴影

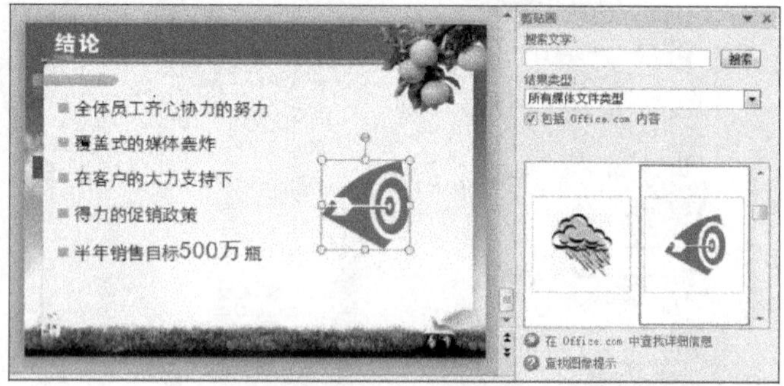

图5-37 插入剪贴画

2. SmartArt 图形

SmartArt 图形用于表明各种事物之间的关系，它在演示文稿中经常被使用。接下来我们将在演示文稿“产品上市策划.pptx”的第 6、7 张幻灯片中分别新建一个 SmartArt 图形，并输入文字；对第 8 张幻灯片中已有的 SmartArt 图形更改布局方式并设置 SmartArt 样式，其具体操作如下。

微课：插入 SmartArt 图形

（1）选择第 6 张幻灯片，在“幻灯片”窗格中单击占位符中的“插入 SmartArt 图形”按钮。

（2）打开“选择 SmartArt 图形”对话框，在左侧列表中选择“循环”选项，在右侧选择“分段循环”选项，单击“确定”按钮，如图 5-38 所示。

（3）此时在占位符处插入一个“分段循环”布局的 SmartArt 图形，该图形由 3 部分组成，在每一部分的“文本”提示中分别输入“产品+礼品”“夺标行动”和“刮卡中奖”，如图 5-39 所示。

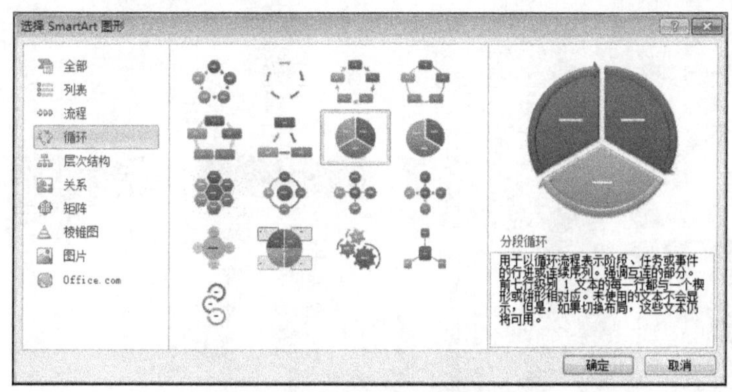

图5-38　选择SmartArt图形

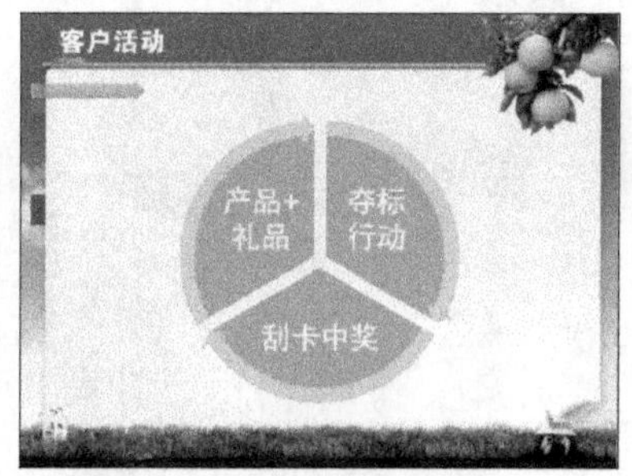

图5-39　输入文本内容

（4）选择第 7 张幻灯片，在“幻灯片”窗格中选择占位符，按【Delete】键将其删除，在【插入】/【插图】组中单击“SmartArt”按钮。

（5）打开“选择 SmartArt 图形”对话框，在左侧列表中选择“棱锥图”选项，在右侧选择“棱锥型列表”选项，单击“确定”按钮。

（6）将在幻灯片中插入一个带有 3 项文本的棱锥型图形，分别在各个文本提示框中输入对应文字，然后在最后一项文本上单击鼠标右键，在弹出的快捷菜单中选择【添加形状】/【在后面添加形状】命令，如图 5-40 所示。

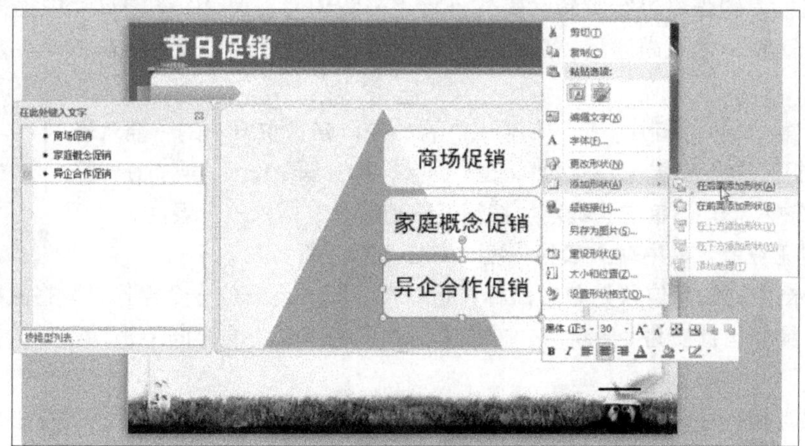

图5-40　在后面插入形状

（7）在新添加的形状上单击鼠标右键，在弹出的快捷菜单中选择“编辑文字”命令。

（8）文本插入点自动定位到该形状中，输入新的文本“神秘、饥饿促销”。

（9）选择第 8 张幻灯片，选择其中的 SmartArt 图形，在【SmartArt 工具】/【设计】/【布局】组中单击“其他”下拉按钮，在打开的下拉列表中选择“圆箭头流程”选项。

（10）在【SmartArt 工具】/【设计】/【SmartArt 样式】组中单击“其他”下拉按钮，在打开的下拉列表中选择“金属场景”选项，如图 5-41 所示。

（11）选中 SmartArt 图形中的文本“广告”，在【SmartArt 工具】/【格式】/【艺术字样式】组中单击“其他”下拉按钮，在打开的下拉列表中选择最后一排的第 3 个选项，最终效果如图 5-42 所示。

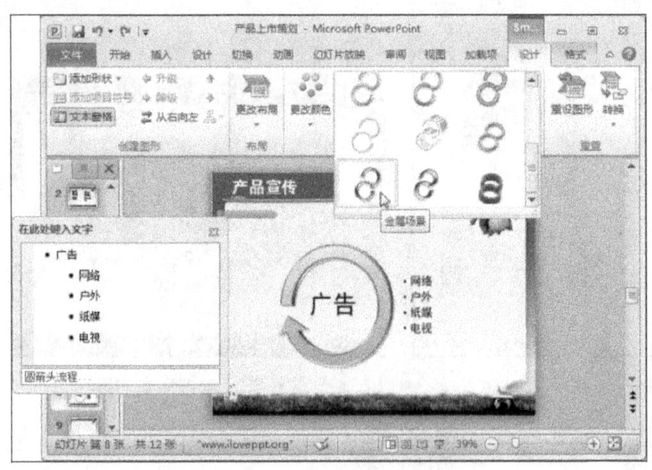

图5-41　修改布局和样式

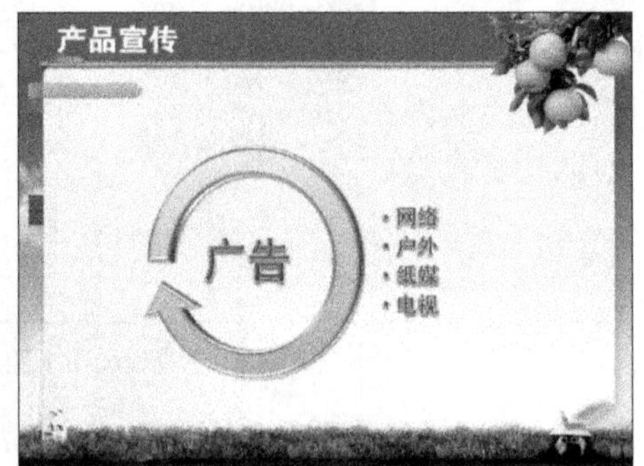

图5-42　设置艺术字样式

5.2.6　插入表格、媒体文件

1. 表格

表格可直观形象地表达数据情况。在 PowerPoint 2010 中，用户既可以在幻灯片中插入表格，也可以对插入的表格进行编辑和美化。接下来我们将在第 10 张幻灯片中插入一个 5 行 4 列的表格，在表格中输入内容后，还要设置表格的行距、底纹以及表格样式等，其具体操作步骤如下。

微课：插入表格

（1）选择第 10 张幻灯片，在“幻灯片”窗格中单击占位符中的“插入表格”按钮，打开“插入表格”对话框，在“列数”数值框中输入“4”，在“行数”数值框中输入“5”，单击“确定”按钮，在幻灯片中插入一个表格。

（2）分别在各单元格中输入表格内容，如图 5-43 所示。

（3）在表格中的任意位置处单击鼠标，此时表格四周将出现一个操作框，将鼠标指针移动到操作框上，当鼠标指针变为形状时，按住【Shift】键不放的同时向下拖动鼠标，使表格垂直向下移动。

（4）将鼠标指针移动到表格操作框下方中间的控制点处，当鼠标指针变为形状时，向下拖动鼠标，增加表格各行的行高，如图 5-44 所示。

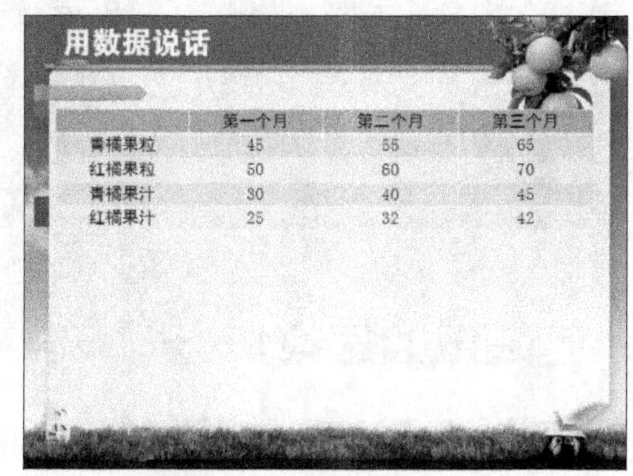

	第一个月	第二个月	第三个月
青橘果粒	45	55	65
红橘果粒	50	60	70
青橘果汁	30	40	45
红橘果汁	25	32	42

图5-43 插入表格并输入文本

	第一个月	第二个月	第三个月
青橘果粒	45	55	65
红橘果粒	50	60	70
青橘果汁	30	40	45
红橘果汁	25	32	42

图5-44 调整表格位置和大小

（5）将鼠标指针移动到“第三个月”所在列上方，当鼠标指针变为⬇形状时单击选择该列，在选择的区域单击鼠标右键，在弹出的快捷菜单中选择【插入】/【在右侧插入列】命令。

（6）此时在“第三个月”列后面插入新列，并输入“季度总计”的内容。

（7）使用相同方法在“红橘果汁”一行下方插入新行，并在第一个单元格中输入“合计”，在最后一个单元格中输入所有饮料的销量合计“559”，如图 5-45 所示。

（8）选择“合计”文本所在的单元格及其后的空白单元格，在【表格工具】/【布局】/【合并】组中单击“合并单元格”按钮，如图 5-46 所示。

	第一个月	第二个月	第三个月	季度总计
青橘果粒	45	55	65	165
红橘果粒	50	60	70	180
青橘果汁	30	40	45	115
红橘果汁	25	32	42	99
合计				559

图5-45 插入列和行

	第一个月	第二个月	第三个月	季度总计
青橘果粒	45	55	65	165
红橘果粒	50	60	70	180
青橘果汁	30	40	45	115
红橘果汁	25	32	42	99
合计				559

图5-46 合并单元格

（9）将鼠标指针移动到“合计”所在行左侧，当鼠标指针变为➡形状时单击选择该行，在【表格工具】/【设计】/【表格样式】组中单击底纹按钮，在打开的下拉列表中选择“浅蓝”选项。

（10）在【表格工具】/【设计】/【绘图边框】组中单击笔颜色按钮，在打开的下拉列表中选择“白色”选项，自动激活该组的“绘制表格”按钮。

（11）此时鼠标指针变为形状，移动鼠标指针到第一行第一列的单元格中，按住鼠标不放，绘制斜线表头，如图 5-47 所示。

（12）在表格中的任意位置单击鼠标，此时表格四周将出现一个操作框，将鼠标指针移动到操作框上，当鼠标指针变为形状时，单击鼠标左键选择整个表格，在【表格工具】/【设计】/【表格样式】组中单击效果按钮，在打开的下拉列表中选择【单元格凹凸效果】/【圆】选项，为表格中的所有单元格都应用该样式，最终效果如图 5-48 所示。

	第一个月	第二个月	第三个月	季度总计
青橘果粒	45	55	65	165
红橘果粒	50	60	70	180
青橘果汁	30	40	45	115
红橘果汁	25	32	42	99
合计				559

图5-47　绘制斜线表头

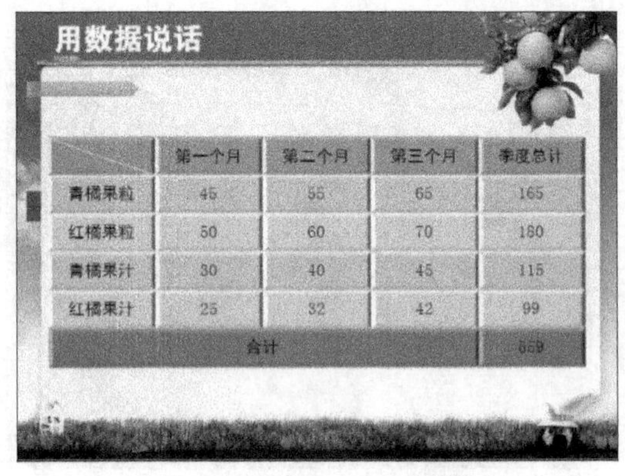

	第一个月	第二个月	第三个月	季度总计
青橘果粒	45	55	65	165
红橘果粒	50	60	70	180
青橘果汁	30	40	45	115
红橘果汁	25	32	42	99
合计				559

图5-48　设置元格凹凸效果

2. 媒体文件

媒体文件是指音频和视频文件，在 PowerPoint 2010 中用户可根据需要插入剪贴画中的媒体文件，也可以插入计算机中保存的媒体文件。下面将在演示文稿中插入一个音乐文件，并设置该音乐跨幻灯片循环播放，且在放映幻灯片时不显示声音图标，其具体操作如下。

微课：插入媒体文件

（1）选择演示文稿“产品上市策划.pptx”中的第 1 张幻灯片，在【插入】/【媒体】组中单击“音频”按钮，在打开的下拉列表中选择“文件中的音频”选项。

（2）打开“插入音频”对话框，在左侧的列表框中选择音乐文件的存放位置，选择音频文件“背景音乐”，单击“插入”按钮，如图 5-49 所示。

（3）此时在幻灯片中自动插入一个声音图标，选择该声音图标，将激活【音频工具】上下文选项卡，在【音频工具】/【播放】/【预览】组中单击“播放”按钮，将在 PowerPoint 中播放插入的音乐。

（4）在【音频工具】/【播放】/【音频选项】组中选中“放映时隐藏”和“循环播放，直到停止”这两个复选框，并且在“开始”下拉列表框中选择“跨幻灯片播放”选项，如图 5-50 所示。

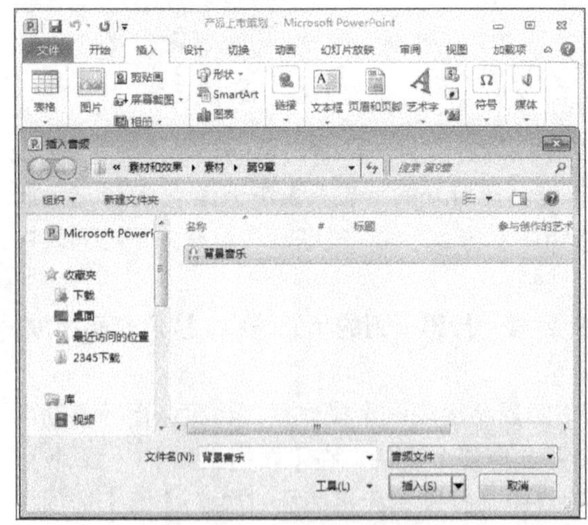

图5-49　插入声音

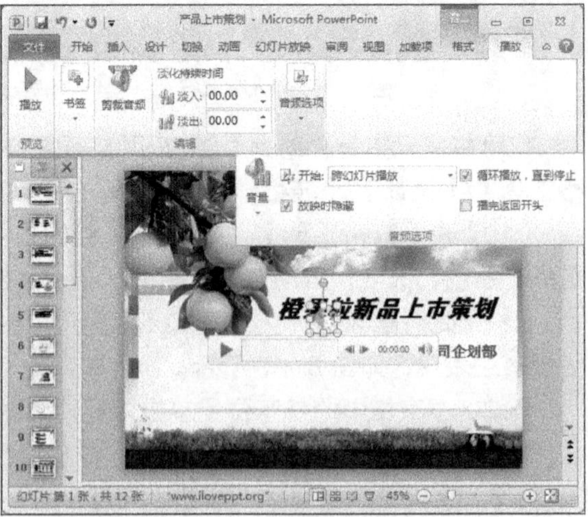

图5-50　设置声音选项

5.2.7　应用幻灯片主题、背景

1. 幻灯片主题

主题是一组预设的背景、字体格式的组合，在新建演示文稿时可以使用主题新建，对于已经创建好的演示文稿，也可对其应用主题。应用主题后还可以修改搭配好的颜色、效果及字体等。下面将打开“市场分析.pptx”演示文稿，应用“气流”主题，设置效果为“主管人员”，颜色为“凤舞九天”，其具体操作如下。

（1）打开演示文稿“市场分析.pptx”，在【设计】/【主题】组中单击“其他”下拉按钮，在打开的下拉列表中选择“气流”选项，为该演示文稿应用“气流”主题。

（2）在【设计】/【主题】组中单击 效果 按钮，在打开的下拉列表中选择“主管人员”选项，如图 5-51 所示。

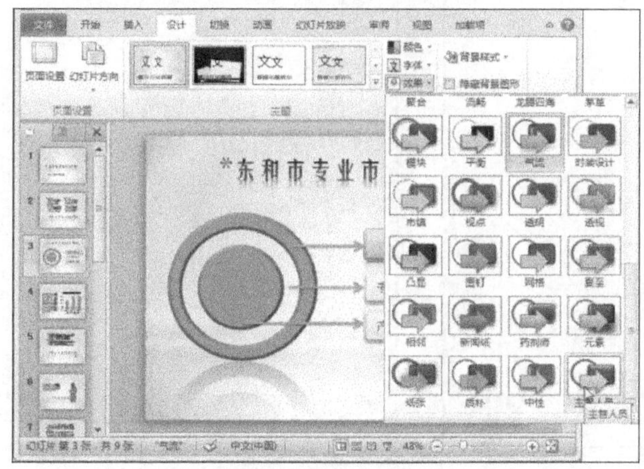

图5-51　选择主题效果

（3）在【设计】/【主题】组中单击 颜色 按钮，在打开的下拉列表中选择“凤舞九天”选项，如图 5-52 所示。

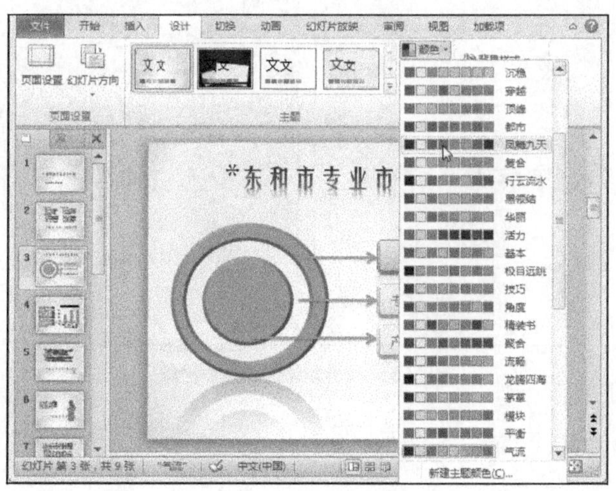

图5-52　选择主题颜色

2. 幻灯片背景

幻灯片的背景可以是一种颜色或是多种颜色，也可以是图片。设置幻灯片背景是快速改变幻灯片显示效果的方法之一。下面将“首页背景”图片设置成标题幻灯片的背景，其具体操作如下。

微课：设置幻灯片背景

（1）打开演示文稿“市场分析.pptx”，选择标题幻灯片，在“幻灯片”窗格中标题幻灯片的空白处单击鼠标右键，在弹出的快捷菜单中选择“设置背景格式”命令。

（2）打开“设置背景格式”对话框，单击“填充”选项，选中“图片或纹理填充”单选项，在“插入自”栏中单击“文件…”按钮，如图 5-53 所示。

（3）打开“插入图片”对话框，选择图片文件的保存位置后，选中图片文件“首页背景”，单击“插入”按钮，如图 5-54 所示。

图5-53 选择填充方式

图5-54 选择背景图片

（4）返回“设置背景格式”对话框，选中“隐藏背景图形”复选框，单击“关闭”按钮，即可看到标题幻灯片已应用图片背景，如图 5-55 所示。

图5-55 设置标题幻灯片背景

5.2.8 使用母版

母版是演示文稿中特有的概念，通过设计、制作母版，可以快速使设置内容在多张幻灯片、讲义或备注中生效。在 PowerPoint 2010 中存在 3 种母版，一是幻灯片母版，二是讲义母版，三是备注母版，其作用分别如下。

- 幻灯片母版。幻灯片母版是一张包含格式占位符的幻灯片，这些占位符是为标题、主要文本和所有幻灯片中出现的背景项目而设置的，只要在母版中更改了样式，则应用了该母版的幻灯片中的相应样式也会随之改变。
- 讲义母版。讲义母版是指演讲者在放映演示文稿时使用的纸稿，纸稿中显示了每张幻灯片的大致内容、要点等。讲义母版就是设置该内容在纸稿中的显示方式，制作讲义母版主要包括设置每页纸张上显示的幻灯片数量、排列方式以及页面和页脚的信息等。
- 备注母版。指演讲者在幻灯片下方输入的内容，根据需要可将这些内容打印出来。要想使这些备注信息显示在打印的纸张上，就需要对备注母版进行设置。

母版在幻灯片编辑过程中的使用频率非常高，在母版中编辑的每一项操作，都可能影响使用该母版的所有幻灯片。下面将进入幻灯片母版视图，设置正文占位符、图片、页眉页脚以及艺术字样式，最后调整幻灯片中各对象的位置，使其符合应用主题、幻灯片母版后的效果，其具体操作如下。

（1）打开演示文稿“市场分析.pptx”，在【视图】/【母版视图】组中单击“幻灯片母版”按钮，进入幻灯片母版编辑状态。

（2）选择第 1 张幻灯片母版，在该幻灯片中的编辑将应用于整个演示文稿，将鼠标指针移动到标题占位符左侧中间的控制点处，按住鼠标左键再向左拖动，使占位符中所有的文本内容都显示出来。

（3）选择正文占位符的第一项文本，在【开始】/【字体】组的“字号”下拉列表框中输入“26”，将正文文本的字号放大，如图 5-56 所示。

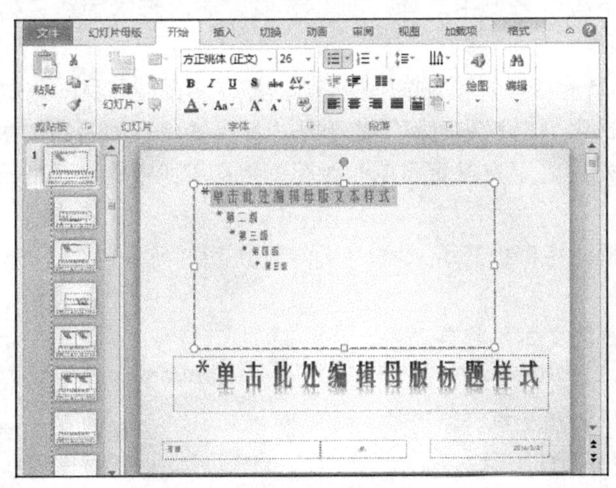

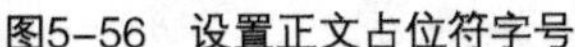
图5-56　设置正文占位符字号

（4）选择标题占位符，使用鼠标将其向下拖动至正文占位符的下方；将鼠标指针移动到正文占位符下方中间的控制点，向下拖动以增加占位符的高度，如图 5-57 所示。

（5）在【插入】/【图像】组中单击“图片”按钮，打开“插入图片”对话框，在地址栏中选择图片位置，选择图片文件“标志”，单击“插入”按钮。

（6）将“标志”图片插入幻灯片中，将其适当缩小后移动到幻灯片右上角。

（7）在【图片工具】/【格式】/【调整】组中单击“删除背景”按钮，在幻灯片中使用鼠标拖动图片每一边中间的控制点，使“标志”的所有内容均显示出来。

（8）此时会激活“背景消除”选项卡，单击“关闭”组中的“保留更改”按钮，图片文件“标志”的白色背景将消失，如图 5-58 所示。

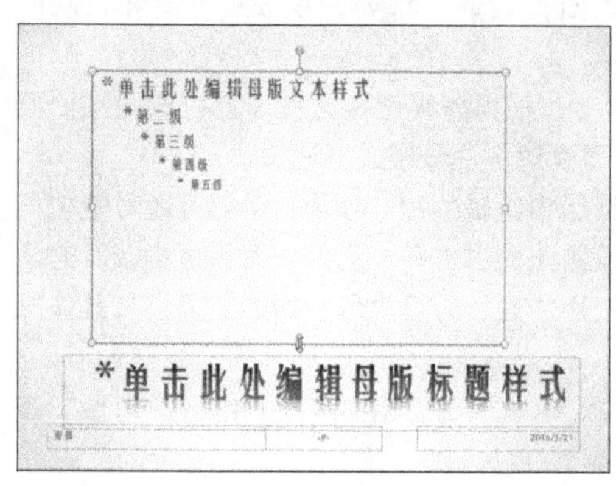

图5-57 调整占位符

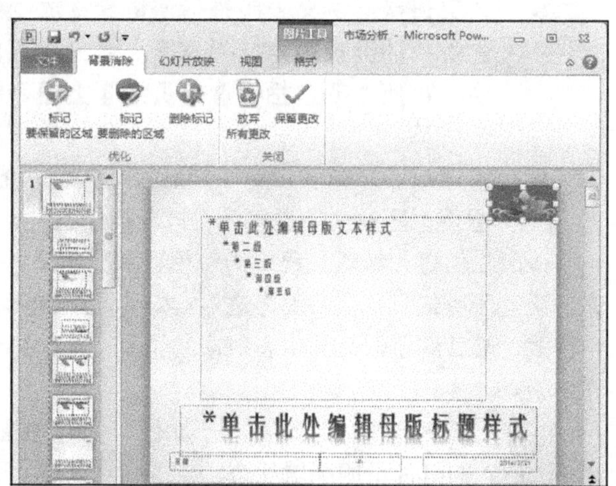

图5-58 插入并调整标志

（9）在【插入】/【文本】组中单击“艺术字”按钮下方的下拉按钮，在打开的下拉列表中选择第 2 列的第 4 个艺术字效果。

（10）在艺术字占位符中输入“金荷花”，在【开始】/【字体】组的“字体”下拉列表框中选择“隶书”选项，在“字号”下拉列表框中选择“28”选项，移动艺术字到“标志”图片下方。

（11）在【插入】/【文本】组中单击“页眉和页脚”按钮，打开“页眉和页脚”对话框。

（12）单击“幻灯片”选项卡，选中“日期和时间”复选框，其中的单选项将自动激活，选中“自动更新”单选项，即可在每张幻灯片下方显示日期和时间，并且每次根据打开的日期不同而自动更新日期。

（13）选中“幻灯片编号”复选框，将根据演示文稿中幻灯片的顺序显示编号。

（14）选中“页脚”复选框，下方的文本框将自动激活，在其中输入文本“市场定位分析”。

（15）选中“标题幻灯片中不显示”复选框，所有的设置都不在标题幻灯片中生效，如图 5-59 所示。

（16）在【幻灯片母版】/【关闭】组中单击“关闭母版视图”按钮，退出该视图，此时可发现设置已应用于各张幻灯片，图 5-60 所示为前两页修改后的效果。

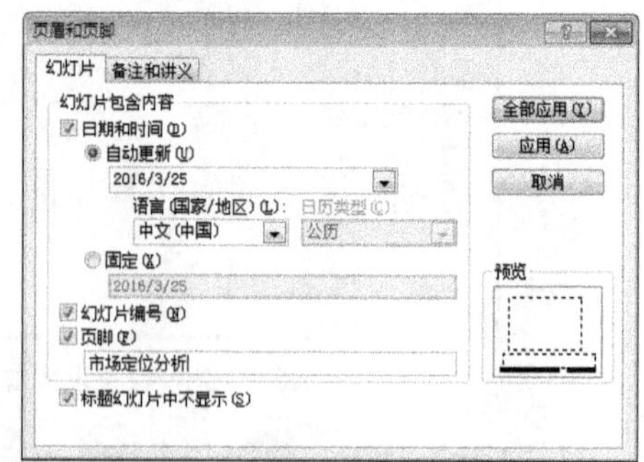

图5-59 “页眉和页脚”对话框

（17）依次查看每一页幻灯片，适当调整标题、正文和图片等对象的位置，使幻灯片中各对象的显示效果更和谐。

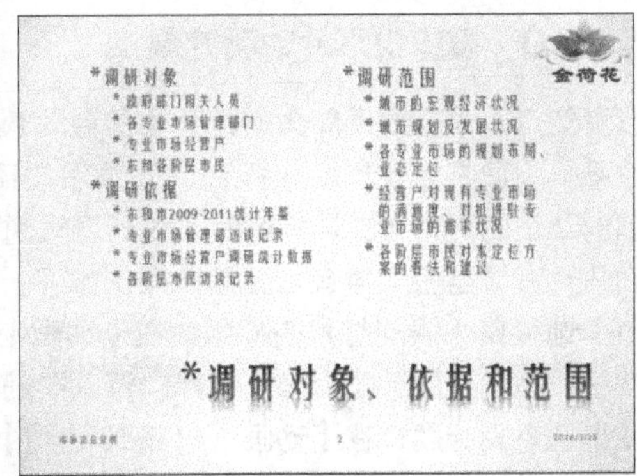

图5-60 设置母版后的效果

5.2.9 设置幻灯片切换效果

幻灯片的切换是指当前幻灯片以何种形式消失，以及下一张幻灯片以什么样的形式出现。在默认情况下，上一张幻灯片和下一张幻灯片之间没有设置切换效果，但在制作演示文稿的过程中，用户可根据需要为幻灯片添加切换效果。PowerPoint 2010 中提供了多种预设的幻灯片切换效果，下面将为“市场分析.pptx”演示文稿中的所有幻灯片设置“旋转”切换效果，然后设置其切换声音为“照相机”，其具体操作如下。

（1）在“幻灯片”浏览窗格中按【Ctrl+A】组合键，选择演示文稿中的所有幻灯片，在【切换】/【切换到此张幻灯片】组中单击“其他”下拉按钮，在打开的下拉列表中选择“旋转”选项，如图 5-61 所示。

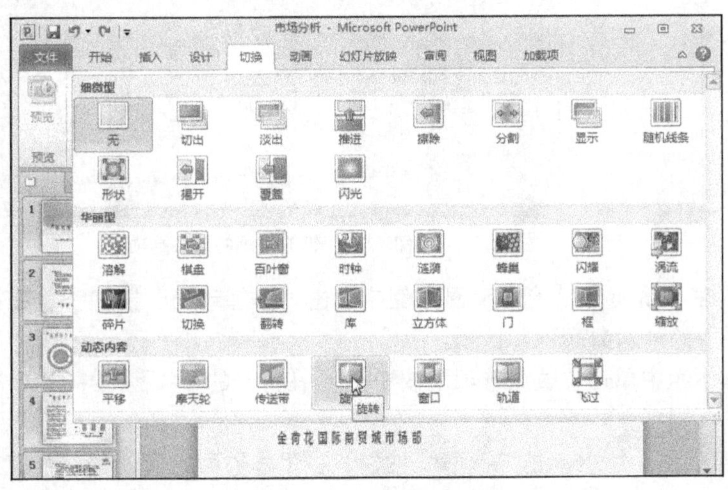

图5-61 选择切换效果

（2）在【切换】/【计时】组的“声音”下拉列表框中选择“照相机”选项，将设置应用到所有幻灯片中。

（3）在【切换】/【计时】组的“换片方式”栏下选中“单击鼠标时”复选框，表示在放映幻灯片时单击鼠标将进行切换操作。

5.2.10 设置幻灯片动画效果

设置幻灯片动画效果即为幻灯片中的各对象设置动画效果，这样能够很大程度地提升演示文稿的效果。下面将为“市场分析.pptx”演示文稿中第 1 张幻灯片中的各对象设置动画，再修改新增加的动画的开始方式、持续时间和延迟时间，最后将标题动画的顺序调整到最后，并设置播放该动画时有“电压”声音，其具体操作如下。

（1）选择第 1 张幻灯片的标题，在【动画】/【动画】组中单击“其他”下拉按钮，在打开的下拉列表中选择“浮入”动画效果。

微课：设置幻灯片动画效果

（2）选择副标题，在【动画】/【高级动画】组中单击“添加动画”按钮，在打开的下拉列表中选择“更多进入效果”选项。

（3）打开“添加进入效果”对话框，选择“温和型”栏的“基本缩放”选项，单击“确定”按钮，如图 5-62 所示。

（4）在【动画】/【动画】组中单击“效果选项”按钮，在打开的下拉列表中选择“从屏幕底部缩小”选项，修改副标题的动画效果，如图 5-63 所示。

图5-62 选择进入效果

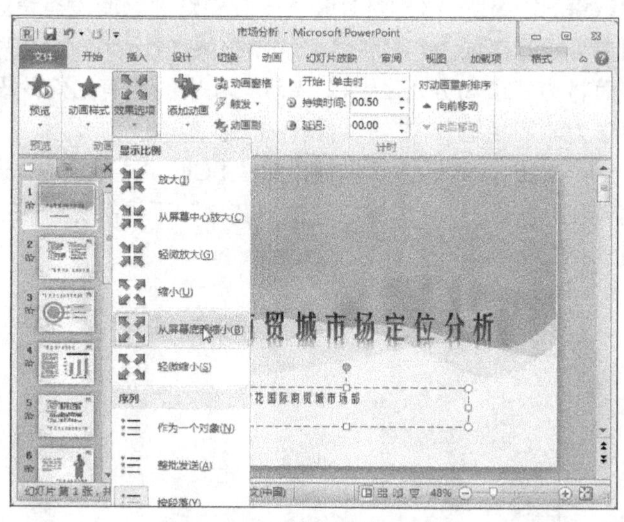

图5-63 修改动画的效果选项

（5）继续选择副标题，在【动画】/【高级动画】组中单击“添加动画”按钮，在打开的下拉列表中选择“强调”栏中的“对象颜色”选项。

（6）在【动画】/【动画】组中单击“效果选项”按钮，在打开的下拉列表中选择“红色”选项。

（7）在【动画】/【高级动画】组中单击动画窗格按钮，在工作界面右侧增加一个窗格，其中显示了当前幻灯片中已设置的所有动画。

（8）选择动画窗格中的第 3 个选项，在【动画】/【计时】组的“开始”下拉列表框中选择“上一动画之后”选项，在“持续时间”数值框中输入“01:00”，在“延迟”数值框中输入“00:50”，如图 5-64 所示。

（9）选择动画窗格中的第 1 个选项，按住鼠标不放，将其拖动到最后，调整动画的播放顺序。

（10）在调整后的最后一个动画选项上单击鼠标右键，在弹出的快捷菜单中选择“效果选项”命令。

（11）打开“上浮”对话框，在“声音”下拉列表框中选择“电压”选项，单击其后的按钮，在打开的列表中拖动滑块，调整音量大小，单击“确定”按钮，如图 5-65 所示。

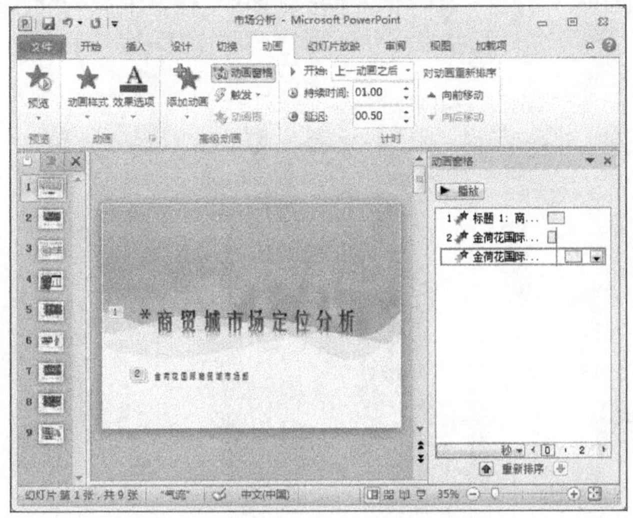

图5-64　设置动画计时

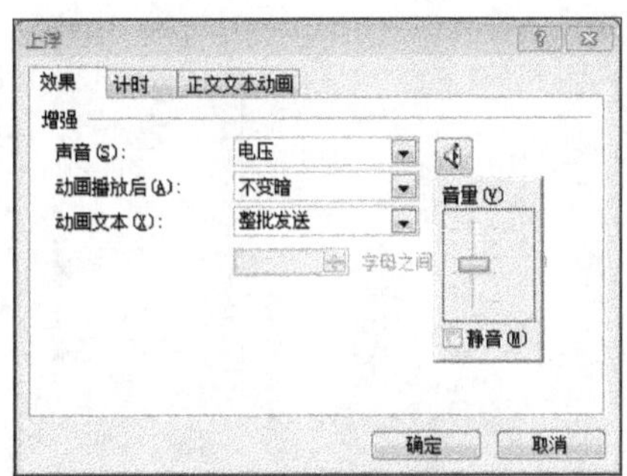

图5-65　设置动画效果选项

5.3 PowerPoint 2010 演示文稿的放映

5.3.1　创建超链接与动作按钮

在用户浏览网页的过程中，如果单击某段文本或某张图片时会自动弹出另一个相关的网页，则这些被单击的对象通常被称为超链接，在 PowerPoint 2010 中也可为幻灯片中的图片和文本创建超链接。接下来我们将为演示文稿“课件.pptx”中第 4 张幻灯片的各项文本创建超链接，然后插入一个动作按钮，并链接到第 2 张幻灯片；最后在动作按钮下方插入艺术字“作者简介”，其具体操作如下。

（1）打开演示文稿“课件.pptx”，选择第 4 张幻灯片，在“幻灯片”窗格中选择第一段正文文本，在【插入】/【链接】组中单击插入“超链接”按钮。

（2）打开“插入超链接”对话框，单击“链接到”列表框中的“本文档中的位置”按钮，在“请选择文档中的位置”列表框中选择要链接到的第 5 张幻灯片，单击“确定”按钮，如图 5-66 所示。

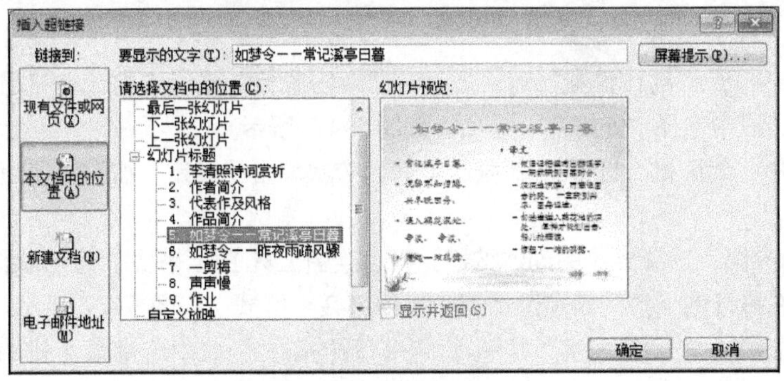

图5-66　选择链接的目标位置

（3）返回幻灯片编辑区即可看到被设置了超链接的文本颜色已发生变化，并且文本下方有一条蓝色的线。使用相同的方法，依次为其余各项文本设置超链接。

（4）在【插入】/【插图】组中单击“形状”按钮，在打开的下拉列表中选择“动作按钮”栏的第5个选项，如图5-67所示。

图5-67　选择动作按钮类型

（5）此时鼠标指针变为“+”形状，在幻灯片右下角空白位置按住鼠标左键不放并拖动鼠标，绘制一个动作按钮，如图5-68所示。

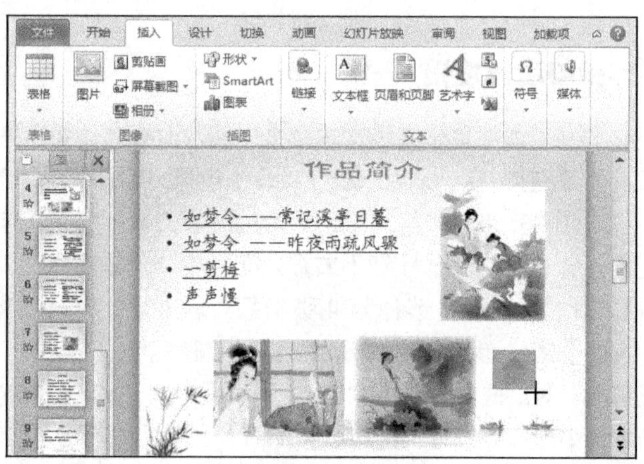

图5-68　绘制动作按钮

（6）释放鼠标左键后会自动打开“动作设置”对话框，在“单击鼠标”选项卡中选中“超链接到”单选项，在下方的下拉列表框中选择“幻灯片”选项，如图5-69所示。

（7）打开“超链接到幻灯片”对话框，选择第2张幻灯片，依次单击“确定”按钮，使超链接生效，如图5-70所示。

（8）返回PowerPoint编辑界面，选择绘制的动作按钮，在【绘图工具】/【格式】/【形状样式】组中单击“其他”下拉按钮，在打开的下拉列表中选择第4排的第2个样式，如图5-71所示。

（9）在【插入】/【文本】组中单击“艺术字”按钮，在打开的下拉列表中选择第4排的第2个样式。

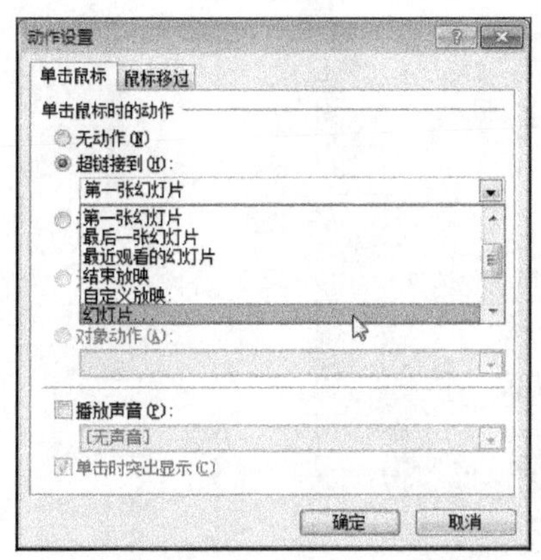

图5-69　“动作设置”对话框

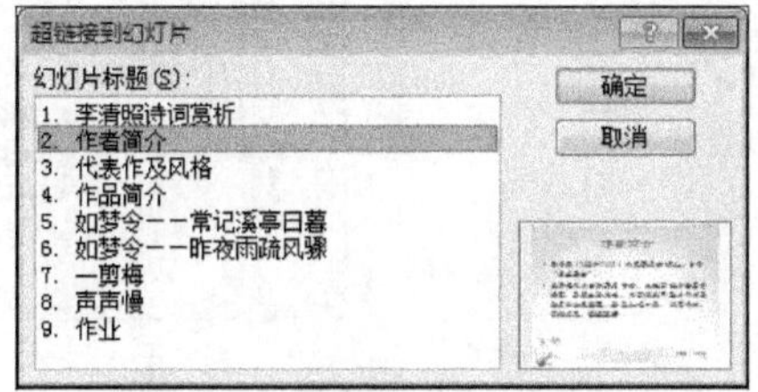

图5-70　选择超链接到的目标

（10）在艺术字占位符中输入文字“作者简介”，设置其“字号”为“24”，然后将设置好的艺术字移动到动作按钮下方，如图 5-72 所示。

图5-71　选择形状样式

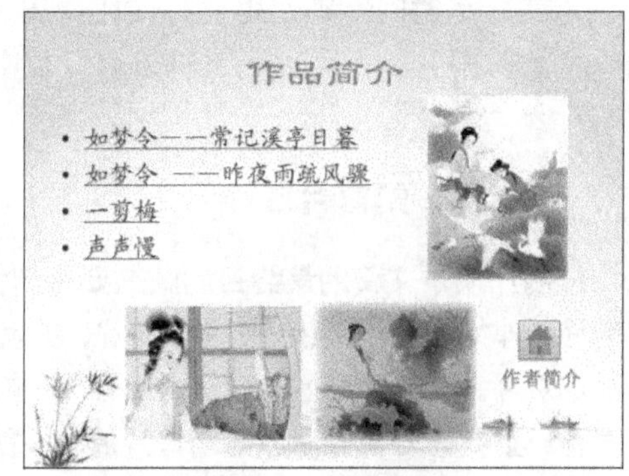

图5-72　插入艺术字

5.3.2　设置幻灯片放映方式

在 PowerPoint 2010 中用户可以根据实际的演示场合选择不同的幻灯片放映方式。PowerPoint 2010 中提供了 3 种放映类型供用户选择其设置方法为在【幻灯片放映】/【设置】组中单击“设置幻灯片放映”按钮，打开“设置放映方式”对话框，在“放映类型”栏中选中不同的单选项即可选择相应的放映类型，如图 5-73 所示，设置完成后单击“确定”按钮。

各种放映类型的作用和特点如下。

- 演讲者放映（全屏幕）。演讲者放映（全屏幕）是默认的放映类型，此类型将以全屏幕的状态放映演示文稿，在放映过程中，演讲者具有完全的控制权，可手动切换幻灯片和动画效果，也可以暂停演示文稿的播放，添加会议细节等，还可以在放映过程中录下旁白。

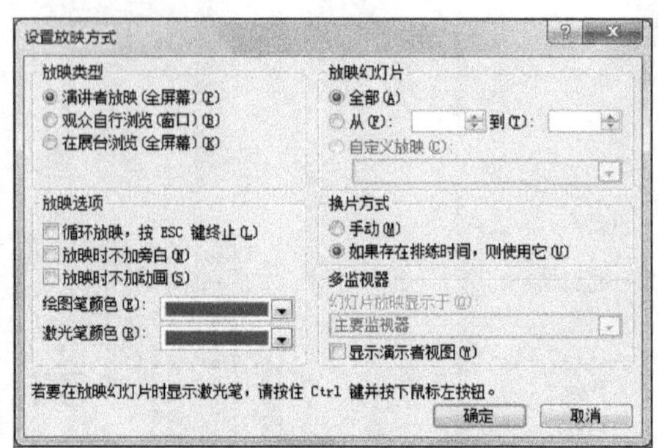

图5-73 “设置放映方式”对话框

- 观众自行浏览（窗口）。此类型将以标准窗口形式放映演示文稿，在放映过程中可通过滚动鼠标上的滚轮来实现幻灯片的切换，也可通过【PageDown】键、【PageUp】键或单击鼠标对正在放映的幻灯片进行切换。
- 在展台放映（全屏幕）。此类型是放映类型中最简单的一种，不需要人为控制，系统将自动全屏循环放映演示文稿。使用这种类型时，需要通过排练计时设置每一张幻灯片的播放时长，并且要在“设置放映方式”对话框中设置“换片方式”为“如果存在排练时间，则使用它”，以实现幻灯片自动播放。此种放映类型不能通过单击鼠标切换幻灯片，但可以通过单击幻灯片中的超链接和动作按钮来进行切换，按【Esc】键可结束放映。

5.3.3 幻灯片放映

制作演示文稿的最终目的就是要将制作的演示文稿展示给观众，即放映演示文稿。下面将放映前面制作好的演示文稿“课件.pptx”，并使用超链接快速定位到“一剪梅”所在的幻灯片，然后返回上次查看的幻灯片，依次查看各幻灯片和对象，并在最后一页标记重要内容，最后退出幻灯片放映视图，其具体操作如下。

微课：放映幻灯片

（1）打开“课件.pptx”演示文稿，在【幻灯片放映】/【开始放映幻灯片】组中单击“从头开始”按钮，进入幻灯片放映视图。

（2）此时将从演示文稿的第 1 张幻灯片开始放映，如图 5-74 所示，单击鼠标左键依次放映下一个动画或下一张幻灯片，如图 5-75 所示。

图5-74 进入幻灯片放映视图

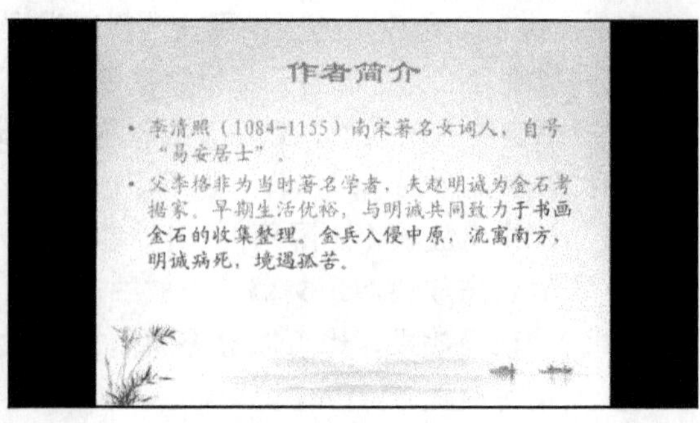

图5-75 放映动画

（3）当播放到第 4 张幻灯片时，将鼠标指针移动到“一剪梅”文本上，此时鼠标指针变为形状，单击鼠标，切换到超链接的目标幻灯片，如图 5-76 所示。

（4）在幻灯片上单击鼠标右键，在弹出的快捷菜单中选择“上次查看过的”命令，如图 5-77 所示。

（5）返回上一次查看的幻灯片，然后依次播放幻灯片中的各个对象。在放映幻灯片的过程中，单击鼠标右键，在弹出的快捷菜单中选择【指针选项】/【荧光笔】命令，如图 5-78 所示，按住鼠标左键不放并拖动鼠标，标记重要的内容。

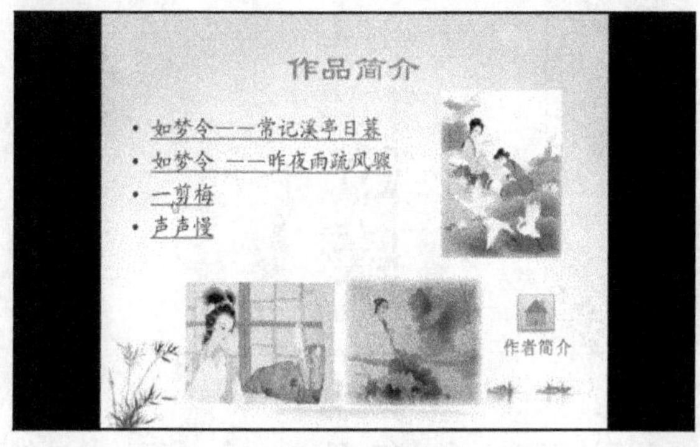

图5-76 单击超链接

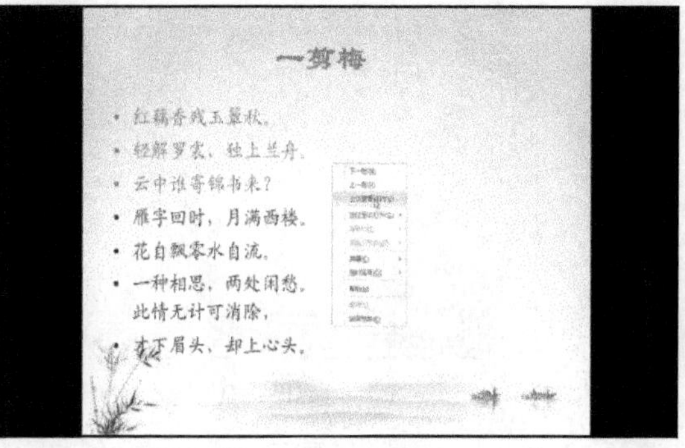

图5-77 定位幻灯片

（6）播完最后一张幻灯片后，单击鼠标左键，会出现一个黑色页面，提示“放映结束，单击鼠标退出。”，再次单击鼠标左键即可退出幻灯片放映视图。

（7）由于前面标记了内容，将打开“是否保留墨迹注释”的提示对话框，单击“放弃”按钮，可删除绘制的标注，如图 5-79 所示。

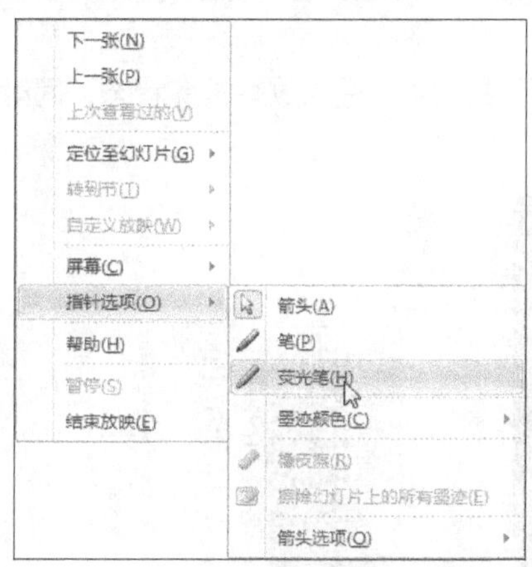

图5-78 选择标记使用的笔

图5-79 选择是否保留墨迹注释

5.3.4 隐藏幻灯片

放映幻灯片时，系统将自动按设置的放映方式依次放映每张幻灯片，但在实际放映过程中，可以将暂时不需要的幻灯片隐藏起来，等到需要时再使其显示。下面将隐藏演示文稿“课件.pptx”的最后一张幻灯片，然后放映查看隐藏幻灯片后的效果，其具体操作如下。

（1）在“幻灯片”浏览窗格中选择第 9 张幻灯片，在【幻灯片放映】/【设置】组中单击“隐藏幻灯片”按钮，隐藏该张幻灯片，如图 5-80 所示。

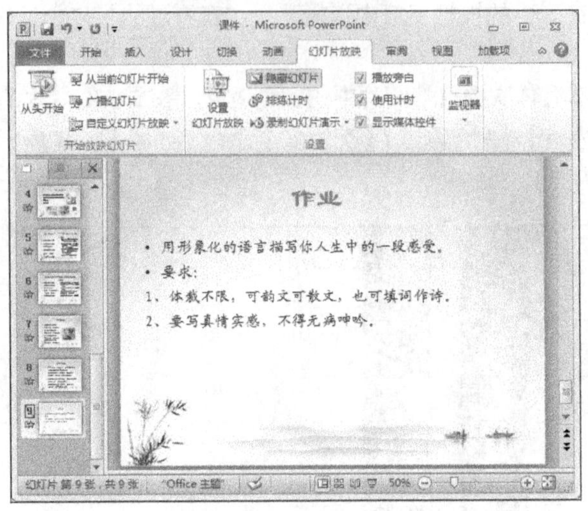

图5-80　隐藏幻灯片

（2）在“幻灯片”浏览窗格中选择的幻灯片上将出现标志，在【幻灯片放映】/【开始放映幻灯片】组中单击“从头开始”按钮，开始放映幻灯片，此时隐藏的幻灯片将不再放映出来。

5.3.5　排练计时

对于某些需要自动放映的演示文稿，设置动画效果后，可以设置排练计时，从而在放映时可根据排练的时间和顺序进行放映。下面将在演示文稿“课件.pptx”中对各幻灯片进行排练计时，其具体操作如下。

（1）在【幻灯片放映】/【设置】组中单击“排练计时”按钮。进入放映排练状态，同时打开“录制”工具栏自动为该幻灯片计时，如图 5-81 所示。

图5-81　“录制”工具栏

（2）通过单击鼠标左键或按【Enter】键控制幻灯片中下一个动画出现的时间，如果用户确认该幻灯片的播放时间，可直接在“录制”工具栏的时间框中输入时间值。

（3）一张幻灯片播放完成后，单击鼠标左键切换到下一张幻灯片，“录制”工具栏中的时间将从头开始为该张幻灯片的放映进行计时。

（4）放映结束后，打开提示对话框，提示排练计时时间，并询问是否保留幻灯片的排练时间，单击“是”按钮进行保存，如图 5-82 所示。

图5-82 是否保留排练时间

（5）切换到“幻灯片浏览”视图模式，可以看到在每张幻灯片的左下角将显示幻灯片的播放时间，图 5-83 所示为前两张幻灯片在“幻灯片浏览”视图中显示的播放时间。

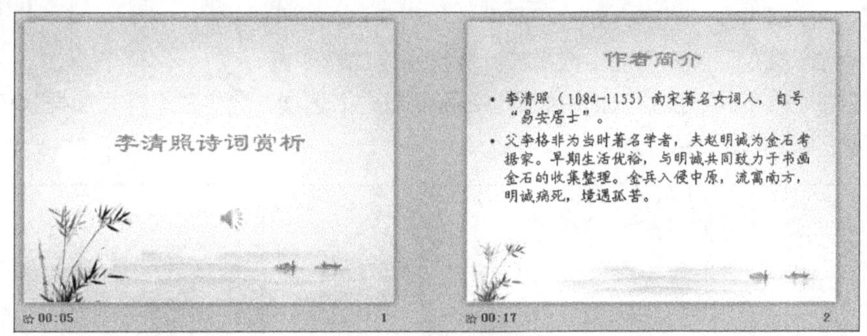

图5-83 显示播放时间

5.4 PowerPoint 2010 演示文稿的输出

5.4.1 演示文稿输出格式

在 PowerPoint 2010 中除了可以将制作的文件保存为演示文稿，还可以将其输出成其他多种格式。操作方法为选择【文件】/【另存为】命令，打开“另存为”对话框，选择文件的保存位置，在“保存类型”下拉列表中选择需要输出的格式选项，单击“保存”按钮即可。下面讲解 4 种常见的输出格式。

- 图片。选择“GIF 可交换的图形格式（*.gif）”“JPEG 文件交换格式（*.jpg）”“PNG 可移植网络图形格式（*.png）”或“TIFF Tag 图像文件格式（*.tif）”选项，单击“保存”按钮，根据提示进行相应操作，可将当前演示文稿中的幻灯片保存为一张对应格式的图片。如果要在其他软件中使用，还可以将这些图片插入对应的软件中。
- 视频。选择“Windows Media 视频（*.wmv）”选项，可将演示文稿保存为视频，如果在演示文稿中排练了所有幻灯片，则保存的视频将自动播放这些动画。保存为视频文件后，文件播放的随意性更强，不受字体、PowerPoint 版本的限制，只要计算机中安装了视频播放软件就可以播放，这对于一些需要自动展示演示文稿的场合非常实用。
- 自动放映的演示文稿。选择“PowerPoint 放映（*.ppsx）”选项，可将演示文稿保存为自动放映的演示文稿，以后双击该演示文稿将不再打开 PowerPoint 2010 的工作界面，而是直接启动放映模式，开始放映幻灯片。
- 大纲文件。选择“大纲/RTF 文件（*.rtf）”选项，可将演示文稿中的幻灯片保存为大纲文件，生成的大纲 RTF 文件中将不再包含幻灯片中的图形、图片以及插入幻灯片文本框中的内容。

5.4.2 打印演示文稿

演示文稿不仅可以进行现场演示，还可以打印在纸张上，供用户手执演讲或分发给观众作为演讲提示等。下面将前面制作并设置好的“课件.pptx”演示文稿打印出来，要求一页纸上显示两张幻灯片，其具体操作如下。

微课：打印演示文稿

（1）打开演示文稿“课件.pptx”，选择【文件】/【打印】命令，在窗口中间的“份数”数值框中输入“2”，即打印两份，如图 5-84 所示。

（2）在“打印机”下拉列表框中选择与计算机相连的打印机。

（3）在幻灯片的布局下拉列表框中选择“2 张幻灯片”选项，选中“幻灯片加框”和“根据纸张调整大小”复选框，如图 5-85 所示。

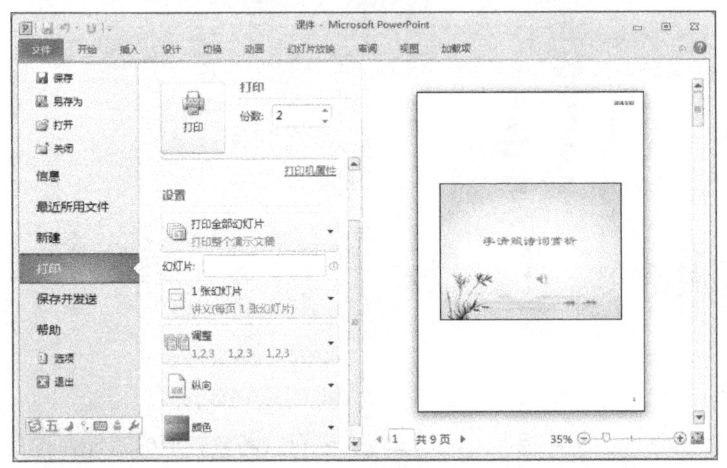

图5-84 设置打印份数

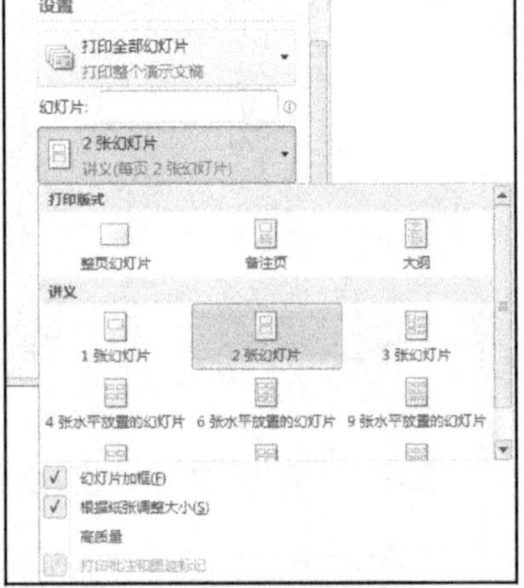

图5-85 设置幻灯片布局

（4）单击“打印”按钮，开始打印幻灯片。

5.4.3 打包演示文稿

演示文稿制作好后，有时需要在其他计算机上进行放映，要想在其他没有安装 PowerPoint 2010 的计算机上也能正常播放其中的声音和视频等对象，除了将演示文稿保存为视频之外，还可将制作的演示文稿打包。我们将前面设置好的“课件.pptx”打包到文件夹中，并将其命名为“课件”，其具体操作如下。

微课：打包演示文稿

（1）选择【文件】/【保存并发送】命令，在工作界面右侧的“文件类型”栏中选择“将演示文稿打包成 CD”选项，然后单击“打包成 CD”按钮。

（2）打开“打包成 CD”对话框，单击“复制到文件夹…”按钮，打开“复制到文件夹”对话框，在“文件夹名称”文本框中输入“课件”，在“位置”文本框中输入打包后的文件夹的保存位置，单击“确定”按钮，如图 5-86 所示。

（3）打开提示对话框，提示是否保存链接文件，单击“是”按钮，如图 5-87 所示。稍作等待后即可将演示文稿打包成文件夹。

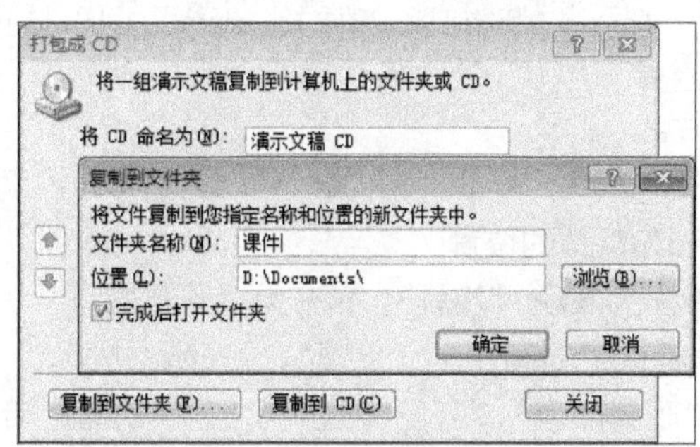

图5-86　复制到文件夹

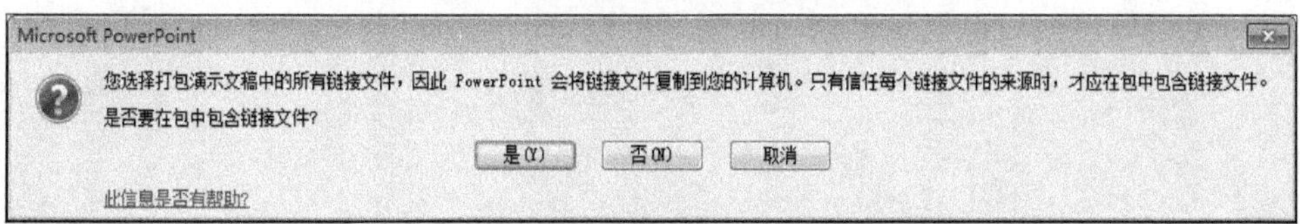

图5-87　保存链接文件

习题五

1. 按照下列要求制作一个“yswg.pptx”演示文稿，并保存在桌面上。

（1）使用主题“奥斯汀”新建演示文稿。

（2）在标题幻灯片中的主标题中输入“交通安全知识讲座”，设置字体格式为“楷体、加粗”，在副标题中输入“安全驾驶常识”。

（3）新建一张版式为“两栏内容”的幻灯片，删除标题占位符，插入一个样式为最后一种样式的艺术字，输入“第一要求”，并移动到幻灯片的标题位置。

（4）在左侧文本占位符中输入两段文字，分别是“喝酒不开车”“开车不喝酒”。

2. 打开“yswg-1.pptx”演示文稿，按照下列要求对演示文稿进行编辑并保存。

（1）在标题幻灯片左上方插入一个横排文本框，输入“领导力培训”，设置“字体”为“黑体”，“字号”为“40 号”。

（2）在标题幻灯片右上方插入一个上箭头，设置形状样式为“强烈效果-蓝色，强调颜色 1”。

（3）调整第 7 张幻灯片和第 8 张幻灯片的位置。

（4）在调整后的第 8 张幻灯片中插入一张剪贴画。

3. 打开“yswg.pptx”演示文稿，按照下列要求对演示文稿进行操作。

（1）为所有幻灯片应用“聚合”主题。

（2）在第 1 张幻灯片前添加一个版式为“标题幻灯片”的幻灯片；主标题内容为“销售计划”；副标题内容为“百佳电器产品有限公司”。

（3）进入幻灯片母版，在第 1 张幻灯片的左下角插入一个链接到第一张幻灯片的动作按钮。

（4）设置所有幻灯片页的切换方式为“揭开”，换片方式为“单击鼠标时”。

（5）设置标题幻灯片中主标题的进入动画为“飞入”，副标题的进入动画为“缩放”。

（6）从第 1 张幻灯片开始放映幻灯片。

4. 打开“yswg-1.pptx”演示文稿，按照下列要求对演示文稿进行编辑并保存。

（1）在标题幻灯片中设置标题的“字体”为“黑体”，“字号”为“40 号”；为下方的文本设置超链接，链接到第 4 张幻灯片。

（2）在第 5 张幻灯片中插入图片“别墅”，并将其移动到幻灯片右侧。

（3）调整第 5 张和第 6 张幻灯片的位置。

（4）设置所有幻灯片的切换动画为“旋转”，声音为“照相机”。

（5）设置标题幻灯片的标题“动画”为“出现”，“开始方式”为“单击时”，“声音”为“爆炸”；再设置标题“动画”为“画笔颜色”，“开始方式”为“上一动画之后”，“持续时间”为“01.50”，“延迟”为“00.50”。

第6章 计算机网络

计算机网络是计算机技术和通信技术紧密结合的产物，在社会和经济发展中起着非常重要的作用。本章详细讲述了计算机网络的定义、发展、分类、软硬件组成及常见的网络设备等内容，最后介绍了 Internet 及其应用。

6.1 计算机网络

计算机网络是计算机技术和通信技术紧密结合的产物，在社会和经济发展中起着非常重要的作用，已经渗透到人们生活的各个角落，影响着人们的生活。计算机网络的发展水平不仅反映了一个国家计算机和通信技术的水平，而且已成为衡量其国力及现代化程度的主要标志之一。

6.1.1 计算机网络的定义

计算机网络是指将地理位置不同的具有独立功能的多台计算机及其外部设备，通过通信线路（通信介质）和通信设备连接起来，在网络操作系统、网络管理软件及网络通信协议的管理和协调下，实现资源共享和信息传递。

这里所指的通信线路包括有线的通信线路和无线的通信线路。有线的通信介质是指双绞线、同轴电缆和光缆等，无线的通信介质通常指微波、红外线、无线电、激光等。而“独立”是指每台计算机的工作是独立的，任何一台计算机都不能干预其他计算机的工作。

6.1.2 计算机网络的起源与发展

计算机网络起源于 20 世纪 60 年代的美国，原本用于军事通信，后逐渐进入民用领域。经过几十年的不断发展和完善，计算机网络以及 Internet 已经成为社会生活的一个重要组成部分，被广泛应用于各个领域，例如政府行政办公、学校远程教育、电子银行、电子商务、现代化的企业管理、信息服务业等。

计算机网络的发展大致可划分为 4 个阶段。

1. 诞生阶段：以单计算机为中心的联机终端系统

在 20 世纪 50 年代以前，因为计算机主机相当昂贵，而通信线路和通信设备相对便宜，为了共享计算机主机资源和进行信息的综合处理，形成了第一代以单主机为中心的联机终端系统。

在第一代计算机网络中，因为所有的终端共享主机资源，因此每个终端到主机都单独占一条线路，所以线路利用率较低。主机既要负责通信又要负责数据处理，因此主机的效率也很低。而且这种网络组织形式是集中控制形式，如果主机出故障，所有终端都被迫停止工作，所以可靠性较低。面对这样的情况，当时人们提出一种改进方法，就是在远程终端聚集的地方设置一个终端集中器，把所有的终端聚集到终端集中器。终端到集中器之间是低速线路，集中器到主机是高速线路，这样使得主机只要负责数据处理而不负责通信工作，大大提高了主机的利用率。

2. 形成阶段：以通信子网为中心的主机互联

随着计算机网络技术的发展，到 20 世纪 60 年代中期，计算机网络不再局限于单计算机网络，许多单计算机网络相互连接形成了有多个单主机系统相连接的计算机网络。这样连接起来的计算机网络体系有两个特点，一是多个终端联机系统互联，形成了多主机互联网络；二是网络结构体系由主机到终端变为主机到主机。

后来这样的计算机网络体系向两种形式演变。第一种就是把主机的通信任务从主机中分离出来，由专门的通信控制处理机（CCP）来完成，CCP 组成了一个单独的网络体系，我们称它为通信子网。在通信子网基础上连接起来的计算机主机和终端则形成了资源子网，导致两层结构体系出现。第二种就是通信子网规模逐渐扩大，成为社会公用的计算机网络，原来的 CCP 成为了公共数据通用网。

3. 互通阶段

20 世纪 70 年代末至 90 年代的第三代计算机网络，是具有统一的网络体系结构并遵循国际标准的开放式和标准化的网络。阿帕（ARPA）是美国国防部高级研究计划署（Advanced Research Project Agency）的简称。阿帕网（ARPANET）是美国国防部高级研究计划署开发的世界上第一个运营的封包交换网络，它是全球互联网的始祖。ARPANET 兴起后，计算机网络发展迅猛，各大计算机公司相继推出自己的网络体系结构及实现这些结构的软硬件产品。

随着计算机网络的逐渐普及，各种计算机网络怎么连接起来就显得相当复杂，因此计算机网络体系结构的标准化具有至关重要的作用。要使计算机网络结构标准化有两个原因：一是为了使不同设备之间的兼容性和互操作性更高；二是为了更好地实现计算机网络的资源共享。在这样的背景下应运而生了两种国际通用的最重要的体系结构，即 TCP/IP 体系结构和国际标准化组织的 OSI 体系结构。

4. 高速网络技术阶段

20 世纪 90 年代末至今的第四代计算机网络，是随着局域网技术发展逐渐成熟而出现的以光网络技术为主的智能网络，整个网络就像一个对用户透明的大的计算机系统，极大地推动了以 Internet 为代表的互联网的高速发展。

6.1.3　计算机网络的分类

1. 按通信介质分类

计算机网络按照通信介质可以分为有线网络和无线网络两种。有线网络介质包括同轴电缆、双绞线、光缆；无线网络介质包括微波、无线电波、红外线等。

2. 按覆盖地理范围分类

计算机网络按地理范围划分可以分为局域网、城域网、广域网和因特网四种，这是最常用的分类方式。

- 局域网

局域网（Local Area Network，LAN）就是在局部地区范围内的网络，它所覆盖的地区范围较小，是最常见、应用最广的一种网络。

随着计算机网络技术的发展和提高，局域网得到了充分的应用和普及，几乎每个单位都有自己的局域网，甚至有的家庭中都有自己的小型局域网。局域网在计算机数量配置上没有太多的限制，少的可以只有两台，多的可达几百台。网络所涉及的地理距离一般是几米至 10 千米。局域网的特点是分布距离近，传输速度快，组网费用低，数据传输可靠，误码率低。

局域网按覆盖方式可以分为有线局域网和无线局域网两种。随着技术的发展，无线局域网已逐渐代替有线局域网，成为现在家庭、小型公司中主流的局域网组建方式。

无线局域网（Wireless Local Area Network，WLAN）是利用射频技术，使用电磁波取代双绞线所构成的局域网络。WLAN 的实现协议有很多，其中应用最为广泛的是无线保真技术（Wi-Fi），它提供了一种能够将各种终端无线互联的技术，为用户屏蔽了各种终端之间的差异性。

要实现无线局域网功能，目前一般需要一台无线路由器、多台有无线网卡的计算机或手机等可以上网的智能移动设备。无线路由器可以被看作是一个转发器，它将宽带网络信号通过天线转发给附近的无线网络设备，同时还具有其他的网络管理功能，如 DHCP 服务、NAT 防火墙、MAC 地址过滤和动态域名等。

- 城域网

城域网（Metropolitan Area Network，MAN）一般是指在一个城市内的计算机互联，连接距离可以在 10～100 千米，它采用的是 IEEE802.6 标准。与 LAN 相比，MAN 扩展的距离更长、连接的计算机数量更多，在地理范围上可以说是 LAN 网络的延伸。

- 广域网

广域网（Wide Area Network，WAN）也称为远程网，所覆盖的范围比城域网更广，一般是不同城市之间的 LAN 或者 MAN 网络互联，地理范围可从几百千米到几千千米。因为距离较远，信息衰减比较严重，误码率高，所以这种网络一般需要租用专线，通过 IMP（接口信息处理）协议和线路连接起来，构成网状结构。

- 因特网

因特网（Internet）不是一种独立的网络，它将同类或不同类的物理网络（局域网和广域网）连接起来，并通过高层协议实现各种不同类型网络间的通信，是全世界最大的网络。

3. 按网络的拓扑结构分类

计算机网络的拓扑结构有总线型拓扑、星型拓扑、环型拓扑、树型拓扑和混合型拓扑。

- 总线型拓扑

总线型结构由一条高速公用主干电缆（即总线）连接若干个结点构成网络。如图 6-1 所示，网络中所有的结点通过总线进行信息的传输。这种结构的优点是结构简单灵活、组网容易、使用方便、性能好；其缺点是主干总线对网络起决定性作用，总线故障将影响整个网络。

总线型拓扑结构适用于计算机数目相对较少的局域网络，通常这种局域网络的传输速率在 100Mbit/s，网络连接选用同轴电缆。

- 星型拓扑

星型拓扑由中央结点集线器与各个结点连接组成。如图 6-2 所示，这种网络的各结点间必须通过中央结点才能实现通信。星型结构的优点是结构简单、组网容易、便于控制和管理；其缺点是中央结点负担较重，容易形成系统的“瓶颈”。

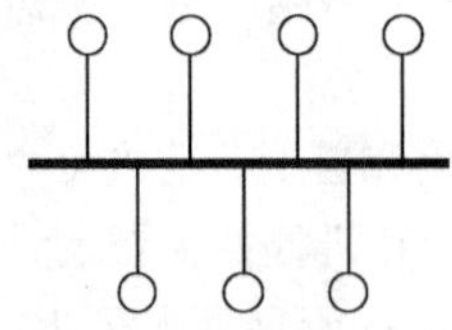

图 6-1 总线型拓扑结构

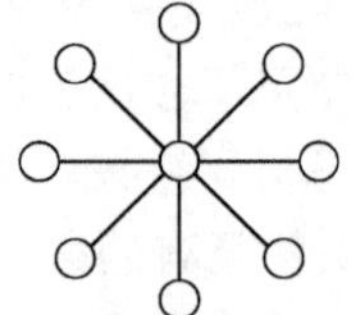

图 6-2 星型拓扑结构

- 环型拓扑

环型拓扑由各结点首尾相连形成一个闭合环型线路。如图 6-3 所示，环型网络中的信息传送是单向的，即沿一个方向从一个结点传到另一个结点；每个结点需安装中继器，以接收、放大、发送信号。这种结构的优点是结构简单、建网容易、便于管理；其缺点是当结点过多时，将影响传输效率，不利于扩充。

● 树型拓扑

树型拓扑是一种分级结构。如图 6-4 所示，网络中任意两个结点之间不产生回路，每条通路都支持双向传输。这种结构的特点是扩充方便、灵活，成本低，易推广，适合于分主次或分等级的层次型管理系统。

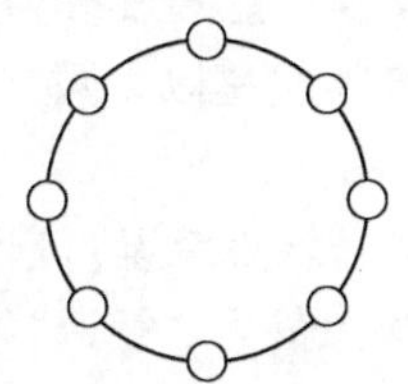

图6-3　环型拓扑结构

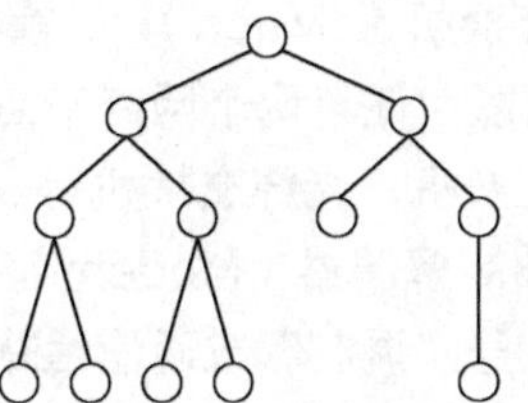

图6-4　树型拓扑结构

● 混合型拓扑

混合型拓扑结构就是两种或两种以上的拓扑结构同时使用，比如星型结构和总线型结构的网络结合在一起，这样的拓扑结构更能满足较大网络的拓展，既解决星型网络在传输距离上的局限，同时又解决了总线型网络在用户连接数量上的限制。这种网络拓扑结构同时兼顾了星型网络与总线型网络的优点，在缺点方面起到了一定的弥补作用。

6.1.4　计算机网络的软、硬件组成

1. 计算机网络硬件系统

硬件是计算机网络的基础。硬件系统由计算机、通信设备、连接设备以及辅助设备组成，下面介绍几种常用的网络设备。

● 服务器

服务器是一台运算速度快、存储容量大的计算机，它是网络资源的提供者。在局域网中，服务器对工作站进行管理并提供服务，是局域网系统的核心。通常，服务器需要专门的技术人员对其进行管理和维护，以保证整个网络的正常运行。

● 工作站

工作站是一台台各种型号的计算机。它是用户向服务器申请服务的终端设备，随时向服务器索取各种信息及数据，请求服务器提供各种服务（比如传输文件、打印文件等）。

● 网络适配器。

网络适配器也被称为网络接口卡，简称网卡。网卡的作用就是将计算机和通信设备相连接，进行数据传输。

● 网络互连设备

（1）集线器（HUB）。集线器是局域网中使用的连接设备，它具有多个端口，可以连接多台计算机。在局域网中常以集线器为中心，将所有分散的工作站与服务器连接在一起，形成星型拓扑结构的局域网系统。

（2）网桥（Bridge）。网桥也是局域网中的连接设备。局域网中的每一条通信线路的长度和连接的设备数都是有最大限度的，网桥的作用就是扩展网络的距离，减轻网络的负载。

（3）路由器（Router）。路由器是连接因特网中各局域网、广域网的设备，当数据从一个子网传输到另一个子网时，可通过路由器的路由功能来完成，它会根据信道的情况自动在路由表中

选择和设定路由，以最佳路径，按前后顺序发送信号。

（4）网关（Gateway）。网关又被称为网间协议转化器，可以在不同的通信协议、数据格式、语言之间，甚至是体系结构完全不同的两种系统之间进行相互转换。网关是在网络层以上实现网络互连的，既可以用于广域网互连，也可以用于局域网互连。

（5）交换机（Switch）。交换机是一种在通信系统中完成信息交换功能的设备，工作在数据链路层，可以为任意两个网络节点提供独享的信号通路。最常见的交换机是以太网交换机，还有电话语音交换机、光纤交换机等。

（6）调制解调器（Modem）。调制解调器俗称“猫”，是一种信号转换装置，它可以把计算机的数字信号“调制”成通信线路的模拟信号，再将通信线路上的模拟信号“解调”回计算机的数字信号。

2. 计算机网络软件系统

● 网络系统软件

网络中的系统软件包括网络操作系统、网络协议以及网关软件。

常用的网络操作系统有 Windows NT 系统、UNIX 系统和 Netware 系统。网络协议是保证网络中两台设备之间正确传输数据的一组规则、标准或约定的集合。网关软件是网络协议的转换软件，解决由于网络协议不同而造成两个网络之间不能正常通信的问题。

● 网络应用软件

网络应用软件是指能够为网络用户提供各种服务的软件。例如：浏览器软件、传输软件、远程登录软件、电子邮件软件等。

3. 计算机网络的组成

计算机网络是一个十分复杂的系统，在逻辑上可以分为完成数据通信的通信子网和进行数据处理的资源子网两个部分。

● 通信子网

通信子网提供网络通信的功能，完成网络主机之间的数据传输、交换、通信控制和信号变换等通信处理工作，由通信控制处理机 CCP、通信线路和其他通信设备组成数据通信系统。

● 资源子网

资源子网为用户提供了访问网络的能力，它由主机系统、终端控制器、请求服务的用户终端、通信子网的接口设备、提供共享的软件资源和数据资源构成。它负责网络的数据处理业务，向网络用户提供各种网络资源和网络服务。

6.2 Internet 及其应用

6.2.1 什么是因特网

因特网（Internet）是由一些使用公用语言互相通信的计算机连接而成的全球网络，即广域网、城域网、局域网及单机按照一定的通信协议组成的国际计算机网络。

因特网俗称互联网，也称国际互联网，是由美国军方的高级研究计划署的阿帕网（ARPANET）发展起来的。网络中的各个计算机可以相互交换信息，提供数据、电话、广播、出版、软件分发、商业交易、视频会议以及视频节目点播等服务。因特网是一种公用信息的载体，它将全球范围内的网站连接在一起，形成一个资源十分丰富的信息库，在人们的工作、生活和社会活动中起着越来越重要的作用。

6.2.2 网络通信协议

传输控制协议/因特网互联协议（Transmission Control Protocol/Internet Protocol，TCP/IP），又名网络通信协议，是 Internet 最基本的协议，由网络层的 IP 和传输层的 TCP 组成。TCP/IP 定义了电子设备如何接入因特网，以及数据如何在它们之间传输的标准。

通俗而言，TCP 负责发现传输的问题，如有问题就发出信号，要求重新传输，直到所有数据安全正确地传输到目的地。IP 是给因特网的每一台计算机规定一个地址。

6.2.3 因特网协议地址

互联网协议地址（Internet Protocol Address，IP），又称网际协议地址，是 IP 协议规定的一种地址格式，是为网络中计算机相互连接进行通信而设计的协议地址。

1. IPv4

IPv4，是因特网协议（Internet Protocol，IP）的第四版，也是第一个被广泛使用，构成现今互联网技术最基础的协议。1981 年 Jon Postel 在 RFC791 中定义了 IP，Ipv4 可以运行在各种各样的底层网络上，比如端对端的串行数据链路、卫星链路等。

IPv4 中规定 IP 地址长度为 32 位，即有 2^{32} 个地址，也就是最多有将近 2^{32} 台计算机可以连接到 Internet 上。

IPv4 地址是一个 32 位（bit）的二进制数，每 8 位分为一组，换算成十进制数，并且由圆点“.”隔开，每个数的范围为 0～255。IPv4 地址由类型号、网络号和主机号三部分组成。类型号指明该地址属于哪种类型的网络，网络号用来指明主机所从属的物理网络的编号，主机号是主机在所属物理网络中的编号。

IP 地址分为 A 类、B 类、C 类三个基本类型，每类有不同长度的网络号和主机号（见图 6-5）。

类型	类型号	网络地址	主机地址
A 类	0	网络地址(7 位)	主机地址（24 位）
B 类	10	网络地址（14 位）	主机地址（16 位）
C 类	110	网络地址（21 位）	主机地址（8 位）

图6-5 IP地址的分类结构

其中，A 类地址（前 8 位为网络号，其中第 1 位为“0”）用于拥有大量主机的超大型网络，全球只有 126 个网络可获得 A 类地址，每个 A 类网络中可有 16777214 台主机。B 类 IP 地址（前 16 位为网络号，其中第 1 位为“1”，第 2 位为“0”）用于规模适中的网络，每个 B 类网络中可有 65534 台主机，特征是其二进制数码表示的最高两位为“10”（即首字节大于等于 128 但小于 192）。C 类地址（前 16 位为网络号，其中第 1 位为“1”，第 2 位为“1”，第 3 位为“0”）用于主机数量不超过 254 台的小型网络，其 IP 地址的特征是二进制数码表示的最高三位为“110”（即首字节大于等于 192 但小于 224）。例如，126.21.153.88 是一个 A 类地址，138.45.23.8 是一个 B 类地址，200.163.55.189 是一个 C 类地址。

有一些特殊的 IP 地址从不分配给任何主机使用。

- 主机地址每一位都为“0”的 IP 地址：也称为网络地址，用来表示一个物理网络，它指的是物理网络本身而非其中哪一台计算机。例如，用 128.16.0.0 表示 128.16 这个 B 类网络。
- 主机地址每一位都为“1”的 IP 地址：也被称为直接广播地址，当某网络中的某台主机需要发送广播时，就可以使用这个地址向该网络上的所用主机发送报文。如，200.200.200.255 是 C 类网络 200.200.200.0 的直接广播地址。
- 32 位全为“1”的 IP 地址：255.255.255.255 为受限广播地址，当需要在本网内广播，又不知道本网的网络号时，即可使用受限广播地址。
- IP 地址中以 127 开始的 IP 地址：作为保留地址，被称为回送地址。如 127.0.0.1 可以用于测试本地网卡进程之间的通信。

2. IPv6

IPv6（Internet Protocol Version 6）是互联网工程任务组（Internet Engineering Task Force，IETF）设计的用于替代现行版本 IP（IPv4）的下一代 IP。

与 IPv4 相比，IPv6 具有以下几个优势。

- IPv6 具有更大的地址空间。

IPv4 中规定 IP 地址长度为 32 位，最大地址个数为 2^{32}；而 IPv6 中 IP 地址的长度为 128 位，即最大地址个数为 2^{128}。与 32 位地址空间相比，其地址空间增加了 $2^{128}-2^{32}$ 个。

- IPv6 使用更小的路由表。IPv6 的地址分配一开始就遵循聚类的原则，这使得路由器能在路由表中用一条记录表示一片子网，大大减小了路由器中路由表的长度，提高了路由器转发数据包的速度。
- IPv6 增加了对数据流的控制功能和增强的组播功能以及对数据流的控制。这使得网络上的多媒体应用有了长足发展的机会，为服务质量控制功能提供了良好的网络平台。
- IPv6 加入了对自动配置的支持。这是对 DHCP 协议的改进和扩展，使得对网络（尤其是局域网）的管理更加方便和快捷。
- IPv6 具有更高的安全性：在 IPv6 网络中用户可以对网络层的数据进行加密并对 IP 报文进行校验，IPv6 中的加密与鉴别选项提供了分组的保密性与完整性，极大地增强了网络的安全性。

6.2.4 域名与域名系统

1. 域名

Internet 上的每一台计算机都有一个唯一的网络地址，用于在数据传输时标识计算机的电子方位。网络中的地址方案分为两套：IP 地址系统和域名地址系统。IP 地址是数字标识，难以记忆和书写，于是在此基础上发展出一种字符化的地址方案，每一个字符化的地址都与特定的 IP 地址对应，这种字符型的地址就被称为域名（Domain Name）。域名由一串用圆点分隔的字符组成，比 IP 地址便于书写和记忆。

2. 域名的组成

一个完整的域名由两个或两个以上的部分组成，各部分之间用英文的句号“.”来分隔，最后一个“.”的右边部分被称为顶级域名，最后一个“.”的左边部分被称为二级域名，二级域名的左边部分被称为三级域名，以此类推，每一级的域名控制它下一级域名的分配。

域名的一般格式是：计算机名.分组织机构名.组织机构名.二级域名.顶级域名，理解域名的方法是从右向左来看各个子域名，如 http://www.jszx.tyu.edu.cn 这个域名，顶级域名 cn 代表中国，第 2 个子域名 edu 代表主机属于教育机构，第 3 个子域名 tyu 是某个教育机构的名称缩写，第 4 个子域名指向了名为 jszx 的那台主机。

顶级域名可以分成两大类，一类是组织性顶级域名，另一类是地理性顶级域名。

组织性顶级域名是为了说明拥有并对 Internet 主机负责的组织类型，常用的组织性顶级域名如表 6–1 左侧所示。组织性顶级域名是在国际性 Internet 产生之前的地址划分，主要是在美国国内使用，随着 Internet 扩展到世界各地，新的地理性顶级域名便产生了，它仅用两个字母的缩写形式来表示某个国家或地区。表 6–1 右侧所示为一些国家和地区的顶级域名。

表 6-1　组织性顶级域名及地理性顶级域名

组织性顶级域名		地理性顶级域名			
域名	含义	域名	含义	域名	含义
com	商业组织	au	澳大利亚	it	意大利
edu	教育机构	ca	加拿大	jp	日本
gov	政府机构	cn	中国	sg	新加坡
int	国际组织	de	德国	uk	英国
mil	军队	fr	法国	us	美国
net	网络技术组织	in	印度		
org	非营利组织				

3. 域名系统

在 Internet 上域名与 IP 地址之间是一对一（或者多对一）的，域名虽然便于人们记忆，但机器之间只能识别 IP 地址，它们之间的转换工作被称为域名解析，域名系统（Domain Name System，DNS）就是进行域名解析的服务器。当用户在应用程序中输入域名时，DNS 服务可以将此名称解析为与之相关的 IP 地址。DNS 是因特网的一项核心服务，它是一个可以将域名和 IP 地址相互映射的分布式数据库，能够使用户更方便地访问互联网，而不用去记住能够被机器直接读取的 IP 地址。

6.2.5　Internet 应用

1. 万维网

微课：浏览网页

万维网（World Wide Web，WWW）又称环球信息网、环球网和全球浏览系统等，起源于位于瑞士日内瓦的欧洲粒子物理实验室。WWW 是一种基于超文本的、方便用户在因特网上搜索和浏览信息的信息服务系统，它通过超链接把世界各地不同 Internet 节点上的相关信息有机地组织在一起，用户只需发出检索要求，它就能自动地进行定位并找到相应的检索信息。超文本传输协议（HyperText Transfer Protocol，HTTP）是互联网上应用最为广泛的一种网络协议，所有的 WWW 文件都必须遵守这个协议。用户可以用 WWW 在 Internet 上浏览、传输和编辑超文本格式的文件。WWW 是 Internet 上最受欢迎、最为流行的信息检索工具，它能把各种类型的信息（文本、图像、声音和影像等）集成起来供用户查询，为全世界的人们提供了查找和共享知识的手段。

WWW 还具有连接 FTP 和 BBS 等的能力。WWW 的应用和发展已经远远超出网络技术的范畴，影响着新闻、广告、娱乐、电子商务和信息服务等诸多领域。可以说，WWW 的出现是 Internet 应用的一个革命性的里程碑。

2. 文件传输

微课：使用 FTP

文件传输是指通过网络把文件从一台计算机复制到另一台计算机的过程。文件传输协议（File Transfer protoco，FTP）用于 Internet 上控制文件的双向传输。不同的操作系统有不同的 FTP 应用程序，而所有这些应用程序都遵守同一种协议以传输文件。在 FTP 的使用当中，有两个概念：下载（Download）和上传（Upload）。下载文件就是从远程计算机中把所需文件复制到自己的计算机上；上传文件就是将文件从自己的计算机复制到远程计算机上。Internet 上的文件传输功能是依靠 FTP 实现的。在进行文件传输时需要使用 FTP 程序，IE 和 Google Chrome 浏览器都带有 FTP 程序模块。在浏览器的地址栏中输入远程计算机的 IP 地址或者域名，浏览器就会自动调用 FTP 程序。

使用 FTP 时，必须先登录远程计算机，在获得相应的权限以后，方可下载或上传文件。想要和哪台计算机进行文件传输，就必须先获得那台计算机的适当授权，也就是用户身份验证，包括用户名和口令密码，否则便无法传送文件。但是 Internet 上的 FTP 主机不计其数，不可能要求每个用户在每一台主机上都拥有账号。所以，FTP 还提供了一种匿名访问机制，用户可通过它连接到远程主机上，并下载文件，而无需成为其注册用户。系统管理员建立了一个特殊的用户 ID，名为 anonymous，密码为空，在 Internet 上的任何人在任何地方都可使用该用户 ID 进行匿名登录访问，但是如果是私有 FTP 服务器或者限制使用匿名访问的 FTP 主机，这种匿名访问是被拒绝的。

3. 搜索引擎

伴随着宽带网络覆盖的普及，Internet 成为了各种信息的共享平台，各种类别的信息不计其数，有非常有用的信息，也有各种垃圾信息，怎样才能快速地找到真正所需的信息变得非常重要。搜索引擎是指根据一定的策略、运用特定的计算机程序从互联网上搜集信息，在对信息进行组织和处理后展示给用户的系统。搜索引擎包括全文索引、目录索引、元搜索引擎等。常用的搜索引擎有百度、谷歌、雅虎、搜狗等。

微课：使用搜索引擎

4. 电子邮件 E-mail

微课：申请电子邮箱

电子邮件是 Internet 中应用最广泛的一项服务，是一种用电子手段提供信息交换的通信方式，使用简单邮件传输协议（Simple Mail Transfer Protocol，SMTP）来规范由源地址到目的地址传送邮件的过程，并通过它来控制信件的中转方式。通过网络的电子邮件系统，用户可以以非常低廉的价格（不管发送到哪里，都只需负担网费）、非常快速的方式（几秒之内可以发送到世界上任何指定的目的地），与世界上任何一个角落的网络用户联系。电子邮件中的内容可以是文字、图像、声音等多种形式。用户也可以得到大量免费的新闻、专题邮件，并轻松地实现信息搜索。电子邮件的存在极大地方便了人与人之间的沟通与交流，促进了社会的发展。伴随着 Internet 的发展，出现了很多基于 Web 页面的免费电子邮件服务，用户可以利用浏览器来注册和访问，使用用户名和密码进行邮箱登录，一般可以获得容量多达几个 GB 的电子邮箱，这样收发邮件时遇到大容量的附件使用起来就非常方便了。常用的电子邮箱有网易 163 邮箱、126 邮箱，及 Yahoo、Gmail、Hotmail、MSN mail 等。

微课：使用 Outlook 收发电子邮件

5. 远程登录

远程登录（Telnet）协议是 TCP/IP 协议族中的一个，是 Internet 远程登录服务的标准协议和主要方式。Telnet 服务属于客户机/服务器模型的服务，它为用户提供了基于 Telnet 协议在本地计算机上完成对远程主机控制的能力。Telnet 是常用的远程控制 Web 服务器的方法，在终端电脑上使用 Telnet 程序连接远程服务器，用户可以在终端的 Telnet 程序中输入命令，让这些命令在服务器上运行，就像用户直接在服务器上操作一样。要发起一个 Telnet 会话，首先需要输入要访问的远程服务器的 IP 地址，之后输入用户名和密码来验证登录服务器。

习题六

1. 因特网的 IP 地址由三个部分构成，从左到右分别代表________。
   A. 网络号、主机号和类型号　　B. 类型号、网络号和主机号
   C. 网络号、类型号和主机号　　D. 主机号、网络号和类型号
2. 在以下传输介质中，带宽最宽，抗干扰能力最强的是________。
   A. 双绞线　　B. 无线信道　　C. 同轴电缆　　D. 光纤
3. 人们往往会说“我用的是 10Mbit/s 宽带网”来说明自己计算机连网的性能，这里的 10Mbit/s 指的是数据通信中的________指标。
   A. 最高数据传输速率　　B. 平均数据传输速率
   C. 每分钟数据流量　　D. 每分钟 IP 数据包的数
4. 数据传输速率是数据通信中重要的性能指标。Gbit/s 是数据传输速率的计量单位之一，其正确含义是________。
   A. 每秒兆位　　B. 每秒千兆位　　C. 每秒百兆位　　D. 每秒百万位
5. 计算机局域网按拓扑结构进行分类，可分为环型、星型和________型等。
   A. 电路交换　　B. 以太　　C. 总线　　D. 对等
6. 在下列有关通信技术的叙述中，错误的是________。
   A. 通信的基本任务是传递信息，因而至少需由信源、信宿和信道组成
   B. 通信可分为模拟通信和数字通信，计算机网络属于模拟通信
   C. 在通信系统中，采用多路复用技术的目的主要是提高传输线路的利用率
   D. 学校的计算机机房一般采用超 5 类非屏蔽双绞线作为局域网的传输介质
7. 因特网使用 TCP/IP 实现全球范围内的计算机网络互连，连接在因特网上的每一台主机都有一个 IP 地址。下面不能作为 IP 地址的是________。
   A. 120.34.0.18　　B. 21.18.33.48　　C. 201.256.39.68　　D. 37.250.68.0

8. 世界上第一个计算机网络是________。

A. ARPANET　　B. ChinaNet　　C. Internet　　D. CERNET

9. 某用户在浏览器地址栏内键入一个地址“http://www.tyu.edu.cn”，其中的“.cn”代表________。

A. 协议类型　　B. 主机域名

C. 路径及文件名　　D. 用户名

10. 下列网络协议中，直接与电子邮件传输相关的是________。

A. FTP　　B. SMTP　　C. TELNET　　D. NNTP

11. 以下关于局域网和广域网的叙述中，正确的是________。

A. 广域网只是比局域网覆盖的地域广，它们所采用的技术是完全相同的

B. 局域网中的每个节点都有一个唯一的物理地址，被称为介质访问地址（MAC 地址）

C. 现阶段家庭用户的 PC 只能通过电话线接入网络

D. 单位或个人组建的网络都是局域网，国家或国际组织建设的网络才是广域网

12. 把相距遥远的许多局域网和计算机用户互相连接在一起，它的作用范围通常可以从几十公里到几千公里，甚至更大的范围的网络被称为________。

A. 公司网　　B. WAN　　C. LAN　　D. 小型网

13. 下面关于通信技术的叙述中，错误的是________。

A. 任何一个通信系统都有信源、信道和信宿这三个基本组成部分

B. 为了实现远距离传输信息，在模拟通信和数字通信中均采用载波技术

C. 为了降低传输信息的成本，在通信中广泛采用多路复用技术

D. 数字通信系统的一个主要性能参数是信道带宽，它是指实际进行数据传输时单位时间内传输的二进位数量

14. IP 地址分为 A、B、C 三个基本类型。下列 4 个 IP 地址中，属于 C 类地址的是________。

A. 1.110.24.2　　B. 202.119.23.12

C. 130.24.35.68　　D. 26.10.35.48

15. 在因特网中某台主机的 IP 地址为 20.25.30.8，子网掩码为 255.255.255.0，那么该主机的主机号为________。

A. 20　　B. 25　　C. 30　　D. 8

16. 关于电子邮件服务，下列叙述中错误的是________。

A. 网络中必须有邮件服务器用来运行邮件服务器软件

B. 用户发出的邮件会暂时存放在邮件服务器中

C. 用户上网时可以向邮件服务器发出接收邮件的请求

D. 发邮件者和收邮件者如果同时在线，则可不通过邮件服务器而直接通信

17. Internet 的三项主要服务项目的英文缩写是________。

A. E-mail，FTP，WWW　　B. Web，LAN，HTML

C. ISP，HUB，BBS　　D. TCP/IP，FTP，PPP/SLIP

18. 因特网上有许多不同结构的局域网和广域网互相连接在一起，它们能相互通信并协调工作的基础是因为都采用了________。

A. ATM　　B. TCP/IP　　C. X.25 协议　　D. NetBIOS 协议

19. http://exam.tyu.edu.cn 是某高等学校计算机等级考试中心的网址，其中的 http 是指________。

A. 超文本传输协议　　B. 文件传输协议

C. 计算机主机域名　　D. TCP/IP

20. 目前在网络互连中用得最广泛的是 TCP/IP。事实上，TCP/IP 是一个协议系列，它已经包含了 100 多个协议。在 TCP/IP 中，远程登录使用的协议是________。

A. TELNET　　B. FTP　　C. HTTP　　D. UDP

7 Chapter

第 7 章 数据库基础

数据库技术是 20 世纪 60 年代后期发展起来的一项重要技术，是计算机领域的一个重要分支。随着计算机科学技术的发展，计算机应用的普及和深入，数据库技术在计算机应用中的地位与作用日益重要。本章对数据库技术做了整体概述，介绍了数据库的基本概念、数据管理技术的发展、数据模型的描述、常见的关系数据库管理系统以及数据库新技术等内容。

7.1 数据库概述

7.1.1 数据库的基本概念

要了解数据库技术，首先应该理解最基本的几个概念，如数据、数据库、数据库管理系统、数据库系统等。

1. 数据

数据（Data）是描述客观事物的性质、状态以及相互关系的符号记录。它不仅指狭义上的数字，还可以是具有一定意义的文字、字母、数字符号的组合、图形、图像、视频、音频等，也是客观事物的属性、数量、位置及其相互关系的抽象表示。例如，“0、1、2……”“阴、雨、下降、气温”、学生的学籍记录、商品的库存情况等都是数据。

2. 数据库

数据库（Database，DB）是指长期存储在计算机内的、有组织的、可共享的数据集合，它按照一定的数据模型对数据进行组织、描述和存储，具有尽可能小的冗余度、较高的数据独立性和易扩展性，可在一定范围内被多个用户共享。

在现实工作和生活中，数据库的应用随处可见。如一所学校里学生的学籍数据、图书馆中图书的馆藏数据与借阅情况、超市中商品的销售与库存数据等，都是“数据库”。

3. 数据库管理系统

数据库管理系统（Database Management System，DBMS）是一种系统软件，其功能是建立和管理数据库，实现数据库中数据的定义、存储、更新、查询和维护等，保证数据库的安全性和完整性。

数据库管理系统是数据库系统的核心，是管理数据库的软件。有了数据库管理系统，用户就可以在抽象意义下处理数据，而不必顾及这些数据在计算机中的布局和物理位置。数据库管理系统主要有以下 4 个方面的功能。

（1）数据定义功能。数据库管理系统提供数据定义语言（Data Description Language，DDL），用户利用 DDL 可以方便地创建数据库。

（2）数据操纵功能。数据库管理系统提供数据操纵语言（Data Manipulation Language，DML），实现数据的插入、更新、删除、查询等功能。

（3）数据库运行管理功能。包括数据的存取控制、完整性和并发控制等，对数据库系统的运行进行有效的控制和管理，保证数据的正确有效。

（4）数据库的建立和维护功能。包括数据库初始数据的载入以及数据库的转储、重组织、系统性能监视等功能。

4. 数据库系统

数据库系统（Database System，DBS）是指引进数据库技术的整个计算机系统，能实现有组织地、动态地存储大量相关数据，并提供数据处理和信息资源共享的便利手段。

数据库系统通常由计算机硬件、软件、数据库和数据库管理员组成。其中，软件主要包括操作系统、数据库管理系统、宿主语言和实用程序。数据库管理员（DataBase Administrator，DBA）主要负责对数据库进行规划、设计和运维管理。

7.1.2 数据管理技术的发展

数据管理是利用计算机硬件和软件技术对数据进行有效的收集、存储、处理和应用的过程，其目的在于充分有效地发挥数据的作用。实现数据有效管理的关键是数据组织。随着计算机硬件技术、软件技术和计算机应用范围的发展，数据管理技术大致经历了人工管理、文件系统和数据库系统三个阶段。

人工管理阶段是在 20 世纪 50 年代中期以前，计算机主要用于科学计算。当时在硬件方面，还没有磁盘，无法长期保存数据；软件方面，没有操作系统和管理数据的软件，数据依赖于特定的应用程序，缺乏独立性；数据方面，数据量小，无结构，且相互间缺乏逻辑组织，不能共享，导致程序与程序之间存在大量的重复数据。

20 世纪 50 年代中期到 60 年代中期，由于计算机大容量存储设备（如磁盘、磁鼓）的出现，推动了软件技术的发展，软件领域出现了操作系统。文件系统是附属于操作系统的数据管理软件，把计算机中的数据组织成相互独立的数据文件，系统可以按照文件名对其进行访问，并提供了简单的数据共享与数据管理能力，但是其数据面向特定的应用，且数据的共享性和独立性差、冗余度大。

随着计算机在数据管理领域的普遍应用，人们对数据管理技术提出了更高的要求，希望面向企业或部门，以数据为中心组织数据，减少数据的冗余，提供更高的数据共享能力，同时要求程序和数据具有较高的独立性，当数据的逻辑结构改变时，不涉及数据的物理结构，也不影响应用程序，以降低应用程序研制与维护的费用。数据库技术正是在这样一个应用需求的基础上发展起来的。1968 年，Information Management System（IMS）的问世标志着数据处理技术进入了数据库系统阶段。这一阶段具有以下特点。

（1）数据结构化。在描述数据时不仅要描述数据本身，还要描述数据之间的联系。数据结构化是数据库的主要特征之一，也是数据库系统与文件系统的本质区别。

（2）数据共享性高、冗余少且易扩充。数据不再针对某一个应用，而是面向整个系统，数据可被多个用户和多个应用共享使用，而且容易增加新的应用，所以数据的共享性高且易扩充。数据共享可大大减少数据冗余。

（3）数据独立性高。应用程序与数据库的数据结构之间相互独立。当数据存储结构改变时，不影响数据的全局逻辑结构，保证了数据的物理独立性；当全局逻辑结构改变时，不影响用户的局部逻辑结构和应用程序，保证了数据的逻辑独立性。

（4）数据由 DBMS 统一管理和控制。数据库为多个用户和应用程序所共享，对数据的存取往往是并发的，即多个用户可以同时存取数据库中的数据，甚至可以同时存放数据库中的同一个数据。为确保数据库数据的正确有效和数据库系统的有效运行，数据库管理系统提供以下 4 方面的数据控制功能。

数据安全性控制：防止因不合法使用数据而造成数据的泄露和破坏，保证数据的安全和机密。

数据的完整性控制：系统通过设置一些完整性规则来确保数据的正确性、有效性和相容性。

并发控制：防止在多用户同时存取或修改数据库时，因相互干扰而给用户提供不正确的数据，并使数据库受到破坏的情况发生。

数据恢复：当数据库被破坏或数据不可靠时，系统有能力将数据库从错误状态恢复到最近某一时刻的正确状态。

7.1.3 数据库系统的内部结构体系

数据库系统在其内部具有三级模式及二级映射。三级模式分别是模式、内模式与外模式；二级映射是外模式/模式的映射和模式/内模式的映射。三级模式与二级映射构成了数据库系统内部的抽象结构体系。

数据库系统的三级模式结构反映了模式的三个不同环境以及它们的不同要求。其中内模式又称存储模式，对应于物理级，它反映了数据库中全体数据在存储介质上的实际存储方式及物理结构；模式又称概念模式或逻辑模式，对应于概念级，它是由数据库设计者综合所有用户的数据，按照统一的观点构造的全局逻辑结构，反映了数据库中全体数据的逻辑结构和特征描述；外模式又称子模式，对应于用户级，是从模式导出的一个子集，包含模式中允许特定用户使用的那部分数据，是与某一应用有关的局部数据的逻辑结构和特征描述，反映了用户对数据的要求。对于一个数据库，定义、描述数据库存储结构的内模式和定义、描述数据库全局逻辑结构的模式是唯一的，但由于建立在数据库上的应用可以有多个，所以对应的外模式不是唯一的。

通过两级映射建立三级模式间的联系与转换，同时保证了数据的独立性，即数据的模式或内模式改变，并不影响用户外模式的改变，而只需调整映射方式。通过外模式/模式映射，建立某个外模式和模式间的对应关系，当模式发生改变时，只要改变外模式/模式映射，就可以使外模式保持不变，对应的应用程序也可保持不变；通过建立模式/内模式映射，建立模式和内模式间的对应关系，当数据的存储结构发生变化时，只要改变模式/内模式映射，就能保持模式不变，因此应用程序也可以保持不变。

7.2 数据模型

由于计算机不能直接处理现实世界中的具体事物，所以人们必须事先将具体事物转换成计算机能够处理的数据，数据模型就是对现实世界各种事物特征进行抽象、表示和处理的工具，是从现实世界到机器世界的一个中间层次。

数据是现实世界符号的抽象，而数据模型是数据特征的抽象。它从抽象层次上描述了系统的静态特征、动态行为和约束条件，为数据库系统的信息表示与操作提供一个抽象的框架。数据模型所描述的内容包括数据结构、数据操作及数据约束。

根据应用的不同层次，可将模型分为概念模型和数据模型。

概念模型是一种面向现实世界、面向数据库用户的模型，独立于具体的计算机系统与 DBMS。目前，这一类模型中较为有名的是实体-联系模型（简称 E-R 模型）。

数据模型是具体的 DBMS 所支持的模型，着重于在数据库系统一级的实现。这类模型中，较为成熟并先后被人们大量使用过的有层次模型、网状模型、关系模型等。

1. 概念模型

概念模型是现实世界到信息世界的第一层抽象，用于数据库设计的初始阶段，数据库设计人员无需考虑计算机系统及 DBMS 的具体技术问题，只需集中精力分析数据以及数据之间的联系。由于概念模型用于信息世界的建模，是用户与数据库设计人员之间进行交流的语言，因此概念模型一方面应该具有较强的语义表达能力，能够方便、直接地表达应用中的各种语义知识，另一方面它还应该简单、清晰、易于用户理解。

长期以来被广泛使用的概念模型是 E–R 模型。该模型提供不受任何 DBMS 约束的面向用户的表达方式，在数据库设计中被广泛用作数据建模工具。将现实世界的要求转化成实体、联系、属性等几个基本概念，以及它们间的三种基本连接关系，并且可以用 E–R 图非常直观地表示出来。

E–R 图提供了表示实体、属性和联系的方法。

（1）实体：客观存在并且可以相互区别的事物。实体可以是实际的事物，也可以是抽象的事物。例如，学生、职工、图书等都是实际的事物，学生选课、借阅图书等是抽象的事物。在 E–R 图中，用矩形表示实体，矩形框内写明实体名。如学生实体可以用图 7–1 表示。

（2）属性：描述实体的特征。在 E–R 图中，用椭圆形表示属性，椭圆框内写明属性名，并用无向边将其与相应的实体连接起来。例如，学生实体用学号、姓名、性别、出生日期等属性来描述，如图 7–2 所示。

图7–1　实体的表示方法

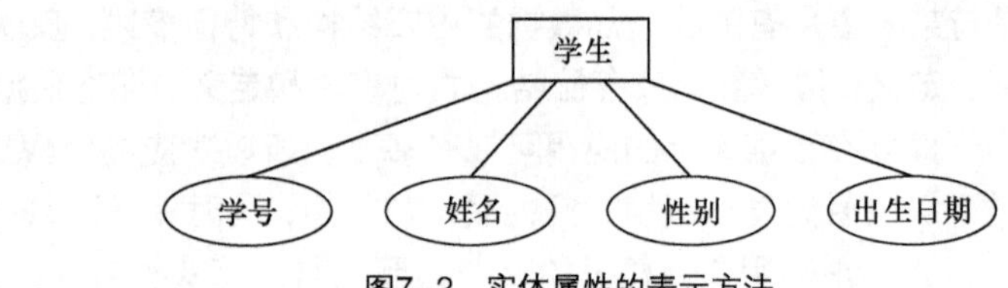

图7–2　实体属性的表示方法

（3）联系：实体之间的对应关系，它反映现实世界事物之间的相互联系。如一名职工隶属于一个部门，同一个部门可以有多名职工。在 E–R 图中，用菱形表示实体之间的联系，菱形框内写明联系名，并用无向边将其与相应的实体连接起来，并在无向边上标明联系的类型。

在现实世界中，实体之间的联系可分为“一对一”联系、“一对多”联系、“多对多”联系三种类型。

例如，“学校”和“校长”这两类实体，如果一个学校只能有一位正校长，一位校长不能在其他学校兼任校长，则学校与校长之间就是一对一联系，简记为 1:1。“部门”和“职工”这两类实体，一个部门可以有多名职工，而一名职工只能在一个部门任职，则部门和职工之间就是一对多联系，简记为 1:n。“学生”和“课程”这两类实体，一名学生可以选修多门课程，而一门课程有多个学生选修，则学生和课程之间就是多对多联系，简记为 m:n。图 7–3 所示为部门和职工联系的 E–R 图。

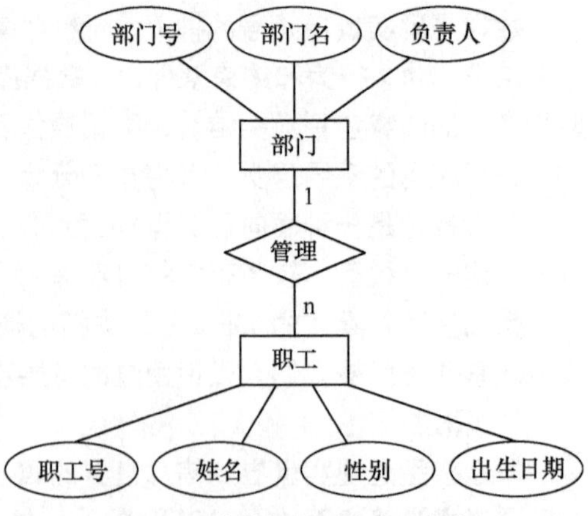

图7–3　实体与联系的表示方法

2. 层次模型

层次模型是数据库系统中最早出现的数据模型，它用树形结构表示实体及实体之间的联系。在层次模型中，结点是实体，树枝是联系，从上到下是一对多的关系。

层次模型的基本结构是树形结构，自顶向下，层次分明，用于描述一对多的层次关系非常直观、自然。

3. 网状模型

自然界中实体之间的联系更多的是非层次关系，用层次模型表示非树形结构是很不直观的，网状模型则可以克服这一弊病。

网状模型是用网状结构表示实体及实体之间联系的模型。可以说，网状模型是层次模型的扩展，表示多个从属关系的层次结构，呈现一种交叉关系，可以反映现实世界中较为复杂的事物间的联系。

4. 关系模型

E.F.Codd 在 1970 年首次提出了数据库系统的关系模型，并以其完备的理论基础、简单的模型、说明性的查询语言等优点得到了广泛的应用。关系模型以关系数学理论为基础，用二维表结构来表示实体及实体之间的联系。

- 关系的数据结构

在关系模型中，不管是实体还是实体之间的联系，都用关系来表示，而一个关系的逻辑结构就是一张二维表，数据结构简单。

二维表中的一行被称为一个元组，二维表中的列被称为属性。列的值为属性值，属性值的取值范围被称为值域。

在二维表中唯一能标识元组的最小属性集被称为该表的键（或码）。二维表中可能有若干个键，它们被称为该表的候选键（或候选码）。从二维表的候选键中选取一个作为用户使用的键，即为主键（或主码）。

关系是由若干个不同的元组组成的，因此关系可视为元组的集合。

- 关系的操作集合

常用的关系操作包括查询、增加、删除及修改四种。

关系模型中的关系操作早期通常是用代数方法或逻辑方法来表示的，分别为关系代数和关系演算。关系代数是用对关系的代数运算来表达查询要求的方式；关系演算是用谓词来表达查询要求的方式。另外还有一种介于关系代数和关系演算之间的语言被称为结构化查询语言，简称 SQL。

- 关系的数据约束

关系模型允许定义三类数据约束：实体完整性约束、参照完整性约束和用户定义的完整性约束。其中前两种完整性约束由关系数据库管理系统自动支持。对于用户定义的完整性约束，则由关系数据库管理系统提供完整性约束语言，用户利用该语言写出约束条件，运行时由系统自动检查。

7.3 常用关系数据库管理系统

关系数据库是采用关系模型作为数据组织方式的数据库，将具有相同属性的数据存储在一组二维表中，借助于关系代数等概念和方法来处理数据库中的数据，而 SQL 语言是标准用户和应用程序到关系数据库的接口。关系数据库产品一问世，就凭借其简单清晰的概念和易懂易学的数据库语言而深受广大用户喜爱。主流的关系数据库管理系统有 Access、SQL Server、Oracle、Sybase 等。

1. 小型桌面数据库 Access

Microsoft Office Access 是由微软发布的关系数据库管理系统，是 Microsoft Office 办公软件的组件之一。Access 把数据库引擎的图形用户界面和软件开发工具结合在一起，以它自己的格式将数据存储在基于 Access Jet 的数据库引擎里，也可以导入或者链接以其他数据库格式存储的数据。它具有界面友好、易学易用、开发简单、接口灵活等特点，是典型的新一代桌面数据库管理系统。

Access 的用途体现在两个方面。

第一个方面是数据分析。Access 有强大的数据处理、统计分析能力，利用 Access 的查询功能，可以方便地进行各类汇总、平均等统计，并可灵活设置统计的条件，在统计分析上万条记录的数据时速度快且操作方便，这一点是 Excel 无法与之相比的。

第二个方面是开发软件。Access 简单易学，非计算机专业的人员也能较快上手，并用它来开发一些简单的软件，如生产管理、销售管理、库存管理等各类企业管理软件。低成本地满足了那些从事企业管理工作的人员要通过软件来规范同事、下属的行为，并推行其管理思想的需求。

Access 是轻量级的关系型数据库管理系统，一般只适用于小型项目或数据不是很多的项目。

2. Microsoft SQL Server

SQL Server 是一款适合中小型企业使用的关系数据库管理系统，它最初是由 Microsoft、Sybase 和 Ashton-Tate 三家公司共同开发的，并于 1988 年推出了第一个 OS/2 版本。在 Windows NT 推出后，Microsoft 与 Sybase 在 SQL Server 的开发上就分道扬镳了，Microsoft 将 SQL Server 移植到 Windows NT 系统上，专注于开发推广 SQL Server 的 Windows NT 版本。Sybase 则较专注于 SQL Server 在 UNIX 操作系统上的应用。

SQL Server 具有强大的事务处理能力，采用各种方法保证数据的完整性；提供图形化管理界面，支持本地和远程的系统管理和配置，使系统管理和数据库管理更加直观、简单；支持对称多处理器结构，并具有自主的 SQL 语言。SQL Server 以其内置的数据复制功能、强大的管理工具、与 Internet 的紧密集成和开放的系统结构为广大用户、开发人员和系统集成商提供了一个出众的数据库平台。此外，SQL Server 提供了数据仓库功能，这个功能只在 Oracle 和其他更昂贵的 DBMS 中才有。

3. Oracle

Oracle Database，又名 Oracle RDBMS，或简称 Oracle，是美国甲骨文公司提供的以分布式数据库为核心的一款关系数据库管理系统，具有完整的数据管理功能和分布式处理功能，能在对称多处理器的系统上提供并行处理，在数据库领域一直处于领先地位。可以说 Oracle 数据库系统是目前世界上流行的关系数据库管理系统，系统可移植性好、使用方便、功能强，适用于各类大、中、小、微机环境。它是一种效率高、可靠性好、适应高吞吐量的数据库解决方案，多用于大型应用。

4. Sybase

1984 年，Mark B. Hiffman 和 Robert Epstern 创建了 Sybase 公司，并于 1987 年推出了 Sybase 数据库产品。Sybase 主要有三种版本，一是 UNIX 操作系统下运行的版本，二是 Novell Netware 环境下运行的版本，三是 Windows NT 环境下运行的版本。

Sybase 是真正开放的数据库。运行在客户端的应用不必是 Sybase 公司的产品。一般的关系数据库，会为了让其他语言编写的应用能够访问数据库而提供了预编译。而 Sybase 数据库不只是简单地提供了预编译，还公开了应用程序接口 DB-LIB，鼓励第三方编写 DB-LIB 接口。由于开放的客户 DB-LIB 允许在不同的平台使用完全相同的调用，因而使得访问 DB-LIB 的应用程序很容易从一个平台向另一个平台移植。

此外，一般的数据库管理系统都依靠操作系统来管理与数据库的连接。当有多个用户连接时，系统的性能会大幅下降。Sybase 数据库不让操作系统来管理进程，而把与数据库的连接视为自己的一部分来管理。此外，Sybase 的数据库引擎还代替操作系统来管理一部分硬件资源，如端口、内存、硬盘，绕过了操作系统这一环节，提高了性能。

7.4 数据库新技术简介

随着数据库应用迅速向广度、深度扩展，数据库中数据的数据量和复杂度都在快速增长，这些因素极大地推动了数据库技术的快速革新与进步，由此也诞生了一些新的数据库技术。

1. 面向对象数据库（OODB）

面向对象数据库系统（OODBS）是为了满足新的数据库应用需要而产生的新一代数据库系统，把面向对象的方法和数据库技术结合起来，具有面向对象技术的封装性和继承性，同时综合了在关系数据库中发展的全部工程原理，以及系统分析、软件工程和专家系统领域的内容。

系统设计人员用面向对象数据库管理系统OODBMS创建的计算机模型将现实世界分解成明确的对象，符合一般人的思维规律，能更直接地反映客观世界，使数据库系统的分析、设计最大程度地与人们对客观世界的认识相一致，使得非计算机专业人员的最终用户也可以通过这些模型理解和评述数据库系统。这些都是传统数据库所缺乏的。

2. 分布式数据库（DDB）

分布式数据库是指利用高速计算机网络，将物理上分散的多个数据存储单元连接起来，组成一个逻辑上统一的数据库。分布式数据库的基本思想是将原来集中式数据库中的数据分散存储到多个通过网络连接的数据存储节点上，以获取更大的存储容量和更高的并发访问量。近年来，随着数据量的高速增长，分布式数据库技术也得到了快速的发展，传统的关系型数据库在保留了传统数据库的数据模型和基本特征的基础上，开始从集中式模型向分布式架构发展，从集中式存储走向分布式存储，从集中式计算走向分布式计算。

大数据时代，面对日益增长的海量数据，传统的集中式数据库的弊端日益显现，分布式数据库相对传统的集中式数据库有如下优点。

（1）更高的数据访问速度。分布式数据库为了保证数据的高可靠性，往往采用备份的策略实现容错，所以，在读取数据的时候，客户端可以并发地从多个备份服务器同时读取，从而提高了数据访问速度。

（2）更强的可扩展性。分布式数据库可以通过增添存储节点来实现存储容量的线性扩展，而集中式数据库的可扩展性十分有限。

（3）更高的并发访问量。分布式数据库由于采用多台主机组成存储集群，所以相对集中式数据库，它可以提供更高的用户并发访问量。

3. XML 数据库

XML 数据库是一种支持对 XML（一种用于标记电子文件使其具有结构性的标记语言）格式文档进行存储和查询等操作的数据库管理系统。在系统中，开发人员可以对数据库中的 XML 文档进行查询、导出和指定格式的序列化。

XML 数据库能够对半结构化数据进行有效的存取和管理，提供对标签名称和路径的操作。如网页内容就是一种半结构化数据，而传统的关系数据库对于类似网页内容这类半结构化数据无法进行有效的管理，不能对元素名称操作。

XML 数据库适合管理复杂数据结构的数据集，如果已经以 XML 格式存储信息，则 XML 数据库可以用方便实用的方式检索文档，并能够提供高质量的全文搜索引擎。另外 XML 数据库能够存储和查询异种的文档结构，提供对异种信息存取的支持。

4. 数据仓库（Data Warehouse）

随着对数据库技术的广泛应用，企业信息系统产生了大量的数据。企业的数据处理大致分为两类：一类是操作型处理，也称联机事务处理（OLTP），它是针对具体业务在数据库联机的日常操作，通常是对少数记录进行查询、修改。另一类是分析型处理（OLAP），一般针对某些主题的历史数据进行分析，支持管理决策。如何从这些海量数据中提取对企业决策分析有用的信息成为企业决策管理人员所面临的重要难题。

传统的企业信息系统即联机事务处理系统作为数据管理手段，主要用于事务处理，但它对分析处理的支持一直不能令人满意。因此，人们逐渐尝试对OLTP数据库中的数据进行再加工，形成一个综合的、面向分析的、更好的支持决策制定的决策支持系统。企业的数据库系统中的数据一般由DBMS管理，但决策数据库和运行操作数据库在数据来源、数据内容、数据模式、服务对象、访问方式、事务管理乃至物理存储等方面都有不同的特点和要求，因此直接在运行操作的数据库上建立决策支持系统是不合适的。数据仓库技术就是在这样的背景下发展起来的。

数据仓库（Data Warehouse）是一个面向主题的、集成的、相对稳定的、反映历史变化的数据集合，用于支持管理决策。

由此可见，数据仓库是在数据库已经大量存在的情况下，为了进一步挖掘数据资源、为了决策需要而产生的，但它并不是所谓的“大型数据库”。数据库是面向事务的，完成具体业务数据的增、删、改等操作，设计时会尽量避免冗余。而数据仓库是面向主题的（主题是指用户使用数据仓库进行决策时所关心的重点方面，一个主题通常与多个操作型信息系统相关），存储的是企业多年积累的历史数据，会有较大的冗余。数据仓库从操作型数据库中进行数据抽取、清理、加工、集成，对这些数据进行组织，为前端的查询工具或分析工具提供基础，以满足用户进行各种分析和决策的需求。通过对这些数据的分析处理，可以对企业的发展历程和未来趋势做出定量分析和预测。

以银行为例，通常银行的应用系统是按业务分类的，如储蓄、信贷、理财等，一个客户的信息分布在不同的业务系统中，要想得到一个客户的全面信息非常困难。银行通过建立数据仓库，可以将分离在各个业务系统中的数据合并成一个统一的图表，这样就可以全面了解客户在各个系统中的信息，而且可以从历史的角度对客户档案进行分析，以便为每位客户做出进一步服务的决策。

5. 数据挖掘

近年来，数据挖掘引起了信息产业界的极大关注，其主要原因是数据库，数据仓库或其他信息库中存在大量数据，并且迫切需要将这些数据转换成有用的信息和知识。获取的信息和知识可以广泛用于各种应用，包括商务管理，生产控制，市场分析，工程设计和科学探索等。数据挖掘一般是指通过算法从大量的数据中（如数据仓库）搜索隐藏于其中的预测性信息的过程，发现数据间潜在的关系和用户可能忽略的信息，为企业管理者提供前摄的、基于知识的决策。数据挖掘通常与计算机科学有关，并通过统计、在线分析处理、情报检索、机器学习、专家系统（依靠过去的经验法则）和模式识别等诸多方法来实现上述目标。

例如，零售企业通过对海量的销售数据进行挖掘，可以发现顾客会同时购买哪些商品，以确定在商店中如何摆放这些商品，从而达到方便顾客购买、增加销售量的目的；一些电子购物网站利用销售数据发掘顾客的消费习惯，并可通过交易记录找出顾客偏好的产品组合，设置顾客有意要一起购买的捆绑包，或向顾客推荐其可能感兴趣的产品。

习题七

一、选择题（单选，选出一个正确答案）

1. 数据库系统的核心是________。

A. 数据模型　　B. DBMS　　C. 软件工具　　D. 数据库

2. 下列模式中，________是用户模式。

A. 内模式　　B. 外模式　　C. 概念模式　　D. 逻辑模式

3. 关系表中的每一横行被称为一个________。

A. 元组　　B. 字段　　C. 属性　　D. 码

4. 在数据管理技术的发展过程中，经历了人工管理阶段、文件系统阶段和数据库系统阶段。其中数据独立性最高的阶段是________。

A. 数据库系统　　B. 文件系统　　C. 人工管理　　D. 数据项管理

5. 用树形结构来表示实体之间联系的模型被称为________。

A. 关系模型　　B. 层次模型　　C. 网状模型　　D. 数据模型

6. 在关系数据库中，用来表示实体之间联系的是________。

A. 树结构　　B. 网结构　　C. 线性表　　D. 二维表

7. 下列说法中，不属于数据模型所描述的内容的是________。

A. 数据结构　　B. 数据操作　　C. 数据查询　　D. 数据约束

8. 下列模式中，能够给出数据库物理存储结构与物理存取方法的是________。

A. 内模式　　B. 外模式　　C. 概念模式　　D. 逻辑模式

9. 在 E-R 图中，用来表示实体之间联系的图形是________。

A. 矩形　　B. 椭圆形　　C. 菱形　　D. 平行四边形

10. SQL 语言又被称为________。

A. 结构化定义语言　　B. 结构化控制语言

C. 结构化查询语言　　D. 结构化操纵语言

11. 以下关于数据库管理系统（DBMS）的描述中，错误的是________。

A. DBMS 是一种应用软件

B. DBMS 通常在操作系统支持下工作的

C. DBMS 是数据库系统的核心软件

D. Microsoft Access 和 SQL Server 都是关系型 DBMS

12. ORACLE 数据库管理系统采用________数据模型。

A. 层次　　B. 关系　　C. 网状　　D. 面向对象

13. 当今大多数信息系统均以________为基础进行数据管理。

A. 手工管理　　B. 文件系统　　C. 数据库系统　　D. 模块

14. 下列联系中，属于一对一联系的是________。

A. 车间对职工的所属联系　　B. 学生与课程的选课联系

C. 班长对班级的所属联系　　D. 供应商与工程项目的供货联系

15. 下面列出的特点中，________不是数据库系统的特点。

A. 无数据冗余　　　　B. 采用一定的数据结构

C. 数据共享　　　　D. 数据具有较高的独立性

二、填空题

1. 数据库系统的三级模式分别为________模式、内部级模式与外部级模式。

2. 关系模型的完整性规则是对关系的某种约束条件，包括实体完整性、________和自定义完整性。

3. 数据模型按不同的应用层次分为三种类型，它们________数据模型、逻辑数据模型和物理数据模型。

4. 数据库系统中实现各种数据管理功能的核心软件被称为________。

5. 关系模型的数据操作即是建立在关系上的数据操作，一般有________、增加、删除和修改四种操作。

6. 一个项目具有一个项目主管，一个项目主管可管理多个项目，则实体“项目主管”与实体“项目”的联系属于____的联系。

7. 数据库管理系统常见的数据模型有层次模型、网状模型和________三种。

8. 关系模型中，数据结构用二维表来表示，每一个二维表被称为一个________。

8 Chapter

第 8 章 程序设计基础

程序设计是一门技术，需要相应的理论、方法和工具来支持。程序设计是指为了解决特定问题，以某种程序设计语言为工具，给出这种语言环境下的程序的过程。本章将介绍程序设计的基本概念、程序设计的一般方法、程序设计的基本控制结构、算法的概念及常用程序设计语言等基础知识。

8.1 程序设计概述

8.1.1 程序的概念

1. 程序

程序是指为了指示计算机或其他具有信息处理能力的装置完成或解决某一问题而编写的代码化指令序列，通常用某种程序设计语言编写。

程序是由数据结构和算法构成的。数据结构是计算机存储、组织数据的方式；算法是解决一个问题所采取的具体步骤和方法。程序就是基于某种数据结构，采用某种程序设计语言将算法描述出来，是算法在计算机上的实现。

2. 文档

文档是指用来描述程序的内容、组成、设计、功能规格、开发情况、测试结果及使用方法的文字资料和图表等，如程序设计说明书、流程图、用户手册等。文档是软件开发、使用和维护过程中必不可少的资料。

8.1.2 程序设计的一般过程

随着计算机应用在各领域的日益普及，我们的很多工作都可以借助现成的应用软件完成。例如，写一份工作报告可以使用 Word，处理一幅图片可以使用 Photoshop 等。但也有一些特定领域的工作没有完全适合的软件供我们使用，这种情况下，一个具有一定水平的计算机应用人员，应当具备根据本领域的需要进行必要的程序开发的能力。

程序设计的一般过程可分为以下几个步骤。

（1）分析问题

面对实际问题进行认真详细的分析，研究给定的条件和原始数据，分析要对其进行什么处理，最终想要实现什么功能，找出解决问题的规律，选择较为优化的解决方案。

（2）设计算法

即设计出解决问题的方法和具体步骤。根据需要实现的功能，设计出具体步骤，其中每一步都应当是简单的、确定的。算法可以使用伪码或流程图等方法进行描述。

（3）编写程序

根据上一步设计的算法，选择一种程序设计语言，将设计好的步骤书写成符合规范的若干条指令。

（4）程序调试运行

程序调试是为了纠正程序中可能出现的错误，它是程序设计中非常重要的一步。

程序可能出现的错误有两种，一种是语法错误，另一种是逻辑错误。

每一种程序设计语言都有一组自己的记号和规则，即语法。在书写程序的过程中，由于对语言语法的忽视而出现一些错误，导致程序不能运行，这类错误被称为语法错误，按照正确的语法规则进行修改即可。而有些程序，虽然语法正确，并且也可以运行，但得不到正确的结果，或者有时对特定的运算对象结果是正确的，而对大量运算对象进行运算时就会产生错误，这是由于算法错误造成的，这类错误被称为逻辑错误。逻辑错误的情况比较复杂，必须要对程序运行的结果进行认真分析，然后进行修改。

（5）编写程序文档

许多程序是提供给别人使用的，如同正式的产品应当提供产品说明书一样，正式提供给用户使用的程序，必须向用户提供程序说明书。内容应包括：程序名称、程序功能、运行环境、程序的装入和启动、需要输入的数据以及使用注意事项等。

在程序开发过程中，上述步骤可能有反复。如果发现程序有错误，就要逐步向前排查错误，修改程序。情况严重时可能需要重新认识问题和设计算法。

以上是一个简单问题的程序设计过程，如果面对的是一个很复杂的问题，则需要采用“软件工程”的方法来处理。在此就不详细介绍了。

8.2 程序设计的方法

常见的程序设计方法有结构化程序设计和面向对象程序设计。

8.2.1 结构化程序设计

1. 结构化程序设计

结构化程序设计是迪克斯特拉最早提出的，其基本思想是自顶向下和逐步细化的设计方法，将一个复杂任务按照功能分解成若干相对简单和独立的模块，使完成每一个模块的工作变得简单和明确，为设计一些较大的软件打下了良好的基础。这种方法要求程序设计者需要按照一定的结构形式来设计和编写程序，以使程序具有良好的结构，便于理解、调试和修改。

结构化程序设计方法的主要原则可以概括为“自顶向下、逐步求精，模块化和限制使用 goto 语句”。

（1）自顶向下、逐步求精

程序设计时，应先考虑总体，后考虑细节；先考虑全局目标，后考虑局部目标。先从最上层总目标开始，将一个复杂问题进行分解，设计一些子目标作为过渡，逐步使问题具体化。

（2）模块化

一个复杂问题，肯定是由若干相对简单的问题构成的。模块化是把程序要解决的总目标分解为子目标，再进一步分解为具体的小目标，其中每一个小目标被称为一个模块。各模块之间的关系尽可能简单，在功能上相对独立；每一模块内部均是由顺序、选择和循环三种基本结构组成的。

（3）限制使用 goto 语句

计算机在执行一个程序的时候，最基本的方式是一条语句接一条语句地执行。但不是所有的问题都是只用顺序执行方式就能解决，总会有一些跳转。所以人们发明了一个 goto 语句，有了这条语句后，可以随心所欲地跳转到想去执行的语句，在某种程度上提高了程序的执行效率。在经历了一段时间的程序设计后，人们发现用 goto 语句设计的程序结构上非常混乱，难于维护和阅读，导致程序的质量下降，尤其对大型程序的设计更是如此。因此在以提高程序清晰性为目标的结构化方法中应当尽量避免使用 goto 语句。

2. 模块化程序设计

采用模块化设计方法是实现结构化程序设计的一种基本思路。事实上，模块本身就是结构化程序设计的必然产物。

模块是指在程序设计中，为完成某一功能所需的一段程序或子程序，是能够单独命名并独立完成一定功能的程序语句的集合。

模块化程序设计简单来说就是程序的编写不是开始就逐条录入计算机语句和指令，而是首先用主程序、子程序、子过程等框架把软件的主要结构和流程描述出来，并定义和调试好各个框架之间的输入、输出关系。逐步求精的结果是得到一系列以功能块为单位的算法描述。以功能块为单位进行程序设计，实现其求解算法的方法被称为模块化。其基本思想是将一个大的程序按功能分解成为一些功能单一、结构清晰、接口简单、容易理解的功能模块。模块化的目的是为了降低程序复杂度，使程序设计、调试和维护等操作简单化。模块间的联系应尽可能简单，这样一处发生的错误传播到他处的可能性就会减小。

当今，模块化方法也为其他软件开发的工程化方法所采用，并非结构化程序设计所独有。

8.2.2 面向对象程序设计

面向对象的程序设计是一种以对象为基础，以事件或消息来驱动对象执行处理的程序设计方法。这种方法将具有一个或者多个相同属性的物体抽象为“类”，将事物的属性及其能够完成的操作封装起来，对象是类的具体实例。这样把构成问题的事物分解成各个对象，把数据和允许的操作封装其中，可以提高软件的重用性、灵活性和扩展性。

面向对象程序设计中，主要用到以下基本概念。

1. 对象

对象是指人们要进行研究的任何事物，可以是具体的事物，如一本图书；也可以是抽象的事件，如借阅图书。

对象具有属性和行为。对象的属性用具体数据来描述，对象的行为是对象所能执行的操作。对象将数据和操作封装在一起。

2. 类

具有相同属性和行为的对象的抽象就是类。因此，类是对象的抽象，对象是类的实例。类实际上就是一种数据类型。

类具有属性，是对象属性的抽象，用数据结构来描述；类具有操作，是对象的行为的抽象，用操作名和实现该操作的方法来描述。

3. 方法

类中操作的实现过程叫做方法，一个方法有方法名、返回值、参数、方法体。

4. 消息

对象之间进行相互通信的结构叫做消息。传递的消息内容包括接收消息的对象名、接收对象要执行的操作信息等。

5. 继承

在某种情况下，一个类会有“子类”，子类可以继承父类的数据结构和方法，也可以修改或增加新的方法使之更适合特殊的需要。如果子类只继承一个父类的数据结构和方法，则被称为单重继承；如果子类继承了多个父类的数据结构和方法，则被称为多重继承。

通过继承关系，使公共的特性能够共享，提高了软件的重用性。继承性是面向对象程序设计语言不同于其他语言的最重要的特点。

6. 封装

封装就是将抽象得到的数据和行为相结合，形成一个有机的整体，也就是将数据与操作数据的源代码进行有机的结合，形成“类”，其中数据和函数都是类的成员。

封装隐藏了对象的属性和实现细节，仅对外公开接口，目的是增强安全性和简化编程，使用者不必了解具体的实现细节，而只是要通过外部接口，以特定的访问权限来使用类的成员。

由于其稳定性好、解决问题的方法与人类习惯的思维方法一致，并且继承性机制使得软件的可重用性好，因此面向对象程序设计方法日益受到人们的重视和应用。

8.3 结构化程序设计的基本控制结构

采用结构化程序设计，可以大大提高开发程序的速度，提高程序的可读性、程序运行的速度和效率。

结构化程序由三种基本结构组合而成，每一个结构可以包含若干条语句和其他基本结构。

8.3.1 顺序结构

顺序结构也叫顺序执行结构，就是按照程序中各语句出现的先后顺序，一条接一条地执行程序。它是最基本、最常用的结构，如图 8-1 所示。

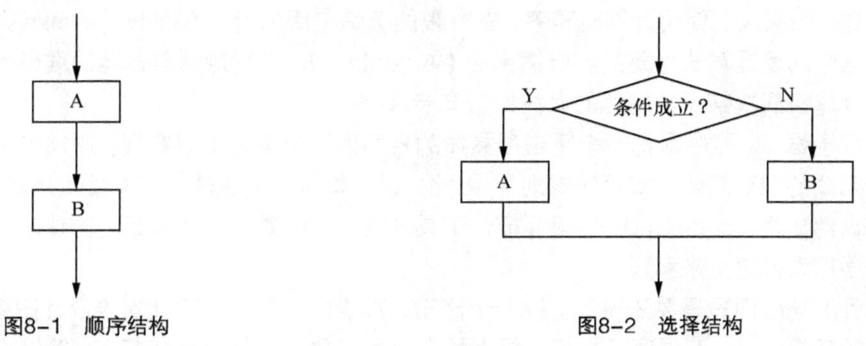

图8-1 顺序结构

图8-2 选择结构

8.3.2 选择结构

选择结构又被称为分支结构，是指按照给定的条件选择执行相应的语句序列，如图 8-2 所示。分支结构一般根据条件来决定执行哪一个程序分支，满足条件则执行语句序列 A，不满足条件则执行语句序列 B。

8.3.3 循环结构

循环结构又被称为重复结构，通过循环控制条件来决定是否重复执行相同的语句序列。在程序设计语言中，一般包括两种类型的循环：当型循环（见图 8-3）和直到型循环（见图 8-4）。

当型循环结构：先判断条件，当满足条件时，就执行语句序列 A，然后再次判断是否满足条件，如果条件不满足，则退出循环继续向下执行。

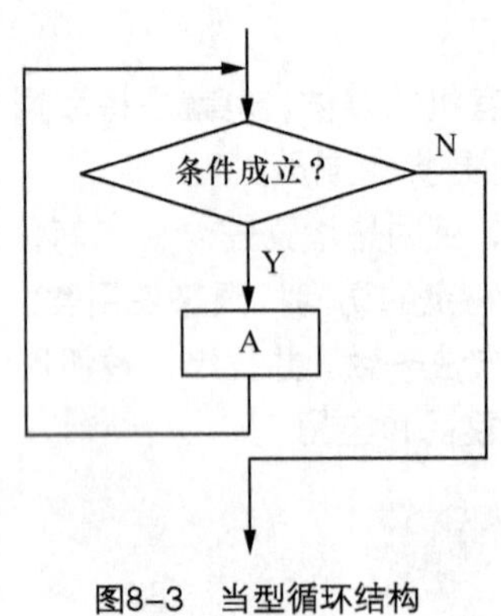

图8-3　当型循环结构

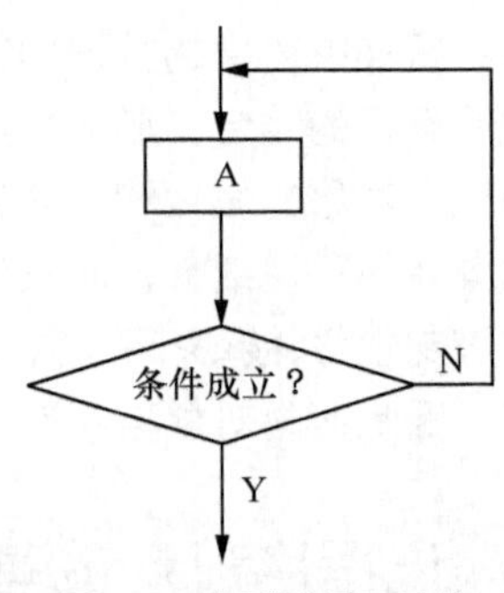

图8-4　直到型循环结构

直到型循环结构：先执行语句序列 A，然后判断是否满足条件，若不满足，则再次执行语句序列 A，直到满足条件时，才退出循环继续向下执行。

任何复杂的问题都可以用上面三种基本结构组成的程序完成。

8.4 算法

8.4.1 算法的概念

一个问题，如果人们使用计算机程序，在有限的存储空间内运行有限长的时间而得到正确的结果，则称这个问题是算法可解的。所谓算法（Algorithm），是指对解题方案的准确而完整的描述，是使用计算机解决某一类问题的具体方法和步骤。

算法不同于程序。程序是把一个算法用具体的程序设计语言来加以实现，通常要考虑很多与方法和分析无关的细节问题（如语法规则）。因此，设计算法时，通常并不直接使用程序来描述，而往往使用自然语言、流程图、伪代码等描述工具来描述，侧重于解决问题的方法。一个算法可以用不同的程序设计语言来实现。

程序设计的核心问题是算法设计。做一个比喻，算法好比是一幢建筑物的设计图纸。设计算法好比是进行建筑设计。而程序只是把图纸上的东西用具体的材料去搭建起来。算法设计和程序设计的区别就好比是建筑设计师和建筑工人之间的区别。

下面通过一个简单的例子来说明什么是算法。

例：使用计算机计算两个数的和与差，其算法如下。

（1）输入两个数 a，b。

（2）计算 s1=a+b。

（3）计算 s2=a−b。

（4）输出 s1，s2，结束。

以上算法使用自然语言描述出了使用计算机解决这一问题的步骤，而不涉及具体的程序设计语言。

8.4.2 算法的特征

一个算法，一般应具有以下五个重要的特征。

（1）有穷性

算法的有穷性是指一个算法必须在执行有限个步骤之后结束，而且每一步都必须在有限的时间内做完。

（2）确定性

算法的确定性是指算法中的每一个步骤的含义必须明确，不可模棱两可。它规定运算所执行的动作不允许有歧义。

（3）可行性

算法的可行性是指算法所描述的每一步操作，都必须可以通过已经实现的基本操作执行有限次来实现。算法的可行性意味着一个算法在转换为程序后，在计算机上要能够得到正确的结果。

（4）输入

输入是指在解决某个问题时所需要的原始数据。一个算法执行的结果总是与输入的原始数据有关，不同的输入将会有不同的结果。但不是每一个算法都要有输入的。也就是说，算法可以是 0 输入，即算法本身给出了初始条件。

（5）输出

输出是算法运行的结果，一个算法会产生一个或多个输出。输出结果反映了算法对输入数据加工后的结果，没有输出的算法是毫无意义的。

8.4.3　算法表示

算法的表示方式主要有自然语言、流程图和伪代码等。

1. 自然语言

自然语言就是日常使用的语言。用自然语言描述的算法通俗易懂，不用专门的训练。不足之处是描述语句冗长，容易产生歧义。

2. 流程图

流程图利用几何图形来代表各种不同性质的操作，用流程线来指示算法的执行方向。流程图简单直观，算法逻辑流程一目了然，便于理解。但流程图画起来比较麻烦，并且不易修改。

3. 伪代码

伪代码可以综合使用几种编程语言中的语法与保留字，但不必使用程序设计语言严格、烦琐的书写格式，结构清晰，易于理解，便于向程序设计语言过渡。

8.5　常用的程序设计语言

8.5.1　程序设计语言

程序设计语言是用于书写计算机程序的语言，包含 3 个方面的因素，即语法、语义和语用。语法表示构成语言的各个符号之间的组合规则，语义表示程序的含义，语用表示程序与使用的关系。

程序设计语言的种类很多，但其基本成分只有以下 4 种。

（1）数据成分。用以描述程序中所涉及的数据。

（2）运算成分。用以描述程序中所包含的运算。

（3）控制成分。用以描述程序中的控制结构。

（4）传输成分。用以表达程序中数据的传输。

自 20 世纪 60 年代以来，世界上公布的程序设计语言种类繁多，但是只有很少的一部分得到了广泛的应用。从发展历程来看，程序设计语言可以分为 4 代。

1. 机器语言

机器语言是由二进制代码 0 和 1 表示的一种机器指令的集合。机器语言与计算机硬件关系密切，不同的 CPU 具有不同的指令系统，按照一种型号计算机的机器指令编写的程序，不能在另一型号的计算机上执行。程序员用机器语言编写程序，需要熟记所用计算机的全部指令代码和代码的含义，处理每条指令和每个数据的存储分配和输入输出，还得记住编程过程中每步所使用工作单元的状态，非常繁琐。而且，编出的程序全是由 0 和 1 组成的指令代码，难以阅读理解和修改，还容易出错。但机器语言是计算机硬件唯一可以直接识别和执行的语言，所以机器语言执行速度最快。

2. 汇编语言

机器语言的烦琐和复杂，阻碍了整个产业的发展，于是人们发明了汇编语言。汇编语言用一些简洁的符号串来代替一个特定含义的二进制指令，这样，人们就比较容易理解和记忆代码的含义，修改和维护也比机器语言方便了，在一定程度上简化了编程过程。而且汇编语言可直接访问系统接口，执行速度快，占据内存空间少，能准确发挥计算机硬件的功能和特长，因此至今仍是一种常用的软件开发工具。

但是计算机能够识别和执行的只有机器指令，因此，就需要一个能够将汇编语言编写的程序转换成机器指令的翻译程序，这种翻译程序叫汇编程序。程序员用汇编语言编写出源程序，再由汇编程序进行加工和翻译，变成能够被计算机识别和处理的二进制代码程序，由计算机最终执行。

汇编语言仍然依赖于具体的机型，不能通用，也不能在不同机型之间移植，而且在编写复杂程序时仍然烦琐、复杂。

3. 高级语言

由于汇编语言依赖于硬件体系，且大量的助记符仍然难以记忆，于是人们又发明了更加易用的高级语言。高级语言不依赖于计算机硬件结构，在形式上接近数学语言或自然语言，使用便于理解的英文、运算符号和实际数字来编写程序，具有更强的表达能力，可方便地表示数据的运算和程序的控制结构，能更好地描述各种算法，而且易学易用，因此很快得到了广泛应用。

高级语言并不是特指某一种具体的语言，而是包括很多种编程语言，如流行的 Java、C、C++、Python 等，这些语言的语法、命令格式都不同。

用高级语言编写的程序叫做源程序，源程序必须翻译成机器语言指令才能被计算机识别和执行。

4. 非过程化语言

第四代语言（4GL）是面向问题的、非过程化的语言，编码时只需说明“做什么”，不需要描述算法细节，所以可以大大提高软件生产率，缩短软件开发周期，也因此赢得了很多用户。

数据库查询是 4GL 的典型应用。用户可以使用数据库查询语言（SQL）对数据库中的信息进行复杂的操作。用户只需要提出在什么地方、根据什么条件进行查找，SQL 将自动完成查找过程。

8.5.2 C 语言

C 语言于 20 世纪 70 年代问世，它既具有高级语言的基本结构和语句，又具有汇编语言的特点；既可直接访问内存的物理地址，又能编写不依赖于计算机硬件的应用程序。它编程效率高，可移植性强，可以跨平台、跨机型使用，被广泛地移植到各种类型的计算机上，形成了多种版本的 C 语言。

C 语言是一种结构化语言，编写的程序层次清晰，便于按模块化方式组织。C 语言的模块化通过函数来实现，即将复杂的 C 程序分为若干模块，每个模块都编写成一个函数，然后通过主函数调用函数及函数调用函数来实现。C 语言本身也提供了大量的函数，每个函数都完成特定的功能，开发人员可以方便地调用这些函数而不必了解函数内部究竟是如何工作的。

C 语言具有强大的数据处理能力和图形功能，既可用于编写系统软件，又可用于开发应用软件，还能制作三维、二维图形和游戏、动画等。此外，在需要对硬件进行操作时，如单片机、嵌入式系统等，都可以用 C 语言来开发。

8.5.3 C++

C++语言是在 C 语言的基础上开发的一种面向对象的编程语言，保持了 C 语言的紧凑灵活、高效以及易于移植等优点，又具有数据抽象和面向对象能力，支持类、封装、继承、多态等特性。因此，它既可以进行 C 语言的结构化程序设计，也擅长以继承和多态为特点的面向对象的程序设计。

C++拥有计算机高效运行的实用性特征，同时还提高了大规模程序的编程质量与程序设计语言的问题描述能力，常用于系统开发、引擎开发等应用领域，是当今最流行的高级程序设计语言之一，应用十分广泛。

8.5.4 Java

Java 是一种面向对象的高级程序设计语言，不仅吸收了 C++的各种优点，还摒弃了 C++里难以理解的多继承、指针等概念，因此，Java 语言具有功能强大和简单易用两个特征。Java 语言作为静态面向对象程序设计语言的代表，很好地实现了面向对象理论，具有分布式、健壮性、安全性、可移植性、多线程、动态性等特点。Java 语言可以编写桌面应用程序、Web 应用程序、分布式系统和嵌入式系统应用程序等。

8.5.5 Raptor

Raptor 是一种基于流程图的可视化程序设计的环境，而流程图是一系列相互连接的图形符号的集合，其中每个符号代表要执行的特定类型的指令。符号之间的连接决定了指令的执行顺序。由于流程图是大部分高校计算机基础课程首先引入的与程序、算法表达有关的基础概念，所以使用 Raptor 解决问题，这些原本抽象的理念会变得更加清晰，可以在最大限度地减少语法要求的情形下，帮助用户编写正确的程序指令。使用 Raptor 的目的是进行算法设计和运行验证，所以避免了重量级编程语言，如 C++或 Java 的过早引入等给初学者带来的学习负担。Raptor 已经在世界上几十个国家和地区的高等院校中被使用，在计算机基础课程教学中，取得了良好的效果。

8.5.6 Python

Python 是一种面向对象的解释型计算机程序设计语言。Python 具有丰富且强大的库。它的昵称是胶水语言，能够把用其他语言制作的各种模块（尤其是 C/C++）很轻松地联结在一起。常见的一种应用情形是，使用 Python 快速生成程序的原型（有时甚至是程序的最终界面），然后对其中有特别要求的部分，用更合适的语言改写，比如 3D 游戏中的图形渲染模块，性能要求特别高，就可以用 C/C++重写，而后封装为 Python 可以调用的扩展类库。Python 对初级程序员而言，是一种伟大的语言，它支持广泛的应用程序开发，从简单的文字处理到 WWW 浏览器再到游戏，而且 Python 提供了非常完善的基础代码库，覆盖了网络、文件、GUI、数据库、文本等大量内容，许多功能不必从零编写，直接使用现成的代码即可。

习题八

1. 下列选项中不属于面向对象程序设计特征的是________。

   A. 继承性　　B. 多态性　　C. 类比性　　D. 封装性

2. 结构化程序设计所规定的三种基本控制结构是________。

   A. 输入、处理、输出　　B. 树型、网型、环型

   C. 顺序、选择、循环　　D. 主程序、子程序、函数

3. 计算机只能直接运行________。

   A. 高级语言源程序　　B. 汇编语言源程序

   C. 机器语言程序　　D. 任何源程序

4. 将汇编语言编写的程序转换成机器指令的程序被称为________。

   A. 源程序　　B. 编译程序　　C. 连接程序　　D. 汇编程序

5. 为解决某一特定问题而设计的指令序列被称为________。

   A. 文档　　B. 语言　　C. 程序　　D. 系统

6. 下面关于算法的叙述中，正确的是________。

   A. 算法必须有输入和输出

   B. 算法的表示必须使计算机能理解和执行

   C. 算法必须能够在执行有限个步骤之后结束

   D. 算法可以没有输出

7. 程序是由________构成的。

   A. 数据结构和文档　　B. 文档和算法

   C. 指令和算法　　D. 数据结构和算法

9 Chapter

第 9 章 计算机新技术

新型计算机及相关技术的研究与发展日新月异，必将推进全球社会与经济高速发展，实现人类发展史上的重大突破。本章主要介绍云技术、大数据、物联网、人工智能和移动互联网等计算机领域的新技术。

9.1 云技术

9.1.1 什么是云技术

"云技术"（Cloud technology）是近些年来新兴的一个词语，是指在广域网或局域网内将硬件、软件和网络等系统资源统一起来，实现数据的计算、存储、处理和共享的一种托管技术，通过高速网络将大量计算机或者服务器使用多种创新技术连接起来的一个大型虚拟计算机系统。云技术是以云计算模式为基础，应用网络技术、信息技术、整合技术、管理平台技术、应用技术等的总称，云技术可以组成资源池，按照实际的需求灵活地分配各种软硬件资源。它可以同时支持数以千计甚至万计的电脑、手机移动客户端等各种终端设备的访问，如图 9-1 所示，支持运行在虚拟计算机系统中的应用软件平台服务，用户把所有的数据和服务以"云存储"的方式存放在"网络云"中。云技术网络系统的后台服务需要大量的计算和存储资源，如视频网站、图片类网站和门户网站等。伴随着物联网行业的高速发展和应用，将来每个物品都会有自己的识别标志，都需要传输到后台系统进行逻辑处理，不同优先级和类别的数据将会被分开处理，因此不同行业的数据都需要强大的后台系统来支持，这样的应用需求只能通过云技术来实现。

图9-1 云与智能终端

"云技术"最大的特点就是尽可能多地将应用程序的处理和更多的用户数据存储在云端，而不是把用户数据存储在本地计算机。这样的好处就是无论我们身在何处，只要有一个能上网的终端就可以使用各种应用和服务，为用户提供广泛、主动、高度个性化的服务。云技术的终端可以是个人计算机、平板电脑、手机、电视等。

9.1.2 云计算

云计算（Cloud Computing）是云技术的支撑与核心技术之一。云计算这种数据处理模式是继上世纪大型计算机数据处理模式到客户端/服务器（Client-Server）模式之后的又一次革命性变革。那什么是云计算呢？到目前为止对云计算的定义有很多种解释，现阶段被广泛认可的是美国国家标准与技术研究院（NIST）的定义：云计算是一种按使用量付费的模式，这种模式提供可用的、便捷的、按需的网络访问，利用可配置的计算机资源共享池（资源包括网络、服务器、存储、应用软件、服务），可以灵活地提供资源共享池中的各种软硬件资源，只需投入很少的管理工作，大大降低了软硬件及人工维护成本。

具体来说，云计算包括很多复杂的计算模式和运行调度系统，其中最主要的有分布式计算（Distributed Computing）、并行计算（Parallel Computing）、效用计算（Utility Computing）、网络存储（Network Storage Technologies）、虚拟化（Virtualization）、负载均衡（Load Balance）、热备份冗余（High Available）等，这些技术都是传统计算机技术和网络技术发展相融合的产物。

1. 分布式计算

分布式计算是一种新的计算方式，是相对于集中式计算的一种计算方法。随着计算技术的发展，有些应用需要非常巨大的计算能力才能完成，如果采用集中式计算，需要耗费相当长的时间来完成。分布式计算将该应用分解成许多小的部分，然后把这些部分分配给不同的计算机进行处理，最后把这些计算结果综合起来得到最终的结果。这样可以节约整体的计算时间，大大提高计算效率。

具体来说分布式计算就是在两个或多个软件之间共享信息，这些软件既可以在同一台计算机上运行，也可以在通过网络连接起来的多台计算机上运行。分布式计算比起其他算法具有以下几个优点。

- 稀有资源可以共享。
- 通过分布式计算可以在多台计算机上平衡计算负载。
- 可以把程序放在最适合运行它的计算机上。

其中，共享稀有资源和平衡负载是计算机分布式计算的核心思想之一。

2. 并行计算

并行计算（Parallel Computing）是指同时使用多种计算资源来解决计算问题的过程，是提高计算机系统计算速度和处理能力的一种有效手段。它的基本思想是使用多个处理器协同工作，将问题分解为多个可独立计算的部分，每个部分都使用单独的处理器来进行计算。并行计算系统可以使用含有多个处理器的超级计算机或者通过高速网络方式连接的多台单独的计算机构成的集群来执行。

并行计算可分为时间上的并行和空间上的并行。

- 时间上的并行：指流水线技术。例如某个程序任务需要逐一完成五个步骤后，才能进行下一个程序任务的执行，耗时且影响效率。但是采用流水线技术后，就可以同时处理多个程序任务。这就是并行算法中的时间并行，在同一时间启动两个或两个以上的操作，可以大幅度提高计算性能。
- 空间上的并行：是指多个处理机并发的执行计算任务，通过网络将两个以上的处理机连接起来，从而达到多台处理机同时计算同一个任务的不同部分，或者单个处理机无法解决的大型问题。这就是并行算法中的空间并行，将一个大任务分割成多个相同的子任务，来加快问题解决速度。

3. 负载均衡

负载均衡是指由多台服务器以对称的方式组成一个服务器集合，每台服务器都具有等价的地位，都可以单独对外提供服务而无需其他服务器的辅助。通过某种负载分担技术，将外部发送来的请求均匀分配到对称结构中的某一台服务器上，而接收到请求的服务器会独立地回应客户的请求。均衡负载能够平均分配客户请求到服务器阵列，提高对客户访问请求的响应速度，解决大量并发访问服务问题。

9.1.3　云存储

云存储（Clound Storage）是在云计算概念上延伸和发展出来的一个新概念，是一种新兴的网络存储技术，是指通过集群应用、网络技术或分布式文件系统等功能，将网络中大量不同类型的存储设备通过应用软件集合起来协同工作，共同对外提供数据存储和业务访问功能的一个系统。当云计算系统运算和处理的核心是大量数据的存储和管理时，云计算系统中就需要配置大量的存储设备，那么云计算系统就转变成了一个云存储系统，所以云存储是一个以数据存储和管理为核心的云计算系统。简单来说，云存储就是将数据存储资源放到云上，并提供给用户来存取数据的一种新方式。用户可以在任何时间、任何地方，通过任何可联网的终端连接到云上方便地进行数据存取。我们经常接触和使用到的一些网盘，使用的都是网络在线存储模式，例如百度网盘、腾讯微云、360 网盘和华为网盘等。

9.1.4 虚拟化

虚拟化（Virtualization）是指通过虚拟化技术将一台计算机虚拟成多台同时运行的逻辑计算机。每个逻辑计算机可运行不同的操作系统，并且应用程序都可以在相互独立的空间内运行而互不影响，从而显著提高计算机的工作效率。

虚拟化软件可以重新定义划分资源，简化软件的重新配置过程，可以实现资源的动态分配、灵活调度，提高资源利用率，进行灾难恢复和提高办公自动化水平，从而应对多变的应用需求。

虚拟化技术与多任务以及超线程技术是完全不同的。多任务是指在一个操作系统中多个程序同时并行运行，而在虚拟化技术中，则可以同时运行多个操作系统，而且每一个操作系统中都有多个程序同时运行，每一个操作系统都运行在一个或多个虚拟的 CPU 或是虚拟主机上；而超线程技术只是单 CPU 模拟双 CPU 来平衡程序运行性能，这两个模拟出来的 CPU 是不能分离的，只能协同工作。

目前虚拟化技术的应用主要分为服务器虚拟化和桌面虚拟化两部分。

1. 服务器虚拟化

服务器虚拟化就是将服务器的物理资源抽象成逻辑资源，让一台服务器变成几台甚至几十台相互隔离的虚拟服务器，不再受限于物理上的界限，而是让 CPU、内存、磁盘、I/O 等硬件变成可以动态管理的“资源池”，从而提高资源的利用率，简化系统管理，实现服务器整合（见图 9-2）。

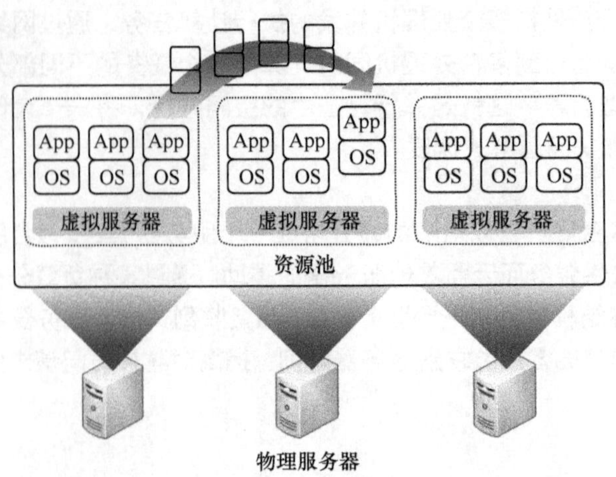

图9-2 服务器虚拟化

服务器虚拟化主要分为三种，即“一虚多”“多虚一”和“多虚多”。“一虚多”是指一台服务器虚拟成多台服务器，即将一台物理服务器分割成多个相互独立、互不干扰的虚拟环境。“多虚一”就是指多个独立的物理服务器虚拟为一个逻辑服务器，使多台服务器相互协作，处理同一个业务。另外还有“多虚多”的概念，就是指将多台物理服务器虚拟成一台逻辑服务器，然后再将其划分为多个虚拟环境，即多个业务在多台虚拟服务器上运行。服务器虚拟化平台主要有 Citrix XenServer、微软 Windows Server Hyper-V、VMware Vsphere 等。

服务器虚拟化主要具有降低能耗、节省空间、节约成本、提高基础架构的利用率、提高稳定性、减少宕机事件、提高灵活性等优点。

2. 桌面虚拟化

桌面虚拟化是指将计算机的终端系统（也称桌面）进行虚拟化，以达到桌面使用的安全性和灵活性。用户可以通过任何设备，在任何地点、任何时间通过网络访问属于个人的桌面系统。桌面虚拟化依赖于服务器虚拟化，在数据中心的服务器上进行服务器虚拟化，生成大量的独立的桌面操作系统（虚拟机或者虚拟桌面），同时根据专有的虚拟桌面协议发送给终端设备。用户终端通过网络登录到虚拟主机上，只需要记住登录地址、用户名和密码，就可随时随地地通过网络访问自己的桌面系统，从而实现单机多用户。

桌面虚拟化主要具有可统一配置灵活部署、提高资源利用率、数据统一存放安全可靠、维护便利、节能减排等优点。

9.2 大数据

9.2.1 大数据的定义

在多年前人们把大规模的数据称为“海量数据”，大数据（Big Data）的概念大约是在 2008 年被提出的。我们都生活在一个大数据时代，无论是电子商务、社交网络，还是物联网、移动互联网和智慧城市等，这些新兴或者成长中的业态和产业，全都离不开大数据。

大数据是指无法在一定时间范围内用常规软件工具进行捕捉、管理和处理的数据集合，是需要新处理模式才能具有更强的决策力、洞察发现力和流程优化能力的海量、高增长率和多样化的信息资产。大数据不是采用抽样调查这样的随机分析法来处理和分析数据的，而是采用对所有数据进行分析处理的方式，其数据规模往往达到了 PB（1024TB）级。大数据技术的核心意义不是要拥有和存储体积庞大的数据信息，而是对于体积庞大、杂乱无章的数据背后所隐藏的价值的发现和处理加工，通过对数据进行专业化的加工处理，从而达到数据信息的精炼和增值。大数据通过对海量、多样化的生产过程数据，以及交易数据、交互数据、传感数据进行快速获取、处理和分析以便从中提取有价值的数据，对生产经营、行为分析、过程控制等提供辅助决策和预测的数据支撑。

9.2.2 大数据的特征及分类

1. 大数据的特征

大数据具有 Volume（大量）、Velocity（高速）、Variety（多样）、Value（价值）、Veracity（真实性）、（Variability）可变性、（Complexity）复杂性等特征。

2. 大数据的类型

大数据的类型按照不同的分类标准，可以按以下几种类型划分。

- 从数据生成类型上分：可分为交易数据、交互数据和传感数据等。
- 从数据格式上分：可以分为文本日志、整型数据、图片、声音、视频等。
- 从数据关系上分：可分为结构化数据（如交易流水账）和非结构化数据（比如图、表和地图等）。
- 从数据所有者上分：可分为公司数据、政府数据、社会数据、网络数据等。
- 从数据来源上分：可分为社交媒体、银行、购物网站、移动电话和平板电脑、各种传感器、物联网等。

9.2.3 大数据技术

大数据技术并不是单一的某个技术，而是运用了多种基础性技术和创新技术的综合体，大数据需要特殊的技术，以有效地处理大量的数据。适用于大数据的技术，包括大规模并行数据处理技术、数据挖掘技术、分布式文件系统、分布式数据库、云计算平台、互联网和可扩展的存储系统。大数据由于其自身体量大的特点，要对大量非结构化数据和半结构化数据进行海量数据处理，运算量是天文数字，大数据不可能使用传统的单台计算机进行处理，只有采用云计算这样的分布式计算模式，采用分布式处理、分布式数据库和云存储、虚拟化技术对海量数据进行分布式数据挖掘。

9.2.4 大数据的意义

使用大数据技术的意义主要是趋势预测和辅助决策。利用大数据分析，能够总结经验、发现规律、预测趋势和结果，这些都可以为辅助决策服务。拥有的数据信息越多，决策时才更加科学、精确、合理。商业企业可以通过大数据应用，对大量消费者进行精准营销，定制个性化、精确化和智能化的服务推广和广告的推送，比现有广告和产品推广模式更为高效。政府部门可以根据从各个城市管理节点获取的大数据进行分析，更高效地使用各种资源和精准的趋势预测来管理城市运行，例如，在节假日中哪些路段、哪个时段最拥堵，通过对过往数据的分析和预测提前进行道路信号控制和警力分配。环保问题越来越严峻，冬季雾霾成为了城市的一大问题，通过导航软件所用的 GPS 传感器来感知每个路段的流量和速度，根据不同汽车的排放量，利用算法模型对单位时间内通过某一路段机动车的流量和速度，最终得出某一行车路段的污染指数，这样可以算出这个城市里每一个区域、每一个时间段、每一种污染物的成分和比例，以及随着时间的变化，每个地方污染程度的变化趋势。随着云计算等新一代信息技术的应用，大数据思维方式正在改变着每个人的学习、工作和生活。

9.3 物联网

9.3.1 什么是物联网

物联网（Internet of Things）的概念最早是 2000 年左右在美国麻省理工学院的教授 Kevin Ashton 在 1991 年首次提出的。比尔·盖茨在 1995 年《未来之路》一书中也有提及，但受限于当时无线网络、硬件及传感设备的发展并未引起广泛重视。1999 年美国麻省理工学院提出“万物皆可通过网络互联”的概念，阐明了物联网的基本含义。早期的物联网是依托射频识别（RFID）

技术的物流网络。

物联网是在互联网概念的基础上，基于互联网和传统电信网等信息承载体，将用户端延伸和扩展到任何物品与物品之间，把所有物品通过信息传感设备与互联网连接起来进行信息交换和通信，以实现智能化识别和管理的一种网络概念。具体来说，就是通过射频识别、红外感应器、全球定位系统、激光扫描器等信息传感设备，按约定的协议，把任何物品通过物联网域名相连接，进行信息交换和通信，以实现智能化识别、定位、跟踪、监控和管理的一种网络概念。

9.3.2 物联网的应用

1. 智能建筑

通过使用传感器感应技术，建筑物内照明灯能自动调节光亮度，从而实现节能环保，且建筑物的运作状况也能通过物联网及时发送给管理者。同时建筑物与 GPS 系统实时连接，在电子地图上准确、及时地反映出建筑物空间地理位置、安全状况、人流量等信息。

2. 智慧交通

智慧交通是指将物联网、互联网、云计算为代表的智能传感技术、信息网络技术、通信传输技术和数据处理技术等有效地集成，并应用到整个交通系统中。例如在公交系统运营中，通过使用物联网技术构建的智能公交系统，综合运用网络通信、GIS 地理信息、GPS 定位等手段，详细掌握每辆公交车每天的运行状况，从而进行智能运营调度、电子站牌发布等操作，在公交站台上乘客通过定位系统可以准确地查看要乘坐的公交车需要等候的时间。

3. 智能公共安全

通过传感技术，物联网可以监测环境的不稳定性，根据情况及时发出预警，协助撤离，从而降低天灾对人类生命财产的威胁。将物联网技术嵌入城市智能管理系统，加强对重点地区、重点部位的视频监测监控及预警，增强网络传输和数据分析能力，实现公共安全事件监控；利用电子标签、视频监控、红外感应等手段，加强对危险物品管控、垃圾处理、可燃物排放、有毒气体排放、医疗废物、疾病预防控制等的全流程过程监测和控制。

4. 智能电网

智能电网是在传统电网的基础上构建起来的集传感、通信、计算、决策与控制为一体的综合系统，通过获取电网各层节点资源和设备的运行状态，进行分层次的控制管理和电力调配，实现能量流、信息流和业务流的高度一体化，提高电力系统运行稳定性，以最大限度地提高设备利用率，提高安全可靠性，节能减排，提高用户供电质量，提高可再生能源的利用效率。

5. 智能农业

应用在农业生产精细化管理、生产养殖环境监控、农产品质量安全管理与产品溯源等物联网系统中，形成重点农产品质量管理平台，保障农产品安全。

6. 智能物流

智能物流就是将条形码、射频识别技术、传感器、全球定位系统等先进的物联网技术，通过信息处理和网络通信技术平台广泛应用于物流业运输、仓储、配送、包装、装卸等基本活动环节中，实现货物运输过程的自动化运作和高效率优化管理，提高物流行业的服务水平，降低成本，减少自然资源和社会资源消耗。物联网将传统物流技术与智能化系统运作管理相结合，提供了一个很好的平台，从而能够更好更快地实现物流业的信息化、智能化、自动化的新模式。

7. 智能环境

通过智能感知并传输信息，在大气和土壤治理，森林和水资源保护，应对气候变化和自然灾害中，物联网可以发挥巨大的作用，帮助改善生存环境。利用物联网技术，形成对污染排放源的监测、预警和控制管理。利用传感器加强对空气质量、城市噪音的监测，在公共场所进行现场信息公示，并利用移动通信系统加强与监督检查部门的联动。加强对水库河流、居民楼二次供水的水质检测网络体系建设，形成实时监控。加强对森林绿化带、湿地等自然资源的传感系统建设，并结合地理空间数据库，及时掌控绿化资源情况。利用传感器技术、通信技术等手段，完善对热力能源、楼宇温度等系统的监测、控制和管理。通过完善智能感知系统，合理调配和使用水利、电力、天然气、燃煤、石油等资源。

8. 智慧城市

在城市的管理中，采用网格化技术，利用智能终端、通信基站和各种传感器等设备，提高对现场信息的采集、处理和监督，将信息化城市管理部件接入物联网，对城市管理的兴趣点进行统一标识，可以进一步明确网格化的权属责任，加强对城市管理部件状态的实时监控，降低信息化城市管理中对人工巡查的依赖程度，提高发现和处置问题的效率，进而提升网格化管理水平。应用物联网可以对城市水、电、热力、燃气等重点设施和地下管线实施监控，提高城市生命线的管理水平和加强事故的预防预测，降低事故的发生概率和强度，提高事故的处置效率。通过视频监控、传感器、通信系统、GPS 定位导航系统等手段掌握各类作业车辆、人员的状况，对日常环卫作业、扫雪铲冰、垃圾渣土消纳进行有效的监控。通过统一的射频识别和数据库系统，建立户外广告牌匾、城市家具、棚亭阁、城市地井的管理体系，以方便进行相关规划管理、信息查询和行政监管。

9.4 人工智能

人工智能（Artificial Intelligence，AI）是一门自然科学和社会科学相交叉的边沿学科，是主要研究和开发用于模拟和扩展人类智能的一门技术科学，涉及哲学、认知科学、数学、神经生理学、心理学、计算机科学、信息论、控制论、不定性论、仿生学、社会结构学与科学发展观等学科。人工智能的本质就是对人类思考和解决问题方式的信息模拟，研究的一个主要目标就是使机器能够胜任一些通常需要人类智能才能完成的复杂工作。

人工智能学科研究的内容主要有知识表示、自动推理和搜索方法、机器学习和知识获取、知识处理系统、自然语言理解、计算机视觉、智能机器人、自动程序设计、不精确和不确定的管理、神经网络、遗传算法和人类思维方式，其中最关键的核心技术就是机器的自主学习能力和创造性思维能力的形成与不断提高。人工智能不是人的智能，但能像人那样思考、也可能超过人的智能比人做得更好。机器自主学习能力的提高，依赖于信息论、统计学和控制论等数学基础知识和非数学学科，需要不断地从解决实际问题的过程中学习过程方法，学习知识和策略，并分析解决问题过程中的程序是否可以改进，从而得到类似问题的最优解决算法，以便在日后解决类似问题时可以加以运用，并从解决类似问题的过程中积累新的经验，通过这样连续性的学习过程使机器处理复杂问题的能力和方法不断丰富和加强。

随着人工智能学科理论及技术的不断发展成熟，应用领域也在不断扩大，例如在人脸识别、指纹识别、虹膜识别、语言和图像理解、博弈、自动规划和智能搜索等领域都有着广泛的应用。

目前人工智能的发展还处于起步阶段，还不能说机器的智能全面超过和压倒人的智能，但是在某些领域已经崭露头角，最有代表性的就是几次“人机对战”。1997 年，美国 IBM 公司历时六年研发的“深蓝”（DeepBlue）超级计算机与国际象棋冠军卡斯帕罗夫（Garry Kasparov）对决，当时“深蓝”可以预判 12 步，卡斯帕罗夫可以预判 10 步，最终以 2 胜 1 负 3 平战胜了人类选手，但是它尚不具备自主学习功能，随机应变能力也还是赶不上卡斯帕罗夫。2003 年，卡斯帕罗夫与 DeepJunior 的人机对战最后以平局收场，“DeepJunior”与他的前辈“DeepBlue”相比，已经学会了自主学习。2016 年 3 月，由谷歌开发的人工智能程序阿尔法围棋（AlphaGo）与围棋世界冠军、职业九段选手李世石进行人机大战，以 4：1 的总比分获胜，最主要的工作原理就是“深度学习”。

目前人工智能技术及其应用正在迅速地发展，随着社会经济发展模式的变化，人力资源成本不断增长，很多原来必须由人来做的工作如今已被机器人替代，工业机器人的发展非常迅速，带动了初级人工智能和相关领域产业的发展，但在高端人工智能应用方面目前还暂时处于研发阶段，还需要科学工作者们继续努力。

9.5 移动互联网

移动互联网（Mobile Internet，MI）也被称为无线因特网，是桌面互联网的延伸和补充，就是将移动通信和互联网二者结合起来的新概念技术，也是互联网的技术、移动通信技术与商业模式结合的实践活动的总称。随着移动通信技术的迅速发展，运营商 4G 技术运用及智能终端设备的普及，移动互联网的发展进入了一个新的阶段。

移动互联网的一些特点是互联网所不具备的，智能移动终端的出现使用户可以随时随地使用网络，上网时间可以变得零碎，随时想用即用，上网地点也不再受限制，移动终端的发展改变了人们原有的上网习惯。许多原来只能在计算机上完成的工作，现在在智能移动终端上都可以完成。由此，智能移动终端大规模地替代了计算机网络终端，而且其具有便携、拍照、定位等功能，还可以支持个性化的软件应用移动互联网是未来互联网发展的主要方向之一，不仅深刻地改变了人们的生产生活方式，它将带动和促进传统产业的升级和商业模式的变革。